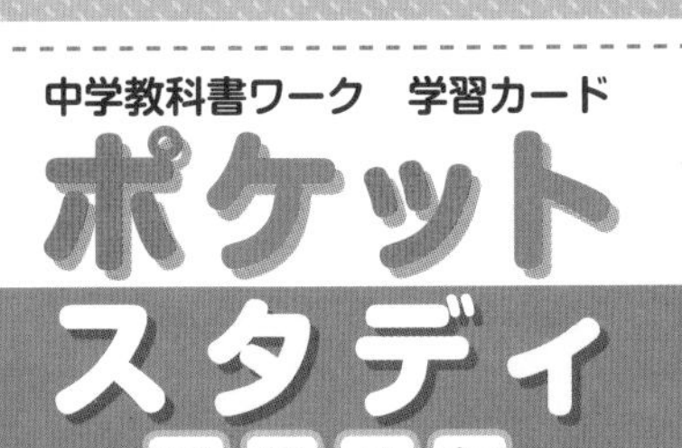

次の化学式が表す物質は何？

H_2

1

次の化学式が表す物質は、

O_2

2

次の化学式が表す物質は何？

N_2

3

次の化学式が表す物質は何？

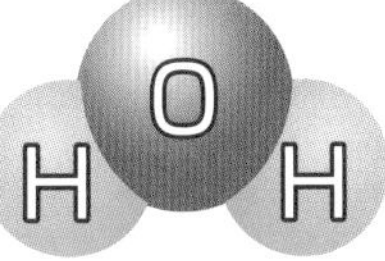

H_2O

4

次の化学式が表す物質は何？

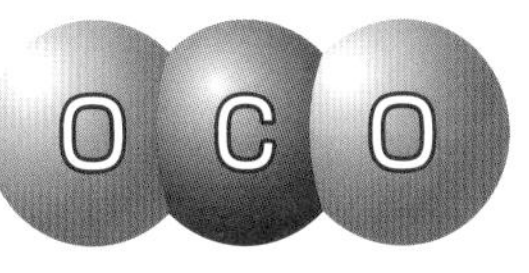

CO_2

5

次の化学式が表す物質は何？

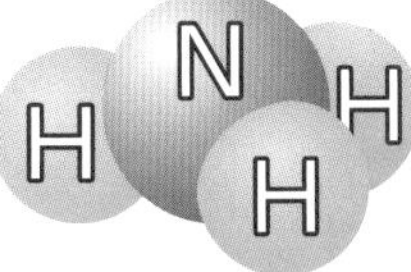

NH_3

6

次の化学式が表す物質は何？

NaCl

7

次の化学式が表す物質は何？

CuO

8

次の化学式が表す物質は何？

FeS

9

使い方

- ミシン目で切りとり，穴をあけてリングなどを通して使いましょう。
- カードの表面の問題の答えは裏面に，裏面の問題の答えは表面にあります。

水素

水素を化学式で表すと？

水素原子の記号はHだよ。「水そうに葉（水素：H）」と覚えるのはどう？

窒素

窒素を化学式で表すと？

窒素の「窒」には，つまるという意味があるよ。窒素だけを吸うと，息がつまってしまうよ。

酸素

酸素を化学式で表すと？

酸素原子の記号はOだよ。「酸素を吸おう！（酸素：O）」と覚えよう。

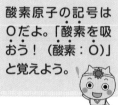

二酸化炭素

二酸化炭素を化学式で表すと？

「二酸化炭素」は，二つの酸素と炭素の化合物だね。

水

水を化学式で表すと？

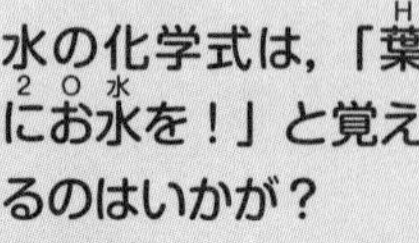

水の化学式は，「葉(H)に(2)お(O)水(水)を！」と覚えるのはいかが？

塩化ナトリウム

塩化ナトリウムを化学式で表すと？

塩化ナトリウムは食塩のことだけれど，塩化の「塩」は塩素のことを表しているよ。

アンモニア

アンモニアを化学式で表すと？

アンモニアの化学式は，「アンモニアのに(N)おい，ひ(H)さん(3)…」と覚えるのはどう？

硫化鉄

硫化鉄を化学式で表すと？

「硫」は硫黄のことを表しているよ。「イエスと言おう！（S：硫黄）」と覚えよう。

酸化銅

酸化銅を化学式で表すと？

酸化銅は酸素と銅が結びついているよ。銅原子は，「親友どうし（Cu：銅）」と覚えよう。

次のつくりを何という？

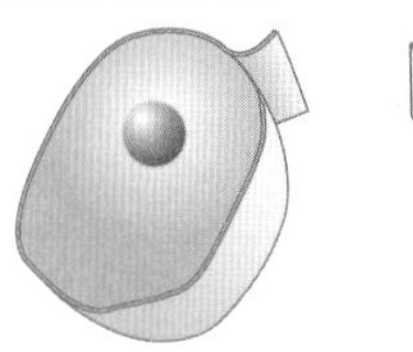

生物のからだをつくる，一番小さなつくり

10

次のからだのつくりを何という？

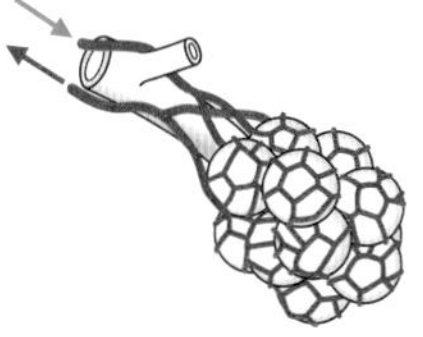

気管支の先にある小さなふくろ

11

次のからだのつくりを何という？

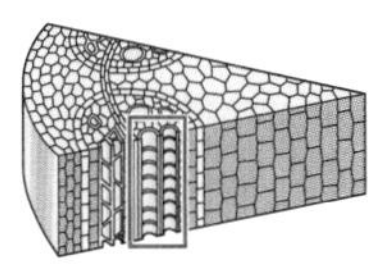
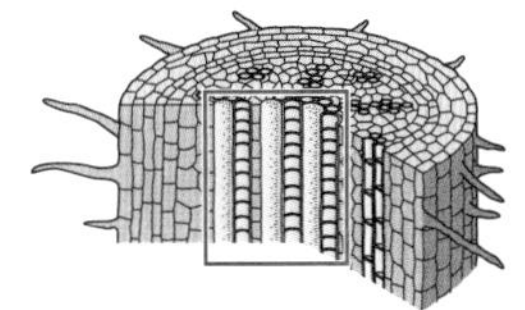

水や無機養分などが通る管

12

次のからだのつくりを何という？

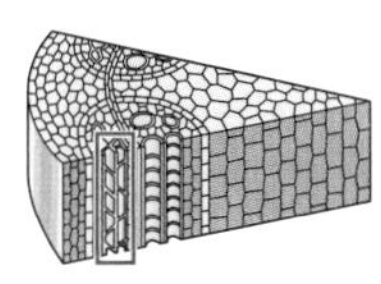
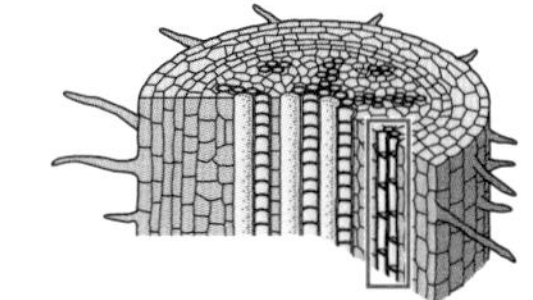

葉でつくられた養分が通る管

13

次のからだのはたらきを何という？

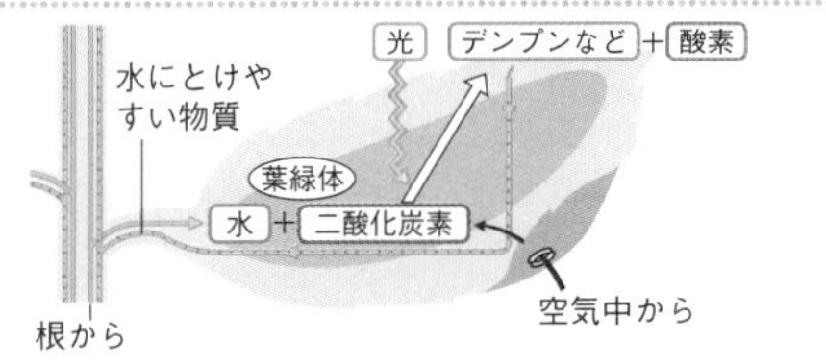

植物が光を受けて養分をつくるはたらき

14

次のからだのはたらきを何という？

酸素をとり入れて二酸化炭素を出すはたらき

15

次のからだの現象を何という？

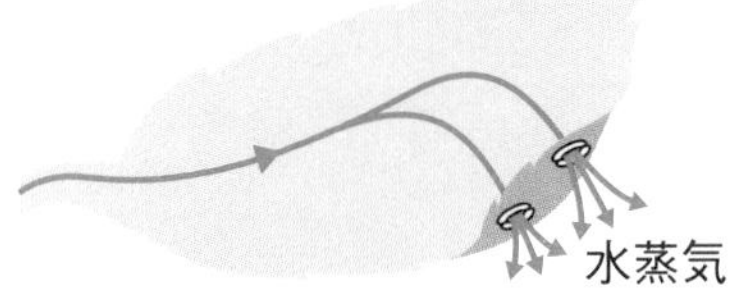

植物の気孔から水蒸気が出ていくこと

16

次のからだのはたらきを何という？

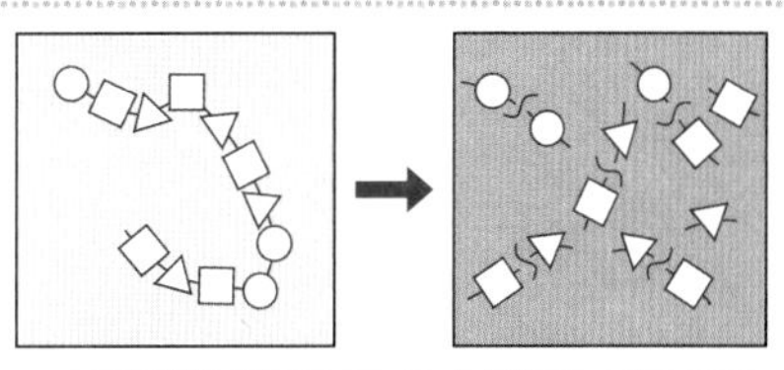

動物が養分を吸収しやすい形に変えるはたらき

17

次のからだのはたらきを何という？

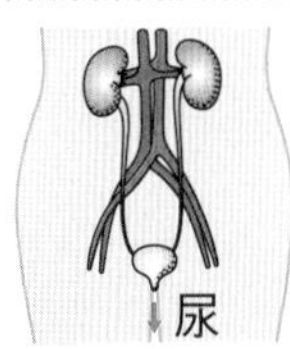

動物が不要な物質をからだの外に出すこと

18

次のからだのはたらきを何という？

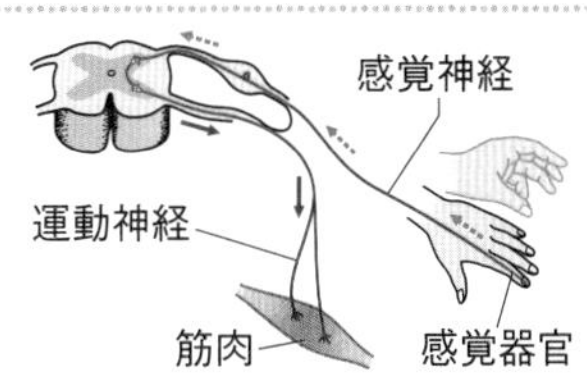

意識とは無関係に起こる動物の反応

19

肺胞

肺胞はどのようなからだのつくり？

肺胞のまわりにある毛細血管で，酸素と二酸化炭素がやりとりされるよ。

細胞

生物のからだで，細胞はどれぐらい小さなつくり？

ほとんどの細胞は，顕微鏡を使って観察しないと見えないくらい小さいよ。

師管

師管は何が通る管？

師管は根から茎・葉までつながったつくりだね。

道管

道管は何が通る管？

道管を通るものは，「水道管」と，「水」をつけて覚えよう。

呼吸

呼吸はどのようなからだのはたらき？

呼吸はすべての生物が生きていくために行っているはたらきだよ。

光合成

光合成はどのようなからだのはたらき？

光合成は「光」を使って，植物が生きていくために必要なものをつくりだしているね。

消化

消化はどのようなからだのはたらき？

動物は養分をそのままからだに吸収できないから，消化しているんだね。

蒸散

蒸散はどのようなからだの現象？

蒸散をすることで，植物は根から水を吸い上げているよ。

反射

反射はどのようなからだのはたらき？

反射は意識して起こる反応より，ずっと早く反応できるんだね。

排出

排出はどのようなからだのはたらき？

「肝腎要」の「肝臓」と「腎臓」が，排出に関係しているよ。

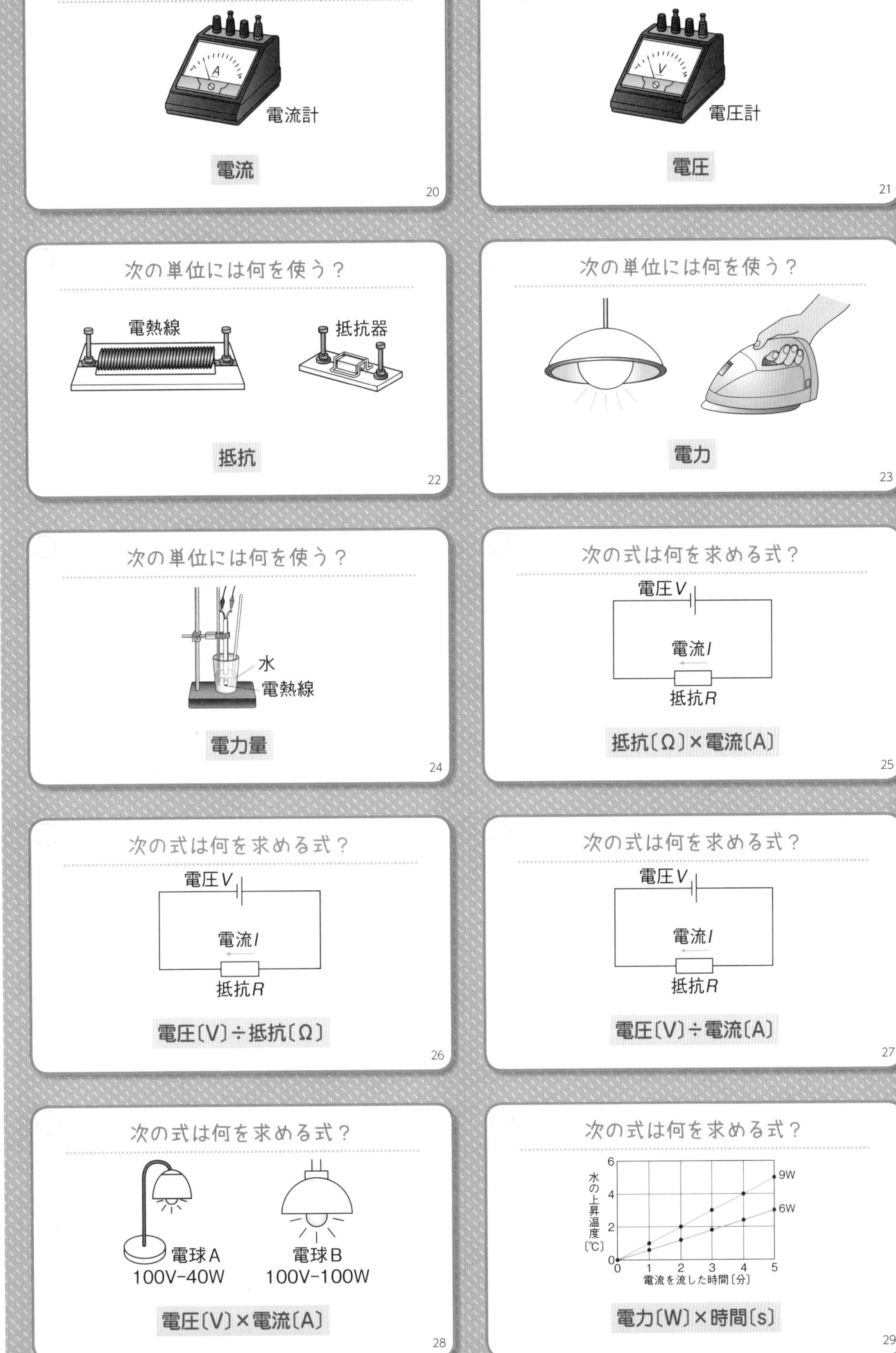

次の単位には何を使う？
電流計
電流
20
次の単位には何を使う？
電圧計
電圧
21
次の単位には何を使う？
電熱線
抵抗器
抵抗
22
次の単位には何を使う？
電力
23
次の単位には何を使う？
水
電熱線
電力量
24
次の式は何を求める式？
電圧V
電流I
抵抗R
抵抗〔Ω〕×電流〔A〕
25
次の式は何を求める式？
電圧V
電流I
抵抗R
電圧〔V〕÷抵抗〔Ω〕
26
次の式は何を求める式？
電圧V
電流I
抵抗R
電圧〔V〕÷電流〔A〕
27
次の式は何を求める式？
電球A
100V-40W
電球B
100V-100W
電圧〔V〕×電流〔A〕
28
次の式は何を求める式？
水の上昇温度〔℃〕
電流を流した時間〔分〕
9W
6W
電力〔W〕×時間〔s〕
29

ボルト(V)

ボルトは何の単位？

一般的な単1，単2，単3，単4の乾電池。どれも電圧は1.5Vなんだって。

アンペア(A)

アンペアは何の単位？

アンペアは，フランスのアンペールさんにちなんでつけられたんだって。

ワット(W)

ワットは何の単位？

「ワッと驚く電気の力」と覚えるのはどう？

オーム(Ω)

オームは何の単位？

「Ω」はギリシャ文字のオメガだよ。O(オー)を使わないのは，0(ゼロ)と似ているかららしいよ。

電圧〔V〕

電流と抵抗から電圧を求める式は？

オームの法則を確かめよう。$V = R \times I$と表せたね。「オーム博士はブリが好き」と覚えよう。

ジュール(J)

ジュールは何の単位？

ほかに，ワット時(Wh)やキロワット時(kWh)も使うことがあるよ。

抵抗〔Ω〕

電流と電圧から抵抗を求める式は？

オームの法則の式を変形しよう。「オウ(Ω)ムがバ(V)イオリンを割(÷)った。あ(A)〜あ」と覚えよう。

電流〔A〕

電圧と抵抗から電流を求める式は？

オームの法則の式を変形しよう。「あ(A)，バ(V)イオリンを割(÷)ったオウ(Ω)ムだ！」と覚えよう。

電力量〔J〕

電力量を求める式は？

「住(J)民がワ(W)ッとか(×)けこむ病(秒)院」と覚えるのはどう？

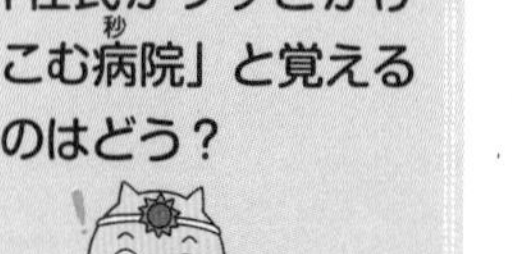

電力〔W〕

電力を求める式は？

「電気の力をぶ(V)つけ合(A)う」と覚えるのはどう？

次の前線を何という？

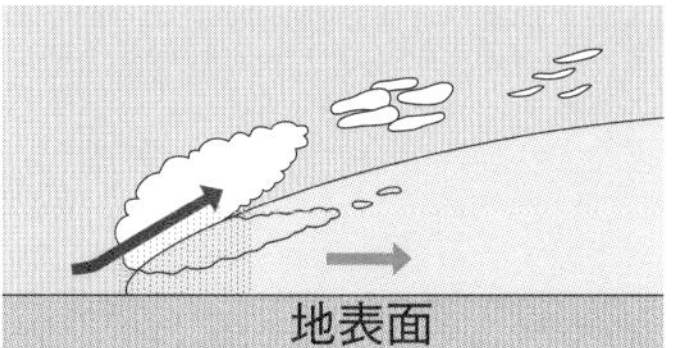

暖気が寒気の上にはい上がるように進む前線

30

次の前線を何という？

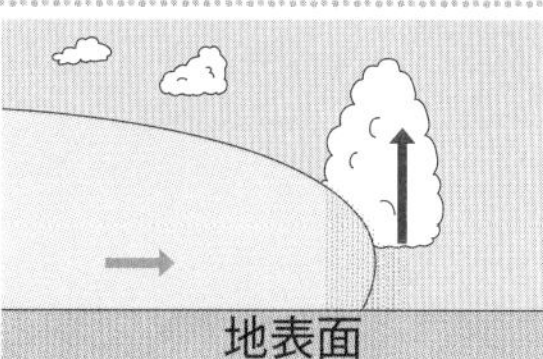

寒気が暖気をおし上げるように進む前線

31

次の前線を何という？

寒気と暖気がぶつかり合って，ほとんど位置が動かない前線

32

次の前線を何という？

寒冷前線が温暖前線に追いついてできる前線

33

次の空気の動きを何という？

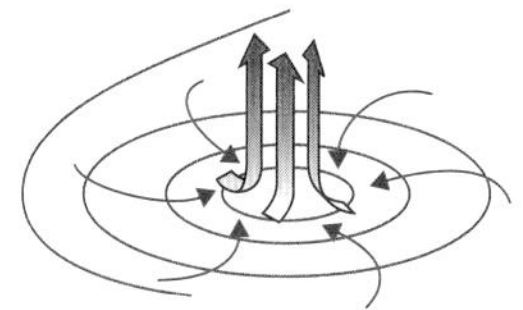

地上から上空へ向かう空気の動き

34

次の空気の動きを何という？

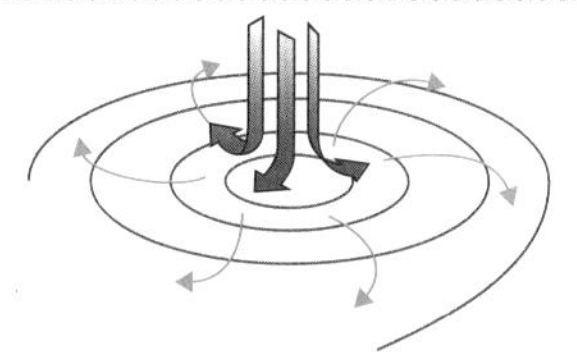

上空から地上へ向かう空気の動き

35

次の空気の動きを何という？

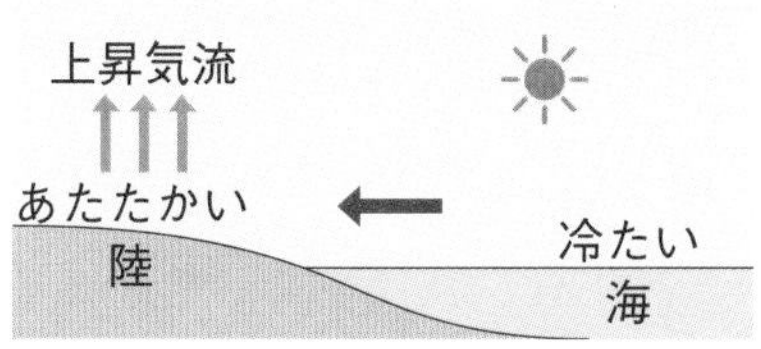

晴れた日の昼，海から陸に向かう風

36

次の空気の動きを何という？

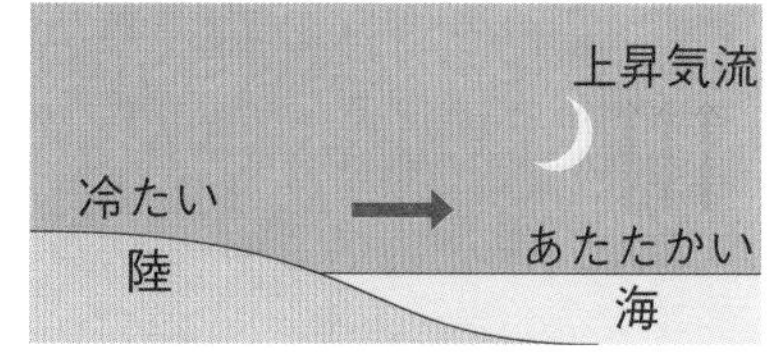

晴れた日の夜，陸から海に向かう風

37

次の空気の動きを何という？

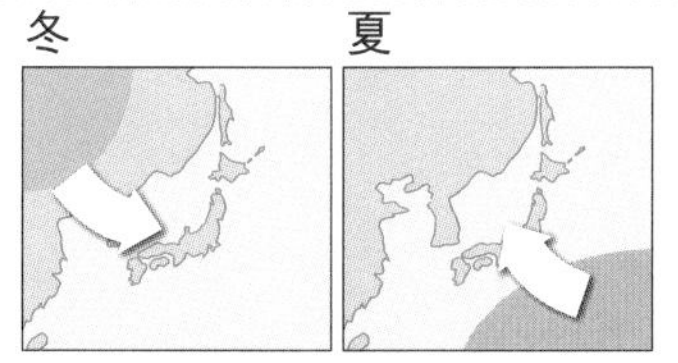

大陸と海洋のあたたまり方のちがいによる，季節に特徴的な風

38

次の空気の動きを何という？

日本付近の上空に１年中ふく，強い西風

39

寒冷前線

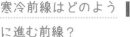

寒冷前線はどのように進む前線？

重い寒気が軽い暖気をおしながら進むのが，寒冷前線だね。

温暖前線

温暖前線はどのように進む前線？

軽い暖気が重い寒気をおしながら進むのが，温暖前線だね。

閉そく前線

閉そく前線はどのようにしてできる前線？

漢字では「閉塞（へいそく）」だよ。2つの前線の間が閉まり，塞（ふさ）がれた前線なんだね。

停滞前線

停滞前線はどのような前線？

停滞前線は，動きが停（と）まって，滞（とどこお）っている前線なんだね。

下降気流

下降気流はどのような空気の動き？

下降気流では，上空の空気がどんどん地上にきて，高気圧になるよ。

上昇気流

上昇気流はどのような空気の動き？

上昇気流では，地上の空気がどんどん上空にいって，低気圧になるよ。

陸風

陸風はどのような風？

「海に入っていた人も，夜は陸に上がろうね。（夜に陸風）」と考えよう。

海風

海風はどのような風？

「海に行ったら，昼に海に入ろう。（昼に海風）」と考えよう。

偏西風

偏西風はどのような風？

「偏」はかたよるという意味だよ。西にかたよった風が偏西風だね。

季節風

季節風はどのような風？

夏の季節風は，大きな海（太平洋）からふくんだ。夏に海のイメージがあると覚えやすい？

東京書籍版

理科2年 もくじ

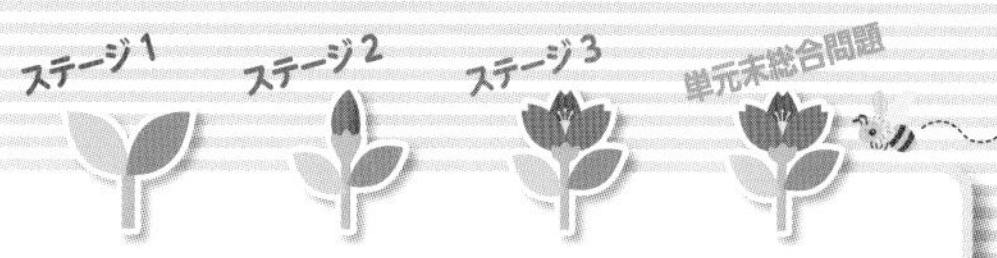

写真提供：アフロ，アーテファクトリー，気象庁

解答 p.1

確認のワーク ステージ1 第1章 物質のなり立ち

教科書の要点 （ ）にあてはまる語句を，下の語群から選んで答えよう。

同じ語句を何度使ってもかまいません。

1 熱分解と電気分解

教 p.12〜25

(1) もとの物質とはちがう物質ができる変化を（①★　　　）または，化学反応という。

(2) 1種類の物質が2種類以上の別の物質に分かれる化学変化を，（②★　　　）という。

(3) 加熱による分解を（③　　　）という。

(4) 炭酸水素ナトリウムの熱分解

炭酸水素ナトリウム（水に少しとける。水溶液は弱いアルカリ性。）

→ 炭酸ナトリウム（水によくとける。水溶液は強いアルカリ性。） ＋ （④　　　） ＋ 水（青色の塩化コバルト紙を桃色に変える。）

(5) 酸化銀の熱分解

酸化銀 → （⑤　　　）（金属光沢をもつ。） ＋ 酸素（火のついた線香を，激しく燃やす。）

(6) 電流を流して物質を分解することを（⑥　　　）という。

(7) 水の電気分解では，陰極（電源の－極につないだ電極）側には（⑦　　　），陽極（電源の＋極につないだ電極）側には（⑧　　　）が発生する。

水 → 水素（火のついたマッチを近づけると，音を立てて燃える。） ＋ 酸素

2 原子と分子

教 p.26〜34

(1) 物質をつくる最小の単位を（①★　　　）という。（ドルトンが発表。）

(2) 原子の種類のことを★元素といい，元素はアルファベット1文字または2文字の（②★　　　）で表すことができる。

(3) 元素の（③　　　）（メンデレーエフが発表。）は，元素の性質を整理した表で，縦の列に化学的性質が似た元素が並ぶ。

(4) いくつかの原子が結びついてできた粒子を（④★　　　）といい，物質の性質を表す最小の粒子である。

(5) 物質を元素記号を用いて表したものを（⑤★　　　）という。

(6) 物質は，混合物と純粋な物質に分けられ，純粋な物質は，1種類の元素からできた（⑥★　　　）と，2種類以上の元素からできた★化合物に分けられる。

語群 ①電気分解／銀／化学変化／酸素／二酸化炭素／分解／水素／熱分解
②化学式／元素記号／原子／単体／周期表／分子

★の用語は，説明できるようになろう！

まるごと暗記 元素記号

元素	元素記号
水素	H
炭素	C
窒素	N
酸素	O
硫黄	S
塩素	Cl
ナトリウム	Na
マグネシウム	Mg
アルミニウム	Al
カルシウム	Ca
鉄	Fe
銅	Cu
亜鉛	Zn
銀	Ag
バリウム	Ba

まるごと暗記 化学式

物質	化学式
水素	H_2
酸素	O_2
水	H_2O
二酸化炭素	CO_2
アンモニア	NH_3
マグネシウム	Mg
塩化ナトリウム	NaCl
酸化銅	CuO

同じ語句を何度使ってもかまいません。

□にあてはまる語句を，下の語群から選んで答えよう。

1 炭酸水素ナトリウムの熱分解

教 p.17〜19

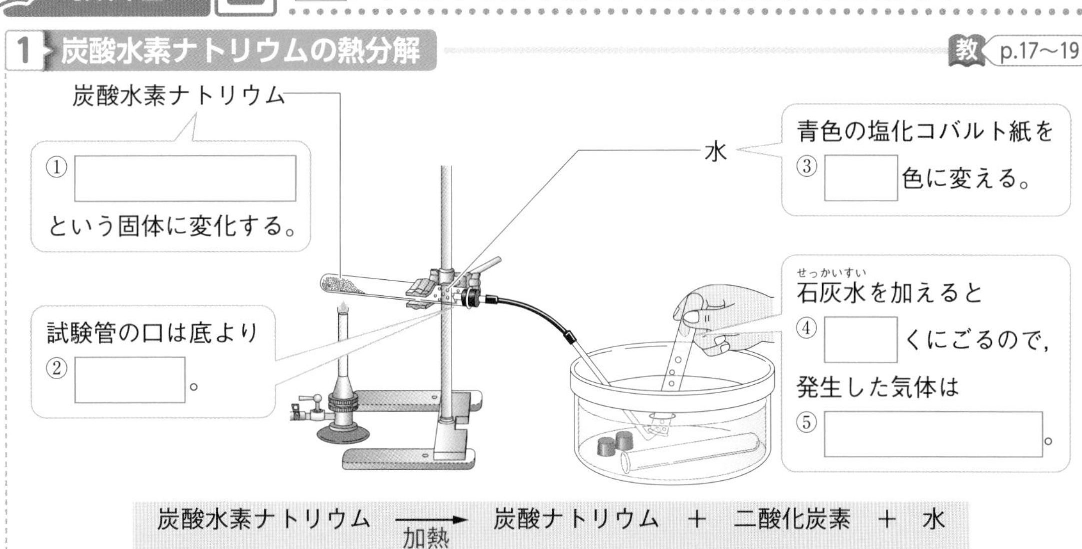

① □ という固体に変化する。

石灰水（せっかいすい）を加えると ④ □ くにごるので，発生した気体は ⑤ □。

炭酸水素ナトリウム →(加熱) 炭酸ナトリウム ＋ 二酸化炭素 ＋ 水

2 水の電気分解

教 p.23〜24

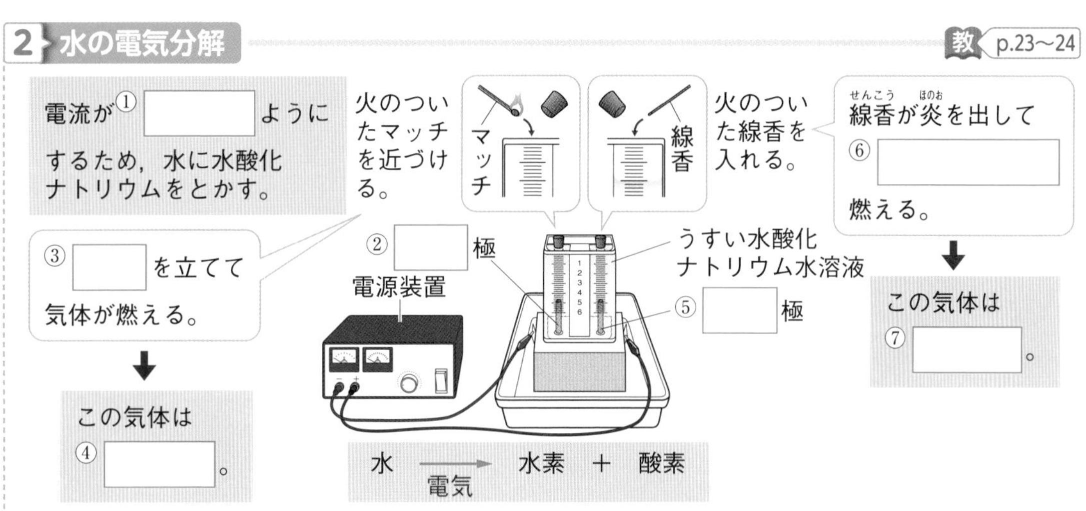

この気体は ④ □。

この気体は ⑦ □。

水 →(電気) 水素 ＋ 酸素

3 原子の性質

教 p.27

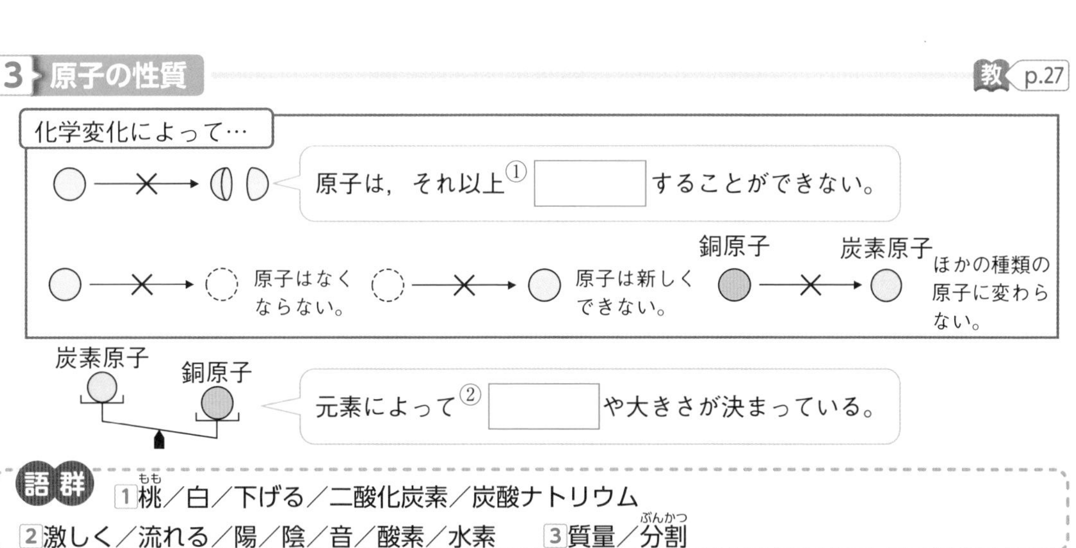

化学変化によって…
原子は，それ以上① □ することができない。
原子はなくならない。
原子は新しくできない。
銅原子
炭素原子
ほかの種類の原子に変わらない。
炭素原子
銅原子
元素によって② □ や大きさが決まっている。

語群 1 桃（もも）／白／下げる／二酸化炭素／炭酸ナトリウム
2 激しく／流れる／陽／陰／音／酸素／水素　3 質量／分割（ぶんかつ）

わからない用語は，教科書の要点の★で確認しよう！

解答 p.1

定着のワーク ステージ2 第1章 物質のなり立ち－①

1 ホットケーキ ホットケーキをつくるのに，炭酸水素ナトリウムを主成分とするベーキングパウダーを加えたものと加えないものを用意した。それぞれを焼いたところ，ベーキングパウダーを加えたものはふっくらと仕上がったが，ベーキングパウダーを加えなかったものはほとんどふくらまなかった。これについて，次の問いに答えなさい。

(1) ベーキングパウダーを加えたものと加えないものの２種類のホットケーキを焼いた理由について説明した次の文の(　)にあてはまる言葉を答えなさい。 (　　　　)

ホットケーキがふくらむのが(　　)のはたらきによることを確かめるため。

(2) ベーキングパウダーを加えたホットケーキの内部には多くのあながあいてスポンジ状になっていた。このあなは，ホットケーキを焼いたときに何という気体が発生してできたものか。 ヒント (　　　　)

2 教 p.17 実験1 **炭酸水素ナトリウムを加熱したときの変化** 下の図１のように，炭酸水素ナトリウムを加熱した。これについて，あとの問いに答えなさい。

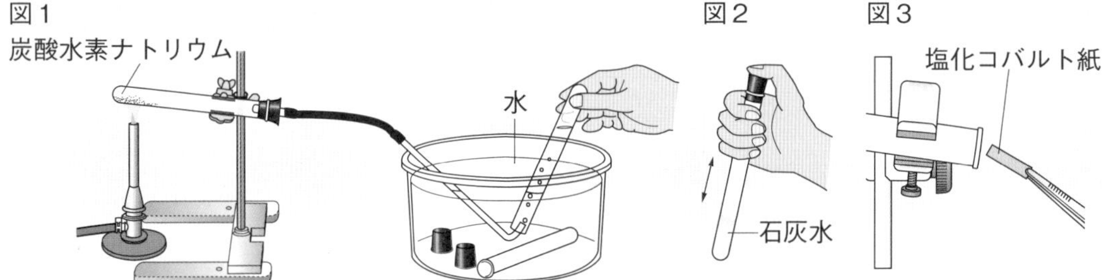

(1) 図１で，加熱する試験管の口を底よりもわずかに下げているのはなぜか。 ヒント
(　　　　　　　　　　　　)

(2) 図１で，発生した気体を集めた試験管に石灰水を入れ，図２のようにふると，石灰水はどうなるか。 (　　　　)

(3) 図１で，加熱した試験管の内側には液体がついていた。この液体に図３のように青色の塩化コバルト紙をつけると，塩化コバルト紙はどうなるか。 (　　　　)

(4) 図１の加熱後の試験管には白い固体が残った。この固体と炭酸水素ナトリウムをそれぞれ水にとかし，フェノールフタレイン溶液(ようえき)を加えたとき，こい赤色を示したのはどちらの物質か。次のア，イから選びなさい。 (　　)

ア 加熱後の試験管に残った白い固体　　イ 炭酸水素ナトリウム

(5) 図１で発生した気体，試験管の内側についた液体，加熱後の試験管に残った固体はそれぞれ何か。物質名を答えなさい。

気体(　　　　)　液体(　　　　)　固体(　　　　)

❶(2)ベーキングパウダーにふくまれる炭酸水素ナトリウムの加熱で発生した気体である。
❷(1)試験管の内側についた液体が熱する部分に流れこむと，加熱部に温度差が生じる。

3 酸化銀の分解 右の図のように，酸化銀を試験管に入れて加熱したところ，気体が発生し，酸化銀の色が変化した。これについて，次の問いに答えなさい。

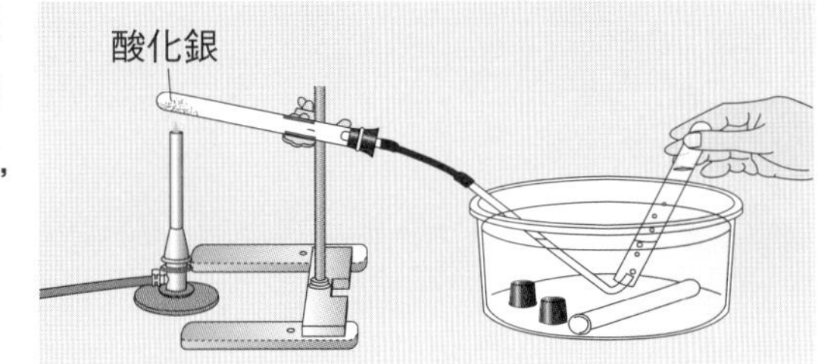

(1) 発生した気体を集めた試験管に火のついた線香を入れると，線香はどうなるか。
ヒント ( )

(2) 発生した気体は何か。 ( )

(3) 加熱により，酸化銀は何色から何色に変化したか。 ( )

(4) 加熱後，試験管に残った物質について，次の問いに答えなさい。ヒント

① かたいものでたたくとどうなるか。 ( )

② 電流は流れるか。 ( )

③ みがくとどうなるか。 ( )

④ この物質は何か。 ( )

(5) この実験のように，1種類の物質が2種類以上の物質に分かれる化学変化を何というか。
( )

(6) 加熱による(5)を特に何というか。 ( )

4 教 p.23 実験2 **水に電流を流したときの変化** 右の図のような装置を使って，少量の水酸化ナトリウムをとかした水に電流を流したところ，両極で気体が発生した。これについて，次の問いに答えなさい。

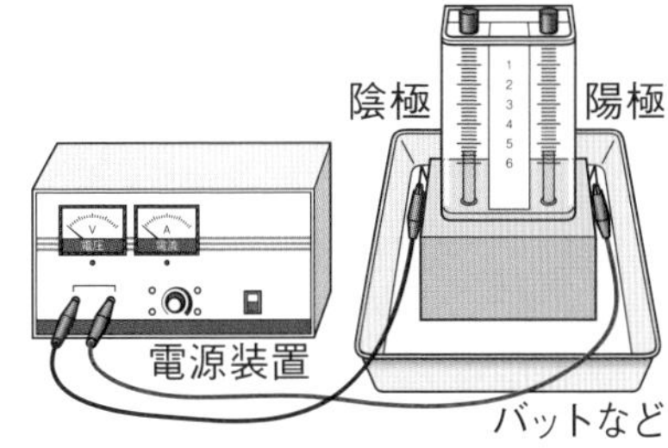

(1) 電気分解装置の陰極は，電源装置の＋(プラス)極と－(マイナス)極のどちらにつながっているか。
( )

記述 (2) 水に少量の水酸化ナトリウムをとかしたのはなぜか。ヒント
( )

記述 (3) 陰極から発生した気体にマッチの火を近づけるとどうなるか。
( )

(4) 陰極から発生した気体は何か。ヒント ( )

記述 (5) 陽極から発生した気体に火のついた線香を入れるとどうなるか。
( )

(6) 陽極から発生した気体は何か。ヒント ( )

(7) この実験のように，電流を流して物質を分解することを何というか。
( )

(8) (4)や(6)の気体は，それ以上分解できるか，できないか。 ( )

3(1)物質を燃やすはたらきのある気体が発生する。(4)加熱後に残った固体は金属である。
4(2)純粋な水には電流が流れない。(4)(6)水の分解により，2種類の気体が発生する。

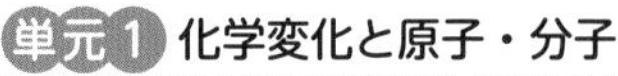

解答 p.2

定着のワーク ステージ2 第1章 物質のなり立ち－②

1 教 p.23 実験2 **水に電流を流したときの変化** 右の図のように，H形ガラス管電気分解装置で少量の水酸化ナトリウムをとかした水の電気分解を行った。次の問いに答えなさい。

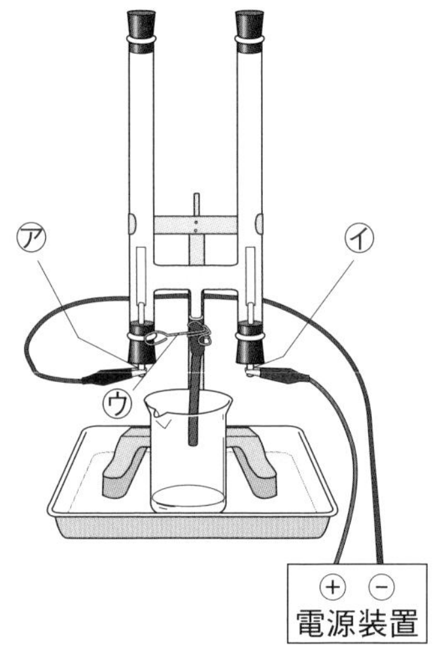

(1) この装置で，ゴム管を開いたり閉じたりするために使う実験器具㋒を何というか。 (　　　)

(2) 次の①，②のとき，ゴム管は閉じるか，開くか。ヒント
① 電流を流さないとき (　　　)
② 電流を流すとき (　　　)

(3) 電極㋐，㋑から発生する気体はそれぞれ何か。ヒント
㋐(　　　) ㋑(　　　)

(4) 電極㋐，㋑から発生する気体の体積を比べるとどうなっているか。次のア～ウから選びなさい。 (　　　)
ア 電極㋐から発生する気体の体積の方が大きい。
イ 電極㋑から発生する気体の体積の方が大きい。
ウ 発生する気体の体積は等しい。

㋐ ㋑ ㋒ ＋ − 電源装置

2 **原子の性質** 下の図は，原子の性質を表したものである。これについて，あとの問いに答えなさい。

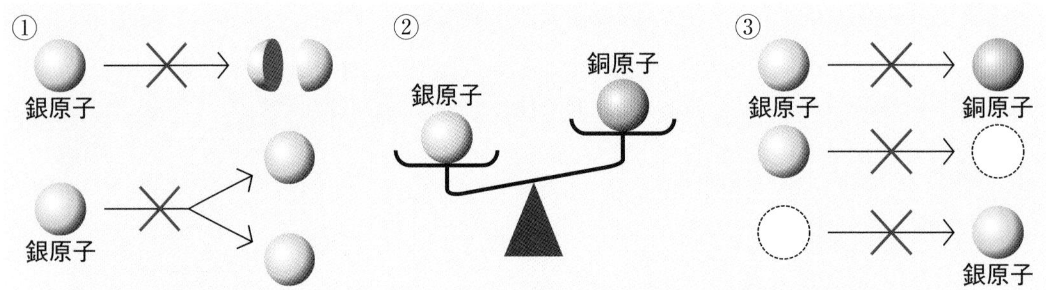

(1) 図の①～③について説明した文を，次のア～ウから選びなさい。ヒント
①(　　　) ②(　　　) ③(　　　)
ア 化学変化で，ほかの種類の原子に変わったり，なくなったり，新しくできたりしない。
イ 化学変化で，それ以上に分割することができない。
ウ 原子の種類によって，質量や大きさが決まっている。

(2) 原子の性質を発表した科学者はだれか。 (　　　)

(3) 原子の種類のことを何というか。 (　　　)

(4) いくつかの原子が集まった，物質の性質を示す最小単位の粒子を何というか。 (　　　)

ヒントの森
❶(2)電流を流すと気体が発生し，管内の物質の体積が大きくなる。(3)電源装置の＋極につながるのが陽極，－極につながるのが陰極である。 ❷(1)原子は物質をつくる最小の単位である。

3 元素記号 次の表の①～⑫にあてはまる元素記号をそれぞれ答えなさい。ヒント

元素	ナトリウム	マグネシウム	カルシウム	鉄	銅	銀
元素記号	①	②	③	④	⑤	⑥

元素	水 素	炭 素	窒 素	酸 素	硫 黄	塩 素
元素記号	⑦	⑧	⑨	⑩	⑪	⑫

レベルUP 4 分子のモデル 次の表の①～⑤にあてはまる分子名と分子のモデルを，酸素分子の例にならって答えなさい。

分子名	酸素分子	水素分子	②	③	二酸化炭素分子	⑤
モデル	(O)(O)	①	(N)(N)	(H)(O)(H)	④	(H)(N)(H)(H)

5 元素記号を使った物質の表し方 次の問いに答えなさい。

(1) 物質を元素記号を用いて表したものを何というか。 (　　　　)

(2) 元素を整理して配置した表を何というか。 (　　　　)

記述 (3) (2)で，縦に並んだ元素にはどのような特徴(とくちょう)が見られるか。

(　　　　　　　　　　　　)

(4) 次の表の①～④にあてはまるモデルや元素記号，化学式を，酸素分子の例にならって答えなさい。

酸素分子

分子のモデル	元素記号	化学式
(O)(O)	OO	O_2

水素分子

分子のモデル	元素記号	化学式
①	HH	②

水分子

分子のモデル	元素記号	化学式
(H)(O)(H)	③	④

(5) 1種類の元素だけでできている物質を何というか。 (　　　　)

(6) 2種類以上の元素でできている物質を何というか。 (　　　　)

(7) 次の①～④の物質を，化学式で表しなさい。ヒント

①(　　　　) ②(　　　　) ③(　　　　) ④(　　　　)

① 銅　② マグネシウム　③ 塩化ナトリウム　④ 酸化銅

❸元素記号の1文字目は大文字，2文字目は小文字になる。 ❺(7)化学式は，元素記号を組み合わせて表すが，大文字・小文字の区別は元素記号だけのときと同じにする。

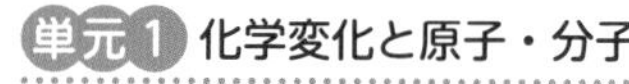

第1章　物質のなり立ち

よく出る **1** 炭酸水素ナトリウムを試験管に入れて，右の図のような実験装置で加熱した。これについて，次の問いに答えなさい。　3点×6（18点）

(1) 試験管Aの内部についた液体は何か。

(2) 試験管Bに集められた気体は何か。

(3) 実験後，試験管Aに残った白い物質は何か。

記述 (4) 試験管Bの気体を調べるとき，1本目の試験管の気体を使わない理由を書きなさい。

記述 (5) 加熱をやめる前に，水槽（すいそう）の中からガラス管をぬく理由を簡単に答えなさい。

(6) 炭酸水素ナトリウムと(3)の物質のうち，水にとかしたとき，強いアルカリ性を示すのはどちらか。物質名で答えなさい。

(1)		(2)		(3)	
(4)					
(5)					
(6)					

よく出る **2** 右の図のような装置を使って水を電気分解し，発生した気体について調べた。これについて，次の問いに答えなさい。　3点×6（18点）

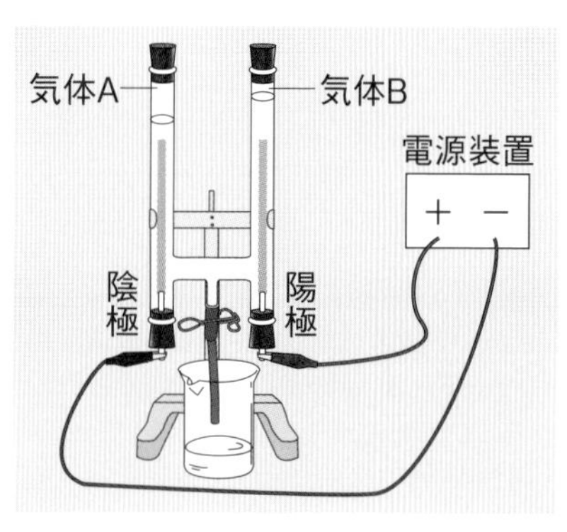

(1) 純粋な水には，電流が流れないので，水にある物質をとかして実験を行った。ある物質とは何か。

記述 (2) 陰極側のゴム栓（せん）をとって，マッチの火を近づけた。このときどのような変化が起こるか。

記述 (3) 陽極側のゴム栓をとって，火のついた線香を入れた。このとき，どのような変化が起こるか。

(4) 気体A，Bを，それぞれ化学式で表しなさい。

(5) 発生する気体Aと気体Bの体積比（A：B）はどのようになるか。次のア〜エから選びなさい。

ア　1：1　　イ　1：2

ウ　2：1　　エ　決まっていない。

(1)		(2)						
(3)		(4)	A		B		(5)	

3 次の物質について，①～④の物質を元素記号で表しなさい。また，⑤～⑧の元素記号で表される物質の名前を答えなさい。

2点×8（16点）

① 水素　② 酸素　③ 炭素　④ 銅

⑤ N　⑥ Na　⑦ Zn　⑧ Ag

①		②		③		④	
⑤		⑥		⑦		⑧	

レベルUP **4** 次の問いに答えなさい。

3点×10（30点）

(1) 次の①～⑤の物質を化学式で表しなさい。

① 窒素　② 水　③ 鉄　④ 酸化銀　⑤ アンモニア

(2) (1)の①～⑤の中で，分子ではない物質はどれか。すべて選び，番号で答えなさい。

(3) 次の①～④の化学式で表される物質の名称（めいしょう）をそれぞれ答えなさい。

① Au　② H_2　③ CO_2　④ NaCl

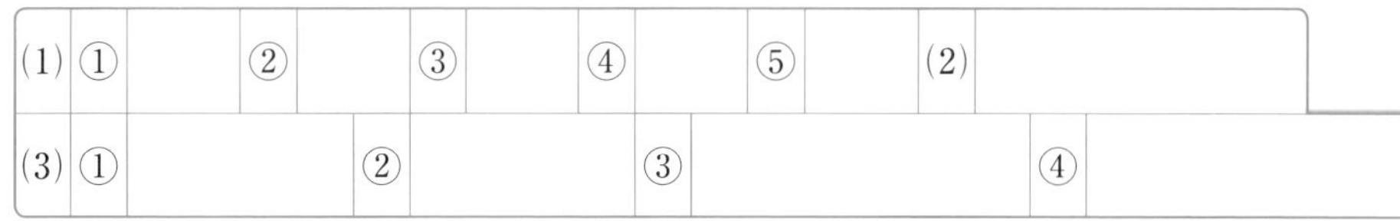

(1)	①		②		③		④		⑤		(2)	
(3)	①		②		③		④					

5 物質を次の図のように分類した。これについて，あとの問いに答えなさい。

2点×9（18点）

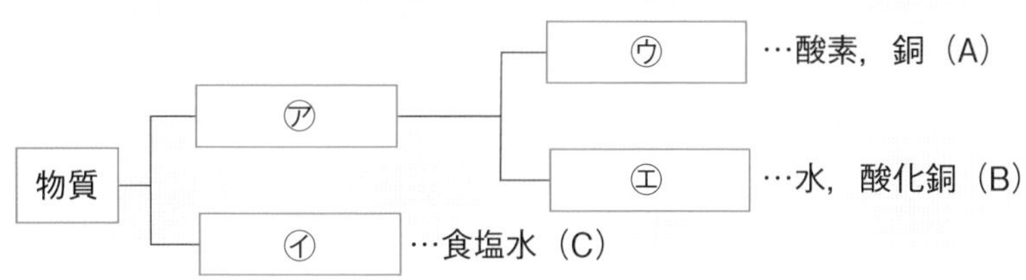

(1) 図の㋐～㋓にあてはまる言葉を答えなさい。

(2) 次の①～⑤の物質は，図のA～Cのどれにあてはまるか。それぞれ記号を答えなさい。

① マグネシウム

② 塩化ナトリウム

③ 二酸化炭素

④ アンモニア水

⑤ 水素

混合物を，1つの化学式で表すことはできないよ。

(1)	㋐		㋑		㋒		㋓	
(2)	①		②		③		④		⑤	

解答 p.3

確認のワーク ステージ1　第2章　物質どうしの化学変化

教科書の要点

(　　)にあてはまる語句を，下の語群から選んで答えよう。　同じ語句を何度使ってもかまいません。

1 異なる物質の結びつき　教 p.35〜41

(1)　2種類以上の物質が結びつく化学変化でできる物質を(①　　　　)といい，結びつく前の物質とは性質が異なる。（化合とよぶこともある。）

(2)　鉄と硫黄の混合物を加熱すると，(②　　　　)や光を出して激しく反応して，黒色の(③★　　　　)ができる。

(3)　水素と酸素の混合気体に点火すると(④★　　　　)ができる。

(4)　硫黄の蒸気の中に銅を入れると，(⑤　　　　)ができる。

(5)　主成分が炭素である炭を燃やすと，(⑥★　　　　)ができる。

2 化学変化を化学式で表す　教 p.42〜48

(1)　化学変化を，化学式を組み合わせて表した式を(①★　　　　)という。（式の左側と右側は「＝」ではなく，矢印（→）でつなぐ。）

(2)　化学反応式(かがくはんのうしき)のつくりかた

❶　反応前の物質を矢印(→)の(②　　　　)側に，反応後の物質を(③　　　　)側に書き，それぞれの物質を(④★　　　　)で表す。

❷　矢印の左側と右側で，(⑤★　　　　)とそれぞれの原子の(⑥　　　　)が等しいか調べる。

❸　❷で，等しくない場合，矢印の左側や右側の物質を(⑦　　　　)て，元素やそれぞれ原子の数を等しくする。

(3)　化学反応式の例

・鉄と硫黄の反応　鉄＋硫黄 ⟶ 硫化鉄(りゅうかてつ)

$Fe+S \longrightarrow$ (⑧★　　　　)

・炭素と酸素の反応　炭素＋酸素 ⟶ 二酸化炭素

$C+O_2 \longrightarrow$ (⑨★　　　　)

・水素と酸素の反応　水素＋酸素 ⟶ 水

(⑩　　　　)$H_2+O_2 \longrightarrow$ (⑪　　　　)H_2O

・酸化銀の熱分解　酸化銀 ⟶ 銀＋酸素

2(⑫　　　　) ⟶ (⑬　　　　)$Ag+O_2$

・水の電気分解　水 ⟶ 水素＋酸素

2(⑭　　　　) ⟶ 2(⑮　　　　)＋(⑯　　　　)

ワンポイント

鉄と硫化鉄のちがい

●鉄
⇒弾力(だんりょく)や金属光沢(こうたく)がある。磁石につき，塩酸と反応し，水素が発生する。

●硫化鉄
⇒さわるとぼろぼろとくずれ，光沢はない。磁石につかず，塩酸と反応し，腐卵臭(ふらんしゅう)のある気体(硫化水素)が発生する。

プラスα

化学反応式や化学式に登場する数字の意味

・「H_2」の『2』
⇒水素分子(H_2) 1個の中に，水素原子(H)が『2個』あることを意味する。

・「$2H_2$」の前の『2』
⇒水素分子(H_2)が『2個』あることを意味する。

・「2H」の『2』
⇒水素原子(H)が『2個』あることを意味する。

語群　1 熱／硫化銅(りゅうかどう)／硫化鉄／水／二酸化炭素／化合物　2 元素／化学式／2／4／左／右／ふやし／H_2／O_2／CO_2／H_2O／FeS／Ag_2O／化学反応式／数

★の用語は，説明できるようになろう！

同じ語句や化学式を何度使ってもかまいません。

教科書の図

[　　]にあてはまる語句や化学式を，下の語群から選んで答えよう。

1 鉄と硫黄の反応

教 p.38〜40

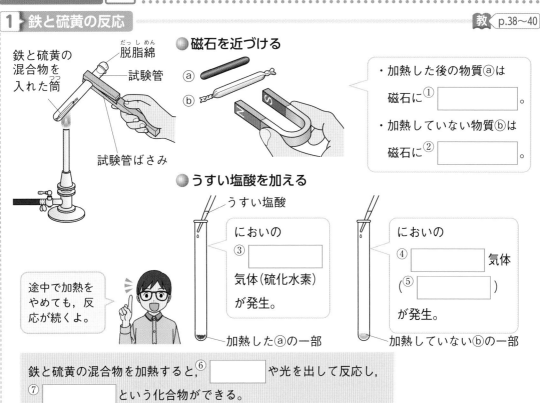

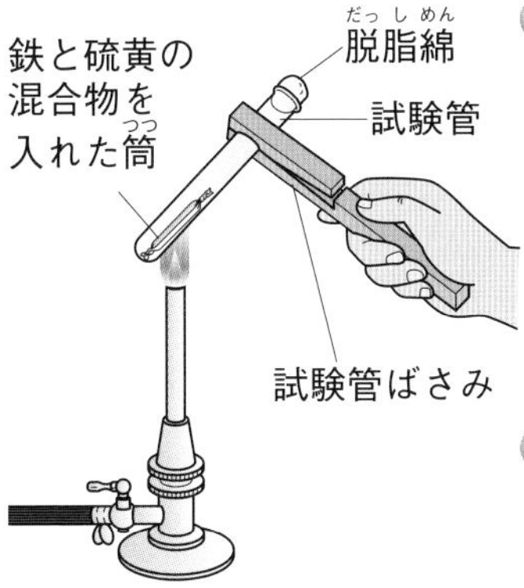

鉄と硫黄の混合物を入れた筒（つつ）

脱脂綿（だっしめん）

試験管

試験管ばさみ

●磁石を近づける

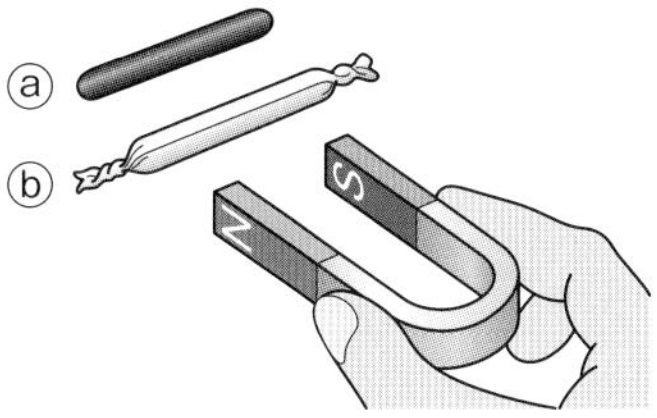

ⓐ

ⓑ

・加熱した後の物質ⓐは磁石に①[　　]。

・加熱していない物質ⓑは磁石に②[　　]。

●うすい塩酸を加える

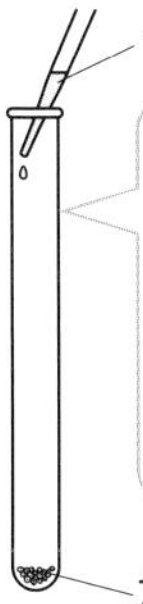

うすい塩酸

においの③[　　]気体(硫化水素)が発生。

加熱したⓐの一部

においの④[　　]気体(⑤[　　])が発生。

加熱していないⓑの一部

途中で加熱をやめても，反応が続くよ。

鉄と硫黄の混合物を加熱すると，⑥[　　]や光を出して反応し，⑦[　　]という化合物ができる。

2 化学反応式

教 p.42〜46

●炭素と酸素の反応

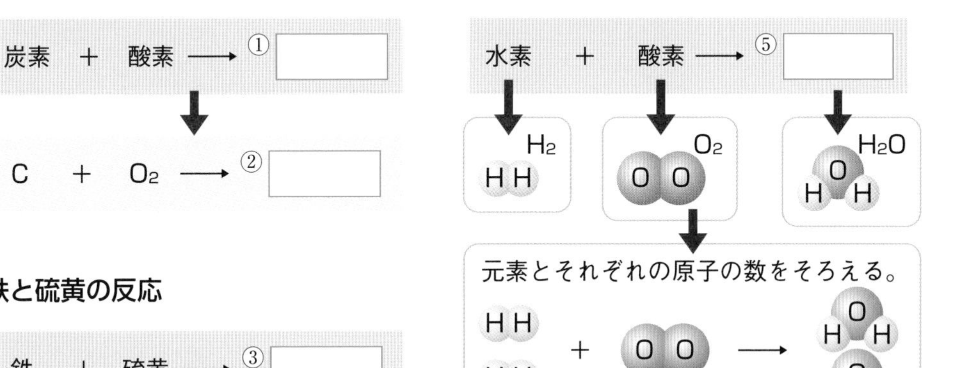

炭素 ＋ 酸素 ⟶ ①[　　]

C ＋ O_2 ⟶ ②[　　]

●水素と酸素の反応

水素 ＋ 酸素 ⟶ ⑤[　　]

元素とそれぞれの原子の数をそろえる。

⑥[　　] ＋ O_2 ⟶ ⑦[　　]

●鉄と硫黄の反応

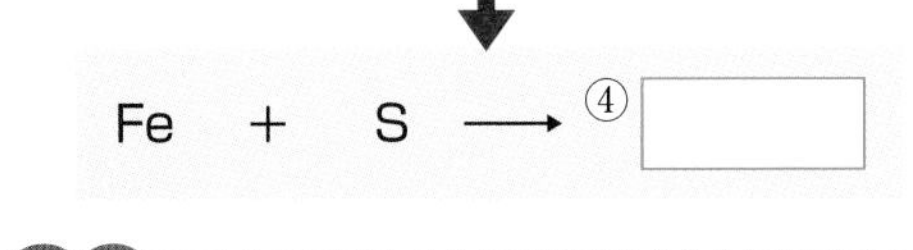

鉄 ＋ 硫黄 ⟶ ③[　　]

Fe ＋ S ⟶ ④[　　]

語群

1 水素／硫化鉄／熱／ない／ある／引き寄せられる／引き寄せられない

2 水／硫化鉄／二酸化炭素／$2H_2$／$2H_2O$／FeS／CO_2

わからない用語は，教科書の要点の★で確認しよう！

解答 p.3

定着のワーク ステージ2 第2章 物質どうしの化学変化

1 水素と酸素の化学変化 右の図のような実験用のふくろに水素と酸素をためて点火した。次の問いに答えなさい。

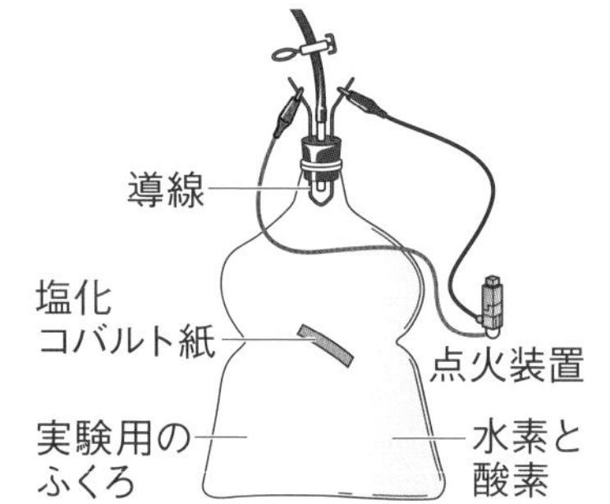

(1) 点火したところ，激しい音を発して爆発(ばくはつ)が起きた。このとき，青色の塩化コバルト紙は何色に変化したか。 (　　　)

(2) (1)から，水素と酸素が結びつくと何という物質ができたことがわかるか。ヒント (　　　)

2 教 p.38 実験3 **鉄と硫黄が結びつく変化** 鉄粉と硫黄の粉末の混合物を加熱したときの変化を調べるために，次の手順で実験を行った。これについて，あとの問いに答えなさい。

手順1 鉄粉7.0 gと硫黄の粉末(ふんまつ)4.0 gを乳鉢(にゅうばち)でよく混ぜ合わせる。
手順2 混ぜた粉末を2本の試験管A，Bに入れる。
手順3 試験管Aの口を脱脂綿でゆるく栓をして，ガスバーナーで混合物の上部を熱し，試験管Bはそのまま置いた。

(1) 手順3で，混合物の上部が赤くなったところで熱するのをやめると，その後の混合物のようすはどうなるか。次のア〜ウから選びなさい。 (　　　)

ア 一時的に反応が止まり，しばらくしてから再び反応が始まる。
イ 反応は続く。　　ウ 反応は終わる。

(2) 混合物を完全に反応させた試験管Aと，熱していない試験管Bに，図1のように磁石を近づけた。それぞれの試験管は磁石に引き寄せられるか。ヒント

図1

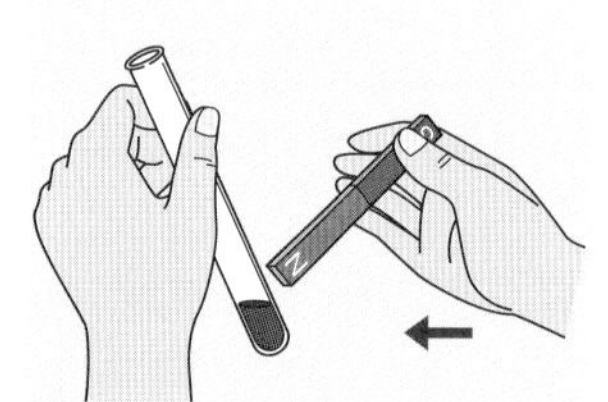

試験管A(　　　)
試験管B(　　　)

(3) 図2のように，完全に反応させた試験管Aの物質と，熱していない試験管Bの混合物をそれぞれ少量とって試験管に入れ，うすい塩酸を加えた。このときのようすとして正しいものを，次のア〜ウから選びなさい。ヒント

図2

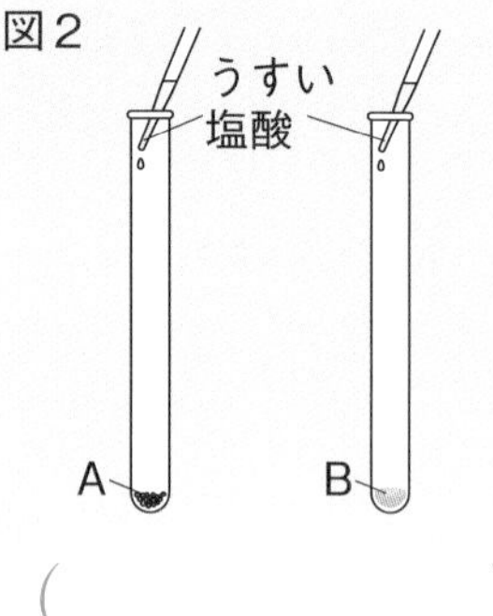

試験管Aの物質(　　　)　試験管Bの物質(　　　)

ア においのある気体が発生した。
イ においのない気体が発生した。
ウ 気体は発生しなかった。

(4) 試験管Aにできた物質の名称を答えなさい。 (　　　)

(5) 2種類以上の物質が結びついてできる物質を何というか。 (　　　)

❶(2)水素と酸素が反応してできた物質によって塩化コバルト紙の色が変化する。
❷(2)(3)鉄と硫黄の混合物を熱してできた物質は，鉄や硫黄とは異なる性質をもつ。

3 物質が結びつく化学変化　次の問いに答えなさい。

(1)　試験管に硫黄を入れて加熱して硫黄の蒸気が発生したところに銅板を入れると，銅板は激しく反応し，銅板の色が変化した。このとき，銅板は何色から何色に変化したか。
（　　　　　　）

(2)　(1)で，銅は何という物質に変化したか。（　　　　　　）

(3)　(2)の物質に力を加えるとどうなるか。次のア，イから選びなさい。（　　）

ア　弾力があり，曲がる。　　　イ　弾力はなく，くずれる。

(4)　炭の主成分は何という物質か。（　　　　　　）

(5)　炭を燃やしたときに発生する気体は何か。（　　　　　　）

(6)　(5)の気体は，(4)の物質と何が反応して発生したものか。（　　　　　　）

(7)　炭が燃えつきると何が残るか。（　　　　　　）

作図 4 モデルを使った表し方　下の表は，モデルを使って原子や分子の数を表したものである。①～⑥にあてはまるモデルや化学式を記入しなさい。

水素分子は水素原子2個からなることを表す。	(H)(H)	①
水素原子が2個あることを表す。	②	2H
水素分子が2個あることを表す。	(H)(H)　(H)(H)	③

水分子は水素原子2個と，酸素原子1個からなることを表す。	(H)(O)(H)	④
水分子が2個あることを表す。	⑤	⑥

5 化学反応式　次の化学変化を，化学反応式で表しなさい。

(1)　鉄と硫黄が結びつくと，硫化鉄ができる。ヒント
（　　　　　　　　　　　　　　　　　　　　）

(2)　炭素と酸素が結びつくと，二酸化炭素が発生する。
（　　　　　　　　　　　　　　　　　　　　）

(3)　水に電流を流すと，水素と酸素が発生する。
（　　　　　　　　　　　　　　　　　　　　）

(4)　酸化銀を熱すると，銀と酸素に分解される。ヒント
（　　　　　　　　　　　　　　　　　　　　）

(5)　炭酸水素ナトリウムを熱すると，炭酸ナトリウムと水と二酸化炭素に分解される。ヒント
（　　　　　　　　　　　　　　　　　　　　）

ヒントの森

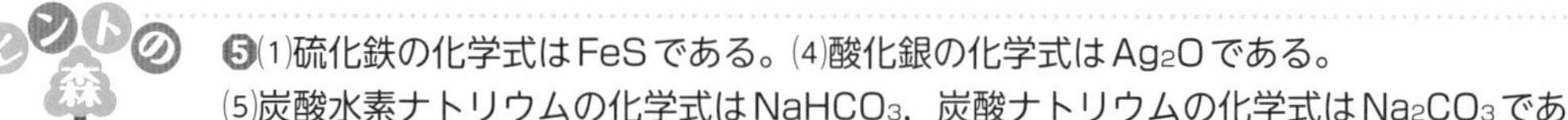

5(1)硫化鉄の化学式はFeSである。(4)酸化銀の化学式はAg_2Oである。
(5)炭酸水素ナトリウムの化学式は$NaHCO_3$，炭酸ナトリウムの化学式はNa_2CO_3である。

解答 p.4

第2章　物質どうしの化学変化

/100

1 右の図のように，気体の水素と酸素を混合してふくろに入れて点火した。これについて，次の問いに答えなさい。

4点×6（24点）

(1) 点火すると，水素と酸素はどのように反応するか。次のア，イから選びなさい。

ア　音を立てず，おだやかに反応する。

イ　大きな音を出して，激しく反応する。

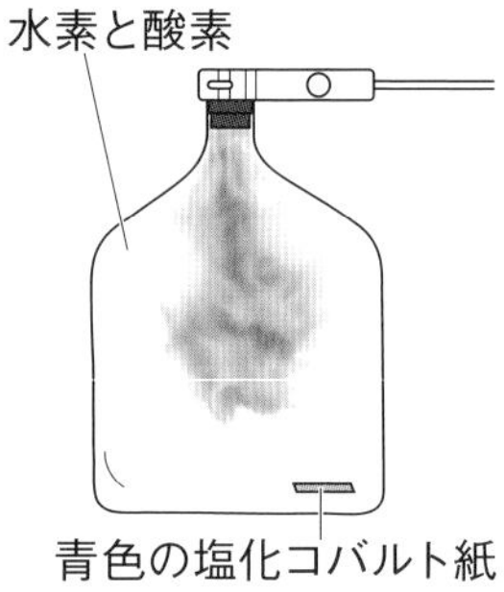

(2) 反応後，ふくろの中の塩化コバルト紙はどのように変化するか。

(3) 反応後，ふくろの中にできた物質の化学式を答えなさい。

(4) ふくろの中で起こった反応を，化学反応式で表しなさい。

レベルUP (5) (3)の分子を20個つくるためには，水素分子と酸素分子はそれぞれ何個ずつ必要か。

水素と酸素

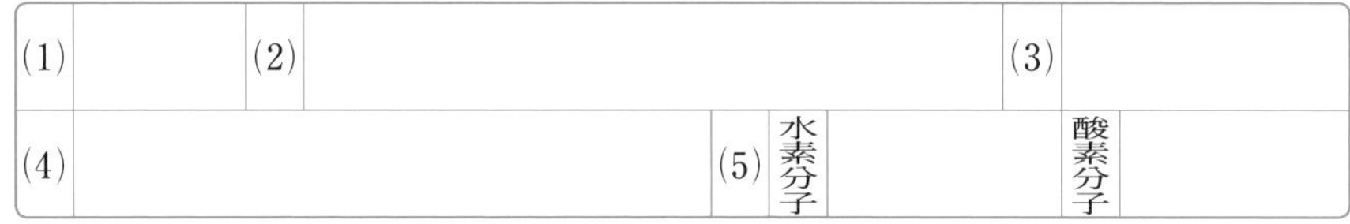

(1)		(2)		(3)	
(4)		(5) 水素分子		酸素分子	

よく出る **2** 鉄粉と硫黄の粉末をよく混ぜ合わせたものを，A，B２本のアルミニウムはくの筒（つつ）の中に入れ，右の図のように，Aはそのままにし，Bは加熱して反応させた。これについて，次の問いに答えなさい。

4点×7（28点）

(1) Aの筒と加熱後のBの筒に磁石を近づけたとき，磁石につくのはA，Bのどちらの筒か。

(2) (1)で，磁石に引き寄せられるのは何という物質の性質か。化学式で答えなさい。

(3) Aの筒と加熱後のBの筒の中の物質を少量ずつ試験管にとり，それぞれにうすい塩酸を加えたところ，一方からは腐卵臭のする気体，もう一方からはにおいのない気体が発生した。次の問いに答えなさい。

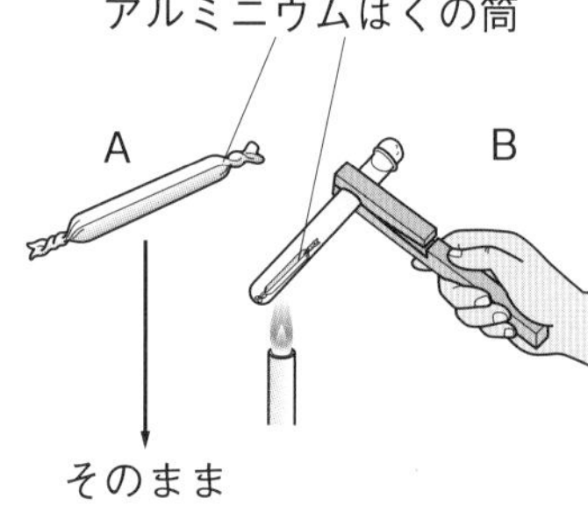

① 気体のにおいはどのようにしてかぐか。

記述 ② ①のようにしなければならないのはなぜか。

③ 腐卵臭のある気体が発生したのはどちらの試験管か。

④ 下線部のにおいのない気体は何か。化学式で答えなさい。

(4) 鉄粉と硫黄の粉末を加熱したときに起こった反応を，化学反応式で表しなさい。

(1)		(2)		(3) ①		②	
(3) ③		④		(4)			

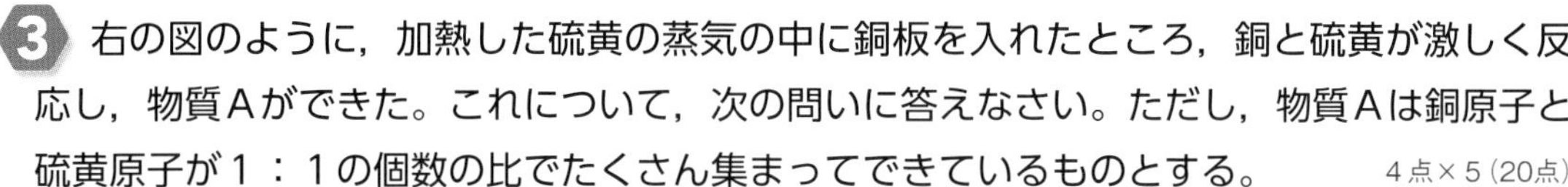

レベルUP **3** 右の図のように，加熱した硫黄の蒸気の中に銅板を入れたところ，銅と硫黄が激しく反応し，物質Aができた。これについて，次の問いに答えなさい。ただし，物質Aは銅原子と硫黄原子が１：１の個数の比でたくさん集まってできているものとする。 4点×5 (20点)

(1) 物質Aは何色か。

(2) 物質Aの名称を答えなさい。

(3) 反応前の銅と物質Aのそれぞれに電気は流れるか。次のア～エから選びなさい。

ア どちらも流れる。　イ 反応前の銅だけ流れる。

ウ 物質Aだけ流れる。　エ どちらも流れない。

(4) 物質Aのように，２種類以上の物質が結びついてできたものを何というか。

(5) 銅と硫黄が結びついて物質Aができる反応を，化学反応式で表しなさい。

(1)		(2)		(3)		(4)	
(5)							

4 右の図は，水素原子，炭素原子，酸素原子をモデルで表したものである。これについて，次の問いに答えなさい。 4点×7 (28点)

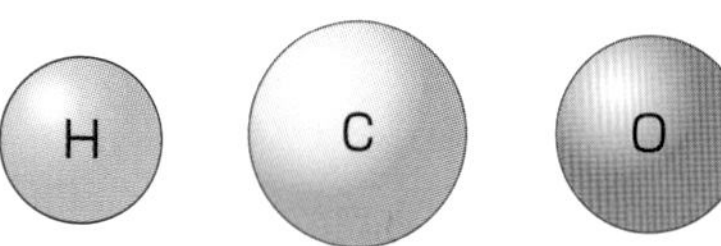

(1) 炭素と酸素が結びつく化学変化について，次の問いに答えなさい。

① 反応前の物質名を矢印(⟶)の左側に，反応後の物質名を矢印の右側に書き，式で表しなさい。

② ①の物質名をそれぞれモデルに直して，式で表しなさい。

③ 炭素と酸素が結びつくときの化学変化を，化学反応式で表しなさい。

(2) 水の電気分解について，次の問いに答えなさい。

① 反応前の物質名を矢印(⟶)の左側に，反応後の物質名を矢印の右側に書き，式で表しなさい。

② ①の物質名をそれぞれモデルに直して，式で表しなさい。

③ ②を矢印(⟶)の左右で，元素と原子の数が等しくなるように，モデルで表しなさい。

④ 水の電気分解を，化学反応式で表しなさい。

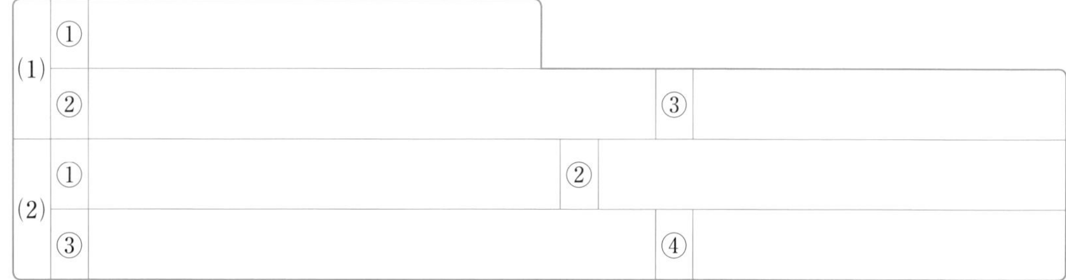

(1)	①			
	②		③	
(2)	①		②	
	③		④	

解答 p.5

第3章 酸素がかかわる化学変化

教科書の要点 （ ）にあてはまる語句を，下の語群から選んで答えよう。

同じ語句を何度使ってもかまいません。

1 物が燃える変化 教 p.49〜55

(1) 物質が**酸素と結びつく**ことを(①★)といい，これによってできる物質を(②★)という。

(2) 物質が**光や熱を出しながら激しく酸化**することを(③★)という。

(3) スチールウールを燃やすと，**酸素と結びついて**(④)ができ，加熱後の質量は，加熱前よりも(⑤)。

(4) 銅を熱すると酸化して(⑥)ができる。（黒色）

⇒$2Cu+O_2 \longrightarrow 2$(⑦)

(5) マグネシウムを熱すると酸化して(⑧)ができる。（白色）

⇒$2Mg+O_2 \longrightarrow 2$(⑨)

(6) 主に(⑩★)と**水素**からできた化合物である**有機物**を燃焼させると，**二酸化炭素**と(⑪★)ができる。（炭素が酸化してできる。／水素が酸化してできる。）

2 酸化物から酸素をとる化学変化 教 p.56〜62

(1) **酸化物が酸素をうばわれる化学変化**を(①★)といい，**酸化と同時に起こる**。

(2) 酸化銅と炭素の混合物を加熱すると，酸化銅は(②★)されて**銅**に，炭素は(③★)されて**二酸化炭素**になる。

⇒$2CuO+C \longrightarrow 2$(④)+(⑤)

(3) 熱した酸化銅を(⑥)の中に入れると，**酸化銅は還元されて銅に，水素は酸化されて水**になる。

⇒$CuO+$(⑦)$\longrightarrow Cu+H_2O$

(4) マグネシウムリボンを二酸化炭素中で燃やすと酸化マグネシウムになり，二酸化炭素は(⑧)されて炭素になる。

(5) 酸化と還元の関係

(⑨★)

Aの**酸化物** ＋ B ⟶ A ＋ Bの**酸化物**

（酸素がうばわれる。）

(⑩★)

(6) 製鉄では，(⑪)を多くふくむ物質を，炭素などで**還元**して鉄をとり出している。

語群 ①水／炭素／酸化／酸化鉄／酸化銅／酸化マグネシウム／燃焼／酸化物／大きい／CuO／MgO ②水素／酸化鉄／酸化／還元／H_2／CO_2／Cu

★の用語は，説明できるようになろう！

プラスα

金属の酸化

⇒スチールウールやマグネシウムの酸化は**燃焼**だが，銅の酸化は，多量の熱や光は出さず，燃焼ではない。

ワンポイント

スチールウールと酸化鉄のちがい

●**スチールウール**

⇒弾力があり，電流が流れる。塩酸と反応し，**水素**が発生する。

●**酸化鉄**

⇒さわるとぼろぼろとくずれ，電流は流れにくい。塩酸と反応しにくい。

プラスα

酸化銅の還元は，炭素や水素だけでなく，エタノールや砂糖などでも行うことができる。

ワンポイント

現在の製鉄では，酸化鉄をふくむ鉄鉱石を，コークス(炭素)などで還元している。

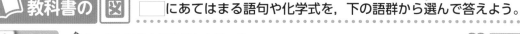

同じ語句や化学式を何度使ってもかまいません。

にあてはまる語句や化学式を，下の語群から選んで答えよう。

1 酸化

③，④には鉄か酸化鉄かを書こう。

教 p.51〜52

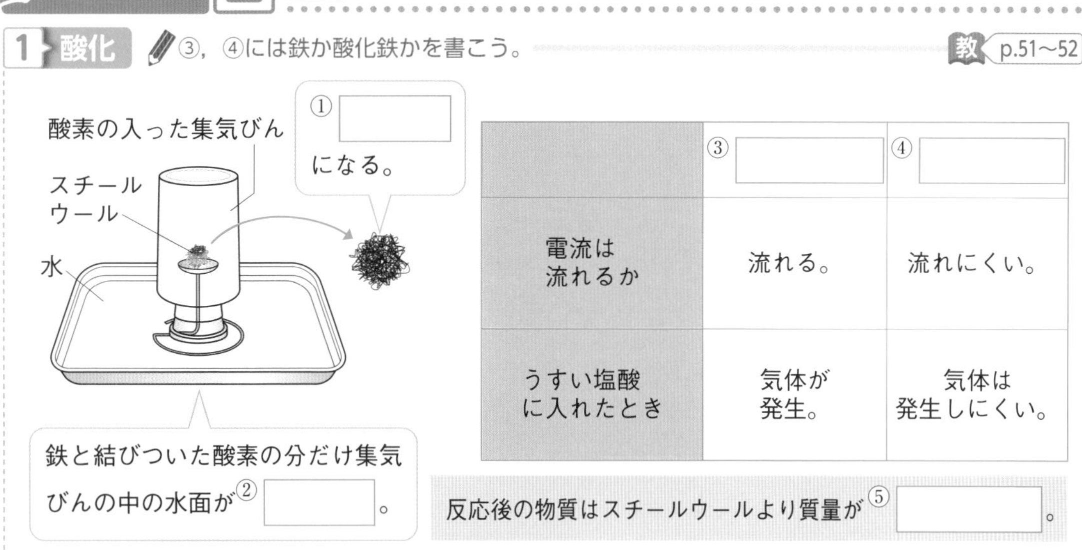

酸素の入った集気びん
スチールウール
水
①　　になる。
鉄と結びついた酸素の分だけ集気びんの中の水面が②　　。

	③	④
電流は流れるか	流れる。	流れにくい。
うすい塩酸に入れたとき	気体が発生。	気体は発生しにくい。

反応後の物質はスチールウールより質量が⑤　　。

2 金属の燃焼

②，③には化学式を書こう。

教 p.53

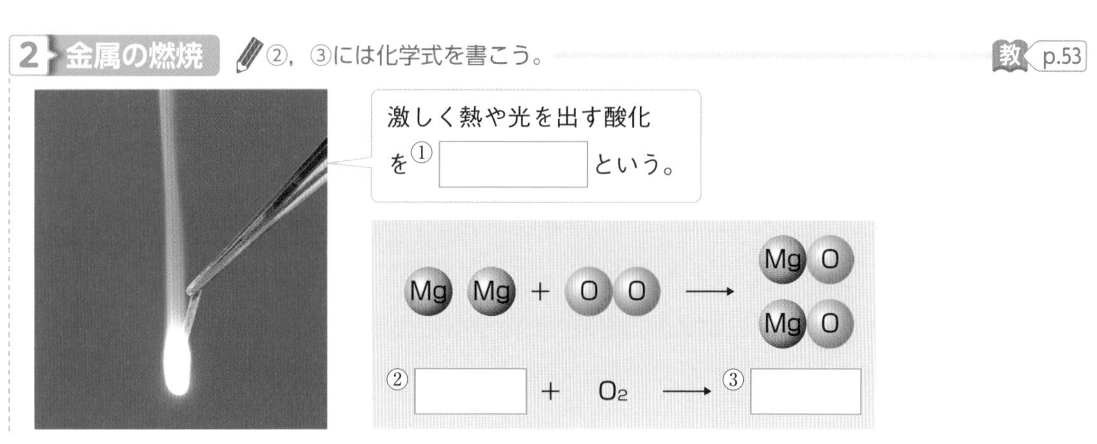

激しく熱や光を出す酸化を①　　という。
Mg Mg + O O → Mg O Mg O
②　　 + O2 → ③　　

3 還元

教 p.57〜58

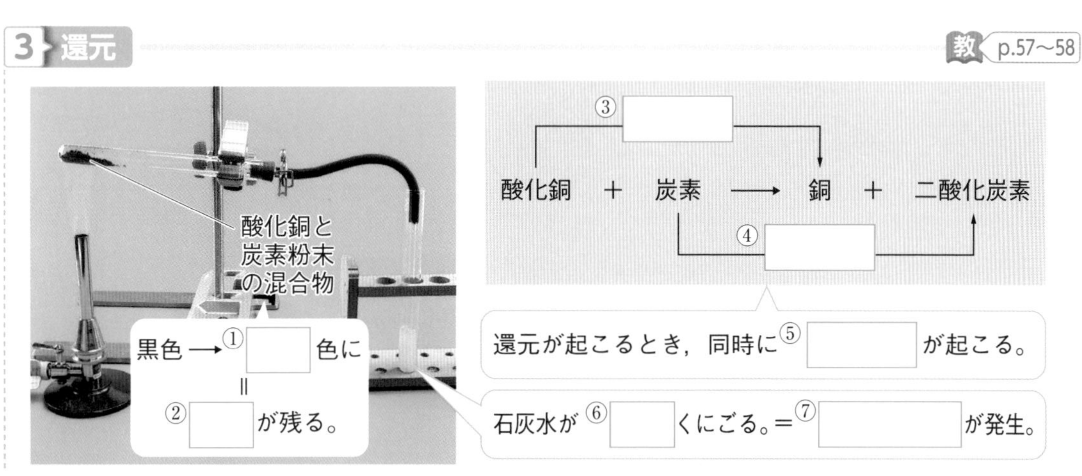

酸化銅と炭素粉末の混合物
黒色 → ①　　色に
‖
②　　が残る。
③
酸化銅 ＋ 炭素 → 銅 ＋ 二酸化炭素
④
還元が起こるとき，同時に⑤　　が起こる。
石灰水が⑥　　くにごる。＝⑦　　が発生。

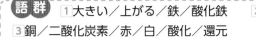

語群　1 大きい／上がる／鉄／酸化鉄　2 2Mg／2MgO／燃焼
3 銅／二酸化炭素／赤／白／酸化／還元

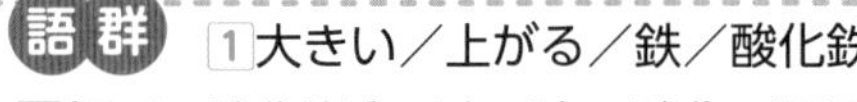

わからない用語は，教科書の要点の★で確認しよう！

解答 p.5

第3章 酸素がかかわる化学変化

1 教 p.51 実験4 **鉄を燃やしたときの変化** 下の図のように，酸素の入った集気びんの中でスチールウールを燃やすと，集気びんの中の水面が上昇(じょうしょう)した。これについて，あとの問いに答えなさい。

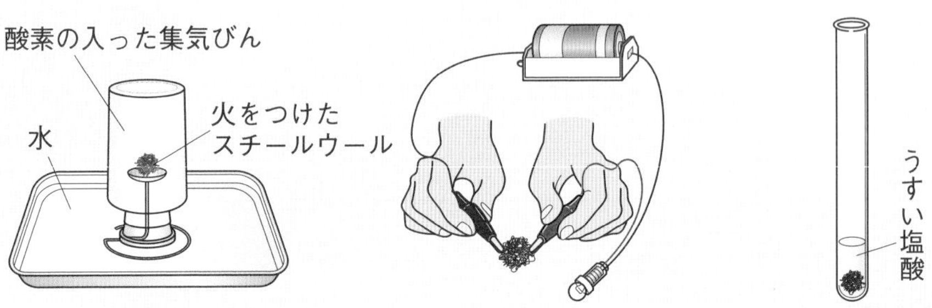

(1) スチールウールを燃やしたとき，水面が上昇した理由を答えなさい。ヒント
( )

(2) 燃やす前のスチールウールと，スチールウールを燃やしてできた物質とを比べると，質量が大きいのはどちらか。 ( )

(3) スチールウールを燃やしてできた物質に，電流は流れるか。
( )

(4) スチールウールを燃やしてできた物質にうすい塩酸を加えたとき，気体は発生するか。
ヒント ( )

(5) スチールウールを燃やしてできる物質の名称を答えなさい。 ( )

(6) この実験のように，物質が熱や光を出しながら激しく酸素と結びつくことを何というか。
( )

2 **水素と酸素が結びつく化学変化** 右の図のようにして，水素と酸素の混合気体に点火した。これについて，次の問いに答えなさい。

(1) 図のように点火すると，筒の中の水面の高さはどう変わるか。 ( )

(2) この実験で酸化された物質は何か。ヒント
( )

(3) 水素と酸素が結びついてできた物質を化学式で表しなさい。 ( )

(4) この実験における化学変化を，化学反応式で表しなさい。
( )

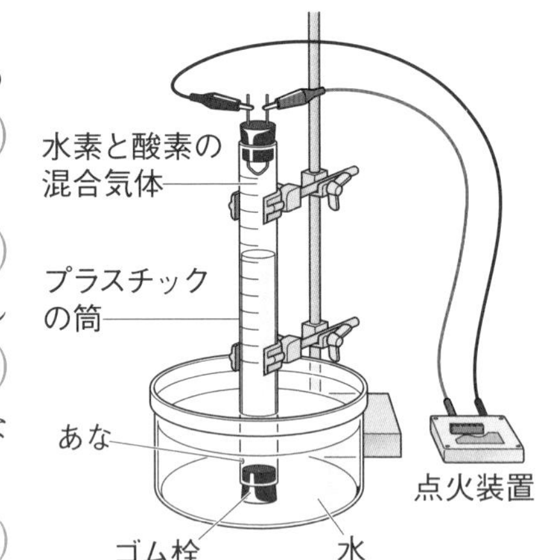

❶(1)スチールウールが燃えると，集気びんの中の気体と結びつく。(4)鉄にうすい塩酸を加えると水素が発生する。 ❷(2)物質が酸素と結びつく化学変化を酸化という。

3 **有機物の燃焼** 右の図のようにしてロウを燃焼させた。次の問いに答えなさい。

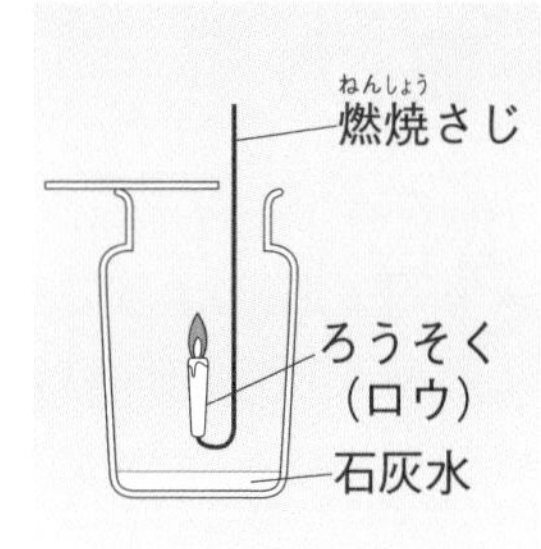

(1) ロウを燃やしたときにできる，石灰水を白くにごらせる気体は何か。 (　　　　　)

(2) ロウを燃やしたときにできる液体は何か。 (　　　　　)

(3) ロウのように，じゅうぶんに燃焼させると，(1)，(2)の物質ができる物質を何というか。 (　　　　　)

4 教 p.57 実験5 **酸化銅から酸素をとる化学変化** 次のような手順で，酸化銅と炭素粉末の混合物を熱し，変化を調べた。これについて，あとの問いに答えなさい。

〈手順1〉酸化銅と炭素粉末をよく混ぜ合わせ，右の図のように試験管に入れて加熱する。
〈手順2〉反応が終わったら，熱するのをやめ，ゴム管をピンチコックでとめて冷ます。
〈手順3〉試験管の中の物質をとり出して，観察する。
〈手順4〉試験管からとり出した物質を金属製の薬品さじで強くこすり，熱する前の混合物と比べる。

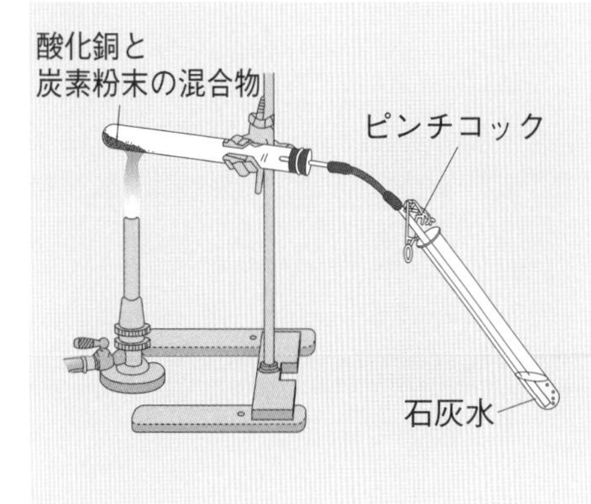

(1) **手順1**で，混合物を熱すると，図の石灰水はどうなるか。 (　　　　　)

(2) (1)の結果から，混合物を熱することにより，何という気体が生じたことがわかるか。 (　　　　　)

記述

(3) 反応が終わった後，安全のために火を消す前にしなければならないことは何か。ヒント
(　　　　　)

(4) 熱するのをやめた後，**手順2**のようにゴム管をピンチコックでとめるのはなぜか。次のア～エから選びなさい。ヒント (　　)

ア 試験管の中にできた気体を逃がさないようにするため。
イ 空気が試験管の中に入り，試験管内の物質と酸素が反応するのを防ぐため。
ウ 石灰水が試験管の中に流れこまないようにするため。
エ 試験管の中の炭素の粉末が飛び散らないようにするため。

(5) **手順3**で，反応後に試験管に残った物質は何色をしているか。 (　　　　　)

(6) 反応後に試験管に残った物質の名称を答えなさい。 (　　　　　)

(7) この実験で，酸素をうばわれた物質は何か。化学式で答えなさい。 (　　　　　)

(8) (7)で答えた物質に起こった化学変化を何というか。 (　　　　　)

(9) この実験で，酸素をうばった物質は何か。化学式で答えなさい。 (　　　　　)

(10) (9)で答えた物質に起こった化学変化を何というか。 (　　　　　)

4(3)火を消すと，熱していた試験管の温度が下がり，試験管内の気体の体積が小さくなる。
(4)熱するのをやめても，試験管内の物質の温度はすぐには下がらない。

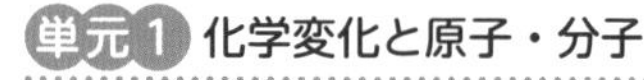

解答 p.6

第3章　酸素がかかわる化学変化

/100

1 下の図のように，てんびんを使って同じ質量のスチールウールA，Bを用意し，Bのスチールウールのみ加熱した。これについて，あとの問いに答えなさい。　5点×5(25点)

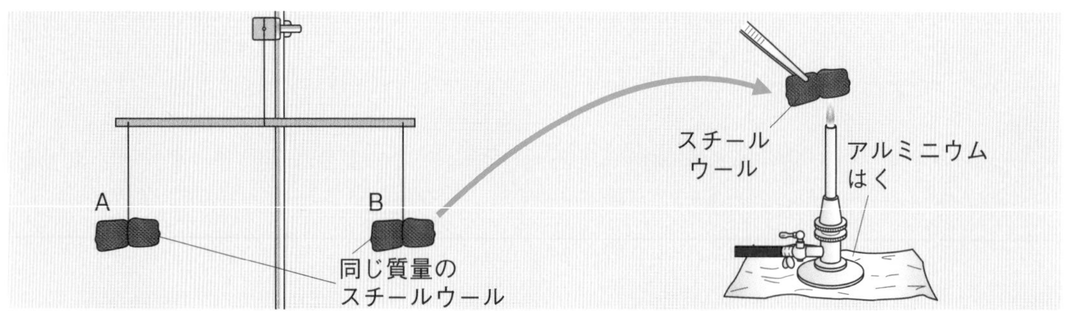

(1)　Bを加熱すると，どのような変化が起きるか。正しいものを次のア，イから選びなさい。

ア　光は出さずに，おだやかに反応する。　　イ　光を出し，激しく反応する。

(2)　Aと加熱後のBの質量を比べると，質量が大きいのはA，Bのどちらか。

(3)　(2)のようになった理由を簡単に答えなさい。

(4)　加熱後のBの性質について，次のア～クから正しいものをすべて選びなさい。

ア　銀色である。　　イ　黒色である。

ウ　さわるとぼろぼろになる。　　エ　さわると弾力がある。

オ　電流が流れない。　　カ　電流が流れる。

キ　塩酸に入れると気体が発生する。　　ク　塩酸に入れてもほとんど気体は発生しない。

(5)　加熱後のBは，何という物質か。

(1)		(2)		(3)	
(4)		(5)			

2 右の図のように，集気びんの中で木炭を燃焼させた。これについて，次の問いに答えなさい。　5点×3(15点)

(1)　木炭を燃焼させた後，集気びんの中に石灰水を入れてふった。石灰水はどのように変化するか。

(2)　木炭が燃焼したことで発生した気体は何か。化学式で答えなさい。

(3)　この実験のように，物質が酸素と結びつくことを何というか。

(1)		(2)		(3)	

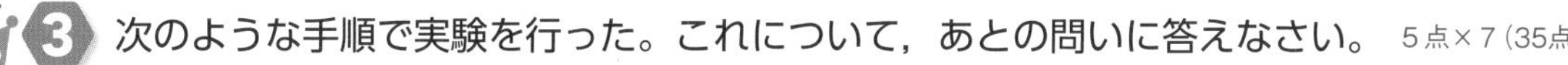

よく出る **3** 次のような手順で実験を行った。これについて，あとの問いに答えなさい。 5点×7（35点）

手順1　右の図のように酸化銅の粉末を炭素粉末とよく混ぜ合わせて，試験管に入れて加熱した。

手順2　発生した気体を石灰水に通したところ，石灰水が白くにごった。

手順3　加熱後の物質を試験管からとり出し，金属製の薬品さじで強くこすると赤いかがやきが出た。

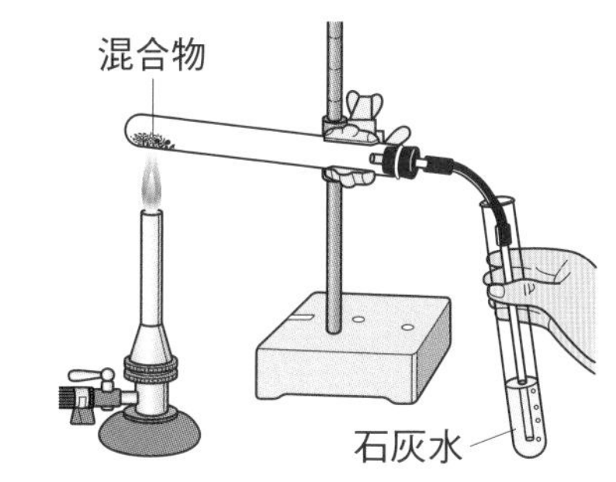

(1)　**手順2**で，発生した気体の名称を答えなさい。

(2)　(1)の気体は，何という物質が結びついてできたものか。物質名を2つ答えなさい。

(3)　酸化銅は何という物質に変化したか。

(4)　この実験で，酸化銅からうばわれた物質は何か。

(5)　酸化銅のような酸化物から(4)の物質がうばわれる化学変化を何というか。

(6)　この実験で起きた化学変化を，化学反応式で書きなさい。

(1)		(2)			
(3)		(4)		(5)	
(6)					

4 右の図のように，巻いた銅線を炎の中に入れて加熱した。表面が黒くなったら，水素をふきこんだ試験管の中に入れたり出したりした。次の問いに答えなさい。 5点×5（25点）

(1)　銅線を加熱したときに起こった化学変化を，化学反応式で書きなさい。

(2)　銅線を加熱すると，どのような変化が起きるか。次の**ア**，**イ**から正しいものを選びなさい。

ア　炎を出して激しく反応し，黒くなる。

イ　炎を出さずにおだやかに反応し，黒くなる。

(3)　この実験で，水素は酸素と結びついて何という物質になるか。

(4)　この実験で，酸化と同時に起こっている化学変化は何か。

(5)　試験管の中で起きた化学変化を，化学反応式で書きなさい。

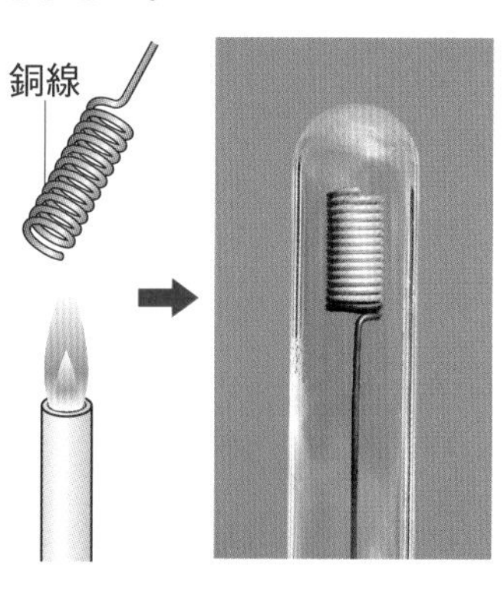

(1)		(2)		(3)	
(4)		(5)			

解答 p.7

確認のワーク ステージ1 第4章　化学変化と物質の質量 第5章　化学変化とその利用

教科書の要点

同じ語句を何度使ってもかまいません。

（　）にあてはまる語句を，下の語群から選んで答えよう。

1 化学変化と質量の変化

教 p.63～67

(1) **化学変化の前後で物質全体の質量が変わらないこと**を（①★　　　　）という。化学変化では，物質をつくる原子の組み合わせは変化（②　　　　）が，全体の元素とそれぞれの原子の数は変化（③　　　　）。

(2) **沈殿**(ちんでん)**ができる反応**では，反応後の物質全体の質量は，反応前の物質全体の質量（④　　　　）。

例　うすい硫酸(りゅうさん)と塩化バリウム水溶液(すいようえき)の反応(硫酸バリウムの沈殿)

(3) **気体が発生する反応**では，密閉(みっぺい)せずに反応させると反応後の物質全体の質量は，反応前（⑤　　　　）が，密閉して反応させると，全体の質量は，反応前（⑥　　　　）。

2 物質と物質が結びつくときの物質の割合

教 p.68～72

(1) 銅が酸素と結びついて酸化銅ができるときや，マグネシウムが酸素と結びついて酸化マグネシウムができるときなど，金属が酸化するとき，もとの金属の質量と結びついた酸素の質量の間には，（①★　　　　）の関係がある。

一定量の金属と結びつく酸素の質量は，決まっている。

例　酸化銅ができるとき⇒銅：酸素＝４：１

酸化マグネシウムができるとき⇒マグネシウム：酸素＝３：２

(2) 物質Ａと物質Ｂが結びついて，これらの化合物ができるとき，物質Ａと物質Ｂの結びつく質量の割合は一定に（②　　　　）。

(3) 物質Ａと物質Ｂが結びつくときの質量で，一方に過不足があるとき，（③　　　　）方の物質が**反応せずに残る**。

3 化学変化とその利用

教 p.73～87

(1) 周囲に熱を出し，**温度が上がる化学変化**を（①★　　　　）という。例　化学かいろ(鉄の酸化)，鉄と硫黄の反応，有機物の燃焼

(2) 周囲から熱をうばい，**温度が下がる化学変化**を（②★　　　　）という。

例　アンモニアの発生，炭酸水素ナトリウムとクエン酸の反応

(3) 物質のもっている**エネルギー**を（③　　　　）という。

ワンポイント

質量保存の法則

気体の発生する反応を密閉容器で行い，反応後，容器のふたをゆるめると，発生した気体が空気中に出ていくため，質量は小さくなるが，容器に残った物質の質量と空気中に出ていった気体の質量を合わせると，反応前の物質全体の質量と**等しくなる**。

ワンポイント

●発熱反応
反応前の物質
→反応後の物質＋熱

●吸熱反応
反応前の物質＋熱
→反応後の物質

プラスα

鉄と硫黄の反応で，熱するのをやめても反応が続くのは，鉄と硫黄が反応して硫化鉄ができるときに発生する熱によって，新たに反応が進んでいくからである。

語群

1 する／しない／と等しくなる／より小さくなる／質量保存(しつりょうほぞん)の法則(ほうそく)
2 多い／なる／比例
3 化学(かがく)エネルギー／発熱反応(はつねつはんのう)／吸熱反応(きゅうねつはんのう)

★の用語は，説明できるようになろう！

同じ語句や比を何度使ってもかまいません。

教科書の図 　にあてはまる語句や比を，下の語群から選んで答えよう。

1 質量保存の法則

教 p.65〜66

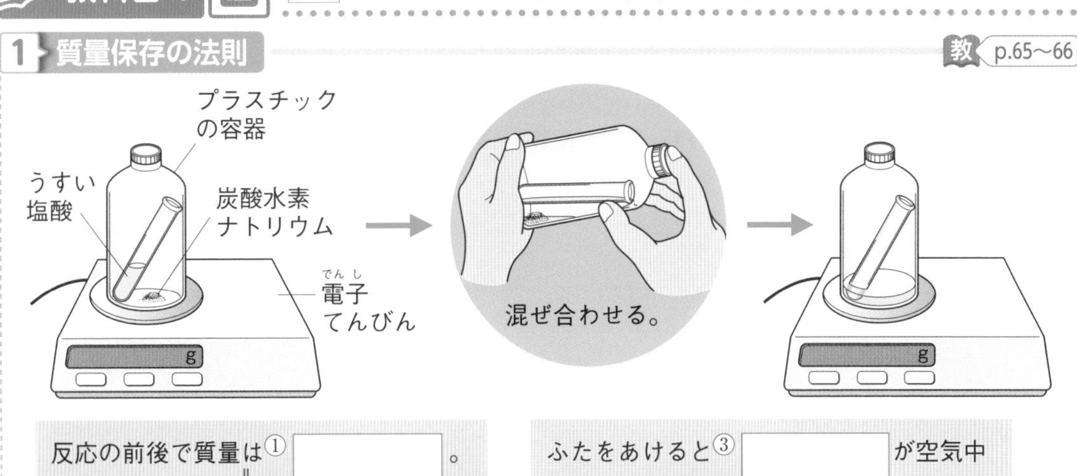

反応の前後で質量は①　　。
＝
②　　の法則

ふたをあけると③　　が空気中に出ていくので質量が④　　なる。

2 化学変化における物質の質量の割合

①，②には銅かマグネシウムかを書こう。

教 p.68〜71

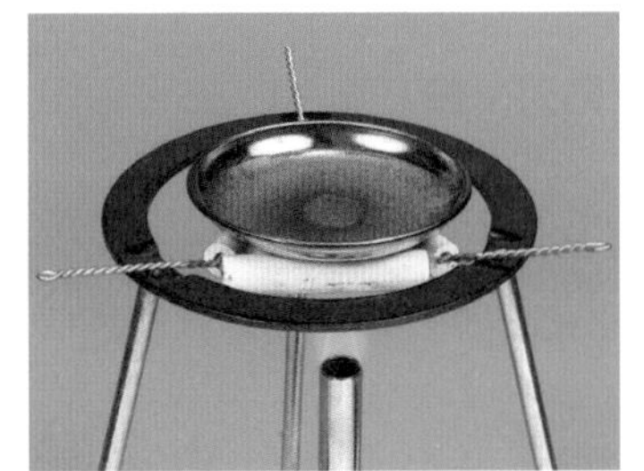

銅やマグネシウムの粉末をうすく広げて熱し，冷やして質量をはかる。

くり返す。

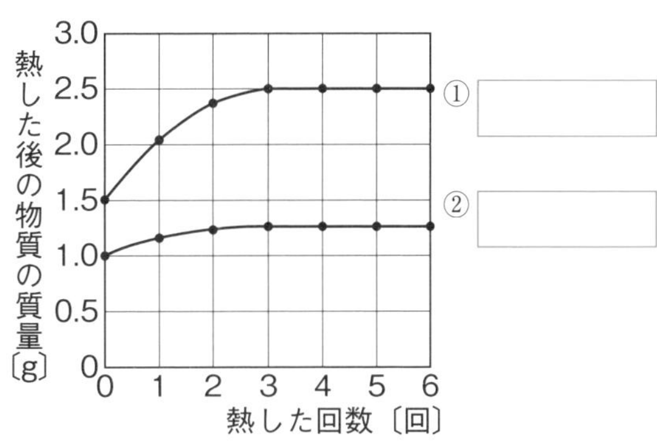

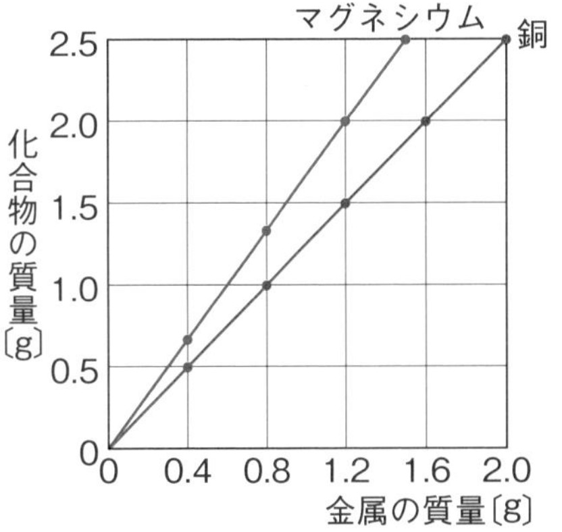

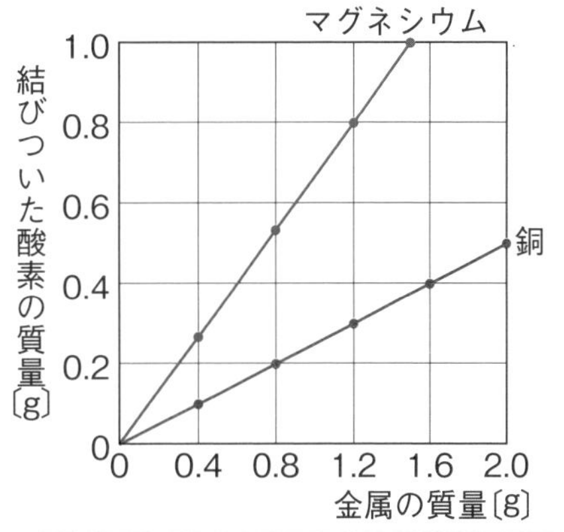

銅：酸化銅＝③　　

マグネシウム：酸化マグネシウム＝④　　

銅：酸素＝⑤　　

マグネシウム：酸素＝⑥　　

語群
1 小さく／二酸化炭素／質量保存／変わらない
2 銅／マグネシウム／3：2／3：5／4：1／4：5

わからない用語は，教科書の要点の★で確認しよう！

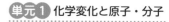

解答 p.7

定着のワーク ステージ2　第4章　化学変化と物質の質量－①　第5章　化学変化とその利用－①

1 教 p.64　実験6　**化学変化の前と後の質量の変化**　下の図のように，うすい硫酸とうすい塩化バリウム水溶液を混ぜ合わせ，反応の前後の質量をはかった。これについて，あとの問いに答えなさい。

(1)　うすい硫酸とうすい塩化バリウム水溶液を混ぜ合わせると，何色の沈殿ができるか。
（　　　　　　）

(2)　この反応でできる沈殿は何か。物質名と化学式を答えなさい。
物質名（　　　　　　）　化学式（　　　　　　）

(3)　２つの溶液を混ぜ合わせたときの化学変化を，化学反応式で表しなさい。
（　　　　　　）

(4)　２つの溶液を混ぜ合わせた前後で，質量は変化したか，しなかったか。ヒント
（　　　　　　）

2 教 p.64　実験6　**化学変化の前と後の質量の変化**　下の図のように，炭酸水素ナトリウム 1.5 gと，うすい塩酸 5 cm^3 を別々の容器に入れ，全体の質量をはかったところ，48.0 gであった。次にこの２つを混ぜ合わせた後，再び全体の質量をはかった。これについて，あとの問いに答えなさい。

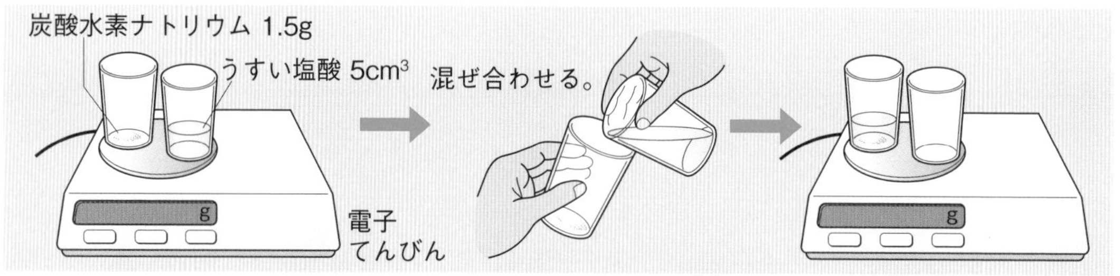

(1)　炭酸水素ナトリウムとうすい塩酸を混ぜ合わせたときの反応を，化学反応式で表しなさい。
（　　　　　　）

記述　(2)　反応後の全体の質量は47.3 gであった。反応後の全体の質量が小さくなったのはなぜか。
ヒント（　　　　　　）

1(4)この反応では気体は発生しないので，反応後の物質は全て容器内にある。
2(2)この反応でできる物質の中に，気体として発生するものがあるかないかから考える。

3 教 p.64 実験6 **化学変化の前と後の質量の変化** 次の手順で炭酸水素ナトリウムとうすい塩酸を混ぜ合わせた。これについて，あとの問いに答えなさい。

〈手順1〉図1のように，プラスチックの容器にうすい塩酸と炭酸水素ナトリウムを入れ，反応前の質量をはかり，その後，2つの物質を混ぜ合わせた。
〈手順2〉図2のように，反応後の質量をはかった。
〈手順3〉図3のように，容器のふたをあけ，もう一度ふたを閉めてから質量をはかった。

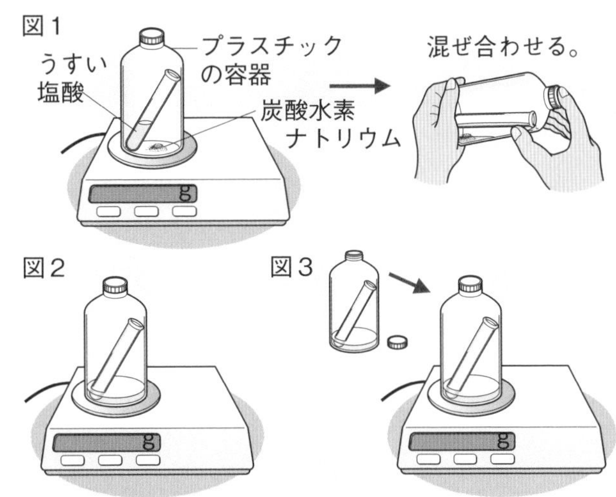

(1) この実験で生じる物質は何か。3つ答えなさい。
( )( )( )

(2) **手順2**では，容器のふたを閉めたままで反応後の質量をはかっている。反応前と比べて質量はどのようになったか。 ( )

(3) **手順3**では，容器のふたを一度あけてから質量をはかっている。反応前と比べて質量はどのようになったか。ヒント ( )

(4) 化学変化の前と後で物質全体の質量は変わらない。この法則を何というか。
( )

4 **スチールウールの燃焼と質量の変化** 下の図のように，密閉したフラスコの中でスチールウールを燃焼させた。これについて，あとの問いに答えなさい。

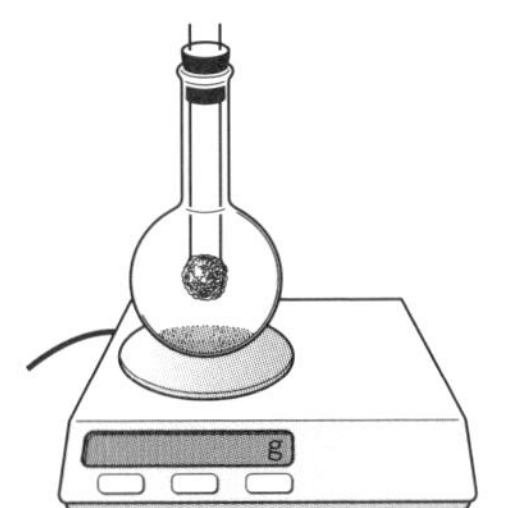

(1) スチールウールに電流を流したところ，光を出して燃えた。このときスチールウールはフラスコ内の何という物質と結びついたか。物質名を答えなさい。( )

(2) 反応後，スチールウールは何という物質に変化したか。 ( )

(3) 反応後の容器全体の質量は，反応前と比べてどのようになったか。
( )

3(3)この反応でできた物質の中で，ふたをあけることで空気中に出ていくものがあるか。
4(3)スチールウールと結びついた物質は，フラスコ内にあったものである。

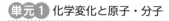

解答 p.7

定着のワーク ステージ2 第4章 化学変化と物質の質量－② 第5章 化学変化とその利用－②

1 教 p.68 実験7 **金属を熱したときの質量の変化** 右の図のように，銅とマグネシウムをそれぞれ空気中でくり返し熱して，酸素と反応させたときの質量の変化を調べた。グラフはこのときの結果である。これについて，次の問いに答えなさい。

熱する。 よく冷やしてから，再び質量をはかる。

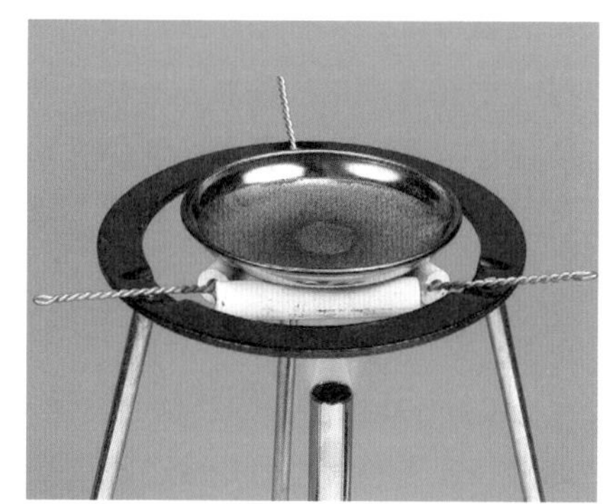

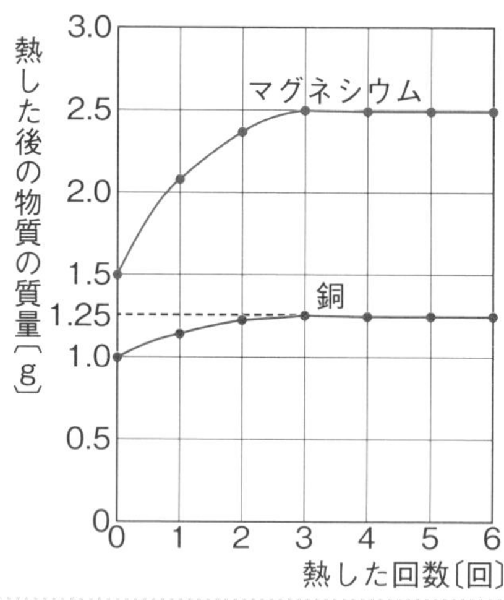

(1) 熱したときに強い光を出して反応するのは，銅，マグネシウムのどちらか。(　　　　)

(2) 銅とマグネシウムはそれぞれ何という物質になるか。化学式で表しなさい。 銅(　　　　)
マグネシウム(　　　　)

(3) この実験で，銅とマグネシウムのそれぞれの質量の変化について正しいものを，次のア〜エから選びなさい。 銅(　　　)
マグネシウム(　　　)

ア くり返し熱すると，質量は大きくなり続ける。
イ くり返し熱すると，あるところまでは質量は大きくなるが，その後，質量は変化しなくなる。
ウ くり返し熱すると，質量は小さくなっていく。
エ くり返し熱しても，質量は変化しない。

(4) 右のグラフから，マグネシウム原子の全てが酸素原子と結びついたのは，何回熱したときであると考えられるか。ヒント (　　　　)

(5) (4)のとき，マグネシウムと結びついた酸素は何gか。ヒント (　　　　)

(6) (4)のとき，マグネシウムと酸素は，何対何の質量の比で結びついたか。
マグネシウム：酸素＝(　　　　)

(7) 右のグラフから，銅原子の全てが酸素原子と結びついたのは，何回熱したときであると考えられるか。ヒント (　　　　)

(8) (7)のとき，銅と結びついた酸素は何gか。ヒント
(　　　　)

(9) (7)のとき，銅と酸素は，何対何の質量の比で結びついたか。
銅：酸素＝(　　　　)

ヒントの森

1 (4)(7)金属と結びつく酸素の質量には限度がある。(5)(8)熱する前の金属の質量と，熱した後の物質の質量の差は，結びついた酸素の質量を表している。

2 教 p.75 実験 8 **化学変化による温度変化**　右の図は，化学変化による温度変化を調べる実験を表したものである。これについて，次の問いに答えなさい。ヒント

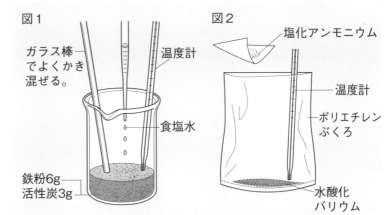

図1

ガラス棒でよくかき混ぜる。

温度計

食塩水

鉄粉6g

活性炭3g

図2

塩化アンモニウム

温度計

ポリエチレンぶくろ

水酸化バリウム

(1)　図1で，反応後の温度は，反応前と比べてどうなるか。

(　　　　　　　　)

(2)　(1)の温度の変化は，化学変化のときの熱の放出，吸収のどちらによるものか。ヒント

(　　　　　　　　)

(3)　図2で，反応後の温度は，反応前と比べてどうなるか。(　　　　　　　　)

(4)　(3)の温度の変化は，化学変化のときの熱の放出，吸収のどちらによるものか。

(　　　　　　　　)

(5)　図1，2のような熱の出入りをともなう反応を，それぞれ何というか。

図1(　　　　　　　　)　図2(　　　　　　　　)

3 **銅と酸素の反応**　いろいろな質量の銅の粉末を空気中でじゅうぶんに熱して，酸素と反応させ，化合物の質量をはかった。下の表は，その結果をまとめたものである。これについて，あとの問いに答えなさい。ヒント

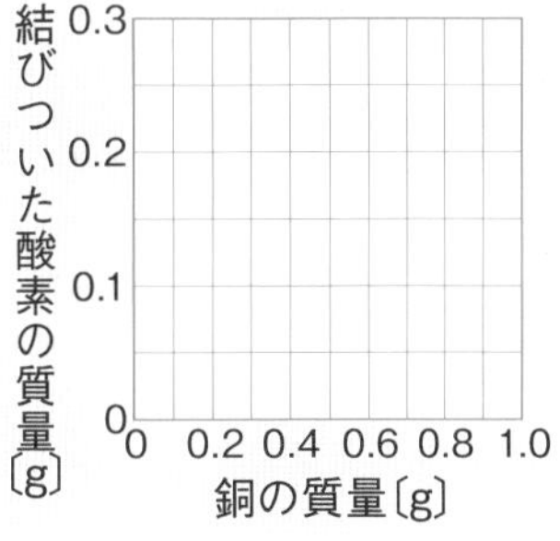

銅の質量〔g〕	0.20	0.40	0.60	0.80	1.00
化合物の質量〔g〕	0.25	0.50	0.75	1.00	1.25

(1)　この実験でできる化合物は何か。

(　　　　　　　　)

(2)　表をもとに，銅の質量と結びついた酸素の質量との関係を表すグラフを上の図にかきなさい。

(3)　銅の粉末6.00gをじゅうぶんに熱したとき，結びつく酸素の質量は何gか。

(　　　　　　　　)

(4)　化合物が10.00gできたとき，熱した銅の質量は何gか。(　　　　　　　　)

(5)　(4)のとき，結びついた酸素の質量は何gか。(　　　　　　　　)

銅を熱すると，空気中の酸素と結びつくんだね。

酸化銅は黒色だよ。おぼえておこう。

❷化学変化では熱の出入りがあり，熱を放出すると周囲の温度は上がり，熱を吸収すると周囲の温度は下がる。(2)化学かいろの反応である。　❸銅と酸素は一定の質量の比で結びつく。

よく出る **1** 右の図のように，うすい硫酸とうすい塩化バリウム水溶液を混ぜ合わせると沈殿が生じた。また，混ぜ合わせる前後で全体の質量をはかった。次の問いに答えなさい。 5点×5（25点）

(1) このとき生じた沈殿は何色か。

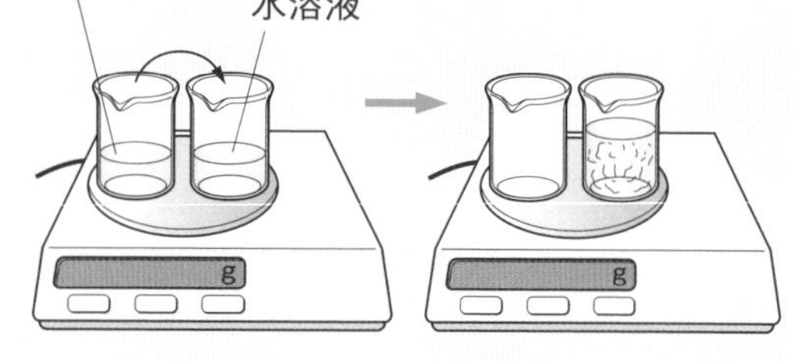

(2) うすい硫酸とうすい塩化バリウム水溶液を混ぜ合わせて生じた沈殿は何か。物質名を書きなさい。

(3) この反応で，気体になってビーカーの外に出ていった物質はあるか。

(4) 混ぜ合わせる前後で，全体の質量に変化はあるか。

(5) 化学変化の前後で全体の質量が(4)のようになることを，何の法則というか。

(1)		(2)		(3)	
(4)		(5)			

よく出る **2** 図1のように，密閉した容器に炭酸水素ナトリウムとうすい塩酸を入れて，全体の質量を測定したら80.0gであった。また，図2のように，密閉した容器の中でスチールウール(鉄)に電流を流して燃焼させた。次の問いに答えなさい。 5点×7（35点）

(1) 図1で，容器を傾(かたむ)けて2つの物質を混ぜると，気体が発生した。反応後の容器全体の質量は何gか。

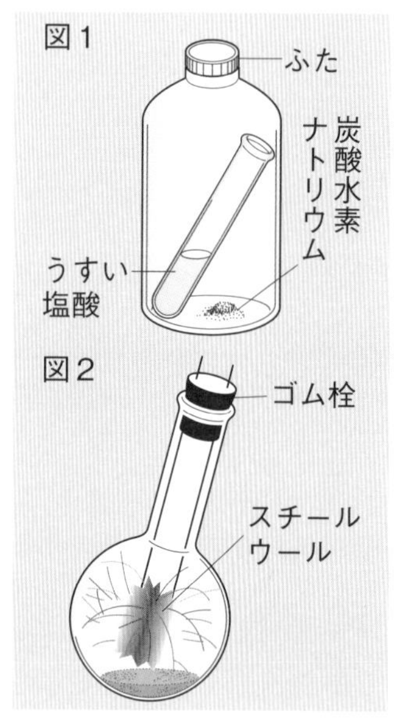

(2) (1)のとき発生した気体は何か。

記述 (3) (1)の反応の後，ふたをとり，しばらくしてから再びふたをして質量を測定したら79.6gであった。80.0gから79.6gに質量が小さくなったのはなぜか。

(4) 図2で，反応の前後で，容器全体の質量をはかった。反応の前後で容器全体の質量に変化はあったか。

記述 (5) (4)で，なぜそうなったのか，「元素と原子の数」という語句を使って，理由を述べなさい。

(6) 図2で電流を流した後，ゴム栓をはずして再びゴム栓をすると，全体の質量はゴム栓をはずす前と比べてどうなったか。

(7) 化学変化の前後で，物質全体の質量は変化するか。

(1)		(2)		(3)		(4)	
(5)					(6)	(7)	

よく出る **3** マグネシウムの質量を変えて空気中で加熱し，質量の変化を調べたら，下の表のようになった。また，右下のグラフは，マグネシウムと同様にして銅を加熱したときの銅と結びついた酸素の質量の関係である。これについて，あとの問いに答えなさい。 4点×6（24点）

マグネシウムの質量〔g〕	0.20	0.40	0.60	0.80	1.00	1.20
酸化マグネシウムの質量〔g〕	0.33	0.66	1.00	1.33	1.66	1.99
結びついた酸素の質量〔g〕	0.13	0.26	0.40	0.53	0.66	0.79

(1) マグネシウムの質量と，結びついた酸素の質量の関係を表すグラフを，右の図にかきなさい。

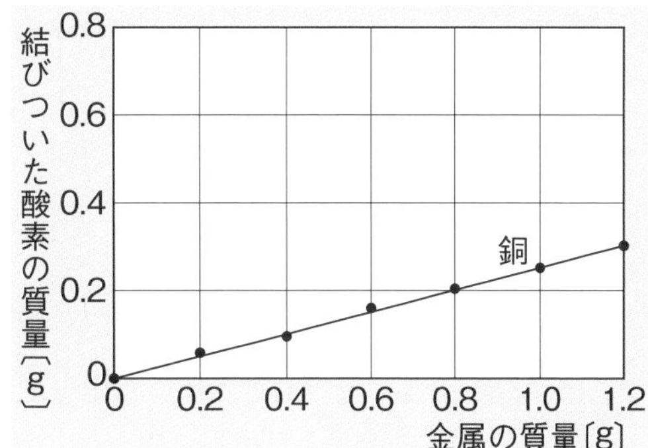

(2) グラフから，もとの金属の質量と結びついた酸素の質量の間には，どんな関係があるか。

(3) 銅と酸素が結びつくときの，銅と酸素の質量の比を求めなさい。

(4) マグネシウムと酸素が結びつくときの，マグネシウムと酸素の質量の比を求めなさい。

(5) 銅20gと酸素７gを密閉した容器の中で反応させて，酸化銅をつくった。このとき，反応しないで残った酸素の質量は何gか。

(6) 30gの酸化マグネシウムがある。マグネシウムと酸素が過不足なく反応したとすると，もとのマグネシウムの質量は何gか。

(1)	図に記入	(2)		(3)	銅：酸素＝	(4)	マグネシウム：酸素＝	(5)	
(6)									

4 下の図は，化学変化において，温度が上がる場合と温度が下がる場合について表している。これについて，あとの問いに答えなさい。 4点×4（16点）

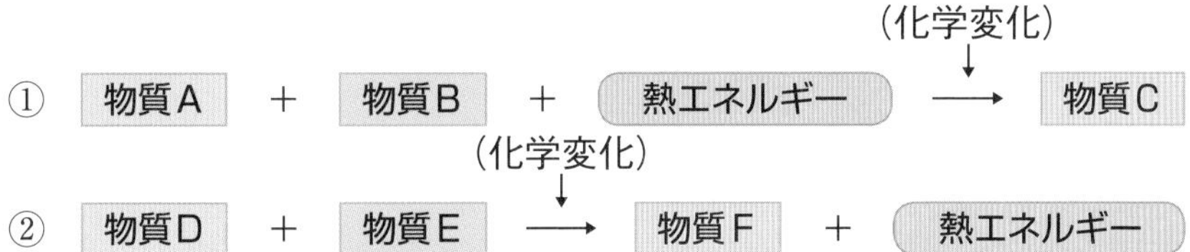

(1) 図の①，②は，それぞれ発熱反応と吸熱反応のどちらを表しているか。

(2) 図の①，②のうち，周囲から熱をうばう反応を表しているのはどちらか。

(3) 物質がもっているエネルギーは，化学変化によって，熱などとして物質からとり出すことができる。このような，物質がもっているエネルギーを何というか。

(1)	①		②		(2)		(3)	

解答 p.9

単元末総合問題 単元1 化学変化と原子・分子

40分

/100

1 右の図の装置で，次のような実験を行った。これについて，あとの問いに答えなさい。

5点×4（20点）

〈実験〉かわいた試験管Aに炭酸水素ナトリウムを入れて加熱したところ，①気体が発生し，試験管Bの石灰水は白くにごった。気体が出なくなってから，②(　)を試験管Bの石灰水から出した後，ガスバーナーの火を消した。このとき試験管Aには，③白い固体が残り，④試験管Aの内側にたまった液体を青色の(　)につけると桃色に変化した。

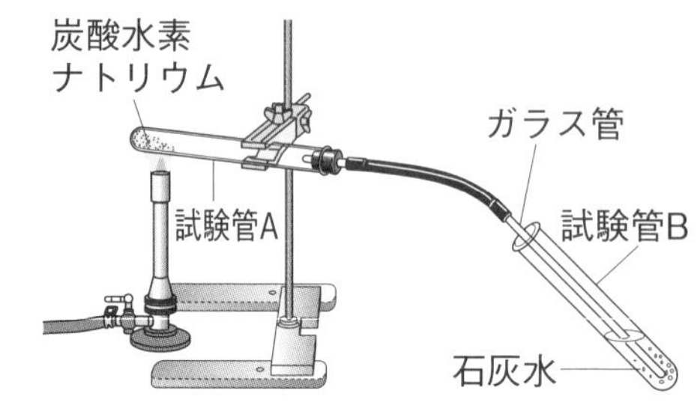

(1) 下線部①で発生が確認（かくにん）できた気体は何か。気体名を答えなさい。

(2) 下線部②の(　)には，ある実験器具の名称が入る。この器具の名称を答えなさい。

(3) 下線部③の白い固体と，加熱する前の炭酸水素ナトリウムを，それぞれ水にとかした後，フェノールフタレイン溶液を加えた。水溶液の色がこい赤色に変化したのは，白い固体と炭酸水素ナトリウムのうち，どちらの水溶液か。

(4) 下線部④の(　)にあてはまる試験紙の名称を答えなさい。

1

(1)	
(2)	
(3)	
(4)	

2 右の図のように，マグネシウムの粉末と銅の粉末を1.2gずつ別々のステンレス皿にとった。それぞれをよくかき混ぜながら3回くり返して熱し，熱するたびにじゅうぶんに冷やしてから質量をはかった。下の表は，加熱前後の質量の変化を表したものである。これについて，あとの問いに答えなさい。

5点×4（20点）

	加熱前	1回加熱後	2回加熱後	3回加熱後
マグネシウム	1.2g	2.0g	2.0g	2.0g
銅	1.2g	1.4g	1.5g	1.5g

(1) この実験で，1.2gのマグネシウムが完全に酸素と反応したとき，結びついた酸素の質量を答えなさい。

(2) 1.5gの銅が完全に酸素と反応するのに必要な酸素は何gか。

(3) マグネシウムと酸素が結びついて酸化マグネシウムができるときの，マグネシウムと酸素の質量の比を求めなさい。

レベルUP (4) 同じ質量の酸素と結びつく，銅とマグネシウムの質量の比を，簡単な整数比で求めなさい。

2

(1)	
(2)	
(3)	マグネシウム：酸素＝
(4)	銅：マグネシウム＝

目標 物質が結びつく反応や分解，酸化，還元などの化学変化について理解し，化学反応式をつくれるようになろう。

自分の得点まで色をぬろう!

がんばろう!	もう一歩	合格!
0	60	80 100点

3 右の図のように，酸化銅の粉末と炭素の粉末をよく混ぜ合わせたものを試験管に入れて加熱したところ，気体が発生して石灰水が白くにごった。また，加熱した試験管内には銅が残った。次の問いに答えなさい。 6点×5(30点)

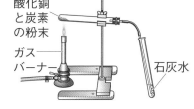

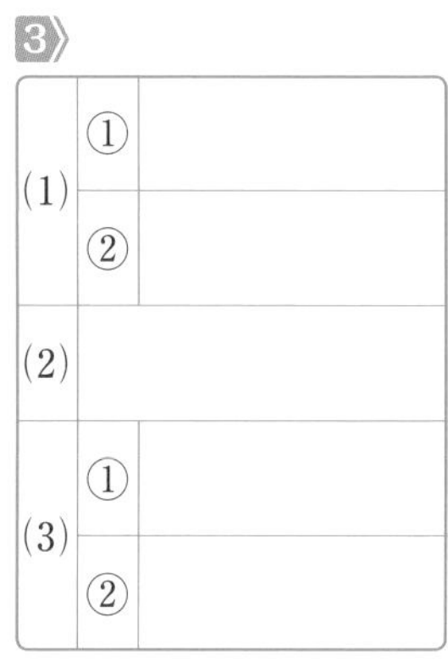

(1) この実験では，酸化銅が還元される化学変化が見られた。同時にこの化学変化では，酸化も起こっている。次の文は，この酸化にあたる反応について述べたものである。次の文の(　)にあてはまる物質名を答えなさい。

　(①)が酸化されて，(②)になった。

(2) 酸化銅は，この方法以外でも還元することができる。この実験以外の方法で酸化銅を還元するための物質として最も適当なものを，次のア～エから選びなさい。

ア 酸素　イ 水素　ウ 水蒸気　エ 二酸化炭素

(3) この実験で起きた酸化銅の還元を，次のような化学反応式で表した。(　)にあてはまる化学式を答えなさい。

$2CuO + (①) \longrightarrow 2(②) + CO_2$

3

(1)	①	
	②	
(2)		
(3)	①	
	②	

4 鉄粉2.8gと硫黄の粉末1.6gをよく混ぜ合わせて，2本の試験管A，Bに分けて入れた。右の図のように，Aの試験管だけを加熱したところ，鉄と硫黄は全て反応した。Bの試験管は加熱しなかった。次の問いに答えなさい。 5点×6(30点)

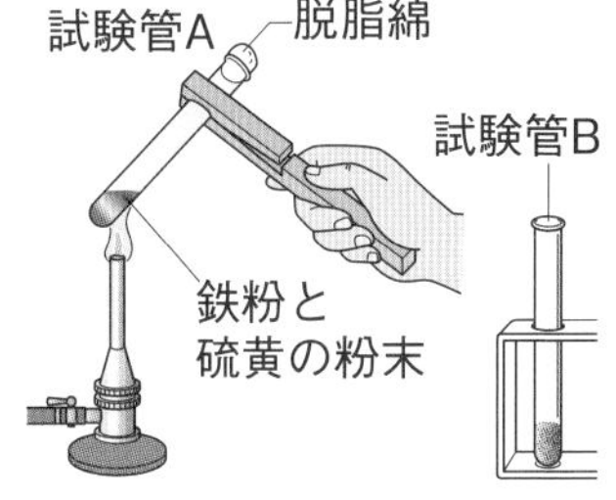

(1) 試験管Aでは，反応が始まると，反応によって発生する熱が次の反応を引き起こすことにより，ガスバーナーから遠ざけても反応が進んでいく。このように，化学変化が起きるときに周囲に熱を出す反応のことを何というか。

(2) 試験管A，Bに磁石を近づけた。磁石に引き寄せられるのは，試験管A，Bのどちらか。

(3) 試験管A，Bに塩酸を加えたとき，腐卵臭がする気体が発生するのは，試験管A，Bのどちらか。

(4) (3)で発生した気体は，塩酸と何が反応して発生したものか。化学式で答えなさい。

(5) 別の試験管で鉄粉4.2gと硫黄の粉末2.9gを混ぜ合わせて加熱すると，完全に反応せずに一方の物質が残った。

① 反応しないで残った物質の原子の記号を書きなさい。

② 反応しないで残った物質の質量は何gか。

4

(1)		
(2)		
(3)		
(4)		
(5)	①	
	②	

終わったら後ろの，1，7，9をやろう。

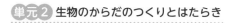

解答 p.11

確認のワーク ステージ1 第1章　生物と細胞

教科書の要点

(　)にあてはまる語句を，下の語群から選んで答えよう。

同じ語句を何度使ってもかまいません。

1 水中の小さな生物

教 p.88～95

(1) 顕微鏡の倍率が高くなると，視野は(①　　)なる。

(2) 顕微鏡で観察したいものを動かすときは，プレパラートを動かしたい向きと(②　　)向きに動かす。

ワンポイント

顕微鏡の倍率

顕微鏡の倍率
＝対物レンズの倍率×接眼レンズの倍率

2 植物の細胞・動物の細胞

教 p.96～103

(1) 葉などを顕微鏡で観察したときに見られる小さな部屋のようなつくりを(①★　　)といい，**酢酸オルセイン**などの染色液で赤く染まるまるい(②★　　)がある。酢酸カーミンも用いられる。

(2) 植物の細胞には，(③★　　)とよばれる緑色の小さな粒や，無色で透明なふくろ状の**液胞**が見られることがある。

(3) 葉の表面には，2つの三日月形をした**孔辺細胞**とよばれる細胞に囲まれた(④★　　)とよばれるすきまがある。

(4) 葉の断面の細胞は，(⑤　　)に近い方ではすきまなく並ぶが，(⑥　　)に近い方では細胞の間にすきまがある。

(5) 葉の筋のようなつくりを**葉脈**といい，葉脈は(⑦★　　)とよばれる管の集まりである。

(6) 植物の細胞は外側を(⑧★　　)が囲み，その内側に★**細胞膜**がある。細胞の形を維持し，からだを支える。

(7) 動物の細胞にも植物の細胞にも★**核**があり，細胞の外周は(⑨★　　)に包まれている。

(8) 細胞において，**細胞膜とその内側で核をふくまない部分**をまとめて，(⑩★　　)という。

プラスα

・植物の細胞には，液胞が発達していない細胞や葉緑体が見られない細胞もある。
・孔辺細胞や気孔は，葉の表側より裏側に多い。

まるごと暗記

細胞のつくり

●植物と動物に共通
⇒核，細胞膜
●植物だけに見られる
⇒細胞壁，葉緑体，液胞

3 生物のからだと細胞

教 p.104～108

(1) からだが1つの細胞でできた生物を(①★　　)，からだが多数の細胞でできた生物を(②★　　)という。ゾウリムシ，ミカヅキモなど。

(2) 多細胞生物では，**形やはたらきが同じ細胞**が集まって，(③★　　)をつくる。

(3) 組織が集まり特定のはたらきをする(④★　　)となり，それらがいくつか集まって★**個体**がつくられている。

プラスα

単細胞生物には，1つの細胞に生命活動に必要なしくみが全て備わっている。

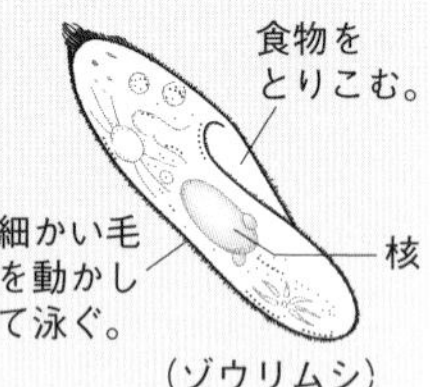

(ゾウリムシ)

語群
1 逆／せまく
2 表／裏／葉緑体／気孔／維管束／細胞／核／細胞質／細胞膜／細胞壁
3 多細胞生物／単細胞生物／組織／器官

★の用語は，説明できるようになろう！

同じ語句を何度使ってもかまいません。

教科書の 図　□にあてはまる語句を，下の語群から選んで答えよう。

1 水中の小さな生物

生物の名前を書こう。

教 p.95

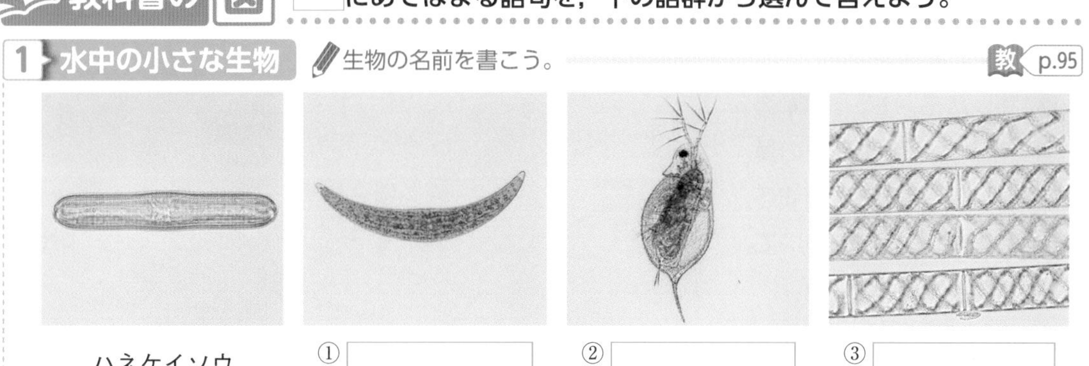

2 細胞のつくり

①，②には，動物か植物かを書こう。

教 p.102

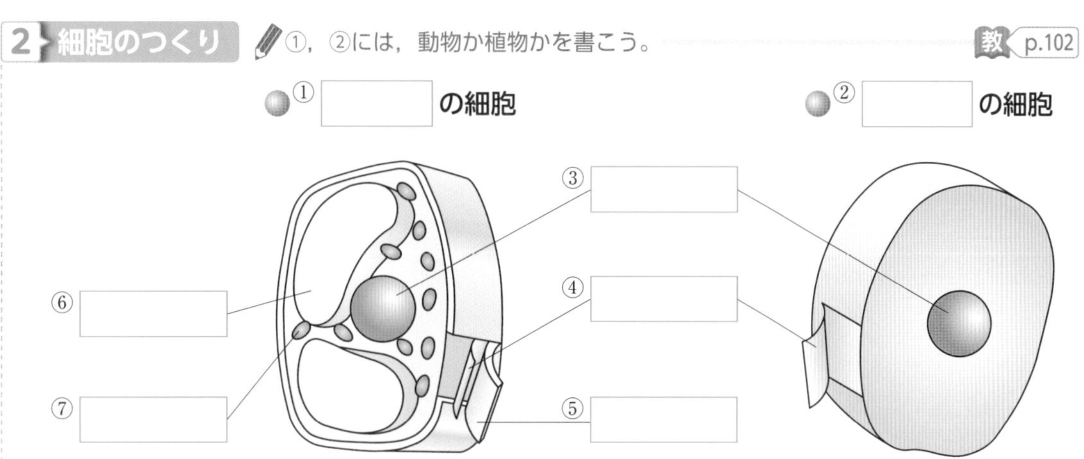

3 多細胞生物のからだ

①，②には，動物か植物かを書こう。

教 p.106

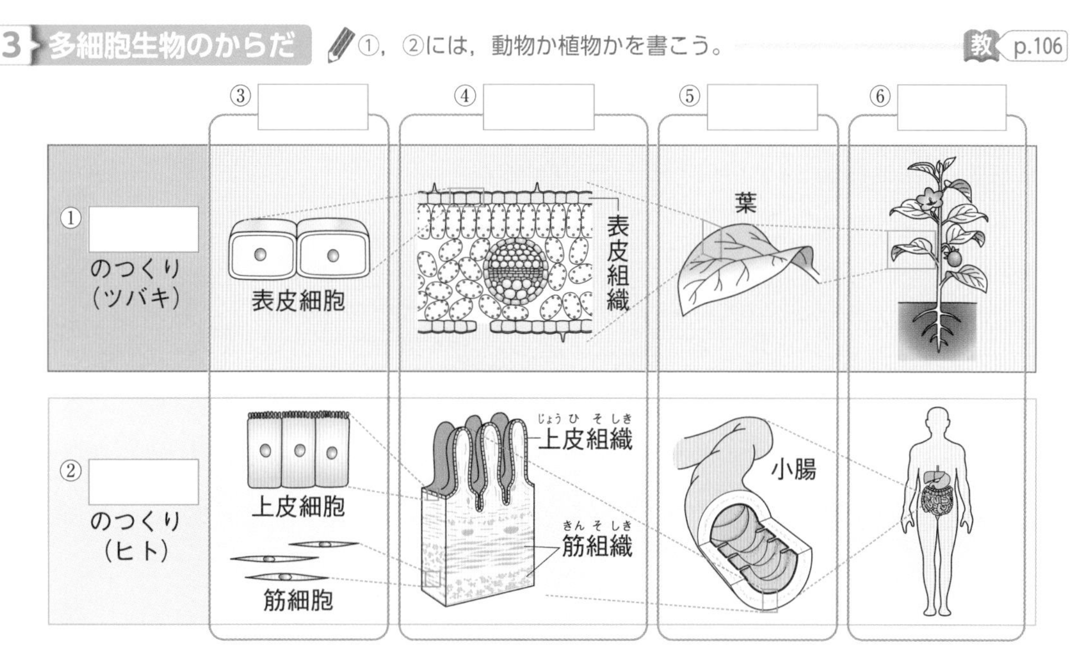

語群
1 アオミドロ／ミカヅキモ／ミジンコ
2 動物／植物／核／細胞膜／細胞壁／葉緑体／液胞
3 動物／植物／器官／細胞／個体／組織

わからない用語は，教科書の要点の★で確認しよう！

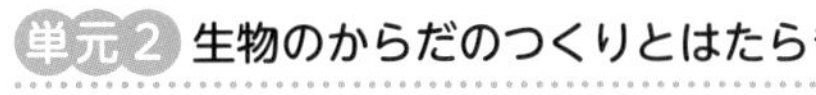

解答 p.11

定着のワーク ステージ2 第1章 生物と細胞

1 プレパラート 図1のように，オオカナダモの葉をとり，顕微鏡で観察する準備をした。これについて，次の問いに答えなさい。

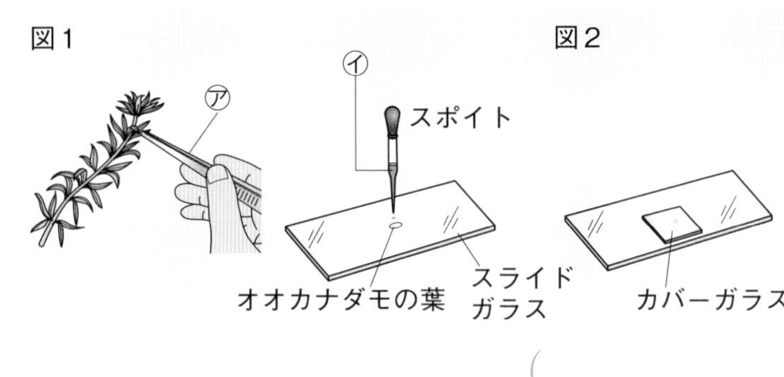

(1) 図1で，葉をとるのに用いた㋐の器具を何というか。 (　　　　)

(2) 図1で，スポイトで葉にたらした㋑は，細胞を観察しやすくするための染色液である。細胞のつくりを染色するのに適した染色液を1つ答えなさい。 (　　　　)

(3) (2)の染色液を用いたときに染まるのは何というつくりか。また，何色に染まるか。

つくり(　　　　) 色(　　　　)

記述 (4) スライドガラスに試料をのせたところにカバーガラスをかけるとき，どのようなことに注意するか。ヒント (　　　　)

(5) 図2のように，スライドガラスに試料をのせ，カバーガラスをかぶせたものを何というか。 (　　　　)

(6) 顕微鏡で観察するとき，対物レンズを高倍率のものに変えると，(5)と対物レンズの間の距離(きょり)はどのように変化するか。 (　　　　)

(7) 図3のように，観察するものが右上に見えたとき，観察するものを視野の中央に動かすには㋐～㋓のどの向きに動かせばよいか。ヒント (　　　　)

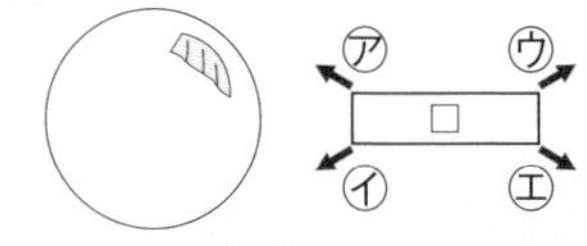

2 細胞 右の写真は，いろいろな細胞を顕微鏡で観察したものである。これについて，次の問いに答えなさい。

㋐
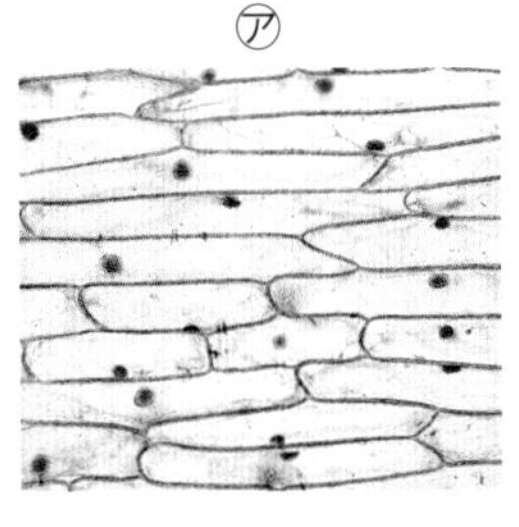
㋑
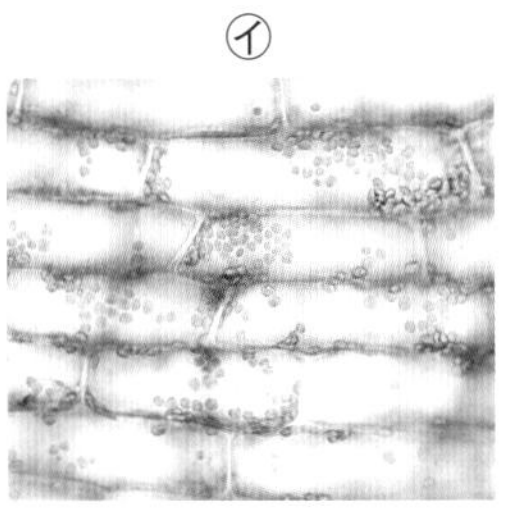
㋒
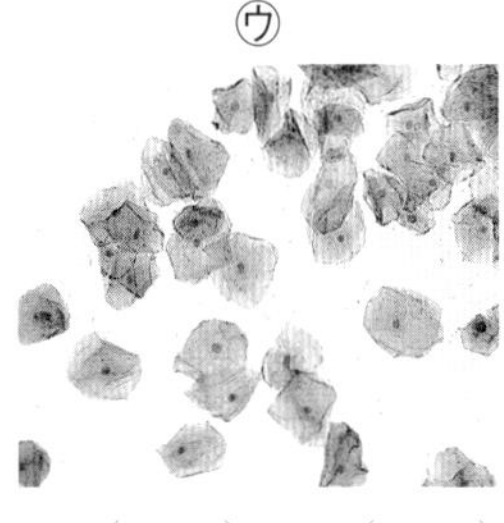

(1) 次の①～③を，㋐～㋒からそれぞれ選びなさい。ヒント ①(　　) ②(　　) ③(　　)

① オオカナダモの葉の細胞　② ヒトのほおの内側の細胞

③ タマネギのりん片(ぺん)の表皮の細胞

(2) 写真のように，からだが多数の細胞でできた生物を何というか。 (　　　　)

(3) (2)に対して，からだが1つの細胞でできた生物を何というか。 (　　　　)

ヒントの森

❶(4)プレパラートに気泡(きほう)が入ると観察しづらくなる。(7)顕微鏡では上下左右が逆に見える。
❷(1)タマネギのりん片の表皮の細胞は，地中にある部分を観察していることから考える。

3 細胞のつくり

右の図は，植物と動物の細胞のつくりを模式的に表したものである。これについて，次の問いに答えなさい。

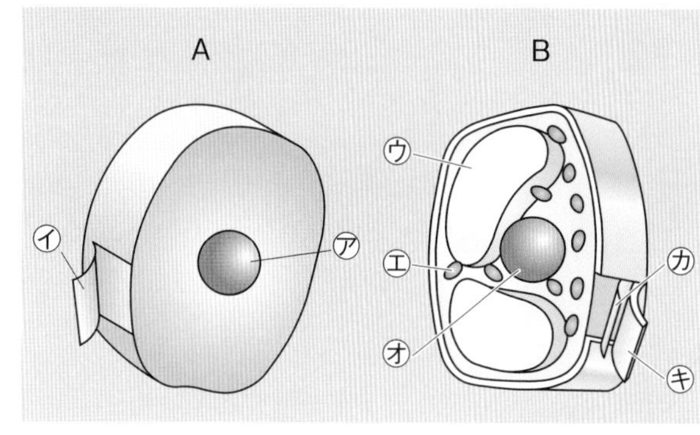

(1) 植物の細胞を表しているのは，図のA，Bのどちらか。（　　）

(2) 染色液でよく染まるつくりを，図のア～キからすべて選びなさい。ヒント（　　）

(3) 図のア～キのつくりの名称をそれぞれ答えなさい。

ア（　　）　イ（　　）　ウ（　　）　エ（　　）
オ（　　）　カ（　　）　キ（　　）

(4) 図のAの細胞のつくりで，ア以外の部分をまとめて何というか。（　　）

4 生物のからだのなり立ち

次の文は，ツバキのからだのなり立ちについて述べたものである。これについて，あとの問いに答えなさい。

ツバキのからだの中では，同じ形やはたらきをもつ(①)が集まって(②)をつくる。いくつかの種類の(②)が集まって，特定のはたらきをする(③)をつくる。さらに，いくつかの(③)が集まって，(④)がつくられる。

(1) 上の文の①～④にあてはまる言葉を答えなさい。

①（　　）　②（　　）　③（　　）　④（　　）

(2) 右の図は，上の文の①～③にあてはまるものを表している。①～③にあてはまるものを，ア～ウからそれぞれ選びなさい。

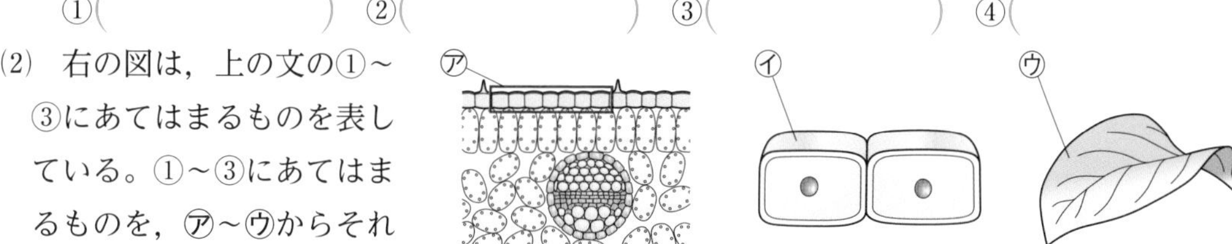

①（　　）　②（　　）　③（　　）

5 葉のつくり

右の図は，ある植物の葉の断面をスケッチしたものである。これについて，次の問いに答えなさい。

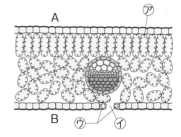

(1) 葉の表側はA，Bのどちらか。ヒント（　　）

(2) 四角い小さな部屋のようなつくりアを何というか。（　　）

(3) 表皮にあるイのようなすきまを何というか。（　　）

(4) (3)のすきまを囲む2つのつくりウを何というか。（　　）

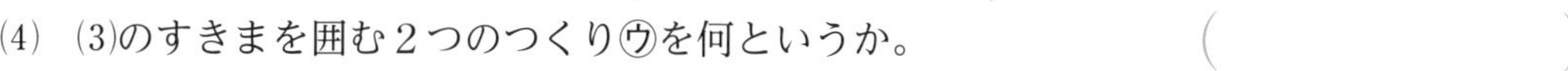
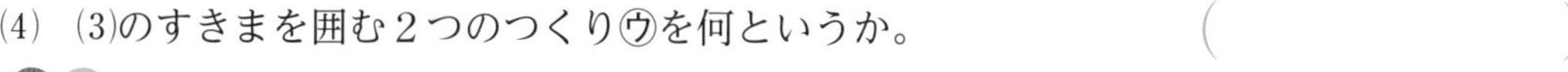

3(2)酢酸オルセインや酢酸カーミンで赤色に染まる。
5(1)葉の表側と裏側では，細胞と細胞の間のようすにちがいがある。

解答 p.12

実力判定テスト ステージ3

第1章 生物と細胞

30分 /100

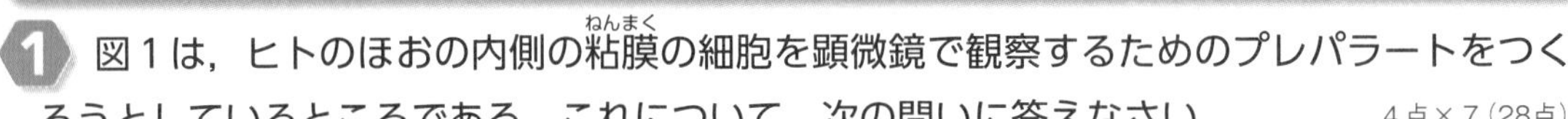

1 図1は，ヒトのほおの内側の粘膜(ねんまく)の細胞を顕微鏡で観察するためのプレパラートをつくろうとしているところである。これについて，次の問いに答えなさい。 4点×7（28点）

(1) 図1で，ほおの内側をこすりとるのに使っているAは何か。

(2) 試料をこすりつけているBは何か。

記述 (3) 試料をこすりつけたBにカバーガラスをかけるとき，どのようなことに注意するか。

(4) 染色液で最もよく染まるのは，細胞の何というつくりか。また，何色に染まるか。

(5) 図1でつくったプレパラートを顕微鏡で観察したものは，図2の㋐，㋑のどちらか。

(6) ヒトのほおの内側の細胞の大きさはどれくらいか。次のア～ウから選びなさい。

ア 約1 cm　　イ 約1 mm　　ウ 約0.1mm

図1

A

B

図2

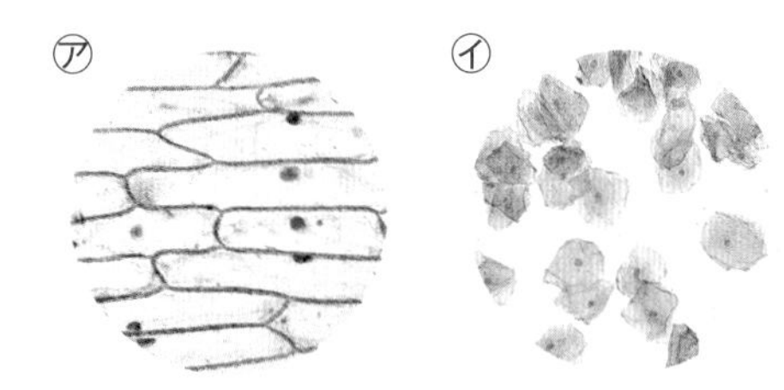

(1)		(2)		(3)			
(4)	つくり		色		(5)		(6)

よく出る **2** 右の図は，植物の細胞を模式的に表したものである。これについて，次の問いに答えなさい。 3点×10（30点）

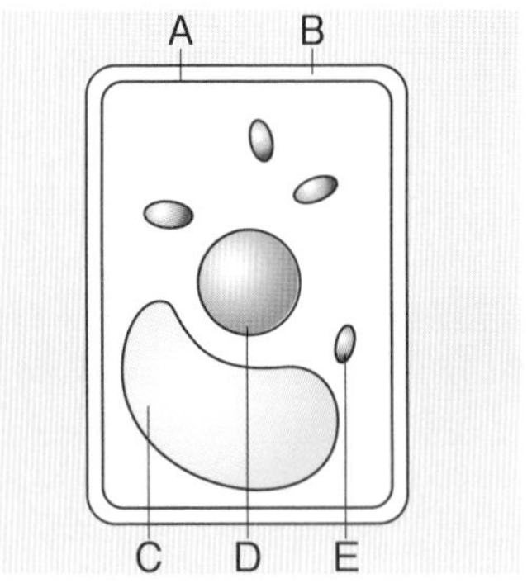

(1) A～Dのつくりをそれぞれ何というか。

(2) A～Dのうち，動物の細胞には見られないものはどれか。すべて選びなさい。

(3) Eは，植物の細胞にだけ見られるつくりである。色と名称を答えなさい。

(4) 次の①，②にあてはまるものを，A～Eからそれぞれ選びなさい。

① 細胞の活動でできた物質や水が入っている。

② 細胞の形を維持(いじ)し，からだを支えるのに役立っている。

(5) Bと，Bの内側のD以外の部分をまとめて何というか。

(1)	A		B		C		D		(2)	
(3)	色		名称		(4)	①		②		(5)

3 右の図は，いろいろな水中の小さな生物を顕微鏡で観察し，スケッチしたものである。これについて，次の問いに答えなさい。

3点×10(30点)

(1) 図のA～Dの生物について，それぞれの名称を答えなさい。

(2) 図のA～Dの生物のうち，からだが１つの細胞でできているものを，すべて選びなさい。

(3) (2)のように，からだが１つの細胞でできている生物を何というか。

(4) (3)に対して，からだが多数の細胞でできている生物を何というか。

(5) Bの生物について，次の①，②にあてはまる部分を，図のa～cからそれぞれ選びなさい。

① 水中を泳ぐために動かすところ

② 食物をとりこむところ

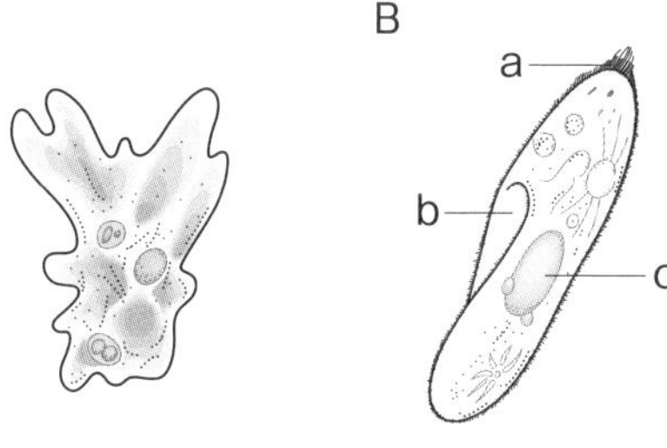

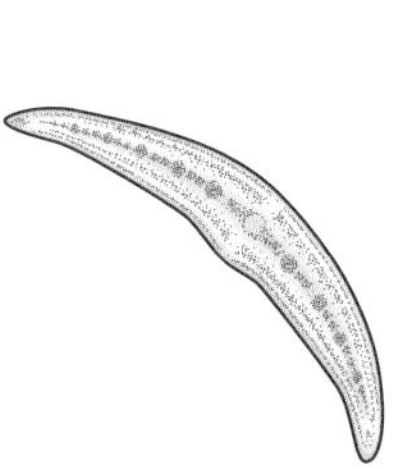

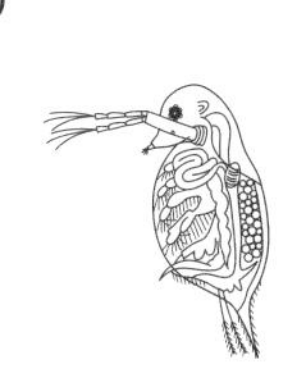

(6) 図のA～Dの生物のうち，実際の大きさが最も大きなものはどれか。

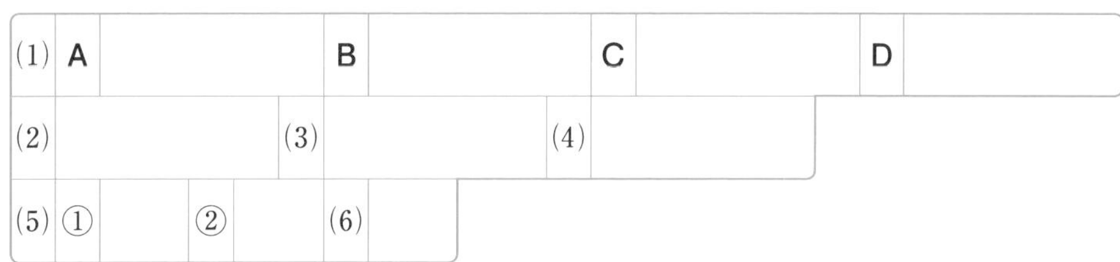

(1)	A		B		C		D	
(2)		(3)		(4)				
(5)	①		②		(6)			

4 右の図は，ヒトの小腸の一部を模式的に表したものである。これについて，次の問いに答えなさい。

2点×6(12点)

(1) 図の上皮組織のはたらきを，次のア，イから選びなさい。

ア 養分を吸収する。

イ 不要物を排出(はいしゅつ)する。

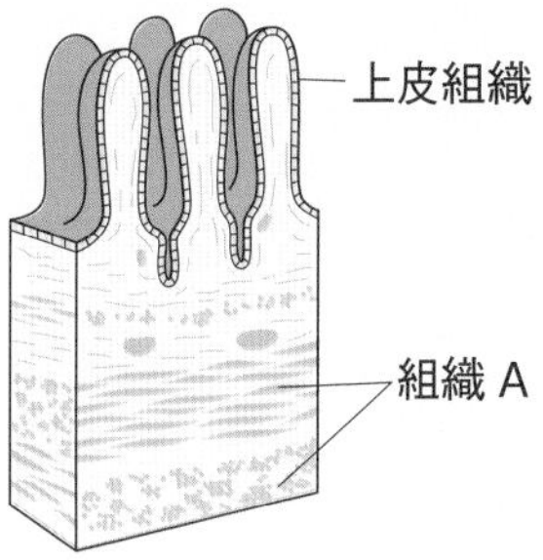

(2) 上皮組織の先端(せんたん)にあって，(1)のはたらきを行っている細胞の名称を答えなさい。

(3) 図の上皮組織の下部にある組織Aの名称を答えなさい。

(4) 組織Aのはたらきを，次のア，イから選びなさい。

ア 養分を吸収する。　　イ 小腸を動かす。

(5) 小腸のように，いくつかの種類の組織が集まって，特定のはたらきをする部分を何というか。

(6) (5)が集まってできたものを何というか。

上皮組織

組織A

(1)		(2)		(3)		(4)	
(5)		(6)					

解答 p.12

第2章　植物のからだのつくりとはたらき(1)

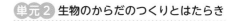

（　　）にあてはまる語句を，下の語群から選んで答えよう。　同じ語句を何度使ってもかまいません。

1 光合成（こうごうせい）

教 p.109〜117

(1)　植物が**光を受けてデンプンなどの養分をつくりだすはたらき**を（①★　　　　）という。

(2)　光を当てた葉と光を当てていない葉で行う光合成について調べる実験のように，**影響（えいきょう）を知りたい条件以外を同じにして行う実験**のことを（②★　　　　）という。

(3)　デンプンのある部分に（③★　　　　）をつけると**青紫色（あおむらさきいろ）**に変化する。

(4)　光を当てた葉を（④　　　　）で脱色（だっしょく）し，ヨウ素液にひたすと，**葉緑体**の部分が（⑤★　　　　）色に変化する。

引火しやすいので，火で直接加熱しない。

(5)　光合成は，細胞の中にある緑色の粒の（⑥★　　　　）で行われている。

(6)　光合成では，（⑦★　　　　）が発生し，**気孔**から出ていく。

(7)　（⑧★　　　　）に**二酸化炭素**を通すと，（⑨★　　　　）くにごる。

(8)　青色のＢＴＢ**溶液（ようえき）**に二酸化炭素をふきこむと，ＢＴＢ溶液は**中性**になり，（⑩★　　　　）色を示す。

二酸化炭素の水溶液（＝炭酸水）は酸性の水溶液

(9)　光を受けた植物は，**光合成**を行って，根から吸い上げられた（⑪★　　　　）と気孔からとりこまれた（⑫★　　　　）を材料としてデンプンなどの養分をつくり出し，**酸素**を出している。

2 植物と呼吸

教 p.118〜119

(1)　植物も動物と同じように，一日中，**酸素をとり入れ，二酸化炭素を出す**（①★　　　　）を行っている。

(2)　昼の植物のはたらきは，（②　　　　）よりも，（③　　　　）の方がさかんであるため，見かけの上では，昼は植物から（④　　　　）は放出されず，（⑤　　　　）だけが放出されているように見える。

(3)　夜の植物のはたらきは，（⑥　　　　）だけであるため，植物は（⑦　　　　）をとり入れ，（⑧　　　　）を出している。

ワンポイント

ふ入りの葉

＝葉緑体があり緑色の部分と葉緑体がなく緑色ではない部分（ふ）がまだらになっている葉。

プラスα

植物の葉のつき方

上から見て**重なり合わないように**なっている。

⇒全ての葉によく日光を当てるため。

まるごと暗記

ＢＴＢ溶液

酸性－中性－アルカリ性

黄色－緑色－青色

まるごと暗記

植物の呼吸と光合成

（昼）**光合成＞呼吸**

入二酸化炭素・出酸素

（酸素）➡ 呼吸 ➡（二酸化炭素）

二酸化炭素 ➡ 光合成 ➡ 酸素

（夜）**呼吸だけ**

入酸素・出二酸化炭素

酸素 ➡ 呼吸 ➡ 二酸化炭素

語群　①対照（たいしょう）実験／青紫／白／酸素／二酸化炭素／水／石灰水／緑／光合成／葉緑体／エタノール／ヨウ素液　②呼吸／光合成／酸素／二酸化炭素

★の用語は，説明できるようになろう！

同じ語句を何度使ってもかまいません。

□にあてはまる語句を，下の語群から選んで答えよう。

1 光合成

教 p.112，116

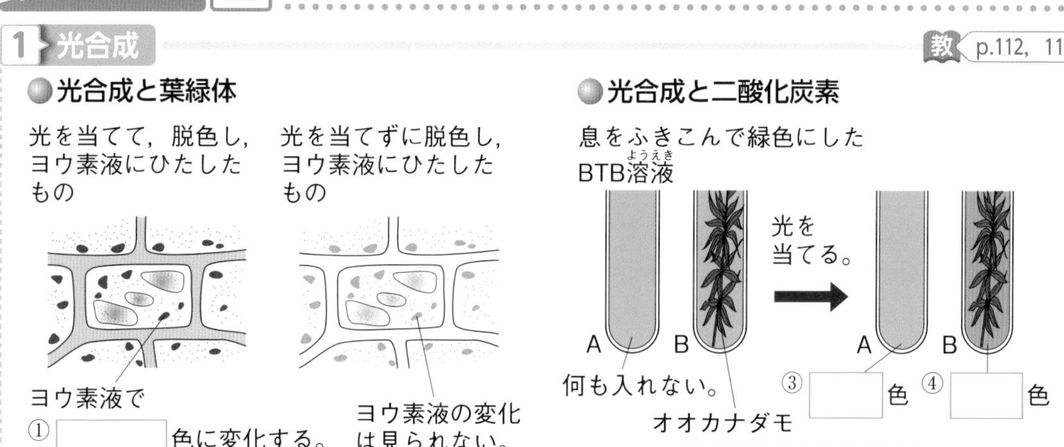

2 葉と光合成

④には，気体の出入りするつくりの名前を書こう。

教 p.117

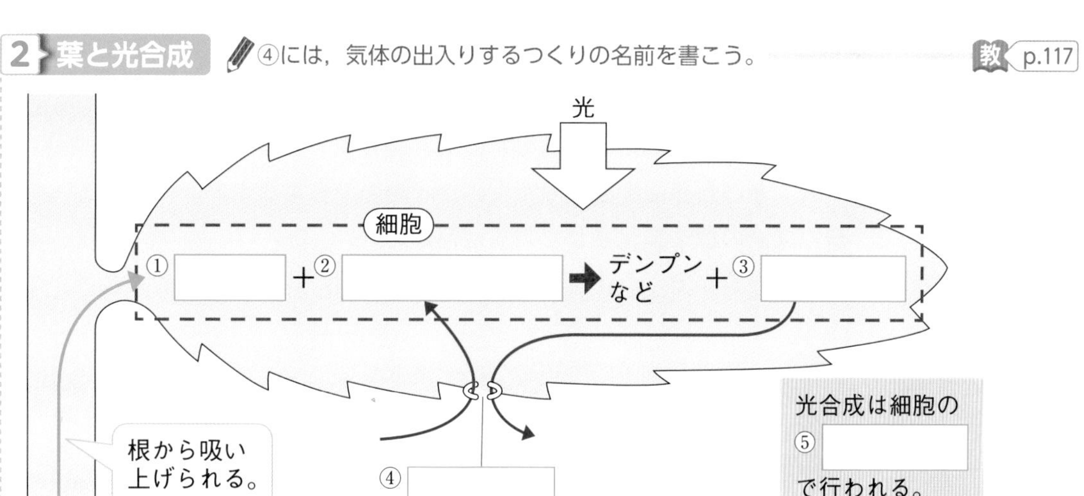

3 植物と呼吸

①～⑥に気体の名前を書こう。

教 p.119

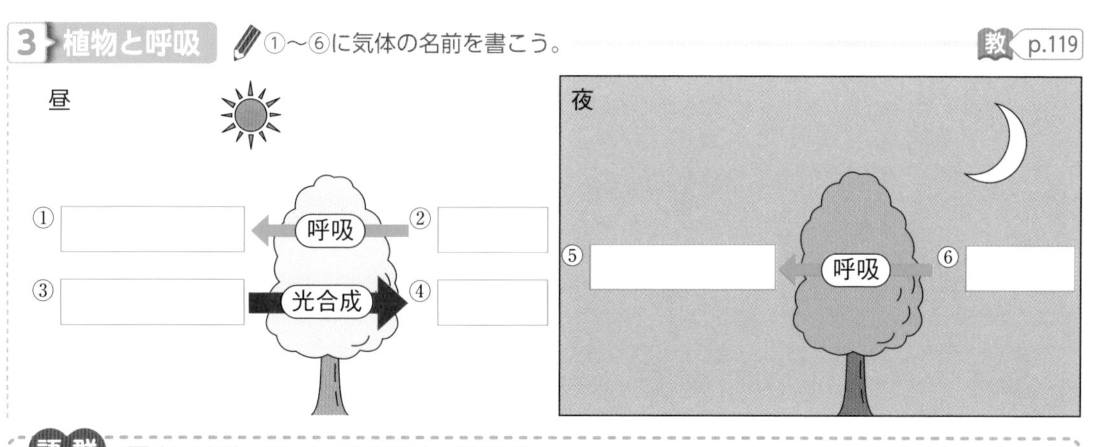

語群
1 青／青紫／緑／二酸化炭素／葉緑体
2 酸素／二酸化炭素／水／気孔／葉緑体　3 酸素／二酸化炭素

わからない用語は，教科書の要点の★で確認しよう！

単元2

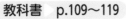

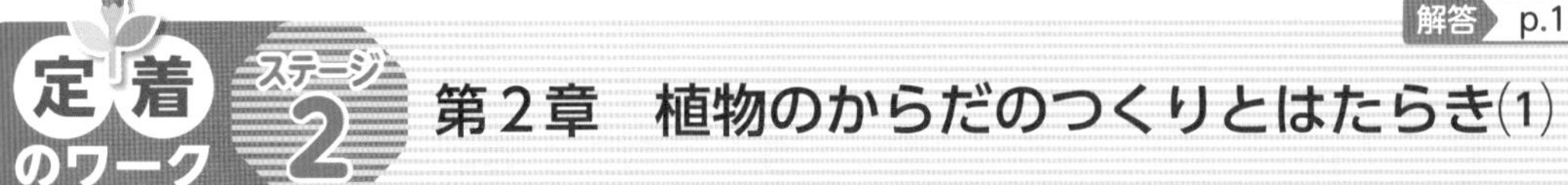

解答 p.12

定着のワーク ステージ2 第2章 植物のからだのつくりとはたらき(1)

1 教 p.111 実験1 **光合成が行われている部分** 明るいところに置いたビーカーの水草の葉Aと，アルミニウムはくでおおったビーカーの水草の葉Bをとり，次のような手順で実験を行った。これについて，あとの問いに答えなさい。

手順1 葉Aを顕微鏡で観察したところ，図1の㋐のように，緑色の粒が見られた。

手順2 図2のように，熱湯であたためたエタノールの中に葉A，Bを入れ，水でよくゆすいだ。

手順3 手順2の葉A，Bをそれぞれスライドガラスにのせ，うすめたヨウ素液をたらし，顕微鏡で観察した。図1の㋑は，葉A，Bのどちらかのようすを表している。

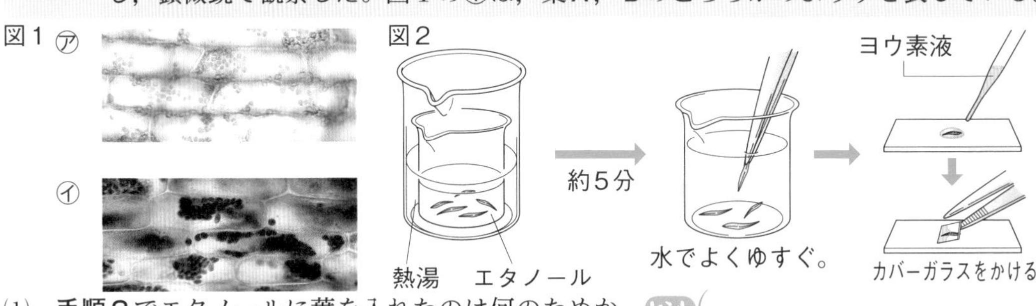

記述 (1) 手順2でエタノールに葉を入れたのは何のためか。ヒント（　　　）

(2) 図1の㋑は，葉A，Bのどちらを観察したものか。記号で答えなさい。（　　　）

(3) 図1の㋑で，ヨウ素液の色を変化させた物質は何か。（　　　）

(4) この実験から，(3)の物質ができるには何が必要だとわかるか。（　　　）

2 **BTB溶液** 図1は，BTB溶液の性質について，表したものである。次の問いに答えなさい。

(1) 図1の㋐，㋑にあてはまる言葉を答えなさい。

㋐（　　　）　㋑（　　　）

(2) 図1の㋒にあてはまる気体を，次のア〜ウから選びなさい。ヒント（　　　）

ア　酸素　　イ　二酸化炭素　　ウ　窒素

図1

㋐性 ← 中性 → ㋑性

黄色　緑色　青色

多　㋒の量　少

(3) 図2のように，試験管A，Bに青色のBTB溶液を入れ，息をふきこんで緑色にした。その後，Aには何も入れず，Bには水草を入れ，じゅうぶんに光を当てると，BTB溶液はそれぞれ何色になるか。A（　　　）　B（　　　）

(4) (3)のBTB溶液の色の変化は，水草の何というはたらきによるものか。また，溶液中の何という物質の量の変化によるものか。

はたらき（　　　）　物質（　　　）

ヒントの森

❶(1)葉が緑色のままでは，ヨウ素液による色の変化がわかりにくい。葉の緑色はエタノールにとける。　❷(2)水にとける気体で，水溶液の性質を変化させるものは何か考える。

3 教 p.115 実験2 光合成と二酸化炭素の関係　次の実験について，あとの問いに答えなさい。

手順1　試験管㋐，㋑にタンポポの葉を入れ，試験管㋒には何も入れない。

手順2　図1のように，試験管㋐～㋒にストローで息をふきこみ，ゴム栓でふたをする。また，試験管㋑にはアルミニウムはくを巻く。

手順3　図2のように試験管㋐～㋒にしばらく光を当てた後，それぞれに石灰水を入れてよくふる。

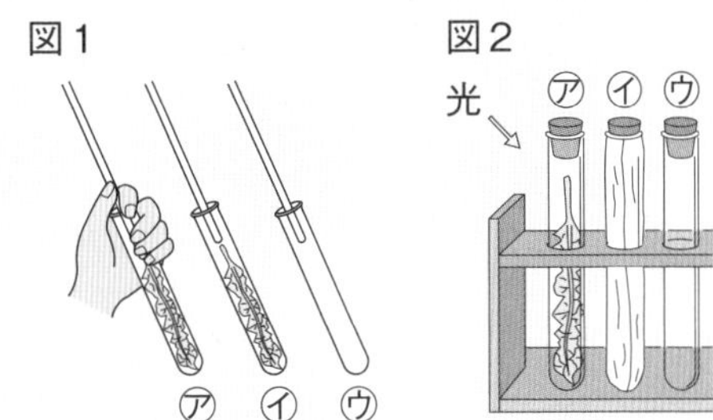

(1)　**手順2**で，試験管㋐～㋒に息をふきこんだのはなぜか。次の**ア**～**ウ**から選びなさい。（　　）

ア　葉をあたためるため。

イ　葉に光を当てないため。

ウ　試験管内の二酸化炭素の量をふやすため。

(2)　**手順2**で，試験管㋑にアルミニウムはくを巻いた理由を，(1)の**ア**～**ウ**から選びなさい。（　　）

(3)　**手順3**で，試験管㋐～㋒の石灰水はそれぞれどうなるか。ヒント

㋐（　　　　）　㋑（　　　　）　㋒（　　　　）

(4)　次の文は，実験の結果についてまとめたものである。（　）にあてはまる言葉を答えなさい。ヒント　①（　　　　）②（　　　　）

光を当てた㋐の葉は，（ ① ）を行ったため，試験管内の（ ② ）の量が減った。

4 植物と呼吸　次の実験について，あとの問いに答えなさい。

手順1　図1のように，ポリエチレンのふくろ㋐，㋑に新鮮(しんせん)なコマツナを入れ，㋒には何も入れない。次に，㋐は明るいところに置き，㋑，㋒は暗いところに置く。

手順2　2～3時間後，図2のように，㋐～㋒の中の空気をそれぞれ石灰水に通し，石灰水の変化を調べる。

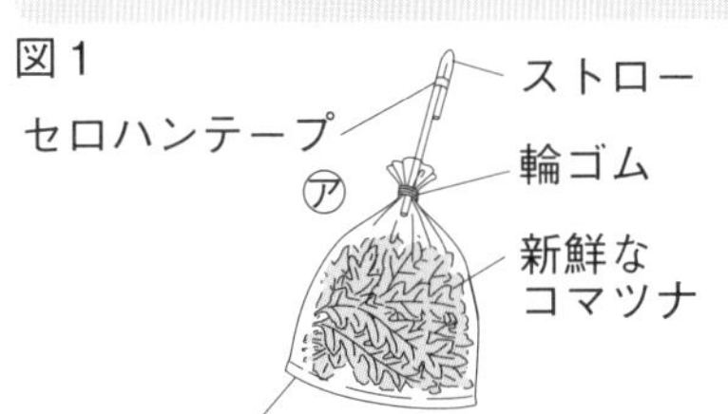

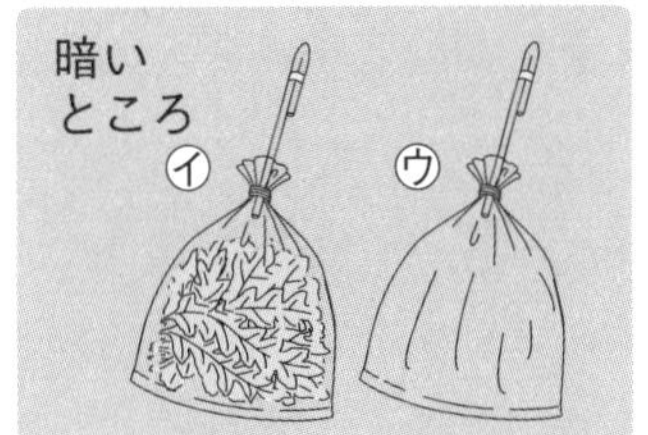

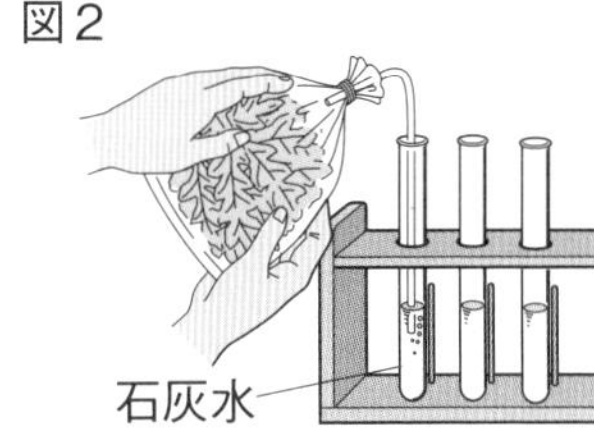

(1)　㋒は，㋐，㋑のうち，どちらの対照実験のためのものか。（　　）

(2)　石灰水が変化したのは，㋐～㋒のどのふくろの中の空気か。（　　）

(3)　(2)のふくろの中でふえた気体は何か。（　　　　）

(4)　この実験から，コマツナが暗いところで何というはたらきをしていることがわかるか。ヒント（　　　　）

❸(3)石灰水は，二酸化炭素があると白くにごる。(4)石灰水を変化させたものによるはたらきについて考える。　❹(4)ふくろの中で(3)の気体がふえた原因を考える。

第2章　植物のからだのつくりとはたらき(1)

解答 p.13

/100

1 ふ入りのコリウスの葉を使って，次の手順で実験を行った。これについて，あとの問いに答えなさい。　6点×5（30点）

手順1　右の図のように，ふ入りのコリウスの葉の一部をアルミニウムはくでおおって一晩置いた。その後，光をじゅうぶんに当ててから葉をつみとった。

手順2　あたためたエタノールに葉を入れ，水でゆすいでから，ヨウ素液に葉をひたした。

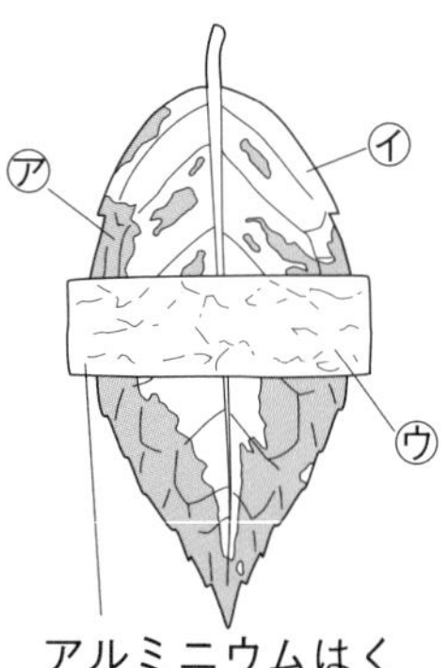

記述 (1) 手順2で，あたためたエタノールに入れたのはなぜか。

記述 (2) エタノールをあたためるときは，直接加熱せずに湯につけてあたためるのはなぜか。

(3) 葉をヨウ素液にひたしたとき，色が変化したのは，図のア〜ウのどの部分か。

記述 (4) 図のアとイの結果を比べることで，光合成についてどのようなことがわかるか。

記述 (5) 図のアとウの結果を比べることで，光合成についてどのようなことがわかるか。

(1)			
(2)		(3)	
(4)			
(5)			

2 右の図は，光合成のしくみを模式的に表したものである。X，Yは植物のからだのつくり，イ，エは気体である。これについて，次の問いに答えなさい。　5点×6（30点）

(1) 細胞の中にあり，光合成が行われるXのつくりを何というか。

(2) 光合成の材料として使われるア，イはそれぞれ何か。

(3) 光合成でつくられるウ，エはそれぞれ何か。

(4) 気体イ，エが出入りするYのつくりを何というか。

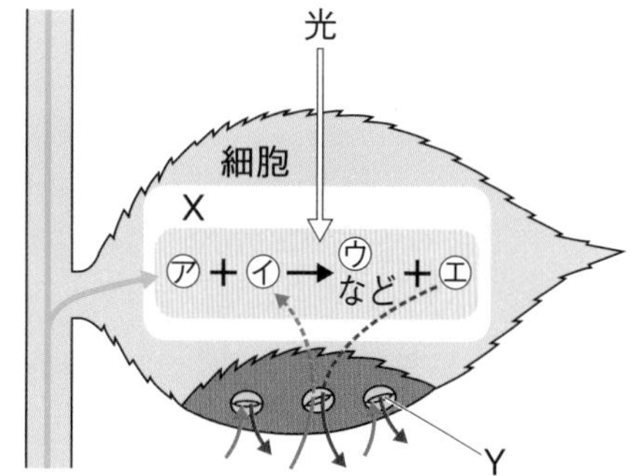

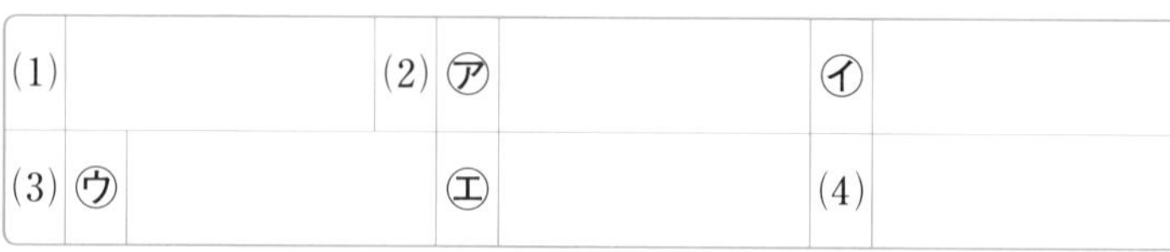

(1)		(2) ア		イ	
(3) ウ		エ		(4)	

よく出る **3** 次の実験１，２について，あとの問いに答えなさい。 5点×4（20点）

実験１ 図１のように，試験管㋐に二酸化炭素をふきこんで黄色にしたＢＴＢ溶液とオオカナダモを入れ，ゴム栓をしてからじゅうぶんに光を当てた。

実験２ 図２のように，試験管㋑に緑色のＢＴＢ溶液とオオカナダモを入れ，ゴム栓をしてからアルミニウムはくを巻いた。

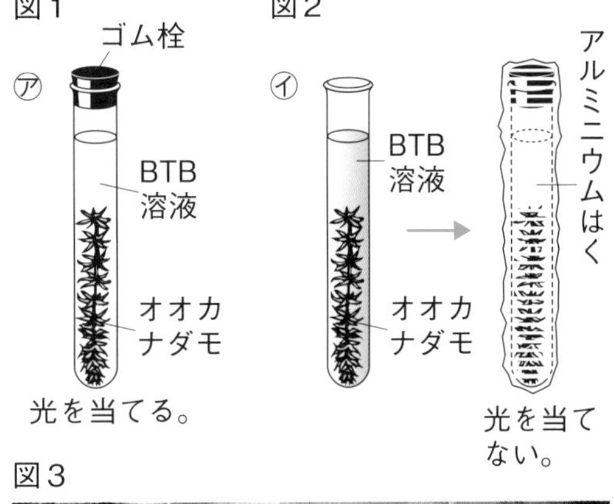

図３

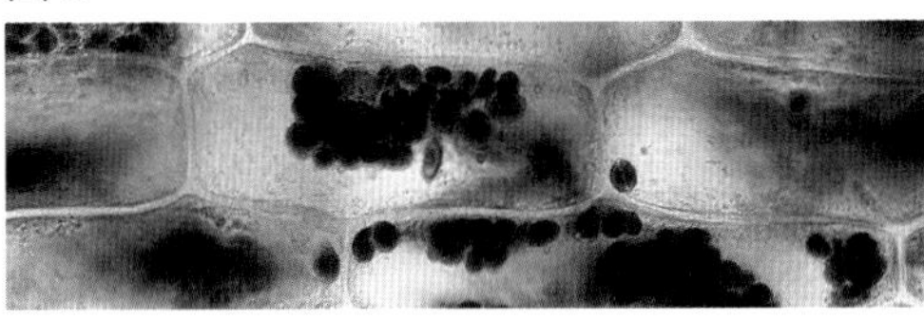

(1) しばらくすると，㋐のオオカナダモから泡（あわ）が出てきた。この泡は何という気体か。

(2) １日後，㋑のＢＴＢ溶液は黄色に変化していた。これは，オオカナダモが液中に何という気体を出したためだと考えられるか。

(3) (2)の気体は，㋑のオオカナダモの何というはたらきによるものか。

(4) １日後，㋐，㋑のオオカナダモの葉を脱色してヨウ素液をたらし，顕微鏡で観察した。このとき，図３のように見えるのは，㋐，㋑のどちらの葉か。

(1)		(2)		(3)		(4)	

4 右の図は，昼と夜の植物のからだを出入りする気体について模式的に表したものである。これについて，次の問いに答えなさい。 5点×4（20点）

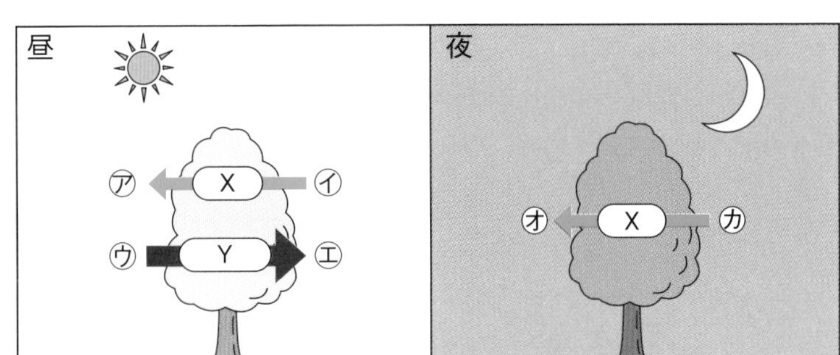

(1) 植物が生きていくために一日中行う，Ｘのはたらきを何というか。

(2) 光が当たっているときに植物が行う，Ｙのはたらきを何というか。

(3) ㋑～㋕のうち，㋐と同じ気体を示しているものをすべて選びなさい。

記述 (4) 昼，見かけのうえでは，植物のからだをどのように気体が出入りしているように見えるか。気体名を２つあげて，簡単に書きなさい。

(1)		(2)		(3)	
(4)					

解答 p.14

確認のワーク ステージ1 第2章 植物のからだのつくりとはたらき(2)

同じ語句を何度使ってもかまいません。

教科書の要点 (　)にあてはまる語句を，下の語群から選んで答えよう。

1 植物と水

教 p.120〜123

(1) 植物が生きていくために必要な水を，根から吸い上げることを(①　　　)という。

(2) 根から吸い上げられた水が，気孔などから水蒸気となって出ていくことを(②★　　　)という。

(3) 根から吸収された水は，(③　　　)を通って葉に到達(とうたつ)し，葉では(④★　　　)を通って全体に行きわたり気孔に達する。

(4) サクラなどの葉で，単位面積あたりの気孔の数を比べると，葉の(⑤　　　)側よりも(⑥　　　)側の方が多い。

(5) 蒸散(じょうさん)は主に葉の(⑦　　　)側でさかんに行われている。

(6) 多くの植物では光が当たると(⑧　　　)が開き，蒸散がさかんに起こり，吸水(きゅうすい)もさかんになる。

2 水の通り道

教 p.124〜128

(1) 根から吸収された水や水にとけた肥料分などの通り道となる管(くだ)を(①★　　　)という。

(2) 根では，表面から水や水にとけた肥料分が吸収されている。また，根の表面には(②★　　　)とよばれる綿毛のようなものがあり，表面積を広げて多くの水や水にとけた肥料分をとりこむことができるようになっている。

(3) 維管束には，道管(どうかん)と並んで，光合成でつくられたデンプンなどが水にとけやすい物質に変化して運ばれる(③★　　　)とよばれる管が通っている。

茎では，維管束が骨組みとなり植物のからだを支えるはたらきもある。

(4) 茎(くき)における維管束の並び方を比べると，(④　　　)類(るい)では全体に散らばっていて，(⑤　　　)類では周辺部に輪の形に並んでいる。

④：根はひげ根からなり，葉脈は平行。
⑤：根は主根と側根からなり，葉脈は網目状。

トウモロコシなどのなかまとヒマワリなどのなかまでは，根のつくりや葉脈のようすにちがいがあったけど，茎の中のつくりにもちがいがあるんだね。

ワンポイント
ワセリン
＝葉にぬると，気孔からの蒸散をおさえることができる。

ワンポイント
発芽の条件
⇒種子(しゅし)の発芽には，水・適当な温度・空気が必要である。

プラスα
光合成でつくられた養分のゆくえ
⇒水にとけやすい物質に変化して運ばれ，からだ全体の細胞で使われたり，果実，種子，根，茎などに再びデンプンとなってたくわえられたりする。

まるごと暗記
道管と師管の位置
● 茎…茎の維管束では，道管が内側，師管が外側になっている。
● 葉…葉の維管束(葉脈)では，道管が表側，師管が裏側になっている。

語群
1 葉脈／気孔／茎／裏／表／蒸散／吸水
2 根毛(こんもう)／師管(しかん)／道管／単子葉(たんしよう)／双子葉(そうしよう)

★の用語は，説明できるようになろう！

同じ語句を何度使ってもかまいません。

教科書の 図　□にあてはまる語句を，下の語群から選んで答えよう。

1 蒸散

教 p.98～99，123

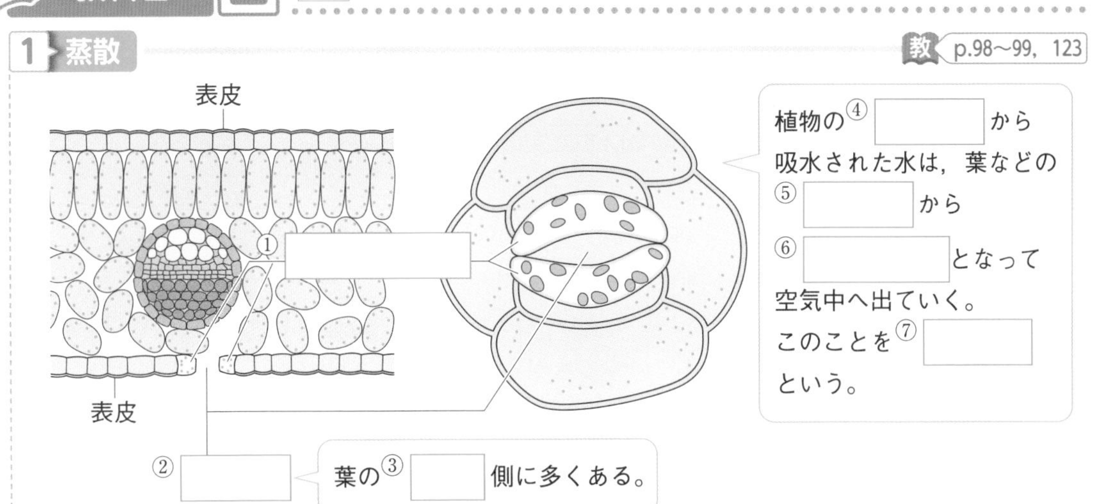

表皮
①
表皮
植物の④　　から吸水された水は，葉などの⑤　　から⑥　　となって空気中へ出ていく。
このことを⑦　　という。

②　　　葉の③　　側に多くある。

2 水や養分の通り道

教 p.126～127

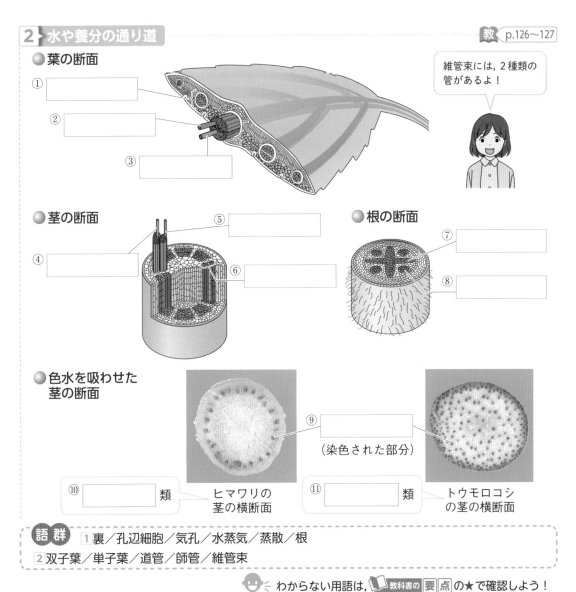

● 葉の断面

①
②
③

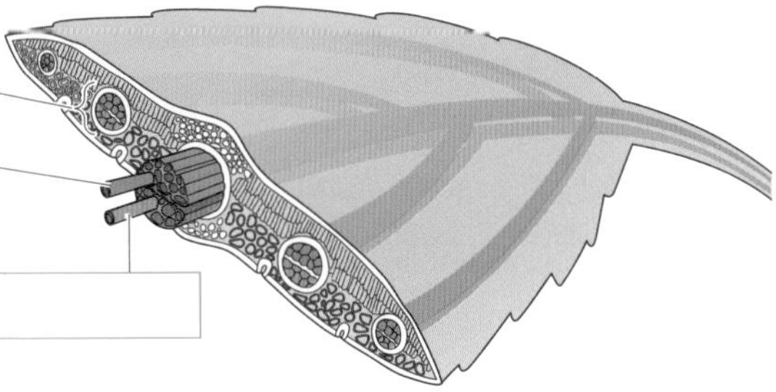

維管束には，2種類の管があるよ！

● 茎の断面

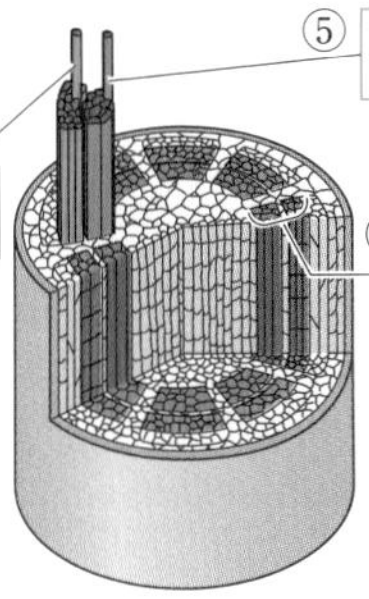

④
⑤
⑥

● 根の断面

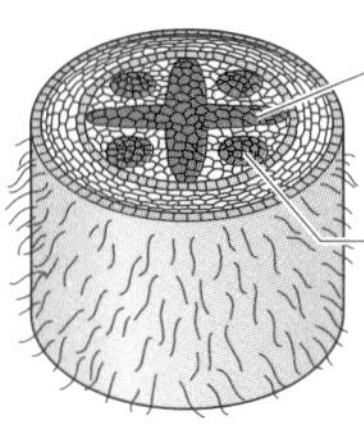

⑦
⑧

● 色水を吸わせた茎の断面

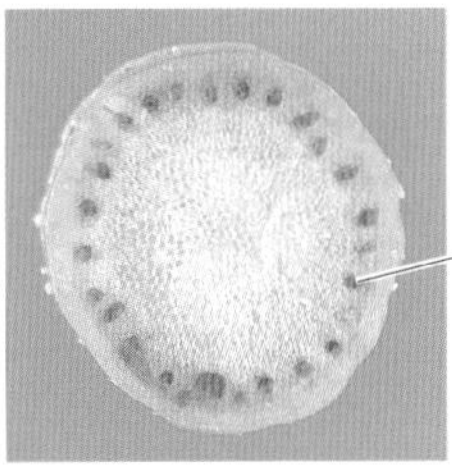

⑨
（染色された部分）

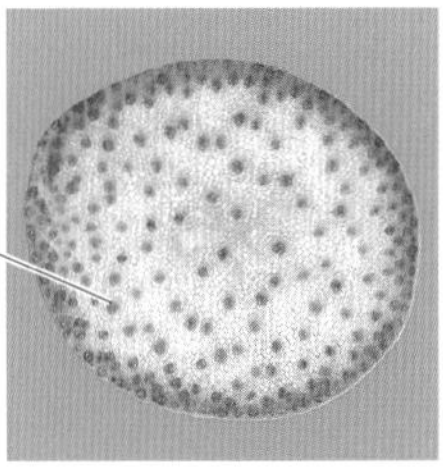

⑩　　類　　ヒマワリの茎の横断面

⑪　　類　　トウモロコシの茎の横断面

語群
1 裏／孔辺細胞／気孔／水蒸気／蒸散／根
2 双子葉／単子葉／道管／師管／維管束

わからない用語は，教科書の要点の★で確認しよう！

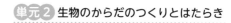

解答 p.14

定着のワーク ステージ2 第2章 植物のからだのつくりとはたらき(2)

1 葉のつくり 右の図は，ツユクサの葉の裏側を顕微鏡で観察したようすである。これについて，次の問いに答えなさい。

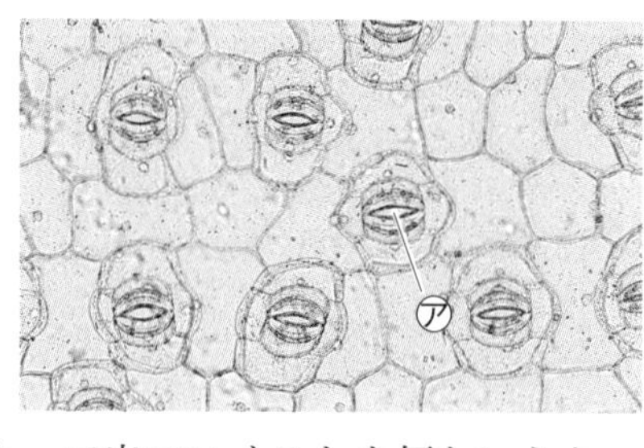

(1) 図の㋐のすきまを何というか。（　　　）

(2) (1)を囲む細胞を何というか。（　　　）

(3) (1)のすきまから，植物のからだの中の水が水蒸気となって出ていくことを何というか。（　　　）

(4) (3)で出ていった水は，植物が根からとりこんで吸い上げたものである。植物が水を吸い上げることを何というか。（　　　）

2 教 p.121 実験3 **吸水と蒸散の関係**

図1の㋐〜㋓のようにした4本の枝を用意した。㋐〜㋓の茎とシリコンチューブを，水中で空気が入らないようにつなぎ，図2のように20分間バットに放置して，水の量の変化を調べた。これについて，次の問いに答えなさい。

図1

㋐何も処理しない。　㋑葉の裏側にワセリンをぬる。

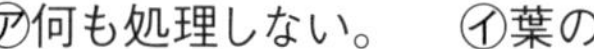

㋒葉の表側にワセリンをぬる。　㋓葉を全てとる。

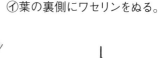

図2

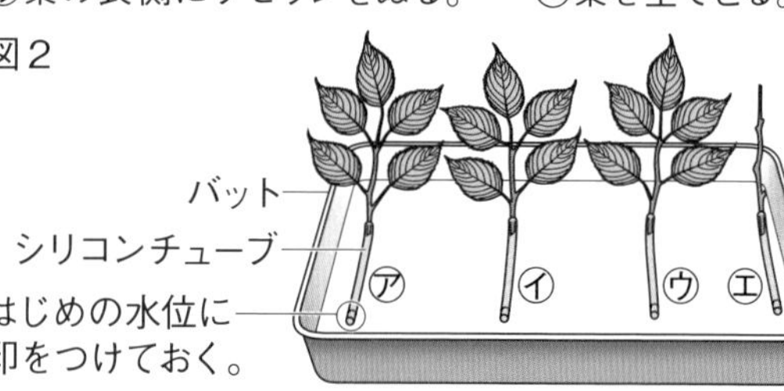

(1) 図1の㋑，㋒で，ワセリンをぬったことで，どの部分の蒸散がおさえられるか。次のア〜ウからそれぞれ選びなさい。ヒント　㋑（　　）㋒（　　）

ア　葉の表側　　イ　葉の裏側

ウ　葉の表側と裏側

(2) ㋐〜㋒のうち，水の減少量が最も多いのはどれか。（　　）

(3) ㋑と㋒では，水の減少量が多いのはどちらか。（　　）

記述 (4) (3)のようになるのはなぜか。水が出ていくつくりの名称を用いて，簡単に書きなさい。

（　　　　　　　　　　）

記述 (5) ㋓の水は，茎の断面にある水の通り道がむき出しになっていても，ほとんど減少していなかった。このことからわかる，吸水と蒸散の関係について，蒸散が主に行われる場所についてもふれて，簡単に書きなさい。ヒント

（　　　　　　　　　　）

ヒントの森　❷(1)ワセリンをぬると空気や水の出入りを防ぐことができる。(5)㋓では，㋐〜㋒とちがって，葉が全てとり除かれている。このことと蒸散の関係について考える。

3 教 p.125 観察4 **水の通り道** 図1のように，茎を切ったヒマワリとトウモロコシを，赤インクをとかした色水を入れた三角フラスコにさし，2時間色水を吸わせた。図2は，色水を吸わせた後の茎の横断面のようすを表したものである。これについて，次の問いに答えなさい。

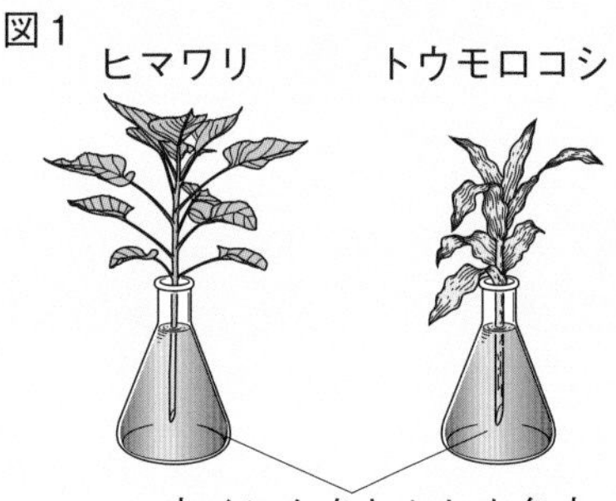

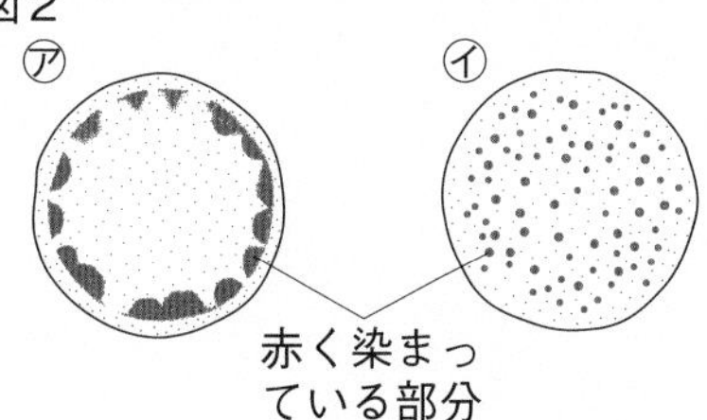

(1) 2時間後茎や葉には赤く染まった部分が見られた。この部分にはどのようなものが通るか。次のア～ウから選びなさい。ヒント（　　）

ア 葉でつくられた養分

イ デンプンが変化した物質

ウ 水や，水にとけた肥料分

(2) (1)のものが通る管を何というか。（　　　　）

(3) ヒマワリの茎の横断面を表しているのは，図2の㋐，㋑のどちらか。ヒント（　　）

4 **茎・根のつくり** 図1は，2種類の植物の茎の断面を模式的に表したものである。これについて，次の問いに答えなさい。

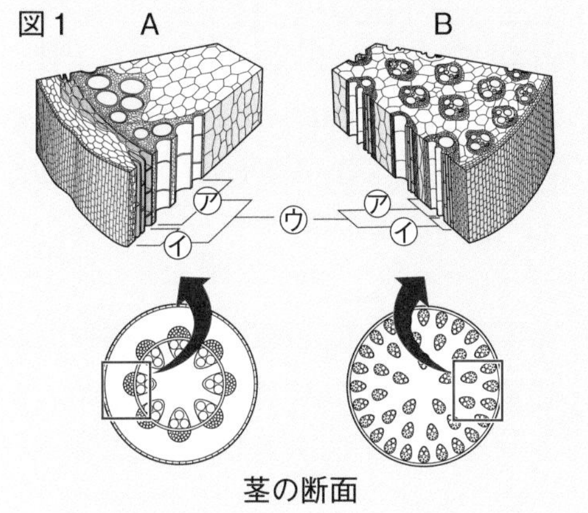

(1) 図1の㋐，㋑の管をそれぞれ何というか。

㋐（　　　　）

㋑（　　　　）

(2) 図1の㋐と㋑が集まった㋒の部分を何というか。（　　　　）

(3) 葉でつくられた養分が，水にとけやすい物質に変化したものが通る管は，図1の㋐，㋑のどちらか。ヒント（　　）

(4) 図2のCのようなたくさんの細い根を何というか。（　　　　）

(5) 図2のDで，㋓，㋔の根をそれぞれ何というか。

㋓（　　　　）

㋔（　　　　）

(6) 図1のAのような茎の断面をもつ植物の根は，図2のC，Dのどちらのようなつくりになっているか。（　　）

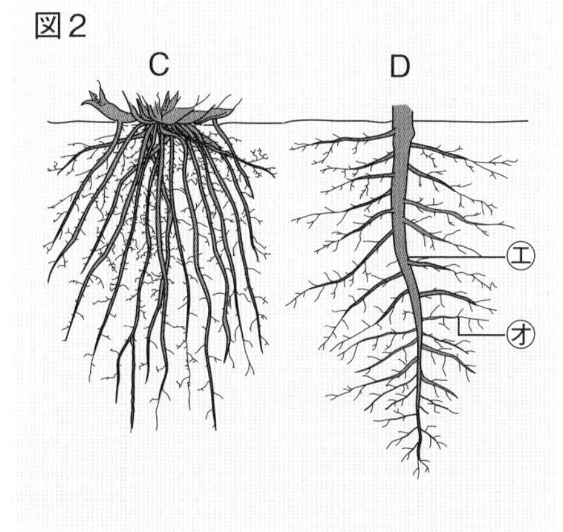

❸(1)茎や葉は，色水の色に染まっている。(3)維管束の並び方は植物の種類によって特徴がある。
❹(3)植物の種類がちがっても，水の通り道は内側に，養分の通り道は外側にある。

解答 p.15

第2章 植物のからだのつくりとはたらき(2)

/100

1 葉の大きさと枚数がほぼ同じ枝を3本用意し，右の図の㋐～㋒のような処理をした後，水が入ったメスシリンダーにさし，水面には油を浮かべた。数時間後，㋐～㋒の水の減少量にはちがいが見られた。これについて，次の問いに答えなさい。 5点×4（20点）

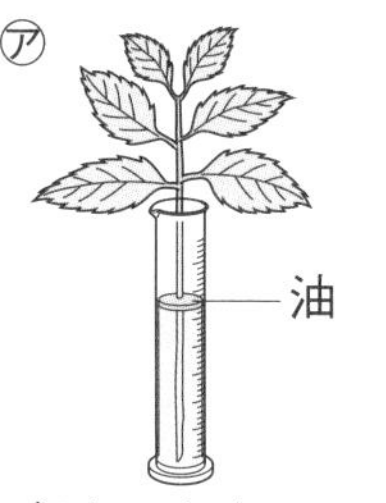

何もぬらない。

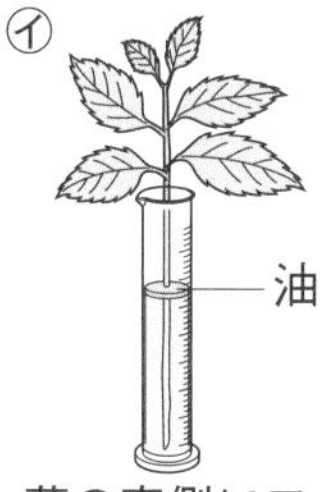

葉の表側にワセリンをぬる。

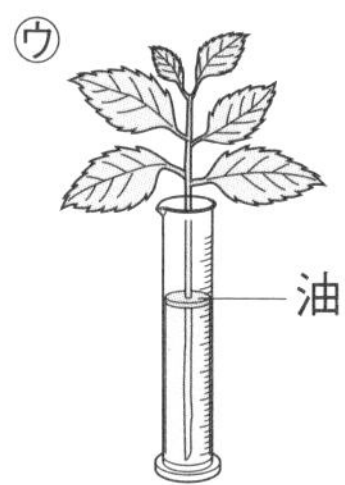

葉の裏側にワセリンをぬる。

(1) 植物のからだから水が水蒸気となって出ていくことを何というか。

(2) 数時間後の水の減少量を比べた結果として正しいものを，次の**ア**～**カ**から選びなさい。

ア ㋐>㋑>㋒　**イ** ㋐>㋒>㋑　**ウ** ㋑>㋐>㋒

エ ㋑>㋒>㋐　**オ** ㋒>㋐>㋑　**カ** ㋒>㋑>㋐

(3) 葉の表側，葉の裏側から出ていった水の量と等しいものを，次の**ア**～**カ**からそれぞれ選びなさい。

ア ㋐の水の減少量　**イ** ㋑の水の減少量　**ウ** ㋒の水の減少量

エ ㋐と㋑の水の減少量の差　**オ** ㋐と㋒の水の減少量の差

カ ㋑と㋒の水の減少量の差

(1)		(2)		(3)	表側		裏側	

よく出る **2** 図1のように，茎を切ったホウセンカを赤インクをとかした水にさしておいた。しばらくすると，葉の筋が赤くなったので，かみそりの刃（は）で茎を輪切りにして顕微鏡で断面を観察した。これについて，次の問いに答えなさい。 5点×4（20点）

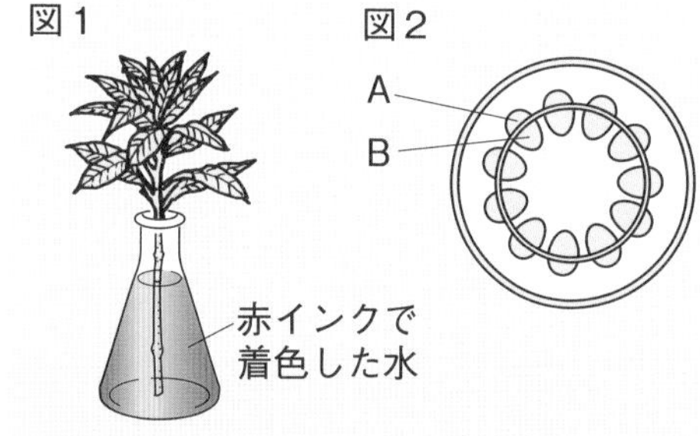

(1) 図2は，観察した茎の横断面である。赤く染まった部分は，A，Bのどちらか。

(2) この実験から，(1)の部分は，何という管であることがわかるか。

(3) 図2のA，Bの管が集まった部分を何というか。

(4) ホウセンカのかわりに，トウモロコシを使って同じ実験を行うと，茎の横断面のようすはどのようになるか。図3の㋐～㋓から選びなさい。

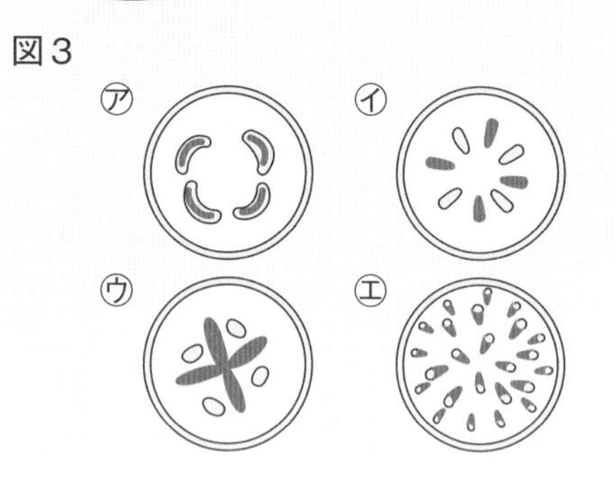

(1)		(2)		(3)		(4)	

よく出る **3** 図１はある植物の葉，図２は茎，図３は根の断面のようすを模式的に表したものである。これについて，あとの問いに答えなさい。

5点×6（30点）

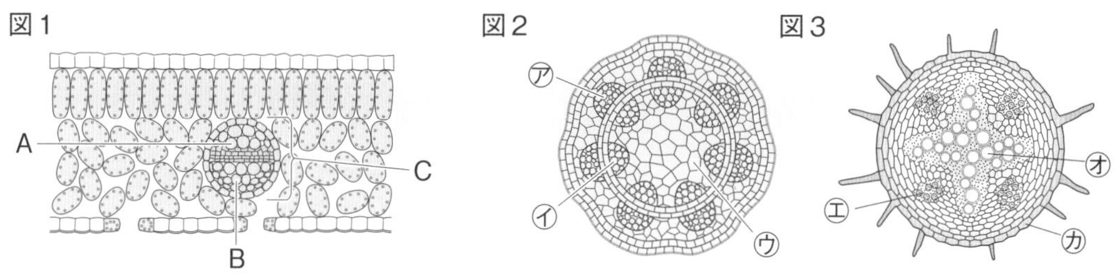

⑴　図１のＡ，Ｂの管をそれぞれ何というか。

⑵　図１のＡの管は，茎や根のどの部分とつながっているか。図２の㋐～㋒，図３の㋓～㋕からそれぞれ選びなさい。

⑶　図１のＣは，ＡとＢが集まったかたい束（たば）で，茎や根にもつながり，物質が通ること以外のはたらきももつ。茎におけるＣの物質が通ること以外のはたらきを答えなさい。

⑷　茎の横断面が図２のようになっているのは，被子植物（ひししょくぶつ）のうちの何類か。

⑴	A		B		⑵	図2		図3	
⑶					⑷				

4 図１は，発芽したヒマワリの種子のようすである。図２は，植物のからだの中で水や養分が運ばれる管を模式的に表したものである。これについて，次の問いに答えなさい。

5点×6（30点）

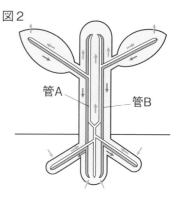

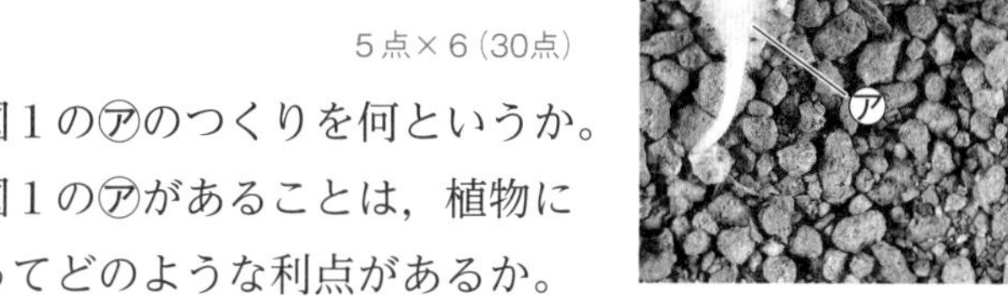

⑴　図１の㋐のつくりを何というか。

⑵　図１の㋐があることは，植物にとってどのような利点があるか。「面積」という言葉を使って，簡単に書きなさい。

⑶　図２の管Ａ，Ｂをそれぞれ何というか。

⑷　葉でつくられた養分が運ばれるのは，図２の管Ａ，Ｂのどちらか。

⑸　⑷の管を運ばれていくのはどのような物質か。次のア～ウから選びなさい。

ア　葉でつくられたままの養分

イ　葉でつくられた養分が，水にとけにくい物質に変化したもの

ウ　葉でつくられた養分が，水にとけやすい物質に変化したもの

⑴		⑵					
⑶	管A		管B		⑷		⑸	

単元2

解答 p.16

第3章 動物のからだのつくりとはたらき(1)

同じ語句を何度使ってもかまいません。

教科書の要点 （ ）にあてはまる語句を，下の語群から選んで答えよう。

1 消化のしくみ

教 p.129〜135

(1) 食物が，歯などで細かくされたり，だ液などでからだに吸収されやすい養分になることを(①★)という。

(2) デンプンをふくむ溶液にヨウ素液を入れると(②★)色に変化する。

(3) 麦芽糖をふくむ溶液に(③★)を入れて加熱すると，赤褐色の沈殿ができる。
（沸騰石を入れて加熱する。）

(4) だ液や胃液などの食物を消化するはたらきをもつ液のことを(④★)といい，だ液には(⑤★)とよばれる★消化酵素がふくまれている。
（デンプンを麦芽糖などに分解する。）

(5) 口から食道，胃，小腸，大腸などを経て，肛門までつながる食物の通る1本の長い管を(⑥★)という。

(6) デンプンは，だ液中の消化酵素，すい液中の消化酵素，小腸のかべの消化酵素のはたらきで(⑦★)に分解される。

(7) タンパク質は，胃液中の消化酵素，すい液中の消化酵素，小腸のかべの消化酵素のはたらきで(⑧★)に分解される。

(8) 脂肪は，(⑨★)で消化されやすい形にされ，すい液中の消化酵素のはたらきで★脂肪酸と★モノグリセリドに分解される。
（消化酵素はふくまれていない。）

2 吸収のしくみ

教 p.136〜137

(1) 消化されてできた物質は，(①)のかべの表面にあるたくさんの(②★)から吸収される。

(2) ブドウ糖と(③)は柔毛の毛細血管に，脂肪酸とモノグリセリドは再び脂肪になって，柔毛の(④)に入る。
（心臓の近くで血管と合流する。）

(3) 吸収されたブドウ糖とアミノ酸は，(⑤)を通って全身に運ばれる。
（一部は肝臓でタンパク質に変えられる。）
（一部はグリコーゲンに変えられて肝臓にたくわえられる。）

(4) 水分は主に小腸で吸収されるが，一部は(⑥)で吸収される。

(5) 消化されなかった食物中の繊維などは，(⑦)として肛門から排出される。

ワンポイント

デンプンに対するだ液のはたらきを調べる実験

- ヨウ素液で変化なし。
⇒だ液によってデンプンが分解された。
- ベネジクト液を加えて加熱すると**赤褐色の沈殿**。
⇒だ液のはたらきで**麦芽糖**などができた。

※水を使った実験は，だ液のはたらきを確認するための対照実験。

まるごと暗記

消化酵素のはたらき

消化酵素	分解する物質
アミラーゼ	デンプン
ペプシン	タンパク質
トリプシン	タンパク質
リパーゼ	脂肪

まるごと暗記

栄養分の消化・吸収

- デンプン→ブドウ糖
- タンパク質→アミノ酸
⇒毛細血管へ
- 脂肪→脂肪酸とモノグリセリド
⇒再び脂肪となってリンパ管へ

語群
1 アミラーゼ／ベネジクト液／アミノ酸／ブドウ糖／消化／消化管／消化液／胆汁／青紫
2 大腸／小腸／肝臓／柔毛／リンパ管／アミノ酸／便

★の用語は，説明できるようになろう！

同じ語句を何度使ってもかまいません。

教科書の図 　にあてはまる語句を，下の語群から選んで答えよう。

1 ヒトの消化にかかわる器官・試薬の変化

教 p.131，135

①
②
③
④
⑤
（気管）
（肺）
（心臓）
⑥
⑦
⑧
⑨

●ヨウ素液

変化なし

デンプンがあると，⑩　　色になる。

●ベネジクト液

変化なし

麦芽糖があると，加熱することで⑪　　色の沈殿ができる。

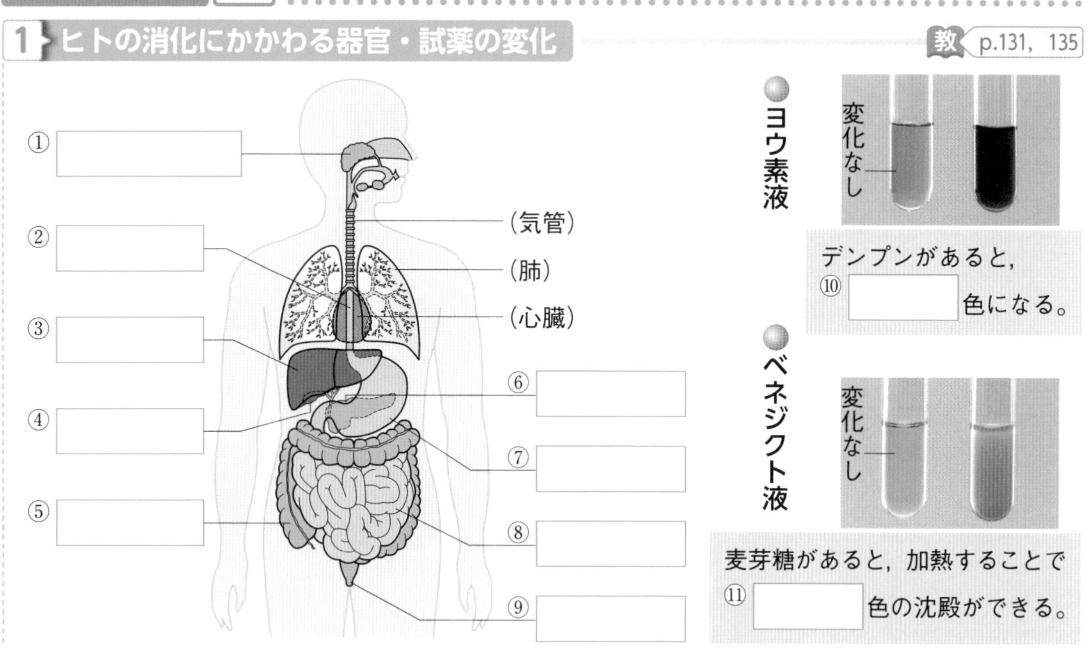

2 養分の消化と吸収

①～③には消化液を書こう。

教 p.136～137

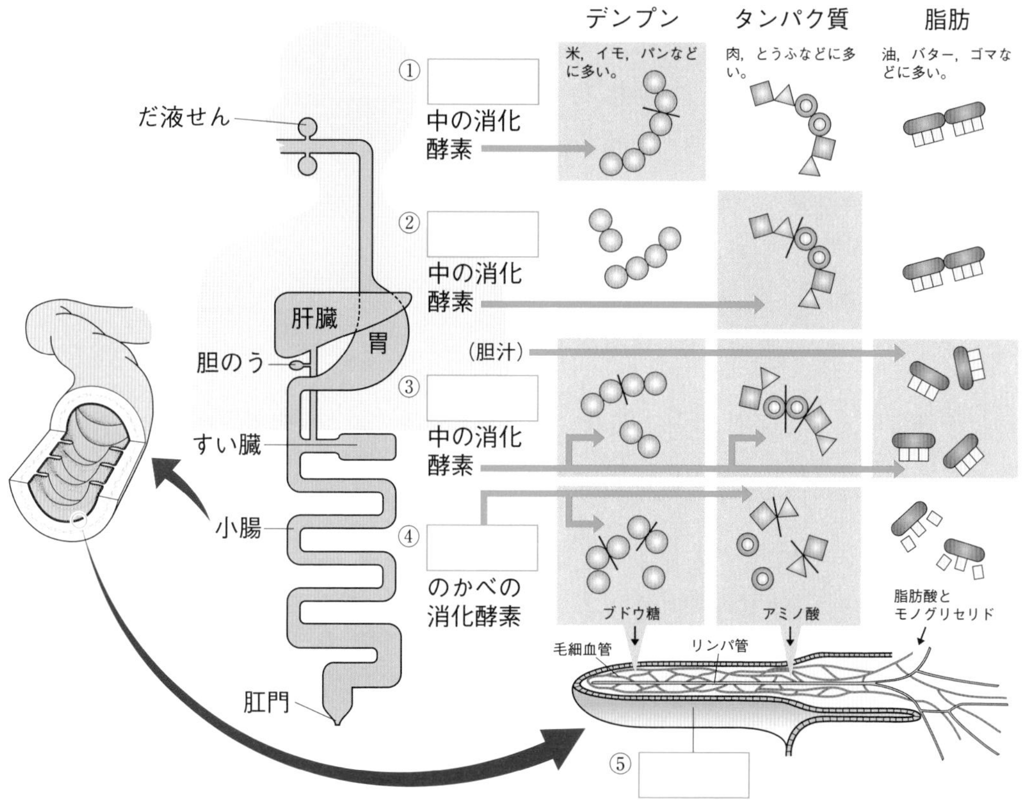

デンプン
タンパク質
脂肪
米，イモ，パンなどに多い。
肉，とうふなどに多い。
油，バター，ゴマなどに多い。
だ液せん
① 中の消化酵素
② 中の消化酵素
肝臓
胃
胆のう
（胆汁）
③ 中の消化酵素
すい臓
小腸
④ のかべの消化酵素
ブドウ糖
アミノ酸
脂肪酸とモノグリセリド
毛細血管
リンパ管
肛門
⑤

語群
1 赤褐／青紫／胃／食道／すい臓／肝臓／肛門／胆（たん）のう／大腸／小腸／だ液せん
2 胃液／だ液／すい液／柔毛／小腸

わからない用語は，教科書の要点の★で確認しよう！

解答 p.16

定着のワーク ステージ2 第3章 動物のからだのつくりとはたらき(1)

1 教 p.132 実験4 **だ液によるデンプンの変化** だ液のはたらきを調べるため，次の手順で実験を行った。これについて，あとの問いに答えなさい。

手順1 2本の試験管を用意し，Aにうすめただ液，Bに水をそれぞれ同じ量入れる。
手順2 A，Bの試験管に，同じ量のデンプン溶液を入れる。
手順3 A，Bの試験管を，約40℃の湯の中に入れ，5〜10分間あたためる。
手順4 A，Bの試験管の溶液を半分ずつ別の試験管に分けて入れ，A1，A2，B1，B2とする。
手順5 A1とB1の試験管にはヨウ素液を入れ，反応を確認する。
手順6 A2とB2の試験管にはベネジクト液を入れて加熱し，反応を確認する。

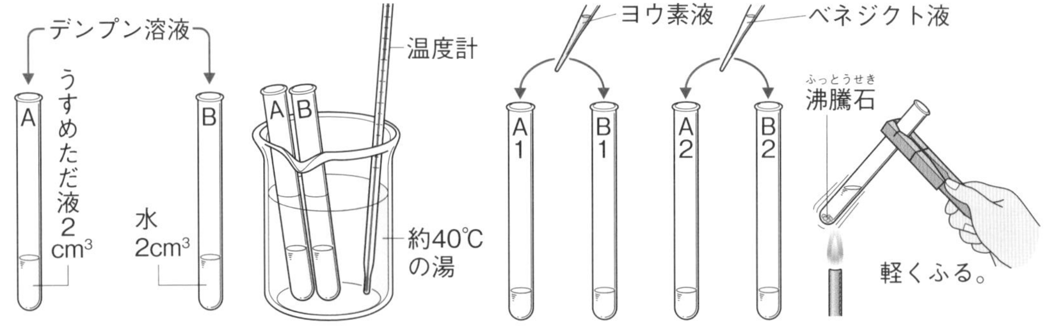

(1) この実験では，だ液のはたらきについて調べるために，水を使った実験を行った。このような実験を何というか。 (　　　　)

(2) 消化液にふくまれ，食物を分解して吸収されやすい物質に変えるはたらきをもつものを何というか。 (　　　　)

(3) だ液にふくまれる(2)を何というか。 (　　　　)

記述 (4) **手順3**で，試験管を40℃の湯であたためたのはなぜか。 ヒント
(　　　　)

記述 (5) **手順5**で，ヨウ素液によって変化が見られたのは，A1，B1のどちらの試験管か。また，どのような変化が見られたか。 ヒント 試験管(　　　　)
変化(　　　　)

記述 (6) **手順6**で，ベネジクト液によって変化が見られたのは，A2，B2のどちらの試験管か。また，どのような変化が見られたか。 ヒント 試験管(　　　　)
変化(　　　　)

記述 (7) この実験から，だ液にはどのようなはたらきがあることがわかるか。
(　　　　)

1(4)消化液にふくまれる消化酵素は，体内でよくはたらく性質をもつことから考える。
(5)(6)ヨウ素液とベネジクト液が，それぞれ何を調べるための薬品かということから考える。

2 消化の流れ　図1は，ヒトの消化にかかわるつくりを表したものである。また，図2は，消化液のはたらきを表したものである。これについて，あとの問いに答えなさい。

図1

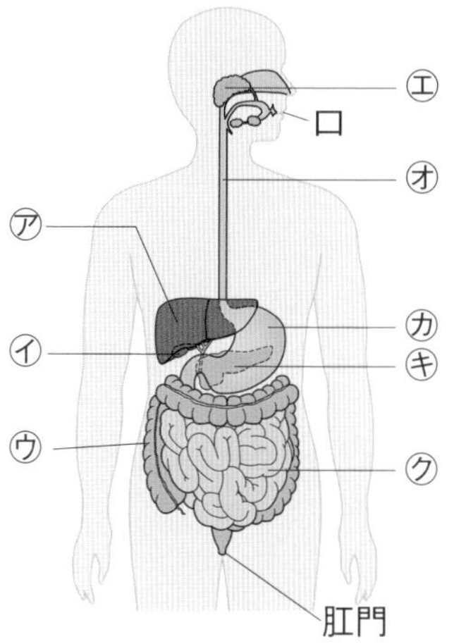

㋐ ㋑ ㋒ ㋓ 口 ㋔ ㋕ ㋖ ㋗ 肛門

図2

消化液　デンプン　タンパク質　脂肪

だ液

A

胆汁

B

（小腸のかべの消化酵素）

a　b　c

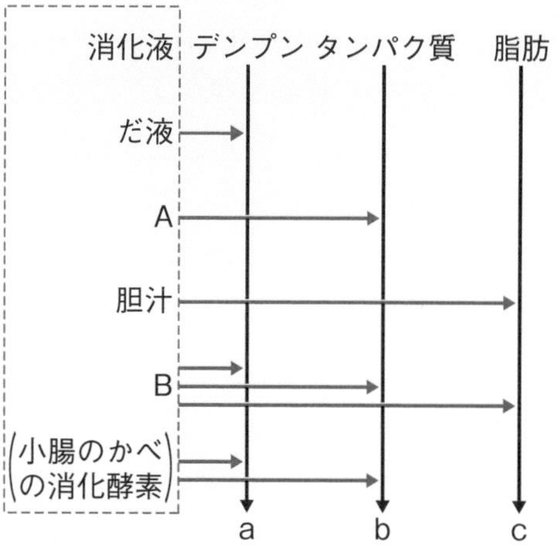

(1)　図1の㋐～㋗のつくりの名称をそれぞれ答えなさい。

㋐(　　　　) ㋑(　　　　) ㋒(　　　　) ㋓(　　　　)

㋔(　　　　) ㋕(　　　　) ㋖(　　　　) ㋗(　　　　)

(2)　口から肛門までつながる食物の通る1本の長い管を何というか。(　　　　)

(3)　図1の㋐でつくられる消化液の名称を答えなさい。また，その消化液がためられるのは図1の㋑～㋗のどこか。記号で答えなさい。ヒント　名称(　　　　)　記号(　　)

(4)　図2のA，Bの消化液はそれぞれ何か。A(　　　　)　B(　　　　)

(5)　図2のa，bにあてはまる物質はそれぞれ何か。

a(　　　　)　b(　　　　)

(6)　図2のcにあてはまる物質は何か。2つ答えなさい。

(　　　　)(　　　　)

3 養分の吸収　右の図は，小腸のかべのひだの表面に見られるつくりを表したものである。これについて，次の問いに答えなさい。

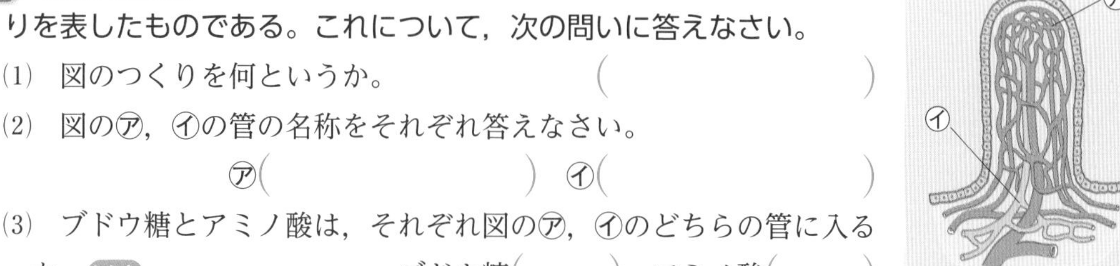

(1)　図のつくりを何というか。(　　　　)

(2)　図の㋐，㋑の管の名称をそれぞれ答えなさい。

㋐(　　　　)　㋑(　　　　)

(3)　ブドウ糖とアミノ酸は，それぞれ図の㋐，㋑のどちらの管に入るか。ヒント　ブドウ糖(　　)　アミノ酸(　　)

(4)　脂肪酸とモノグリセリドは，再び脂肪となった後，図の㋐，㋑のどちらの管に入るか。

(　　)

(5)　小腸に図のようなつくりがあることで，養分の吸収についてどのような利点があるか。

(　　　　)

2(3)㋐でつくられる消化液は消化酵素をふくまない。　3(3)ブドウ糖とアミノ酸は血液によって肝臓を通って全身に運ばれ，ブドウ糖の一部はグリコーゲンとして肝臓にたくわえられる。

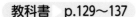

第3章　動物のからだのつくりとはたらき(1)

解答 p.17

/100

1 図1は，ヒトの消化にかかわる器官を模式的に表したものである。また，図2は，小腸のかべにあるひだの表面に見られるつくりを模式的に表したものである。次の問いに答えなさい。　4点×13(52点)

図1

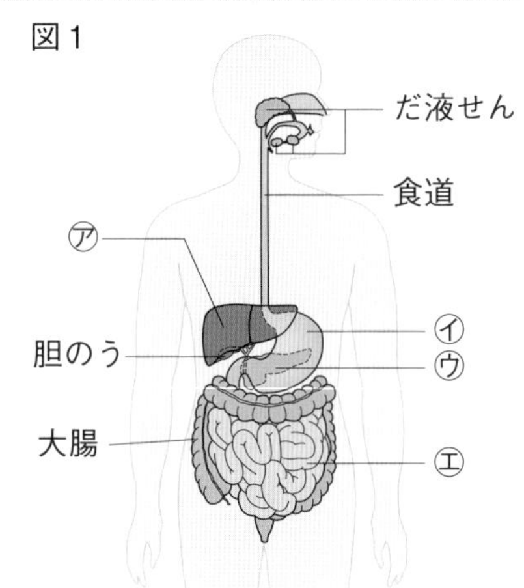

(1) 図1の㋐〜㋓の器官をそれぞれ何というか。名称を答えなさい。

(2) 下の表は，デンプン，タンパク質，脂肪が，どのような消化酵素によって分解されるかをまとめようとしたものである。表の○印は，その消化酵素によって分解されることを表している。適切なところに○印を記入して表を完成させなさい。

どこにある消化酵素か	デンプン	タンパク質	脂肪
だ液			
㋑から出される消化液			
㋒から出される消化液	○		
㋓の表面		○	

図2

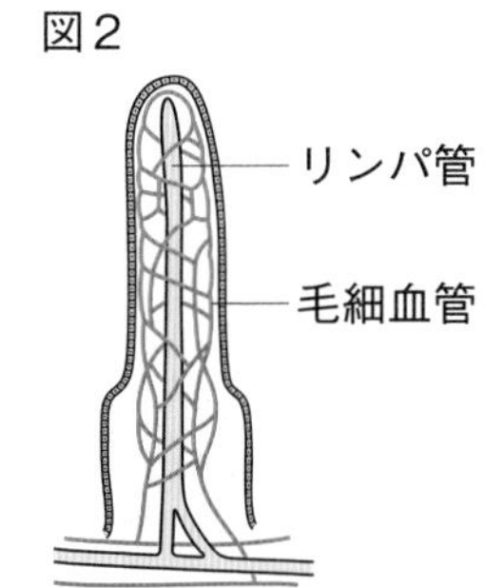

(3) 胆のうから出される消化液について，次の①〜③に答えなさい。

① この消化液を何というか。

② この消化液は，何という器官でつくられるか。

③ この消化液は，食物にふくまれる何という成分の分解に関係するか。(2)の表からあてはまる食物の成分を選びなさい。

(4) 消化された養分は小腸のかべの図2のつくりから吸収される。このつくりを何というか。

(5) 次の①〜③の食物の成分は，図2のつくりに吸収されるとき，何という養分に分解されているか。

① デンプン　② タンパク質　③ 脂肪

(6) (5)で答えた養分のうち，図2のつくりの毛細血管に入るものは何か。あてはまるものをすべて答えなさい。

(1)	㋐		㋑		㋒		㋓	
(2)	表に記入	(3) ①		②		③		(4)
(5)	①		②		③			
(6)								

よく出る **2** だ液のはたらきを調べるため，次のような手順で実験を行った。これについて，あとの問いに答えなさい。 4点×7（28点）

手順１　A～Dの試験管にうすいデンプン溶液をそれぞれ10cm³ずつ入れた。

手順２　A，Cの試験管には水でうすめただ液2cm³，B，Dの試験管には水2cm³を入れ，それぞれよくかき混ぜた。

手順３　右の図のように，A～Dの試験管をビーカーに入れた①ある温度の湯に10分間つけておいた。

手順４　その後，A，Bの試験管にはヨウ素液を加え，C，Dの試験管にはベネジクト液を加えて②ある操作をした。

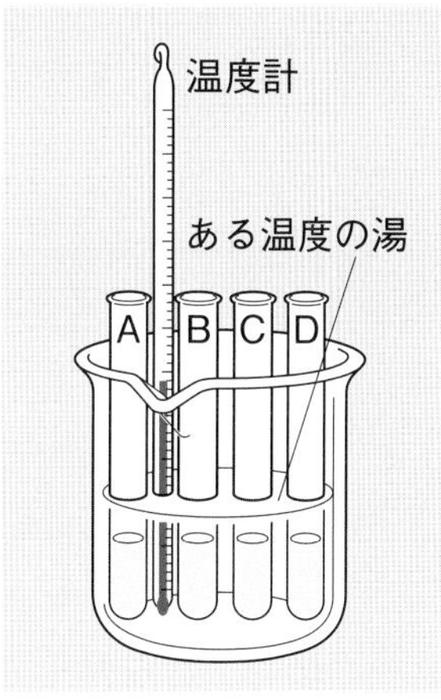

(1)　手順３の下線部①のある温度は約何℃か。最も適切なものを次のア～オから選びなさい。

ア　約5℃　　イ　約25℃　　ウ　約40℃　　エ　約60℃　　オ　約100℃

記述 (2)　手順４の下線部②のある操作とはどのような操作か。簡単に書きなさい。

(3)　A，Bの試験管のヨウ素液による変化について，次の問いに答えなさい。

①　ヨウ素液によって変化が見られたのは，A，Bのどちらの試験管か。

記述 ②　試験管A，Bの結果から，だ液のはたらきについてどのようなことがわかるか。

(4)　C，Dの試験管のベネジクト液による変化について，次の問いに答えなさい。

①　ベネジクト液によって変化が見られたのは，C，Dのどちらの試験管か。

記述 ②　試験管C，Dの結果から，だ液のはたらきについてどのようなことがわかるか。

(5)　だ液にふくまれる消化酵素は何か。

(1)		(2)		(3) ①		②	
(4) ①		②		(5)			

3 次の文の下線部が正しいものには○，まちがっているものには正しい言葉を書きなさい。

4点×5（20点）

(1)　肉やとうふの主な成分は<u>炭水化物</u>（たんすいかぶつ）である。

(2)　カルシウムや鉄は<u>無機物</u>（むきぶつ）とよばれる成分である。

(3)　ペプシンやトリプシンは<u>脂肪</u>を分解するはたらきがある。

(4)　肝臓では，<u>アミノ酸</u>の一部がグリコーゲンとしてたくわえられる。

(5)　リンパ管は<u>心臓</u>の近くで血管と合流する。

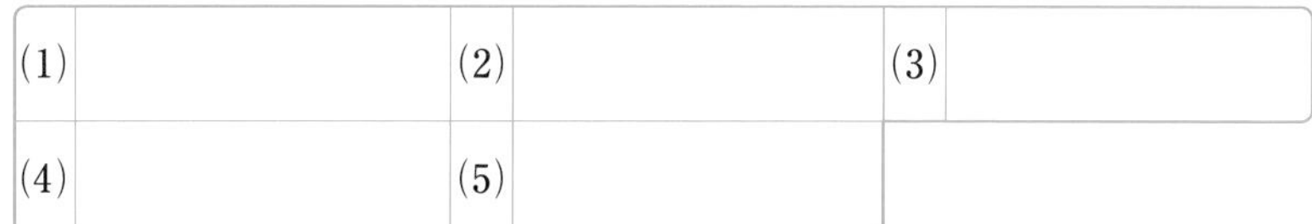

(1)		(2)		(3)	
(4)		(5)			

解答 p.18

第3章 動物のからだのつくりとはたらき(2)

(　　)にあてはまる語句を，下の語群から選んで答えよう。 同じ語句を何度使ってもかまいません。

1 呼吸のはたらき

教 p.138〜139

(1) 鼻や口から吸いこまれた空気は，気管を通って肺に入り，気管が枝分かれした**気管支**の先にある(①★　　)に送られる。

(2) **肺胞**(はいほう)では，毛細血管を流れる血液に(②　　)がとりこまれ，血液から(③　　)が出される。

(3) 肺において行われる，空気と血液の間での酸素と二酸化炭素のやりとりを(④★　　)という。

(4) 肺は，筋肉のついた**ろっ骨**や(⑤　　)などに囲まれた空間にあり，これらのはたらきで胸部(きょうぶ)の空間が広がると空気が肺の中に入る。（ろっ骨は上がり，横隔膜は下がる。）

(5) **酸素が多く，二酸化炭素が少ない血液**を(⑥★　　)，**酸素が少なく，二酸化炭素が多い血液**を(⑦★　　)という。

(6) 細胞で，酸素を使って養分からエネルギーがとり出される活動を，(⑧★　　)という。（このとき，二酸化炭素と水ができる。）

2 血液のはたらき

教 p.140〜143

(1) 心臓から送り出される血液が流れる血管を，(①★　　)，心臓にもどる血液が流れる血管を(②★　　)という。

(2) **心臓→肺→心臓**の血液の流れを(③★　　)，**心臓→肺以外の全身→心臓**の血液の流れを(④★　　)という。

(3) 酸素は血液の成分のうち，**ヘモグロビン**とよばれる赤い物質をふくむ(⑤★　　)によって運ばれる。（酸素の多いところでは酸素と結びつき，酸素の少ないところでは酸素をはなす性質をもつ。）

(4) **血しょう**(けっ)は，毛細血管からしみ出て(⑥★　　)となり，細胞との間で物質のやりとりを行う。

3 排出のはたらき

教 p.144〜148

(1) 細胞のはたらきでできた，からだに有害な**アンモニア**は，**肝臓**でからだに無害な(①　　)に変えられ，血液によって(②★　　)に運ばれて血液中からとり除かれ，とり除かれたものは，★**尿**(にょう)として**輸尿管**(ゆにょうかん)を通って**ぼうこう**に一時ためられてから排出される。

ワンポイント

肺胞

⇒たくさんの肺胞があることで，**空気にふれる表面積が大きくなり**，効率よく酸素と二酸化炭素を交換(こうかん)できる。

まるごと暗記

心臓の4つの部屋

- **左心室**(さしんしつ)→全身へ血液を送り出す。
- **右心室**(うしんしつ)→肺へ血液を送り出す。
- **左心房**(さしんぼう)→肺からの血液がもどる。
- **右心房**(うしんぼう)→全身からの血液がもどる。

まるごと暗記

血液の成分

- **赤血球**(せっけっきゅう)→酸素を運ぶ。(ヘモグロビンをふくむ。)
- **白血球**(はっけっきゅう)→細菌(さいきん)などを分解する。
- **血小板**(けっしょうばん)→出血した血液を固める。
- **血しょう**→養分や二酸化炭素，不要な物質などを運ぶ。

語群

1 酸素／二酸化炭素／肺胞／横隔膜(おうかくまく)／細胞(さいぼう)による呼吸(こきゅう)／肺呼吸(はいこきゅう)／動脈血(どうみゃくけつ)／静脈血(じょうみゃくけつ)

2 動脈(どうみゃく)／静脈(じょうみゃく)／組織液(そしきえき)／赤血球／体循環(たいじゅんかん)／肺循環(はいじゅんかん)　3 じん臓／尿素(にょうそ)

★の用語は，説明できるようになろう！

同じ語句を何度使ってもかまいません。

教科書の 図　□にあてはまる語句を，下の語群から選んで答えよう。

1 心臓のつくり・血管のようす

①～④に心臓の４つの部屋の名前を書こう。 教 p.140，141

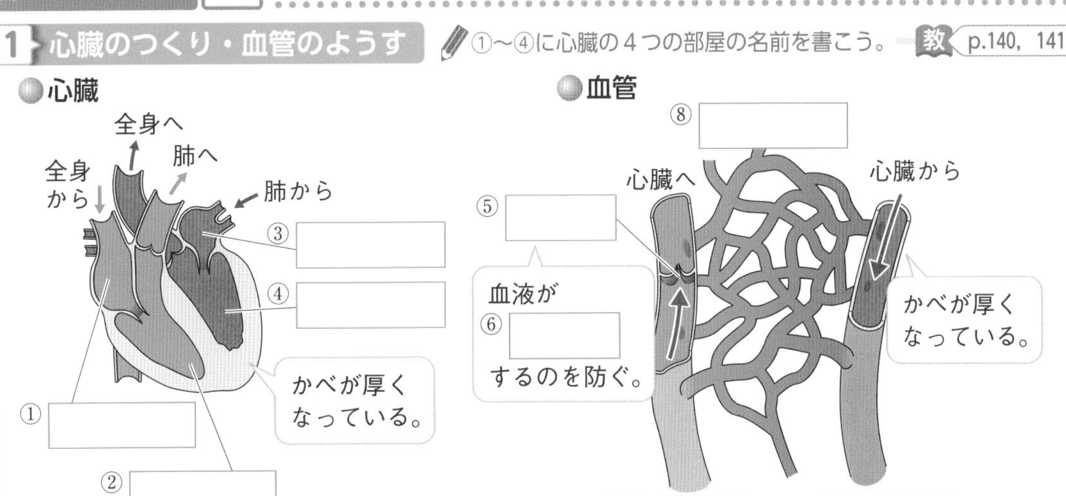

2 血液の成分・血液と細胞の物質の交換

教 p.142，143

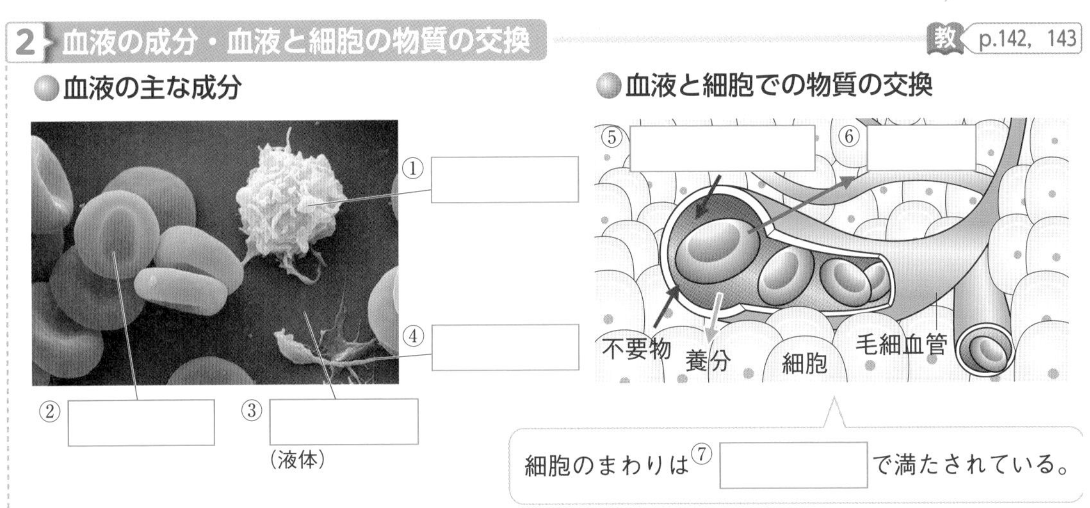

3 ヒトの排出にかかわる器官

教 p.144

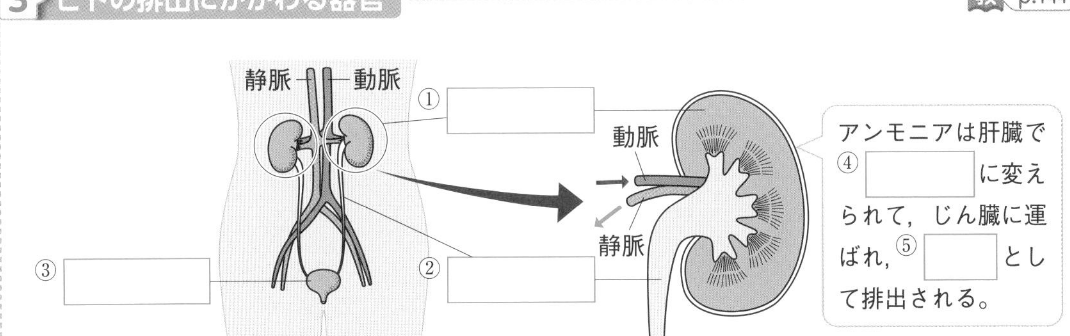

語群 1 左心室／弁／右心室／左心房／右心房／動脈／静脈／毛細血管／逆流　2 赤血球／白血球／血しょう／血小板／酸素／二酸化炭素／組織液　3 じん臓／尿素／ぼうこう／輸尿管／尿

わからない用語は，教科書の要点の★で確認しよう！

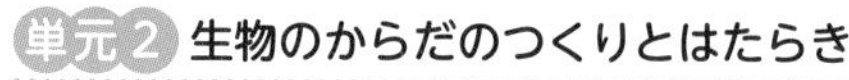

解答 p.18

第3章 動物のからだのつくりとはたらき⑵－①

1 呼気と吸気 右の図は，ヒトの呼気と吸気にふくまれる，水蒸気を除いた気体の体積の割合を表したものである。これについて，次の問いに答えなさい。

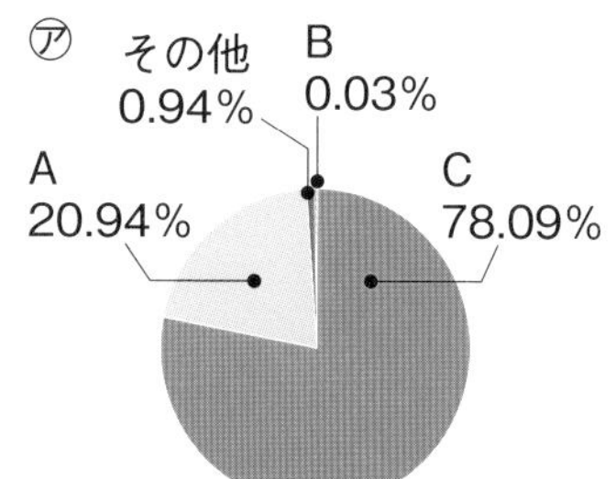

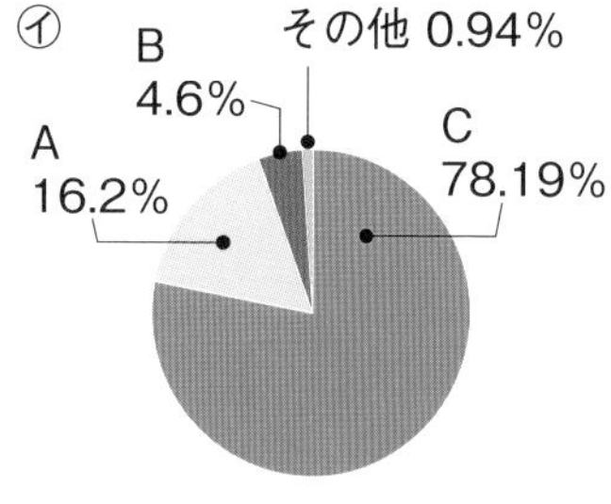

⑴ 呼気を表しているのは，図の㋐，㋑のどちらか。ヒント
( )

⑵ 図のA〜Cの気体のうち，ヒトのからだにとりこまれる気体はどれか。記号で答えなさい。( )

⑶ 図のA〜Cの気体のうち，ヒトのからだから出される気体はどれか。記号で答えなさい。( )

⑷ 図のA〜Cの気体の名称をそれぞれ答えなさい。ヒント

A( )
B( )
C( )

2 肺のつくりとはたらき 図1は，ヒトの肺のつくりを表している。図2は，図1の㋐のつくりにおいて，㋐のまわりにある血管㋑を流れる血液と㋐の中の空気の間での物質のやりとりを模式的に表したものである。これについて，次の問いに答えなさい。

図1

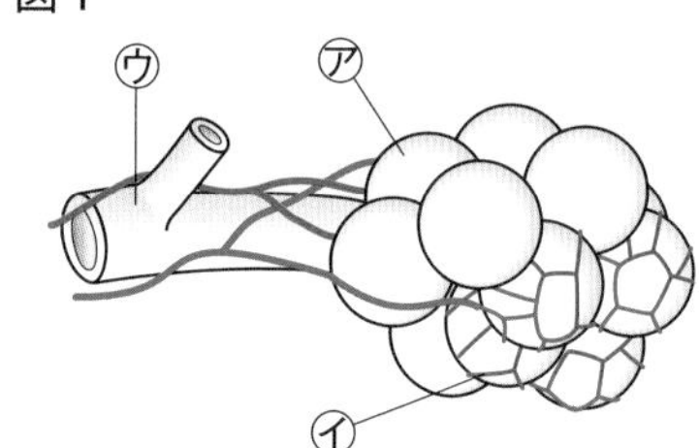

図2

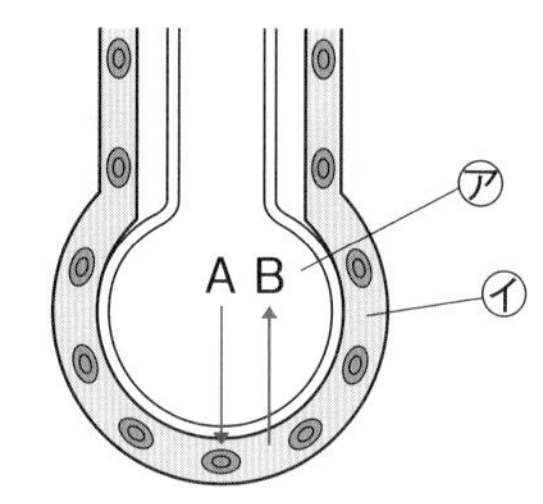

⑴ 鼻や口から吸いこまれた空気が，肺に入るまでに通る管を何というか。( )

⑵ 図1の㋒は，⑴の管が枝分かれしたものである。㋒を何というか。( )

⑶ 図1のふくろのようなつくり㋐を何というか。
( )

⑷ 図1の㋑の血管を何というか。( )

⑸ 図2で，A，Bで表される気体はそれぞれ何か。名称を答えなさい。

A( )
B( )

⑹ 図2で示されるような，肺で行われるはたらきを何というか。( )

記述 ⑺ 肺には，図1の㋐のふくろがたくさんある。このことによる利点を，㋐のふくろの構造についてもふれて，簡単に書きなさい。ヒント

( )

❶⑴呼気ははく息，吸気は吸う息のことである。⑷A〜Cは，窒素，酸素，二酸化炭素のいずれかである。 ❷⑺㋐のふくろは，酸素と二酸化炭素の交換を行うつくりである。

❸ 肺のモデル

右の図のように，ペットボトルを切ったもの，ストロー，ゴム風船，ゴム膜を用いて，ヒトの肺のモデルをつくった。これについて，次の問いに答えなさい。

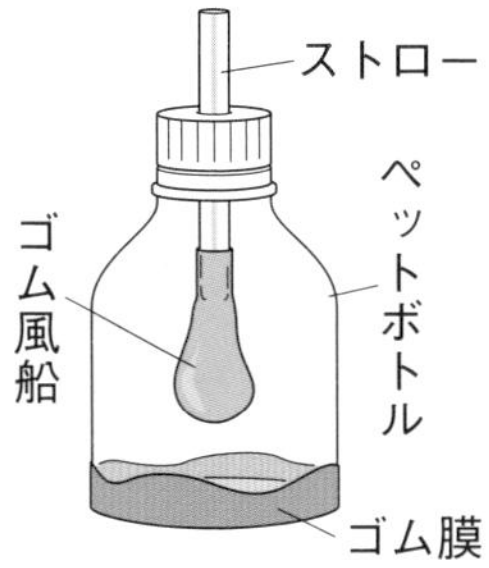

(1) 図の肺のモデルにおいて，次の①～③はそれぞれ何を表しているか。下のア～ウから選びなさい。ヒント

①(　　) ②(　　) ③(　　)

① ストロー　② ゴム風船　③ ゴム膜

ア 肺　**イ** 横隔膜　**ウ** 気管

(2) ペットボトル内のゴム風船がふくらむのは，ゴム膜をどのようにしたときか。次の**ア**，**イ**から選びなさい。(　　)

ア ゴム膜を上におしこんだとき。　**イ** ゴム膜を下に引っ張ったとき。

(3) ゴム風船がふくらんだときのようすが表しているのは，息を吸うとき，息をはくときのどちらか。ヒント (　　)

❹ 心臓のつくり

右の図は，ヒトの心臓のつくりを表したものである。これについて，次の問いに答えなさい。

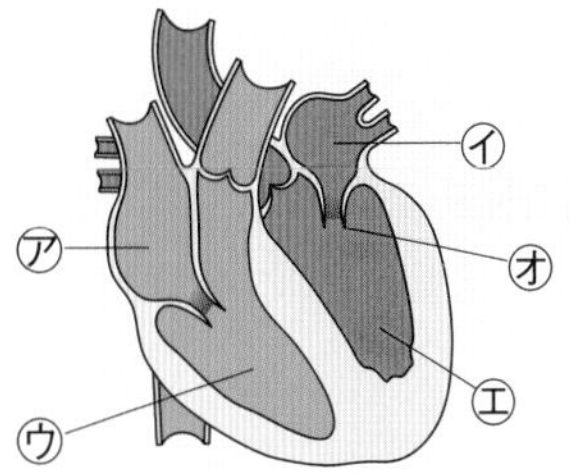

(1) 図の㋐～㋓の部屋をそれぞれ何というか。

㋐(　　) ㋑(　　)
㋒(　　) ㋓(　　)

(2) 図の㋔のつくりを何というか。(　　)

(3) 心臓の規則正しく収縮する運動のことを何というか。(　　)

(4) 次の①～④にあてはまるのは，図１の㋐～㋓のどれか。それぞれ答えなさい。

① 全身へ血液が送り出される部屋 (　　)
② 全身から血液がもどってくる部屋 (　　)
③ 肺へ血液が送り出される部屋 (　　)
④ 肺から血液がもどってくる部屋 (　　)

(5) 心臓から血液が送り出されるときの心臓の動きについて正しいものを，次の**ア**～**エ**から選びなさい。(　　)

ア 心房が広がる。　**イ** 心房が収縮する。
ウ 心室が広がる。　**エ** 心室が収縮する。

(6) 心臓から肺，肺から心臓へという血液の流れを何というか。(　　)

(7) 心臓から肺以外の全身を通って心臓へもどる血液の流れを何というか。(　　)

(8) 動脈血が流れる部屋を，図の㋐～㋓からすべて選びなさい。ヒント (　　)

(9) 静脈血が流れる部屋を，図の㋐～㋓からすべて選びなさい。ヒント (　　)

❸(1)ペットボトルはろっ骨と筋肉を表している。(3)ゴム風船は空気が入るとふくらむ。
❹(8)(9)動脈血は酸素を多くふくむ血液，静脈血は二酸化炭素を多くふくむ血液である。

解答 p.19

第3章 動物のからだのつくりとはたらき⑵−②

1 血液の循環 右の図は，ヒトの体内における血液(けつえき)の循環(じゅんかん)を表している。これについて，次の問いに答えなさい。

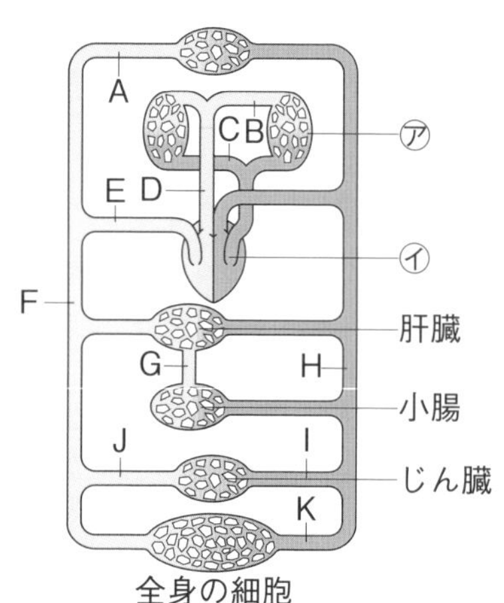

⑴ 図の㋐，㋑の器官の名称を答えなさい。
㋐（ ）
㋑（ ）

⑵ 全身に血液を送り出す役割をしている器官は，㋐，㋑のどちらか。（ ）

⑶ 血液が⑵の器官から送り出され，からだの各部の細胞と血液の間で物質のやりとりが行われた後，血液が再び心臓にもどってくるという一連の流れを何というか。（ ）

⑷ ⑵の器官から送り出される血液が流れる血管を何というか。（ ）

⑸ ⑷の血管の特徴を説明したものとして正しいものを，次のア〜エから選びなさい。ヒント（ ）

ア 血管のかべは厚く，ところどころに弁(べん)がある。
イ 血管のかべはうすく，ところどころに弁がある。
ウ 血管のかべは厚く，弁はない。
エ 血管のかべはうすく，弁はない。

⑹ ⑵の器官にもどる血液が流れる血管を何というか。（ ）

⑺ ⑹の血管の特徴を説明したものとして正しいものを，⑸のア〜エから選びなさい。ヒント（ ）

⑻ 酸素を多くふくみ，二酸化炭素が少ない血液を何というか。（ ）

⑼ 酸素が少なく，二酸化炭素を多くふくむ血液を何というか。（ ）

⑽ 図のA〜Kの血管のうち，肺循環における血液の通り道であるものをすべて選びなさい。（ ）

⑾ 図のB，C，G，Jの血管の特徴を説明したものとして最も適切なものを，それぞれ次のア〜オから選びなさい。ヒント B（ ） C（ ） G（ ） J（ ）

ア 酸素を最も多くふくむ血液が流れる。
イ 二酸化炭素を最も多くふくむ血液が流れる。
ウ 尿素などの不要物を最も多くふくむ血液が流れる。
エ 尿素などの不要物が最も少ない血液が流れる。
オ 食後，養分を最も多くふくむ血液が流れる。

❶⑸⑺弁は血液の逆流を防ぐためのつくりである。⑾Bには肺に流れこむ血液，Cには肺を通った直後の血液，Gには小腸を通った直後の血液，Jにはじん臓を通った直後の血液が流れる。

2 血液の成分 右の表は，ヒトの血液にふくまれる主な成分を表している。これについて，次の問いに答えなさい。

成分	形
㋐ 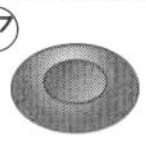	中央がくぼんでいて，円盤(えんばん)形。
㋑ 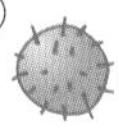	球形のものが多い。
㋒	血球よりも小さく，不規則な形。
血しょう	液体。

(1) ㋐～㋒のうち，ヘモグロビンという物質がふくまれているものはどれか。（　　）

(2) ㋑は，からだの外から侵入(しんにゅう)してきた細菌などを分解するはたらきをもつ血球である。㋑の名称を答えなさい。（　　）

(3) ㋒の名称を答えなさい。（　　）

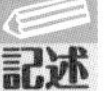

(4) ㋒には，どのようなはたらきがあるか。簡単に書きなさい。ヒント（　　）

3 毛細血管のはたらき 右の図は，ヒトの体内の毛細血管のようすを模式的に表したものである。これについて，次の問いに答えなさい。

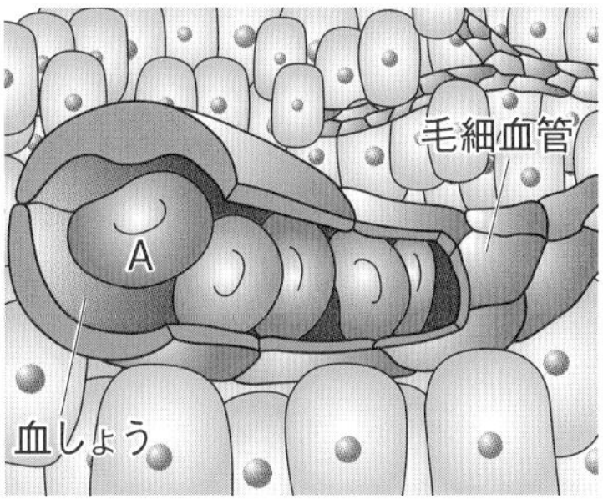

(1) 血しょうが毛細血管からしみ出し，細胞のまわりを満たしたものを何というか。（　　）

(2) (1)の液にふくまれる物質で，次の①，②にあてはまるものを，下のア～エからすべて選びなさい。ヒント

① 血液から細胞にわたされる物質（　　）

② 細胞から血液にわたされる物質（　　）

ア 酸素　　イ アンモニア　　ウ 二酸化炭素　　エ 養分

(3) Aは酸素を運ぶはたらきをもつ。Aの名称を答えなさい。（　　）

(4) Aが酸素を運ぶことができるのは，Aにふくまれる物質がある性質をもつからである。その性質を，「酸素の多いところ」「酸素の少ないところ」という言葉を用いて，簡単に説明しなさい。ヒント（　　）

4 排出 図1，図2は，ヒトの排出に関係するつくりを模式的に表したものである。これについて，次の問いに答えなさい。

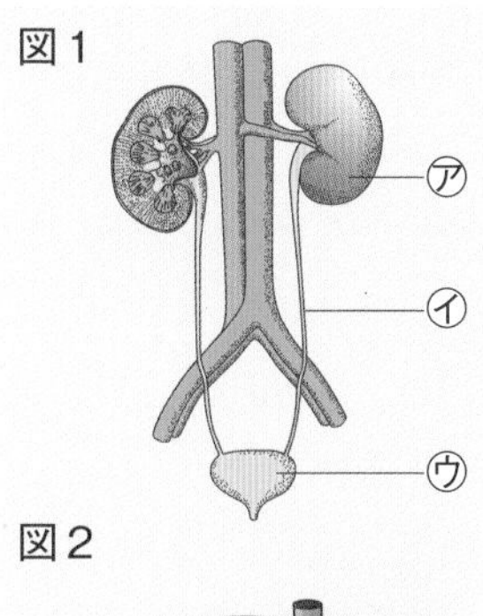

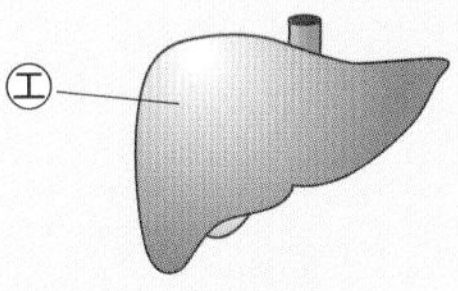

(1) 図1，図2の㋐～㋓のつくりの名称をそれぞれ答えなさい。

㋐（　　）　㋑（　　）

㋒（　　）　㋓（　　）

(2) 図1の㋐では，血液中の不要な物質をとり除き，何として体外に排出しているか。（　　）

(3) 次の文の（　）にあてはまる言葉を答えなさい。

①（　　）　②（　　）

図2の㋓は，細胞の活動でできた有害な（ ① ）を無害な（ ② ）に変えるはたらきをしている。

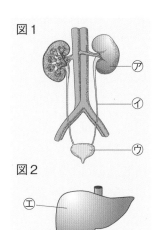

2(4)ケガをしたときなどに大切なはたらきをする。　3(2)血液と細胞の間では，細胞の活動に関わる物質がやりとりされる。(4)酸素は，肺からからだの各部の細胞に運ばれる。

解答 p.19

第3章 動物のからだのつくりとはたらき(2)

30分 /100

1 右の図は，ヒトの肺のつくりを拡大して模式的に表したものである。これについて，次の問いに答えなさい。 4点×7（28点）

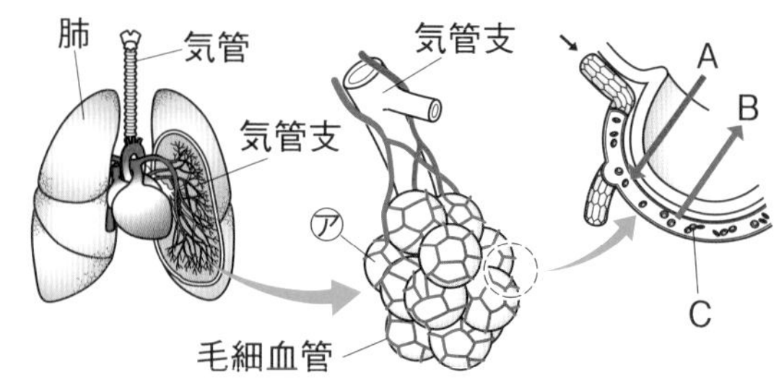

(1) 図の㋐は，気管支の先にある小さなふくろである。㋐の名称を答えなさい。

(2) 図のA，Bは，㋐内の空気と毛細血管を流れる血液との間でやりとりされる気体である。A，Bの名称をそれぞれ答えなさい。

(3) ㋐が肺にたくさんあることで，血液と空気の間での気体のやりとりに関してどのような利点があるか。簡単に書きなさい。

(4) Cは血液の成分の1つで，酸素を運ぶはたらきをもつ。Cの名称を答えなさい。

(5) Cにふくまれ，酸素と結びついたり酸素をはなしたりする性質をもつ物質を何というか。

(6) 二酸化炭素は，血液中の何という成分によって運ばれるか。

(1)		(2)	A		B	
(3)		(4)		(5)		(6)	

2 右の図は，ヒトの血液の循環経路を模式的に表したものである。これについて，次の問いに答えなさい。 3点×8（24点）

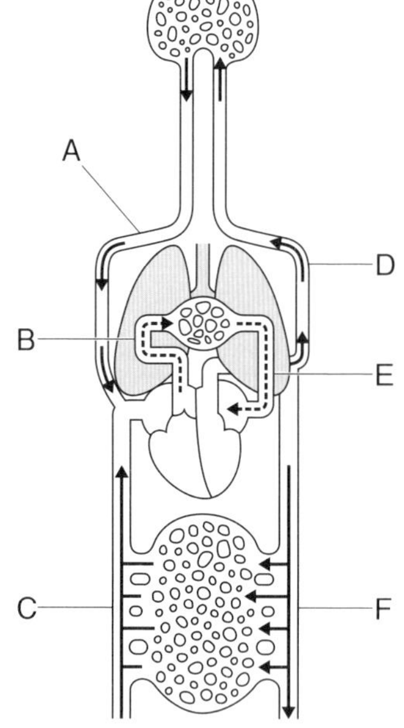

(1) 図のB，Eの血管の名称をそれぞれ答えなさい。

記述 (2) 動脈血とはどのような血液か。簡単に書きなさい。

(3) A～Fのうち，動脈血が流れている血管をすべて選びなさい。

記述 (4) 静脈血とはどのような血液か。簡単に書きなさい。

(5) A～Fのうち，静脈血が流れている血管をすべて選びなさい。

(6) A～Fのうち，酸素を最も多くふくむ血液が流れる血管を選びなさい。

(7) A～Fのうち，二酸化炭素を最も多くふくむ血液が流れる血管を選びなさい。

(1)	B		E		(2)	
(3)		(4)		(5)		(6)		(7)	

よく出る **3** 図１は，ヒトの心臓のつくり，図２は，ヒトの血管のつくりを表している。これについて，次の問いに答えなさい。 ３点×８（24点）

(1) 図１の㋐，㋑の部屋をそれぞれ何というか。

記述 (2) 図１で，㋑の部屋の筋肉のかべが厚くなっているのはなぜか。簡単に書きなさい。

(3) 右心室の血液は，何という器官に向かって送り出されるか。

(4) 図２で，動脈を表しているのは，A，Bのどちらか。

記述 (5) 図１の心臓や，図２の血管Bに見られる弁のはたらきを簡単に書きなさい。

(6) 図２で，血管Bを流れる血液の流れは，a，bのどちらか。

(7) 心臓から肺以外の全身を通って心臓にもどる血液の流れを何というか。

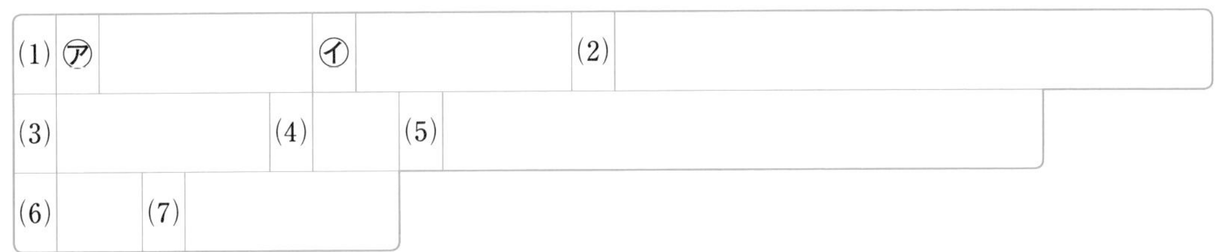

(1)	㋐		㋑		(2)	
(3)		(4)		(5)		
(6)		(7)				

4 右の図は，毛細血管と細胞との間での物質のやりとりと，細胞の中でエネルギーをつくりだすようすを模式的に表したものである。これについて，次の問いに答えなさい。 ４点×６（24点）

(1) 図のA，Bで示される物質は何か。それぞれ答えなさい。

(2) Aを使い，養分からエネルギーをとり出す細胞の活動を何というか。

(3) 血しょうが毛細血管からしみ出し，細胞のまわりを満たしたものは何とよばれるか。

(4) 細胞のはたらきによってでき，蓄積（ちくせき）すると細胞のはたらきにとって有害な物質は何か。

(5) (4)の物質が体外に排出されるまでの流れとして正しい順になるように，次のア～オを並べなさい。

ア じん臓へ運ばれる。　**イ** ぼうこうにためられる。　**ウ** 肝臓へ運ばれる。
エ 尿素に変えられる。　**オ** 尿として輸尿管を通る。

(1)	A		B		(2)		(3)	
(4)		(5)	→ → → →					

解答 p.20

確認のワーク ステージ1 第4章 刺激と反応

同じ語句を何度使ってもかまいません。

教科書の要点 (　)にあてはまる語句を，下の語群から選んで答えよう。

1 刺激と反応

教 p.149～153

(1) 外界からの刺激を受けとる器官を(①★　　　　)という。

(2) 感覚器官にある刺激を受けとる細胞からの信号を，脳などに伝える神経を(②★　　　　)という。

(3) 目では，外から入ってきた光が水晶体(レンズ)を通って，(③★　　　　)の上に像を結ぶ。ヒトの目は顔の正面に２つあるため，前方の物を(④　　　　)的に見たり，物との間の距離を正確にとらえたりすることができる。

(4) 耳では，音によって(⑤★　　　　)が振動し，その振動が耳小骨から(⑥★　　　　)に伝わる。ヒトの耳は顔の左右に１つずつあるため，音が来る方向を知ることができる。

2 神経のはたらき

教 p.154～157

(1) 脳やせきずいなどの多くの神経が集まっている場所を(①★　　　　)といい，判断や命令などを行う重要な役割をになう。

(2) 中枢神経から枝分かれし，全身に広がる神経を(②★　　　　)といい，感覚器官から中枢神経へ信号を伝える★感覚神経，中枢神経から運動器官へ信号を伝える★運動神経などに分けられる。

(3) 中枢神経と末しょう神経をまとめて(③★　　　　)という。

(4) 熱い物にさわってしまったときに意識せずに手を引っこめるなどのように，意識とは無関係に起こる反応を(④★　　　　)といい，脳ではなく(⑤★　　　　)から命令の信号が出される。

3 骨と筋肉のはたらき

教 p.158～169

(1) 手やあしなどの運動器官は，骨と(①　　　　)のはたらきによって動く。
└筋肉が縮むことで骨が動く。

(2) 骨は，からだを支え，(②　　　　)や脳などを保護している。
└ろっ骨や頭の骨など。

(3) ヒトのうでやあしの運動にかかわる筋肉は，筋肉の両端が★けんになっていて，(③★　　　　)をまたいで２つの骨についていて，筋肉が(④　　　　)ことで骨が動く。

まるごと暗記

感覚器官と受けとる刺激
- 目(視覚)：光
- 鼻(嗅覚)：におい
- 耳(聴覚)：音
- 舌(味覚)：味
- 皮膚(触覚など)：温度，圧力，痛みなど

プラスα

感覚神経はふつう脳やせきずいにつながるが，せきずいは背骨の中にあるため，感覚器官によっては，感覚神経が直接脳につながるものもある。

プラスα

反射には，からだのはたらきの調節，危険から身を守るなどのはたらきがある。

ワンポイント

うでの筋肉は骨を囲んで，たがいに向き合っている。
例うでを曲げるとき
⇒内側の筋肉が縮む。
例うでをのばすとき
⇒外側の筋肉が縮む。

語群
1 立体／網膜／感覚神経／感覚器官／鼓膜／うずまき管
2 神経系／せきずい／反射／末しょう神経／中枢神経　3 縮む／内臓／関節／筋肉

★の用語は，説明できるようになろう！

同じ語句を何度使ってもかまいません。

□にあてはまる語句を，下の語群から選んで答えよう。

1 ヒトの感覚器官

教 p.152〜153

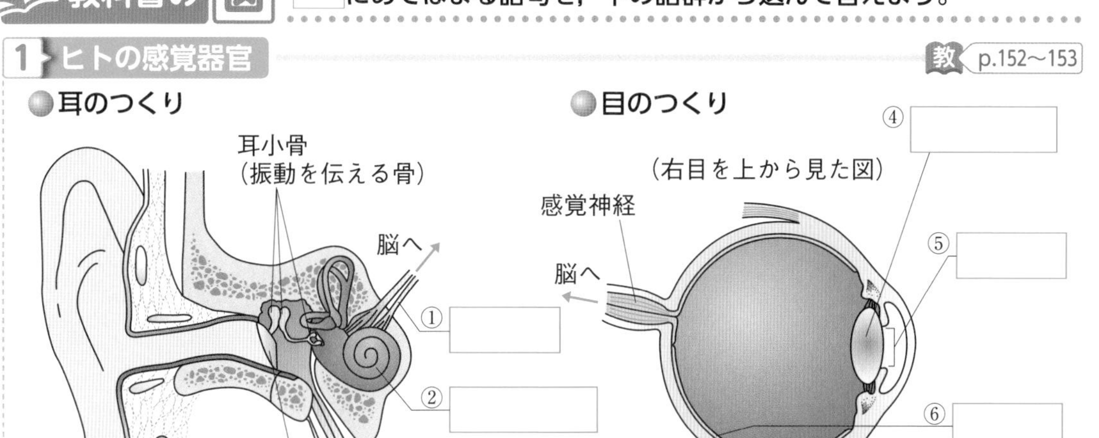

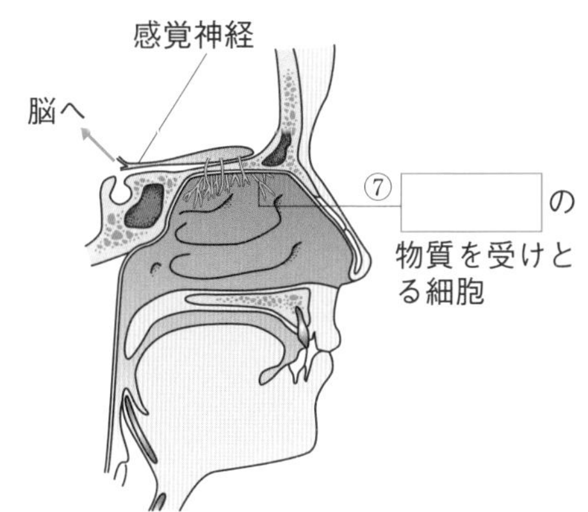

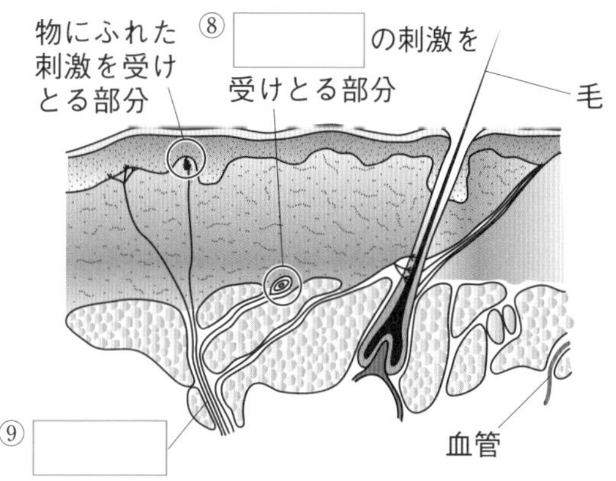

2 刺激や反応の信号が伝わる経路

教 p.156〜157

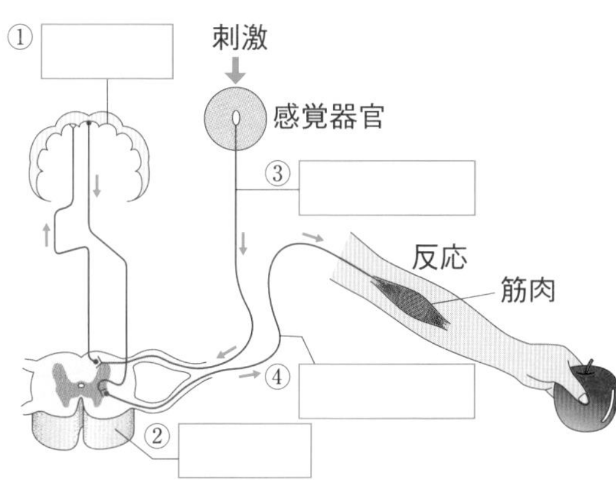

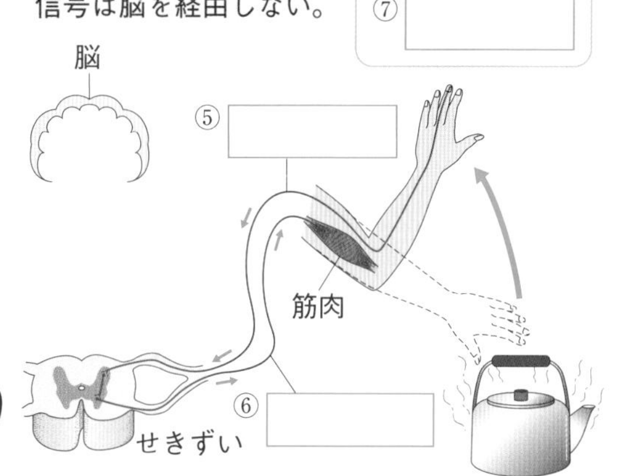

語群
1 網膜／ひとみ／感覚神経／におい／圧力／水晶体（レンズ）／うずまき管／鼓膜
2 せきずい／脳／反射／運動神経／感覚神経

わからない用語は，教科書の要点の★で確認しよう！

解答 p.20

定着のワーク ステージ2 第4章 刺激と反応

1 目のつくりとはたらき 右の図は，ヒトの目のつくりを模式的に表したものである。これについて，次の問いに答えなさい。

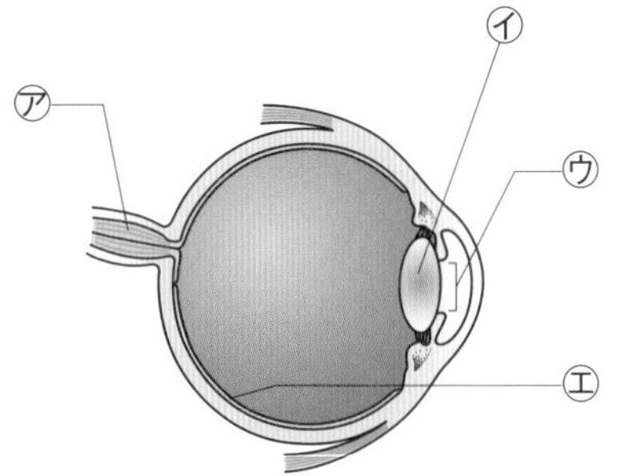

(1) 図の㋐〜㋓のつくりをそれぞれ何というか。

㋐(　　　　) ㋑(　　　　)

㋒(　　　　) ㋓(　　　　)

(2) 外から入った光が像を結ぶつくりを，図の㋐〜㋓から選びなさい。(　　)

2 耳のつくりとはたらき 右の図は，ヒトの耳のつくりを模式的に表したものである。これについて，次の問いに答えなさい。

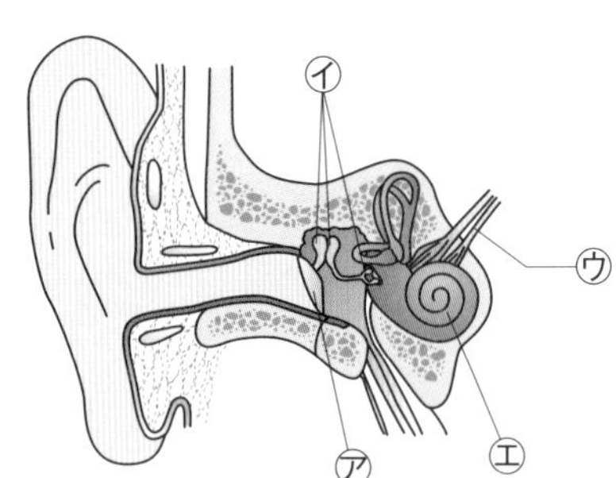

(1) 図の㋐〜㋓のつくりをそれぞれ何というか。

㋐(　　　　) ㋑(　　　　)

㋒(　　　　) ㋓(　　　　)

(2) 音によってはじめに振動するつくりを，図の㋐〜㋓から選びなさい。(　　)

(3) 音による刺激を受けとる細胞があるつくりを，図の㋐〜㋓から選びなさい。(　　)

(4) 目や耳のように刺激を受けとる細胞がある器官を何というか。(　　　　)

3 神経のつくりとはたらき 右の図は，皮膚で刺激を受け，うでが反応を起こすときの信号の経路を表している。これについて，次の問いに答えなさい。

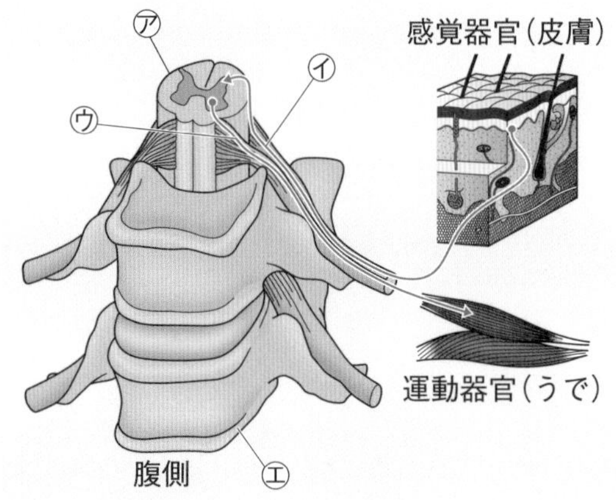

(1) 脳とともに神経系の中で重要な役割をになう㋐を何というか。ヒント

(　　　　)

(2) ㋑，㋒の神経をそれぞれ何というか。

ヒント ㋑(　　　　)

㋒(　　　　)

(3) ヒトの上半身を支え，㋐を守る㋓の骨を何というか。(　　　　)

(4) 脳や㋐などの多くの神経が集まる場所を何というか。(　　　　)

(5) (4)から枝分かれした，全身に広がる神経を何というか。ヒント (　　　　)

ヒントの森

3(1)脳や㋐は，判断や命令などを行っている。(2)㋑は感覚器官から信号が伝わる神経，㋒は運動器官へ信号が伝わる神経である。(5)㋑や㋒の神経もふくまれる。

4 教 p.155 実験5 **刺激に対するヒトの反応** 意識して起こる反応にかかる時間を調べるために，次のような手順で実験を行った。これについて，あとの問いに答えなさい。

手順1 図のように，14人が手をつないで輪になる。
手順2 Aさんがストップウォッチをスタートさせると同時に，左手でとなりの人の右手をにぎり，その後，ストップウォッチは左手に持ちかえておく。
手順3 右手をにぎられた人は，さらにとなりの人の右手を左手でにぎり，次々ににぎっていく。
手順4 Aさんは，Bさんに右手をにぎられたら，ストップウォッチを止める。

(1) この実験を3回行ったところ，かかった時間は，1回目が3.90秒，2回目が3.95秒，3回目が3.91秒であった。ヒント
① 1回の実験にかかった時間は平均何秒か。（　　　）
② 右手をにぎられてから左手でとなりの人の右手をにぎるまでにかかった時間は，1人あたり何秒か。（　　　）

(2) 「手をにぎられた」という刺激の信号は，何という神経を通って，皮膚から中枢神経に伝えられるか。（　　　）

(3) この実験で，「となりの人の手をにぎる」という命令の信号を出しているのは，中枢神経のうちのどこか。（　　　）

(4) 「となりの人の手をにぎる」という命令の信号は，何という神経を通って，中枢神経から運動器官に伝えられるか。（　　　）

(5) (2)や(4)の神経，中枢神経など，信号の伝達や命令などを行う器官をまとめて何というか。
（　　　）

(6) この実験のような意識して行う反応に対して，意識とは無関係に起こる決まった反応のことを何というか。ヒント（　　　）

(7) (6)の反応で，命令の信号を出すつくりは，実験で「となりの人の手をにぎる」という命令の信号を出すつくりと同じか，異なるか。（　　　）

(8) (6)の反応にあてはまるものを，次のア～オからすべて選びなさい。
（　　　）

ア 朝，目覚まし時計が鳴ったので止めた。
イ カーテンを開けると日光が顔に当たり，ひとみが小さくなった。
ウ 目玉焼きを焼いていると，こげたにおいがしたのであわてて火を消した。
エ 熱いフライパンにさわってしまい，思わず手を引っこめた。
オ あしを地面につけずにいすに座(すわ)っているとき，膝(ひざ)の皿の下をたたいてみると，あしが勝手にはね上った。

4(1)①平均＝合計÷回数　②①で求めた時間は，14人が反応するのにかかった時間である。
(6)この反応には，危険から身を守ったり，からだのはたらきを調節したりする役割がある。

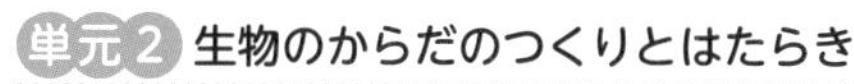

解答 p.21

第4章　刺激と反応

/100

1 右の図は，ヒトの目と耳のつくりを表したものである。これについて，次の問いに答えなさい。

2点×11（22点）

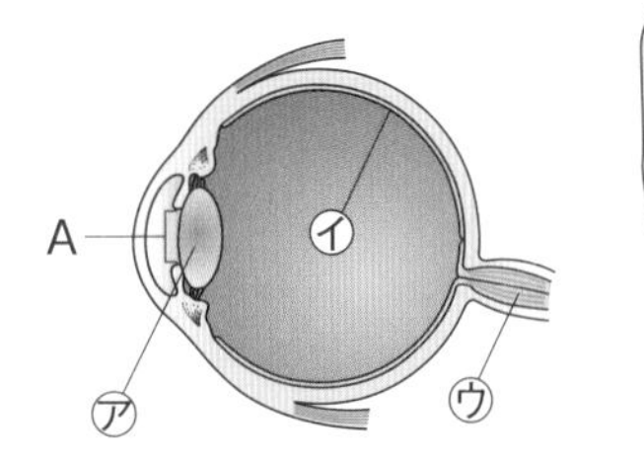

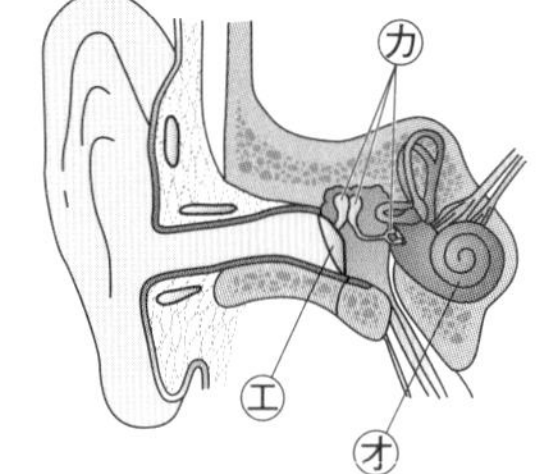

(1)　次の①～③にあてはまる部分を，図の㋐～㋕から選び，その名称を答えなさい。

①　音の振動がはじめに伝わる。

②　光による像が結ばれる。

③　音の刺激を受けとる細胞がある。

(2)　ヒトの目は顔の正面に2つある。このことから，どのような物の見え方をするか。特徴を2つ書きなさい。

(3)　図のAの部分を何というか。

レベルUP

(4)　図のAの部分の大きさは，入ってくる光が強いとどのように変化するか。

(5)　耳が顔の左右に1つずつあることで，音についてどのようなことを知ることができるか。

(1)	①	記号		名称		②	記号		名称		③	記号		名称	
(2)															
(3)				(4)						(5)					

2 動物の，外界の情報を受けとったり，受けとった情報に対して反応したりするしくみについて，次の問いに答えなさい。

2点×9（18点）

(1)　においや光，音などの外界の情報のように，生物に作用して，反応を引き起こす要因となるものを何というか。

(2)　外界からの(1)を受けとる器官を何というか。

(3)　外界からの情報は，神経によって何という器官に送られて感覚が生じるか。

(4)　手やあしの筋肉などのように，反応を起こす器官を何というか。

(5)　次の①～④の感覚は，どの器官がもつものか。それぞれ下のア～エから選びなさい。

①　嗅覚　　②　味覚　　③　視覚　　④　聴覚

ア　耳　　イ　舌　　ウ　鼻　　エ　目

(6)　ヒトのからだで，物にふれたことや，温度，痛み，圧力などの情報を受けとる部分があるのはどこか。

(1)		(2)		(3)		(4)			
(5)	①		②		③		④		(6)	

よく出る **3** 右の図は，刺激の信号が神経を伝わる経路の模式図である。次の問いに答えなさい。 4点×10(40点)

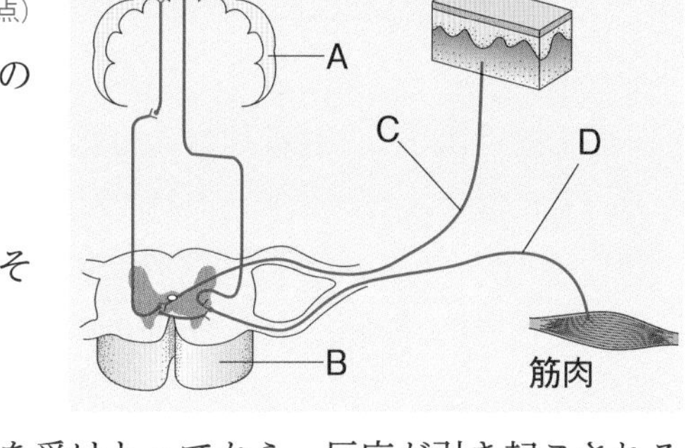

(1) 図のA，Bのつくりを何というか。それぞれの名称を答えなさい。

(2) A，Bをまとめて何というか。

(3) 図のC，Dは何という神経を表しているか。それぞれの名称を答えなさい。

(4) C，Dをまとめて何というか。

(5) 次の①，②の行動において，感覚器官が刺激を受けとってから，反応が引き起こされるまでの信号の伝わる経路はどのように表されるか。下のア～エからそれぞれ選びなさい。

① 熱湯が指先にかかったので，思わず手を引っこめた。

② 風呂の湯に手を入れたらやや温度が高かったので，蛇口(じゃぐち)をひねって水を入れた。

ア 皮膚→C→B→A→B→D→筋肉
イ 皮膚→C→B→D→筋肉
ウ 筋肉→D→B→A→B→C→皮膚
エ 筋肉→D→B→C→皮膚

(6) (5)の①，②のうち，意識とは無関係に起こった反応はどちらか。

(7) (6)のような意識とは無関係に起こる決まった反応のことを何というか。

(1)	A			B		(2)			
(3)	C			D		(4)			
(5)	①		②		(6)		(7)		

4 右の図は，ヒトがうでを曲げたときの骨格と筋肉のようすを模式的に表したものである。次の問いに答えなさい。 5点×4(20点)

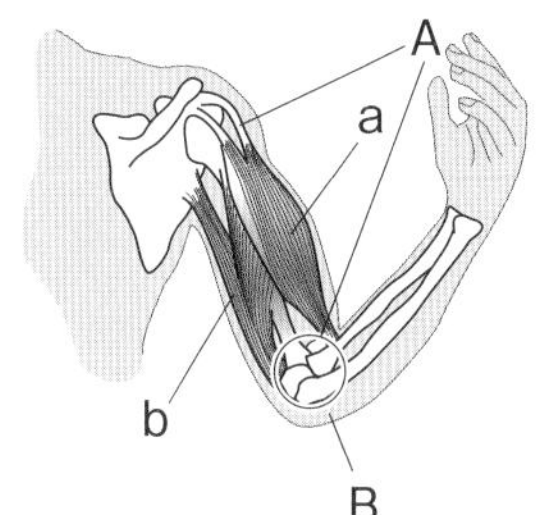

(1) 筋肉の両端は図のAのようになっていて，骨についている。Aの部分を何というか。

(2) うでなどでは，骨と骨は図のBのような部分でつながっている。Bのような部分を何というか。

(3) うでを曲げるときとのばすとき，図のaとbの筋肉はどのようになっているか。それぞれの場合について，次のア～エから選びなさい。

ア 図のaの筋肉が縮む。

イ 図のa，bの筋肉が両方とも縮む。

ウ 図のbの筋肉が縮む。

エ 図のa，bの筋肉は両方とも縮まない。

(1)		(2)		(3)	曲げる		のばす	

解答 p.21

単元末総合問題 単元2 生物のからだのつくりとはたらき

/100

1 下の図のように，息をふきこんで緑色にしたＢＴＢ溶液を，試験管A〜Cに入れ，試験管B，Cにはオオカナダモを入れ，試験管Cはアルミニウムはくを巻いた。次に，３本の試験管に30分光を当てた後，試験管内のようすとＢＴＢ溶液の色を調べた。表は，その結果をまとめたものである。あとの問いに答えなさい。　3点×6（18点）

	試験管内のようす	ＢＴＢ溶液の色
A	変化なし。	緑色
B	気体が泡となって出ていた。	青色
C	変化なし。	黄色

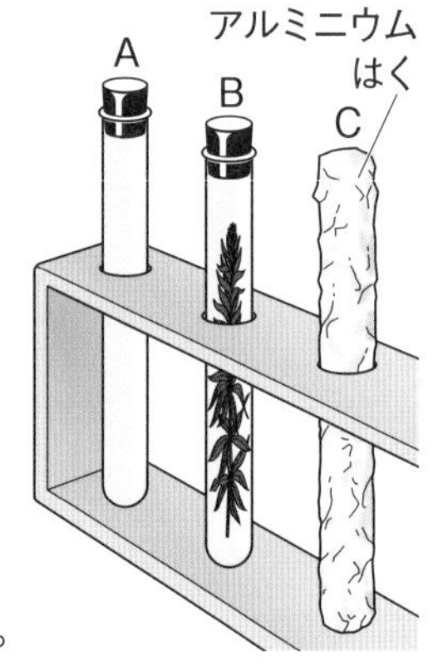

(1) 試験管Bの実験に対する，試験管Aや試験管Cの実験のように，影響を知りたい条件以外を同じにして行う実験を何というか。

(2) 表の下線部の気体は主に何か。

(3) 気体が(2)であることは，どのようにして確かめることができるか。確かめる方法と，その結果をそれぞれ書きなさい。

(4) 試験管B，Cの色が変化した理由を，それぞれオオカナダモのはたらきと，そのはたらきに関係する気体名を示して書きなさい。

1

(1)		
(2)		
(3)	方法	
	結果	
(4)	B	
	C	

2 右の図は，ヒトの血液の循環の経路を模式的に表したものである。次の問いに答えなさい。　3点×9（27点）

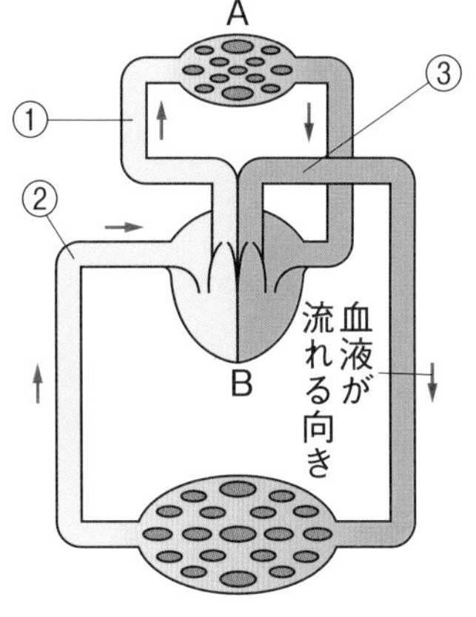

(1) 図のAの器官を何というか。

(2) 図のAの器官で血液にとりこまれる物質は何か。

(3) (2)の物質を運ぶ血液中の成分は何か。

(4) 図のAの器官で血液から出される物質は何か。

(5) (4)の物質を運ぶ血液中の成分は何か。

(6) 図のBの器官を何というか。

(7) 図の①〜③のうち，静脈血が流れる血管をすべて答えなさい。

(8) 図の①〜③のうち，動脈をすべて答えなさい。

(9) 図の①〜③のうち，酸素を最も多くふくむ血液が流れる血管はどれか。

2

(1)	
(2)	
(3)	
(4)	
(5)	
(6)	
(7)	
(8)	
(9)	

目標 植物の光合成・蒸散，ヒトの消化・吸収・血液の循環・排出・反応などの生物のはたらきについてしっかり理解しよう。

自分の得点まで色をぬろう!
がんばろう! もう一歩 合格!
0 60 80 100点

3 右の図は，ヒトの消化のようすを模式的に表したもので，食物の成分は，消化された後，小腸で吸収されて血液によって運ばれる。これについて，次の問いに答えなさい。

3点×9（27点）

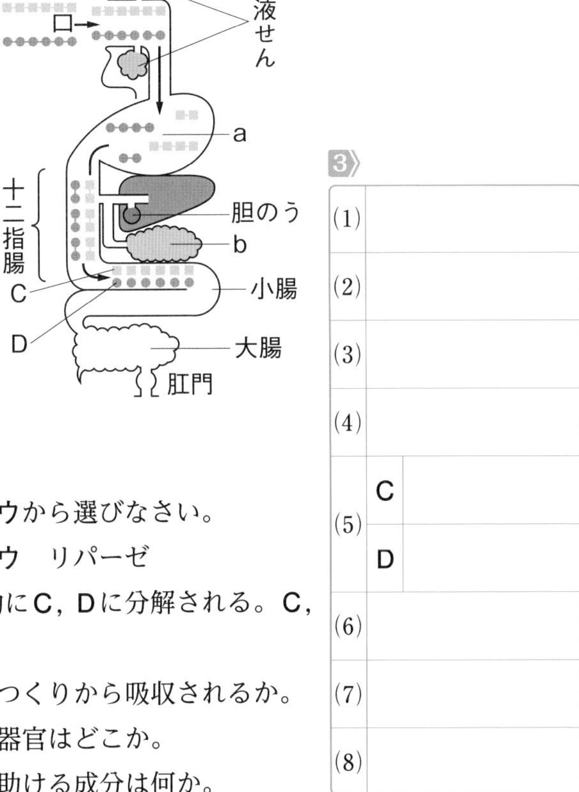

(1) Aを最初に消化するaの器官を何というか。

(2) 口で最初に消化されるBは何か。

(3) A，Bにはたらく消化酵素をふくむ消化液を出すbの器官を何というか。

(4) Aにはたらく消化酵素を，次のア～ウから選びなさい。

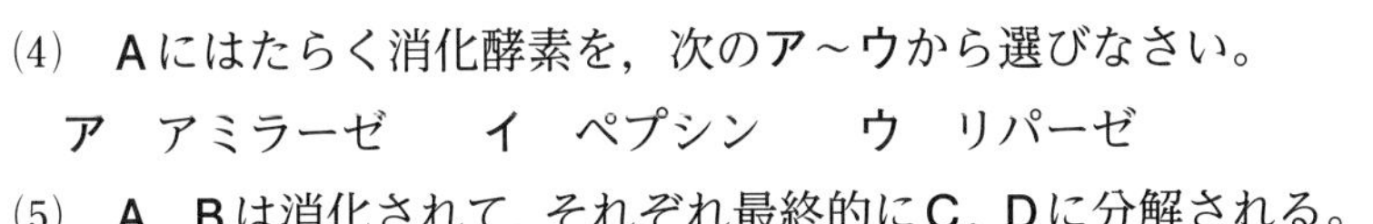

ア　アミラーゼ　　イ　ペプシン　　ウ　リパーゼ

(5) A，Bは消化されて，それぞれ最終的にC，Dに分解される。C，Dはそれぞれ何という物質か。

(6) C，Dは小腸のかべにある何というつくりから吸収されるか。

(7) 胆のうから出される消化液をつくる器官はどこか。

(8) 胆のうから出される消化液が消化を助ける成分は何か。

3

(1)		
(2)		
(3)		
(4)		
(5)	C	
	D	
(6)		
(7)		
(8)		

4 右の図は，ヒトのからだで，外界の刺激を受けとり，刺激に対して反応するしくみを模式的に表したものである。①窓の外の景色を見たときと，②熱い物にさわってしまい思わず手を引っこめたときについて，次の問いに答えなさい。

4点×7（28点）

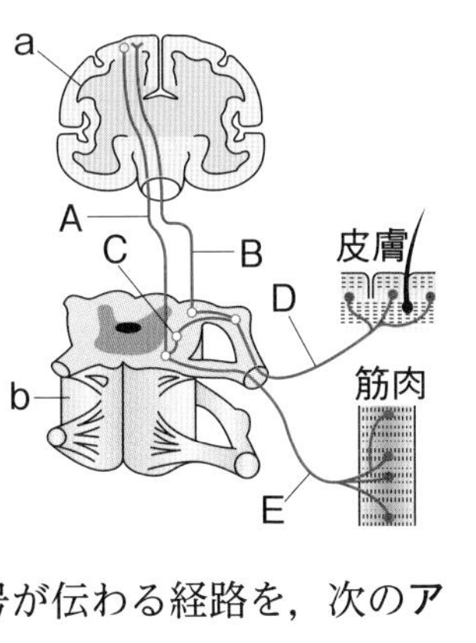

(1) 外界からの刺激を受けとる器官を何というか。

(2) 下線部①で，像が結ばれるのは目の何という部分か。

(3) 図のbの部分を何というか。また，a，bの部分をまとめて何というか。

(4) 図のDの神経を何というか。

(5) 下線部②のような反応を何というか。

(6) 下線部②の反応で，刺激や命令の信号が伝わる経路を，次のア～エから選びなさい。

ア　皮膚→D→B→A→E→筋肉　　イ　皮膚→D→C→E→筋肉
ウ　筋肉→E→A→B→D→皮膚　　エ　筋肉→E→C→D→皮膚

4

(1)		
(2)		
(3)	b	
	aとb	
(4)		
(5)		
(6)		

終わったら後ろの，2，10，11，12をやろう。

確認のワーク ステージ1　第1章　気象の観測(1)

教科書の要点　(　　)にあてはまる語句を，下の語群から選んで答えよう。

同じ語句を何度使ってもかまいません。

1 気象の観測

教 p.170～181

(1) 大気中で起こるさまざまな現象を(①★　　　　)という。

(2) 気象要素には，空気のしめりぐあいを表す(②★　　　　)，気温，気圧，風の(③　　　　)方向を表す風向，風の速さを表す風速，風の強さを表す風力などがある。　0～12の13階級

(3) 天気は，空全体を10としたときの雲がおおっている割合である(④★　　　　)を観測して判断する。

(4) 気温は，地上から約(⑤　　　　)mの高さで，温度計の球部に直射日光を(⑥　　　　)ようにしてはかる。

(5) ★乾湿計の乾球と湿球の示度の差から湿度を湿度表より求めることができる。また，乾湿計の(⑦　　　　)の示度が気温を表す。

(6) 気圧は，気圧計を使って測定し，単位には(⑧★　　　　)(記号：hPa)が用いられる。気圧が高いと天気がよく，気圧が低いと天気が悪い。

2 大気圧と圧力

教 p.182～185

(1) 上空にある空気にはたらく重力によって生じる，地球上のあらゆる物体にはたらく圧力を(①★　　　　)(気圧)という。

(2) 大気圧はあらゆる方向からはたらき，高度が高くなるほど大気圧の大きさは(②★　　　　)なる。

(3) 物体どうしがふれ合う面に力がはたらくとき，面を垂直におす単位面積あたりの力の大きさを(③★　　　　)という。　1 m²や1 cm²など。

$$\text{圧力[Pa]} = \frac{\text{面を垂直におす(④　　　　)[N]}}{\text{力がはたらく(⑤　　　　)[m}^2\text{]}}$$

(4) 圧力の単位には，パスカル(記号(⑥★　　　　))やニュートン毎平方メートル(記号N/m^2)，ニュートン毎平方センチメートル(記号N/cm^2)などが用いられる。

(5) $1\,m^2$の面を1Nの力でおしたときの圧力が(⑦★　　　　)$=1\,N/m^2$である。

(6) 高さ0mの海面$1\,m^2$にはたらく重力の大きさは約100000Nなので，海面上での大気圧は約(⑧　　　　)Paである。

まるごと暗記

天気と雲量

(降水がないとき)

・快晴⇒雲量0～1

・晴れ⇒雲量2～8

・くもり⇒雲量9～10

ワンポイント

気温と天気

・晴れの日

⇒**朝**と**夜**に気温が低く，**午後**，気温が最高になる。

・くもりや雨の日

⇒気温の変化は**小さい**。

まるごと暗記

天気・風力を表す記号

快晴	晴れ	くもり	雨	雪
○	⦶	◎	●	⊗

風力	記号
0	○
1	
2	
7	
8	
11	
12	

ワンポイント

高度0mでの標準的な気圧を**1気圧**とよび，1気圧＝1013.25hPaである。

語群

1 ふいてくる／当てない／ヘクトパスカル／気象／乾球／雲量／湿度／1.5

2 100000／Pa／1Pa／大気圧／圧力／面積／力／小さく

★の用語は，説明できるようになろう！

□にあてはまる語句を，下の語群から選んで答えよう。

同じ語句を何度使ってもかまいません。

1 天気と天気図の記号

教 p.178

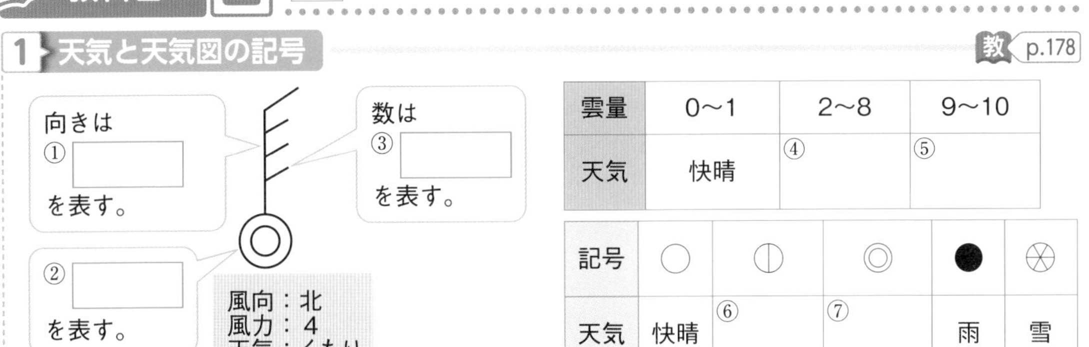

雲量	0〜1	2〜8	9〜10
天気	快晴	④	⑤

記号	○	⦶	◎	●	⊗
天気	快晴	⑥	⑦	雨	雪

2 気温・湿度・気圧の変化

教 p.180

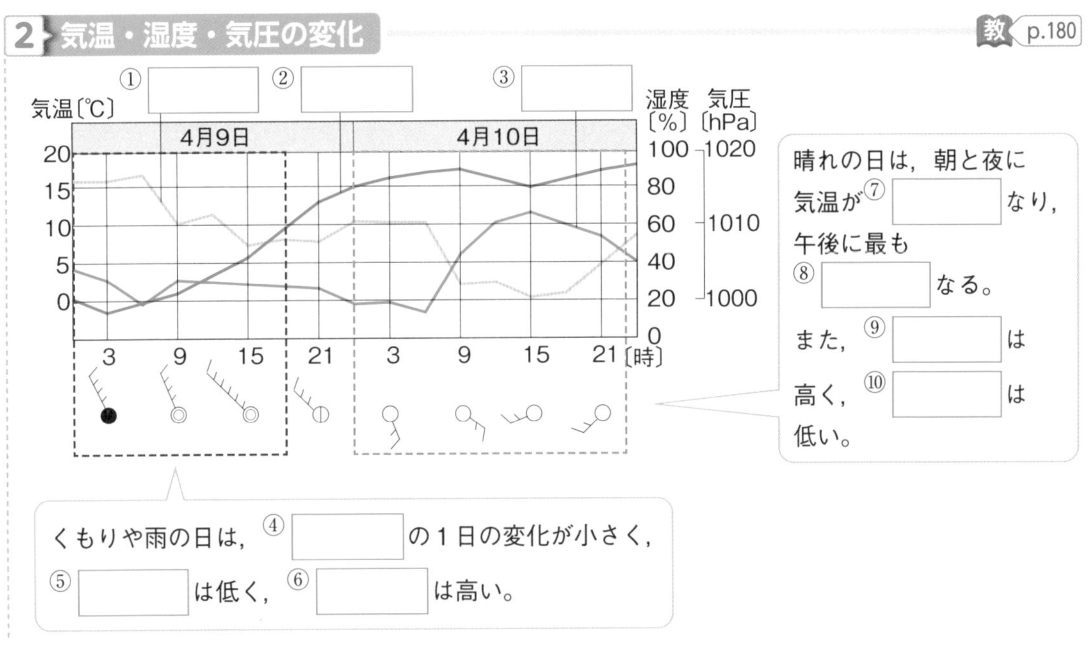

晴れの日は，朝と夜に気温が⑦□なり，午後に最も⑧□なる。
また，⑨□は高く，⑩□は低い。

くもりや雨の日は，④□の1日の変化が小さく，⑤□は低く，⑥□は高い。

3 接する部分の面積の大きさと圧力

大きいか小さいかを書こう。

教 p.183

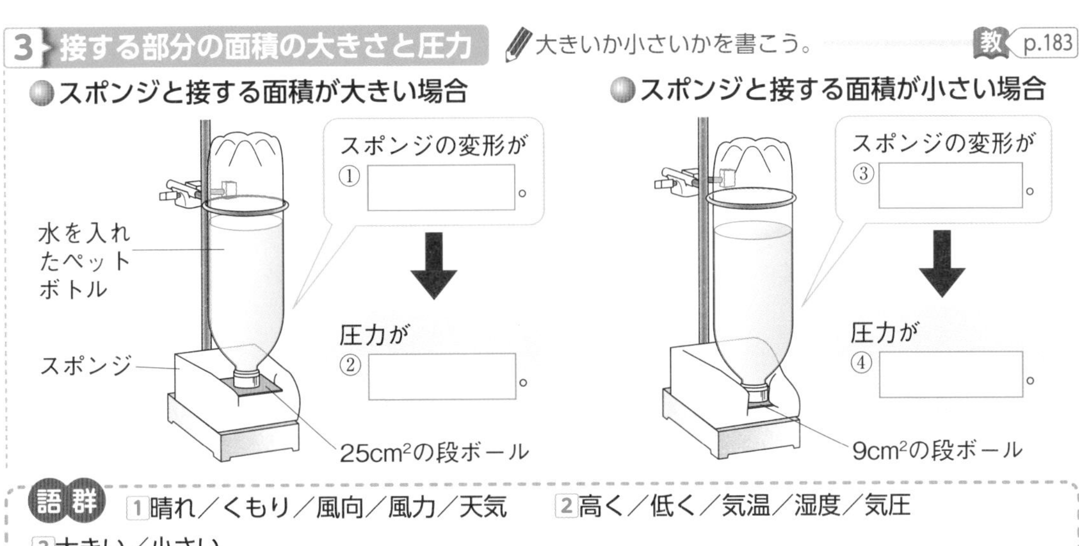

語群
1 晴れ／くもり／風向／風力／天気　2 高く／低く／気温／湿度／気圧
3 大きい／小さい

わからない用語は，教科書の要点の★で確認しよう！

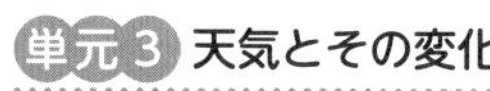

解答 p.23

定着のワーク ステージ2 第1章 気象の観測(1)−①

1 気象の観測 次の問いに答えなさい。

(1) 大気の状態や，大気中で起こっているいろいろな現象のことを何というか。
( )

(2) 天気を調べるときに観測する，空全体を10としたときの雲がおおっている割合を何というか。 ( )

(3) 雨や雪が降っていないとき，(2)が次の①〜③の範囲(はんい)にあるときの天気は何になるか，それぞれ答えなさい。ヒント

① 0〜1のとき ( )
② 2〜8のとき ( )
③ 9〜10のとき ( )

作図 (4) 次の表は，天気を表す記号についてまとめたものである。表の天気と記号について，空欄をうめなさい。

天気	快晴	②	くもり	④	雪
記号	①	◑	③	●	⑤

(5) 風向とは，風のふいていく方位，ふいてくる方位のどちらのことか。
( )

(6) 風力について説明した次の文の( )にあてはまる数を答えなさい。
①( ) ②( ) ③( )

風力は(①)から(②)までの(③)階級に分けられている。

作図 (7) 風向や風力を表す記号を使って，次の表について，例にならって空欄をうめなさい。
ヒント

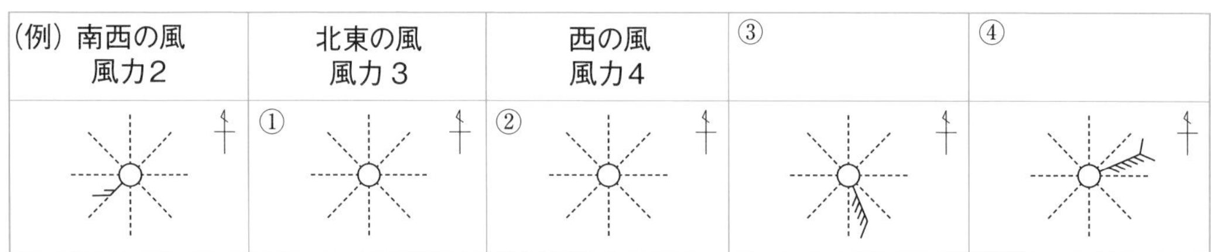

(例) 南西の風 風力2	北東の風 風力3	西の風 風力4	③	④
	①	②		

(8) 気圧を表す単位には何が使われるか。読み方と記号をそれぞれ答えなさい。
読み方( ) 記号( )

(9) 1気圧を(8)の単位を用いて表すと，およそいくらになるか。 ( )

(10) 日本の無人の気象観測施設(しせつ)などを用いた，地域気象観測システムのことを何というか。カタカナで答えなさい。 ( )

1(3)雨や雪が降っていないときの天気は，空をおおう雲の割合で快晴・晴れ・くもりのどれかを判断する。(7)矢の向きが風向，矢ばねの数が風力を表している。

2 湿度の観測

図１のような温度計を使って温度を測定し，それをもとに湿度を調べた。また，図２は，湿度表の一部を示したものである。あとの問いに答えなさい。

図１

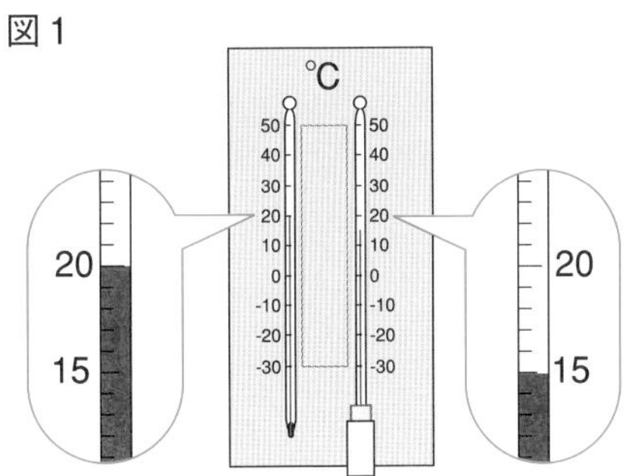

図２

乾球の示度〔℃〕	乾球と湿球の示度の差〔℃〕 3	4	5	6	7
21	73	65	57	49	41
20	72	64	56	48	40
19	72	63	54	46	38
18	71	62	53	44	36
17	70	61	51	43	34

(1) 気温のはかり方として正しいものを，次の**ア**～**エ**から選びなさい。（　　）

ア 地上から約50cmの高さで，温度計に直射日光が当たるようにしてはかる。

イ 地上から約50cmの高さで，温度計に直射日光が当たらないようにしてはかる。

ウ 地上から約1.5mの高さで，温度計に直射日光が当たるようにしてはかる。

エ 地上から約1.5mの高さで，温度計に直射日光が当たらないようにしてはかる。

(2) 図１のような温度計を何というか。（　　）

(3) 図１で，乾球，湿球の示度はそれぞれ何℃か。ヒント

乾球（　　）　湿球（　　）

(4) 図１と図２から，湿度は何％であることがわかるか。（　　）

3 気象要素の変化と天気

下の図は，ある２日間の気象観測結果である。これについて，あとの問いに答えなさい。

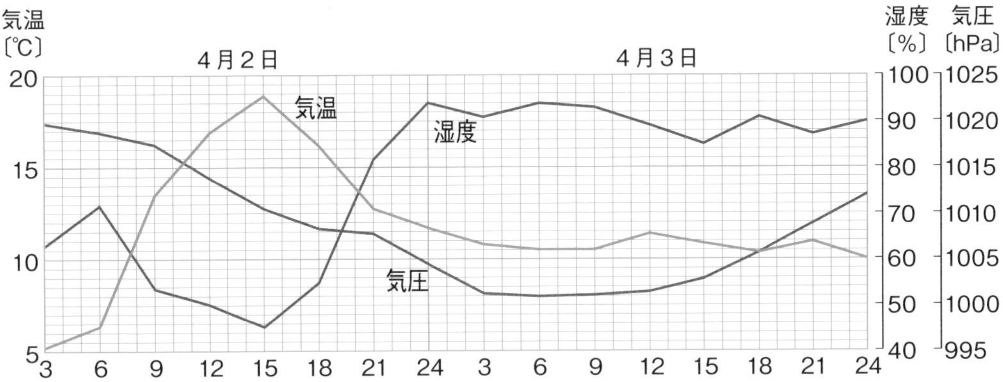

(1) ４月３日６時の気温，湿度，気圧をそれぞれ答えなさい。

気温（　　）　湿度（　　）　気圧（　　）

(2) 晴れていたと考えられるのは，４月２日，４月３日のどちらか。ヒント（　　）

記述 (3) (2)のように判断した理由を，気温，湿度，気圧のようすにふれて説明しなさい。ヒント

（　　）

❷(3)湿球の示度は，乾球の示度よりも高くなることはない。

❸(2)(3)晴れの日とくもりや雨の日では，気温や湿度の変化，気圧のようすにちがいがある。

解答 p.24

定着のワーク ステージ2 第1章 気象の観測(1)−②

1 大気圧 次のような手順で実験を行った。これについて，あとの問いに答えなさい。

手順1 少量の水を入れたアルミニウムかんを，沸騰(ふっとう)するまでガスバーナーで熱する。

手順2 湯気がさかんに出てきたら，火を消し，ラップシートでかん全体をくるむ。

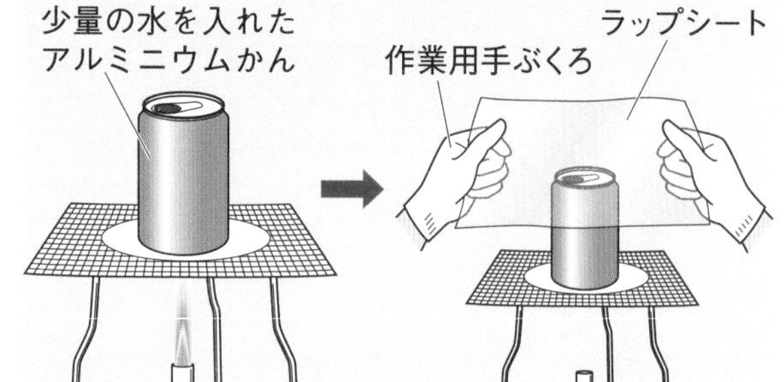

(1) **手順2**で，ラップシートでかん全体をくるんでしばらく置くと，かんはどうなったか。次の**ア**〜**ウ**から選びなさい。 (　　)

ア かんがふくらんだ。　**イ** かんがつぶれた。　**ウ** 変化はなかった。

(2) (1)のようになった理由について説明した次の文の(　)にあてはまる言葉を答えなさい。
ヒント　①(　　　) ②(　　　) ③(　　　)

空気にはたらく(①)によって生じる(②)とよばれる圧力が，空気から空かんに(③)方向からはたらいたため，空かんは(1)のようになった。

(3) 海面付近と高い山の頂上で，(2)の②の大きさを比べるとどうなっているか。次の**ア**〜**ウ**から選びなさい。 (　　)

ア 海面付近の方が大きい。　**イ** 山の頂上の方が大きい。　**ウ** 大きさは等しい。

2 圧力 右の図のように，面積の異なる正方形の段ボールa〜cを用意し，同じ量の水を入れたペットボトルをそれぞれの段ボールにのせてスポンジの変形のようすについて調べた。これについて，次の問いに答えなさい。

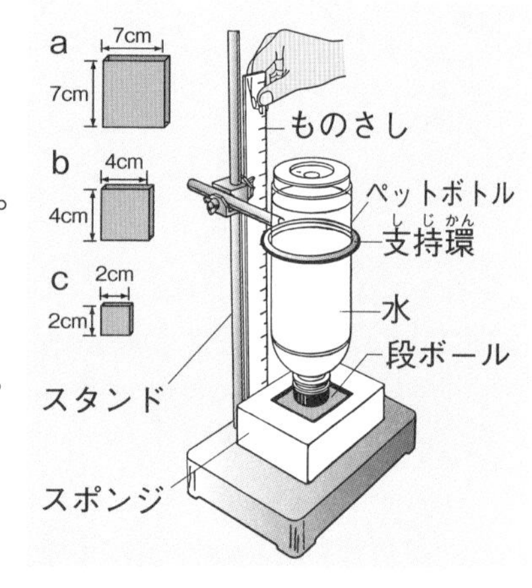

(1) ペットボトル全体の質量が500gのとき，段ボールa，b，cがスポンジをおす力の大きさは何Nか。ただし，100gの物体にはたらく重力の大きさを1Nとし，段ボールの重さは考えないものとする。ヒント

a(　　　) b(　　　) c(　　　)

(2) スポンジの変形が最も大きくなるのは，a〜cのどの段ボールにペットボトルをのせたときか。(　　)

記述

(3) ペットボトル全体の質量が同じとき，段ボールの面積とスポンジの変形の大きさにはどのような関係があるか。

(　　　　　　　　　　　　　　　　　　　　　　)

❶(2)②地球上のあらゆる物体にはたらく力で，空気にも質量があるためこの力がはたらく。
❷(1)スポンジをおす力の大きさは，ペットボトルにはたらく重力の大きさと等しい。

3 圧力 質量100gの物体にはたらく重力の大きさを1Nとして，次の問いに答えなさい。ヒント

(1) 4 m^2の面を垂直に5Nの力でおすとき，圧力の大きさは何Paか。 (　　　　)

(2) 20cm^2の面を垂直に6Nの力でおすとき，圧力の大きさは何Paか。 (　　　　)

(3) 底面積が2 m^2，質量が200gの物体を台の上に置くとき，物体から台にはたらく圧力の大きさは何Paか。 (　　　　)

(4) 片方の裏の面積が200cm^2のくつをはいた，48kgのヒトが両足でゆかの上に立っているとき，ゆかに加わる圧力の大きさは何Paか。 (　　　　)

(5) ある面に垂直に2.4Nの力を加えると，圧力が15Paになった。力がはたらいた面の面積は何m^2か。 (　　　　)

(6) 10cm^2の面に力を加えて圧力を2400Paにするには，何Nの力を加えればよいか。 (　　　　)

(7) 圧力と面を垂直におす力の間にはどのような関係があるか。 (　　　　)

(8) 圧力と力がはたらく面積の間にはどのような関係があるか。 (　　　　)

4 圧力 右の図のように，机と接する面積が400cm^2で質量が500gの本と，机と接する面積が120cm^2で質量が300gの筆箱がある。質量100gの物体にはたらく重力の大きさを1Nとして，次の問いに答えなさい。

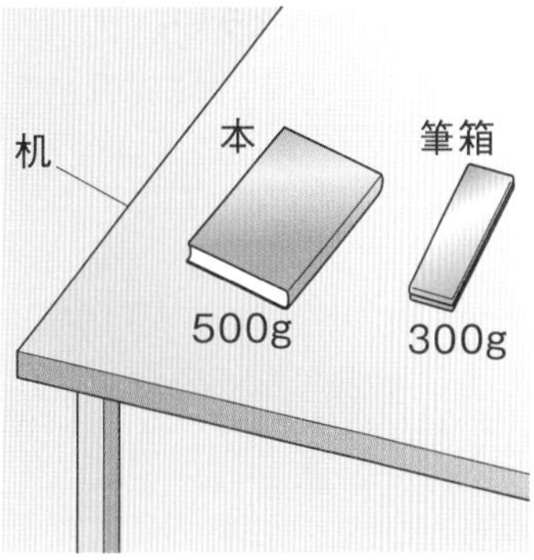

(1) 本と筆箱にはたらく重力の大きさはそれぞれ何Nか。
本(　　　　) 筆箱(　　　　)

(2) 本と机がふれ合う面積は何m^2か。 (　　　　)

(3) 机が本から受ける圧力は何Paか。 (　　　　)

(4) 机が筆箱から受ける圧力は何Paか。 (　　　　)

(5) 本の上に筆箱を重ねて置くとき，机が受ける圧力は何Paか。ヒント (　　　　)

(6) 地球上の物体には，空気による圧力がはたらく。海面上での空気による圧力の大きさに最も近いものを，次のア～オから選びなさい。 (　　)

ア 100Pa　イ 1000Pa　ウ 100hPa
エ 1000hPa　オ 10000hPa

(7) (6)の大きさはおよそ何気圧か。整数で答えなさい。 (　　　　)

❸圧力〔Pa〕＝面を垂直におす力〔N〕÷力がはたらく面積〔m^2〕，1 m^2＝10000cm^2である。
❹(5)本と筆箱が一体となって机をおし，ふれ合う面は本と机がふれ合う面積となる。

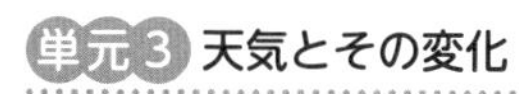

解答 p.25

第1章　気象の観測(1)

/100

1 次の①〜④は，あるときの気象観測の結果をまとめたものである。これについて，あとの問いに答えなさい。

5点×5（25点）

① 風は，北西からふいてきて，南東の方へふいていった。また，風力は3であった。

② 乾湿計の乾球の示度は19℃，湿球の示度は17℃であった。

③ アネロイド気圧計の針は，1010と1020のちょうど中間を示していた。

④ 右の図は，全天の雲のようすをスケッチしたものである。また，このとき，雨や雪などの降水はなかった。

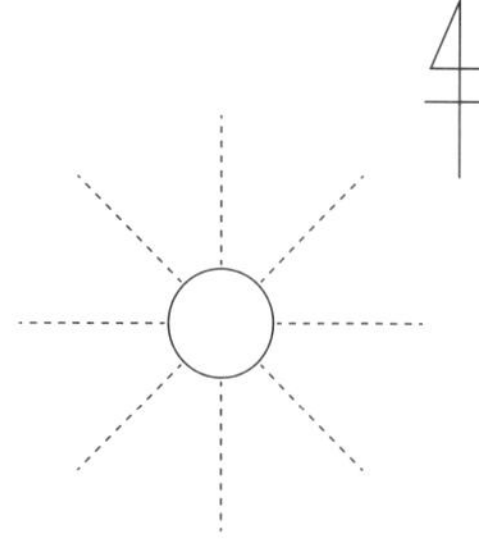

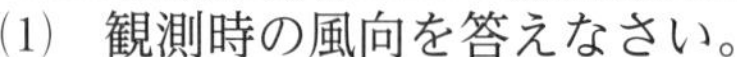

(1) 観測時の風向を答えなさい。

(2) 観測時の気温を答えなさい。

(3) 観測時の雲量を，次のア〜ウから選びなさい。

ア 3

イ 6

ウ 9

(4) 観測時の気圧を答えなさい。

(5) 観測時の天気・風向・風力を，右の図に天気図の記号で表しなさい。

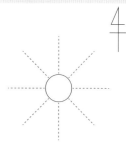

(1)		(2)		(3)		(4)		(5)	図に記入

2 右の図のような36kgの直方体の物体をゆかの上に置いた。質量100gの物体にはたらく重力の大きさを1Nとして，次の問いに答えなさい。

5点×4（20点）

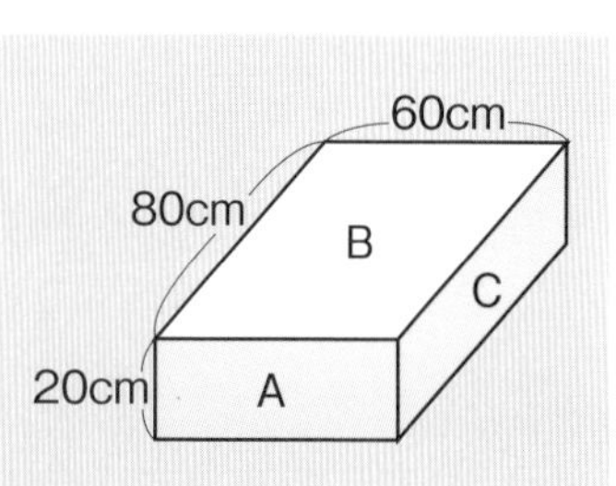

(1) 面A，Bを下にして物体をゆかの上に置いたとき，物体がゆかを垂直におす力の大きさはそれぞれ何Nか。

(2) 面A，Bを下にして物体をゆかの上に置いたときの物体がゆかにおよぼす圧力の大きさについて正しいものを，次のア〜ウから選びなさい。

ア 面Aを下にしたときの方が大きい。

イ 面Bを下にしたときの方が大きい。

ウ どちらの場合も圧力の大きさは等しい。

(3) 面Cを下にして物体をゆかの上に置いたとき，物体がゆかにおよぼす圧力は何Paか。

(1)	A		B		(2)		(3)	

3 12月15日から21日までの１週間，気温・湿度・気圧・天気を調べた。下の図は，その結果を示したものである。これについて，あとの問いに答えなさい。 5点×6（30点）

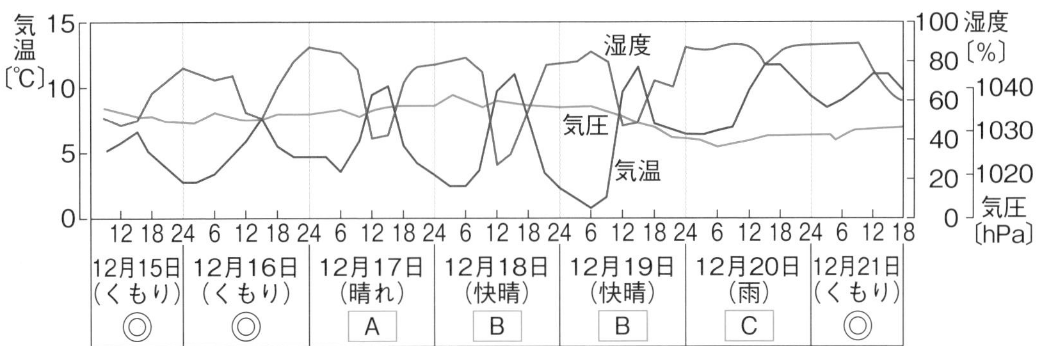

(1) 図のA～Cにあてはまる天気を表す記号をそれぞれかきなさい。

(2) 図の気温や湿度の変化について正しく説明したものを，次のア～エから２つ選びなさい。

ア 晴れの日は１日の気温の変化が大きい。 **イ** 雨の日は１日の気温の変化が大きい。

ウ 晴れの日は１日の湿度の変化が小さい。 **エ** 雨の日は１日の湿度の変化が小さい。

(3) 洗たく物を外に干したとき，よく乾（かわ）くと考えられる日時を，次のア～エから選びなさい。

ア 16日12時 **イ** 18日12時 **ウ** 20日６時 **エ** 21日12時

記述 (4) (3)の日時に洗たく物がよく乾くと考えられる理由を簡単に書きなさい。

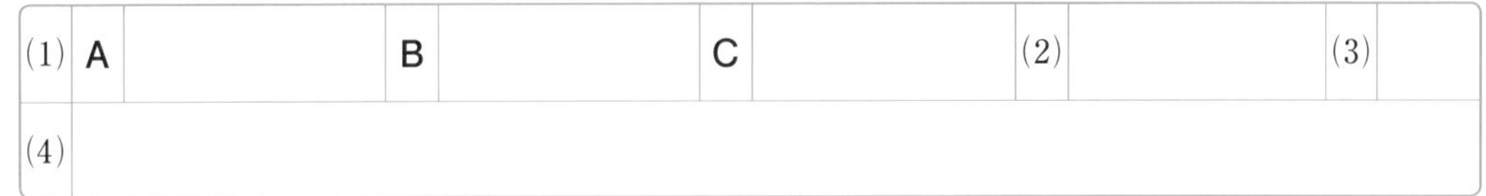

(1)	A		B		C		(2)		(3)	
(4)										

4 右の図は，海面と富士山頂の上空にある空気の層について模式的に表したものである。これについて，次の問いに答えなさい。 5点×5（25点）

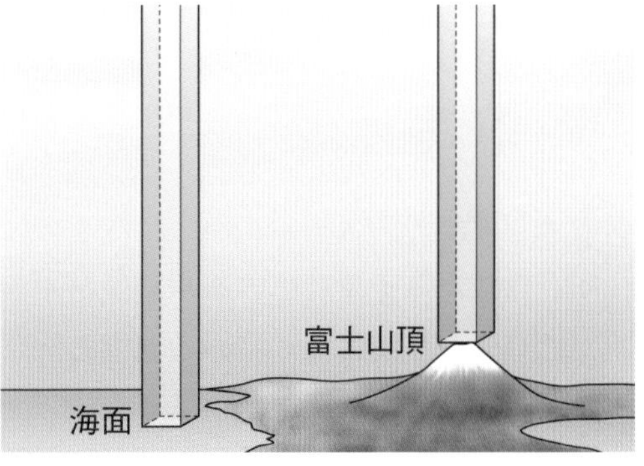

(1) 上空から海面までの空気にはたらく重力の大きさが$1\,m^2$あたり100000Nであるとすると，海面上の大気圧の大きさは何Paか。また，それは何hPaか。

(2) 高度０mにおける標準的な気圧の大きさは１気圧と表される。１気圧は何hPaか。小数第２位まで答えなさい。

(3) 海面と富士山頂の大気圧を比べるとどうなるか。次のア～ウから選びなさい。

ア 海面の方が大きい。 **イ** 富士山頂の方が大きい。 **ウ** 等しい。

記述 (4) (3)のようになる理由を簡単に書きなさい。

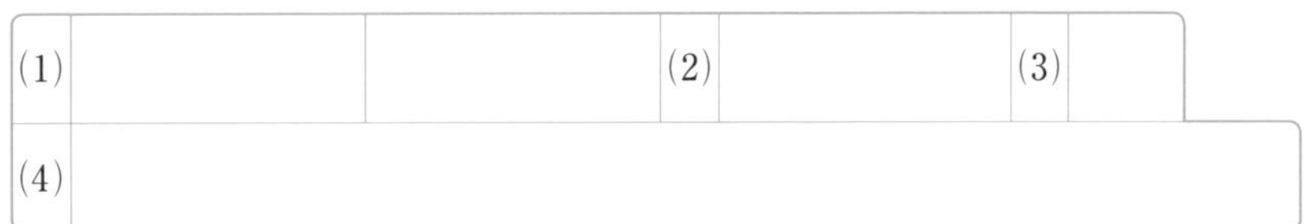

(1)			(2)		(3)	
(4)						

単元3

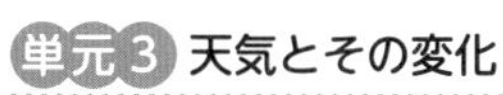

解答 p.25

第1章 気象の観測(2)

同じ語句を何度使ってもかまいません。

( )にあてはまる語句を，下の語群から選んで答えよう。

1 気圧と風

教 p.186〜189

(1) 各地の気象台などで観測された気圧の値(あたい)は，海面での値に換算(かんさん)されて，**天気図**に記入される。天気図上で，気圧の等しい点を結んだなめらかな線を(①★　　　　)という。

(2) 等圧線(とうあつせん)は，1000hPaを基準に，(②★　　　　)hPaごとに実線で引き，20hPaごとに太線で引く。

(3) 風は，空気が移動する現象で，気圧の(③　　　　)ところから低いところに向かってふく。

(4) 等圧線の間隔(かんかく)が(④　　　　)ところは，(⑤　　　　)の変化が急なので，強い風がふく。

(5) 天気図で等圧線が閉じた曲線になっていて，中心部の気圧が周囲の気圧より高くなっている部分を(⑥★　　　　)，周囲の気圧より低くなっている部分を(⑦★　　　　)という。

(6) **高気圧**(こうきあつ)の中心部では(⑧★　　　　)**気流**(きりゅう)が起こり，地表付近では，風が(⑨　　　　)に外へ向かってふき出している。

(7) **低気圧**(ていきあつ)の中心部では(⑩★　　　　)**気流**が起こり，地表付近では，風が(⑪　　　　)に中心に向かってふいている。

(8) 地表付近では，風は(⑫　　　　)から(⑬　　　　)に向かってふいている。

プラスα

等圧線上以外の地点での気圧の読みとり

⇒近くを通る2本の**等圧線**を基準にして，間隔を等分して目分量で読む。

ワンポイント

風は，高気圧の中心から低気圧の中心に向かってふくが，天気図上では，等圧線に対して垂直ではなく，等圧線をななめに横切るようにふく。また高気圧では，中心から「の」の字をえがくようにふき，低気圧はその逆の向きにふく。

2 水蒸気の変化と湿度

教 p.190〜196

(1) 空気にふくまれている水蒸気が水滴(すいてき)になることを★**凝結**(ぎょうけつ)といい，水蒸気が水滴になり始める温度を(①★　　　　)という。

(2) $1\,m^3$の空気がふくむことのできる水蒸気の最大質量を(②★　　　　)という。

(3) (③★　　　　)での飽和水蒸気量(ほうわすいじょうきりょう)は，その空気$1\,m^3$にふくまれている水蒸気の質量と等しい。

(4) 空気$1\,m^3$にふくまれる水蒸気の質量の，その温度における飽和水蒸気量に対する割合を百分率(%)で表したものを**湿度**という。

$$\text{湿度}[\%] = \frac{1\,m^3\text{の空気にふくまれる水蒸気の質量}[g/m^3]}{\text{その空気と同じ気温での}(④\quad\quad)[g/m^3]} \times 100$$

ワンポイント

温度と水蒸気量

気温←→飽和水蒸気量

露点←→実際の水蒸気量

ワンポイント

霧(きり)

霧は，地上付近の空気が冷やされてできる。

語群 ❶4／せまい／高い／時計回り／反時計回り／気圧／等圧線／低気圧／高気圧／上昇／下降(かこう) ❷飽和水蒸気量／露点(ろてん)

★の用語は，説明できるようになろう！

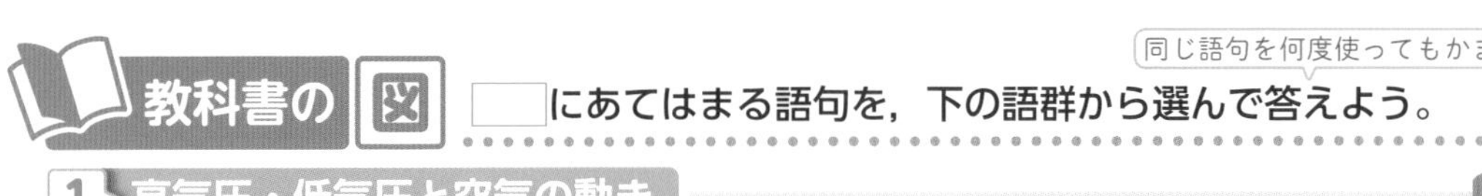

同じ語句を何度使ってもかまいません。

教科書の 図　□にあてはまる語句を，下の語群から選んで答えよう。

1 高気圧・低気圧と空気の動き

教 p.188

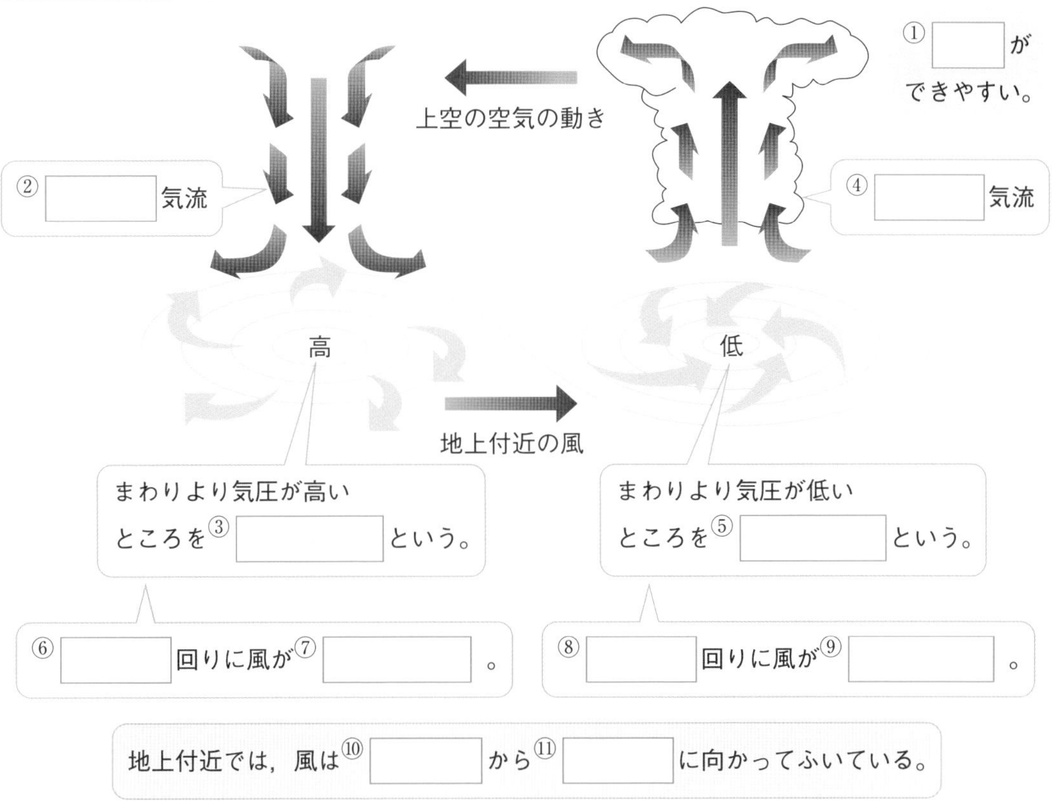

①□ができやすい。
上空の空気の動き
②□気流
④□気流
高
低
地上付近の風
まわりより気圧が高いところを③□という。
まわりより気圧が低いところを⑤□という。
⑥□回りに風が⑦□。
⑧□回りに風が⑨□。
地上付近では，風は⑩□から⑪□に向かってふいている。

2 気温と飽和水蒸気量の関係

教 p.192

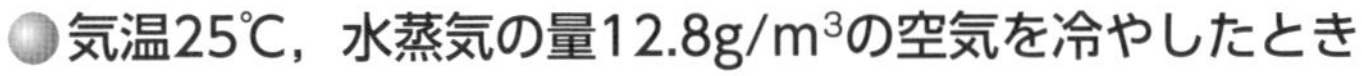

● 気温25℃，水蒸気の量12.8g/m³の空気を冷やしたとき

〔g/m³〕
空気1m³中の水蒸気の質量
23.1
12.8
6.8
0
5
15
25
気温〔℃〕
水滴ができ始める温度を②□という。
③□
12.8g−6.8g＝6gが①□になる。
23.1g
12.8g
6.8g
さらにふくむことができる水蒸気の量
ふくまれている水蒸気の量
気温25℃のときに，ふくむことができる水蒸気量
冷やす。
冷やす。
湿度は④□%
水滴
水蒸気
まだふくむことができる水蒸気
気温25℃のときの湿度は
⑤□/⑥□×100≒55.4〔%〕

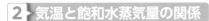

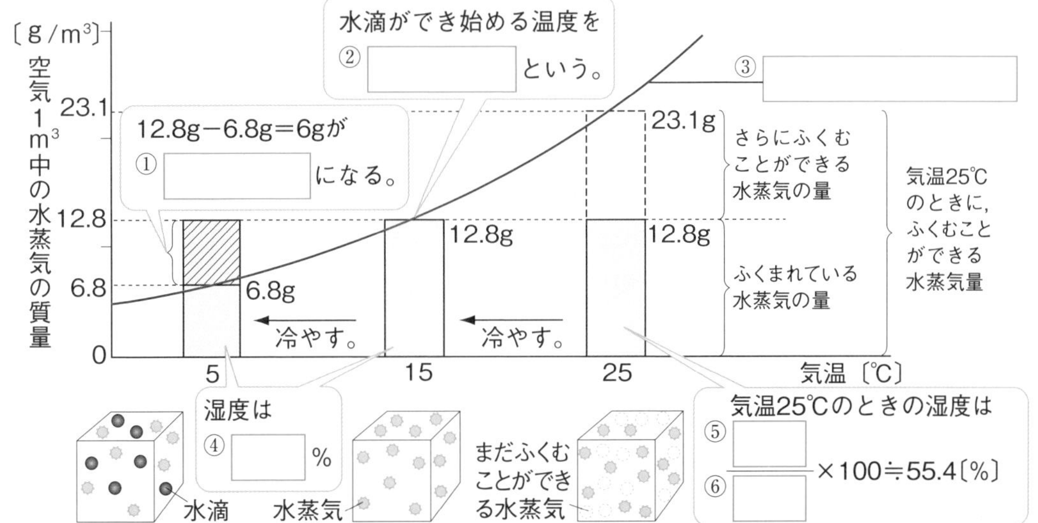

語群
1 雲／ふき出す／ふきこむ／時計／反時計／高気圧／低気圧／上昇／下降
2 100／23.1／12.8／露点／水滴／飽和水蒸気量

わからない用語は，教科書の 要点 の★で確認しよう！

解答 p.25

第1章　気象の観測(2)

1 高気圧・低気圧　右の図について，次の問いに答えなさい。

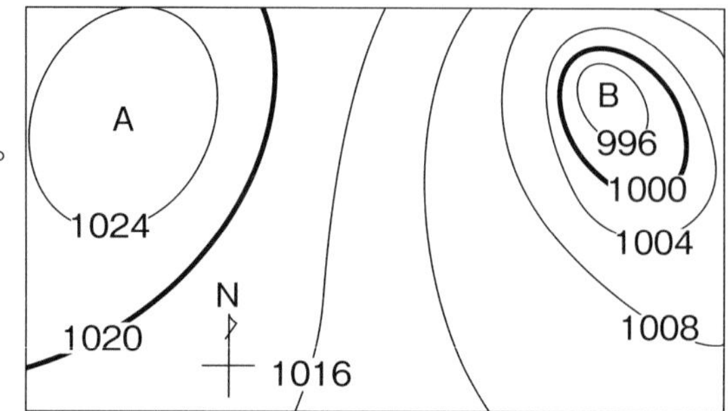

(1) 図のような，気圧の等しい地点を結んだ曲線を何というか。(　　　　)

(2) 図のA，Bの部分をそれぞれ何というか。

A(　　　　)　B(　　　　)

(3) 図のA，Bの中心付近の空気の動きは，それぞれ上昇気流，下降気流のどちらか。

A(　　　　)　B(　　　　)

(4) 図のA，Bの地表付近ではどのように風がふいているか。それぞれ次の㋐〜㋓から選びなさい。ヒント

A(　　)　B(　　)

㋐ 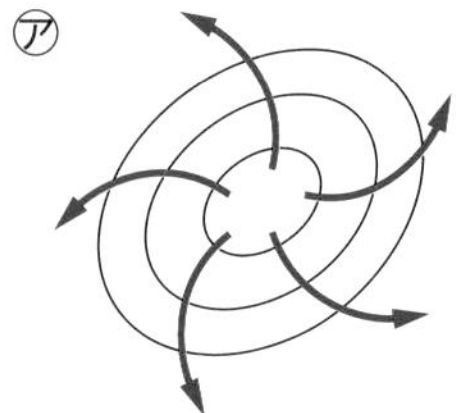

㋑ 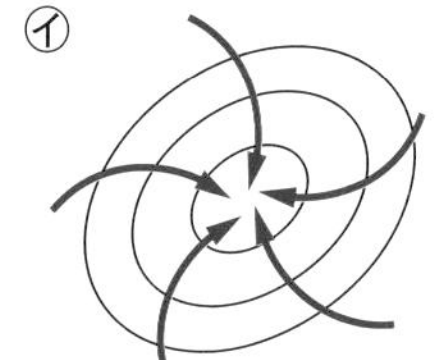

㋒ 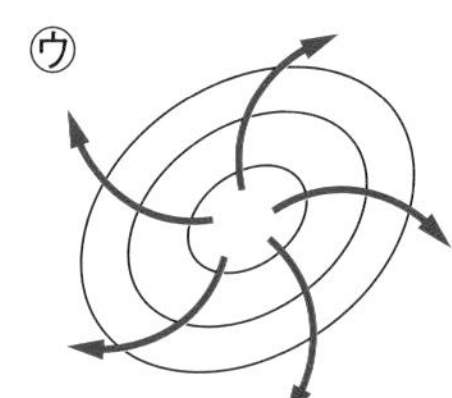

㋓ 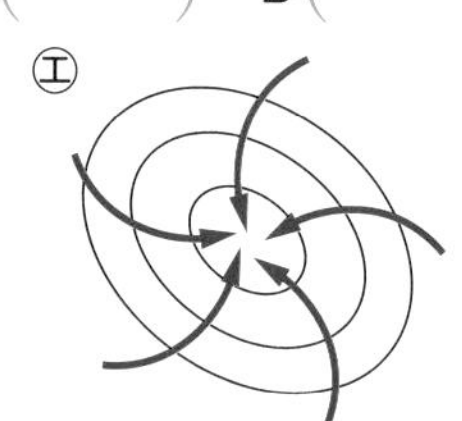

2 教 p.191 実験1 **水蒸気が水滴に変わる条件**　空気中の水蒸気が水滴に変わる条件について調べるために，次のような手順で実験を行った。また，右の表は，気温と飽和水蒸気量についてまとめたものである。あとの問いに答えなさい。

<手順1>室温付近にした水を金属製のコップに半分くらい入れて，コップ内の水の温度をはかる。

<手順2>コップ内の水をかき混ぜ，コップの表面を確認しながら，氷水を少しずつ入れる。

<手順3>コップの表面に水滴がかすかについたら，氷水を入れるのをやめ，コップ内の水の温度をはかる。

　コップ内の水の温度は，手順1で25℃，手順3で15℃であった。

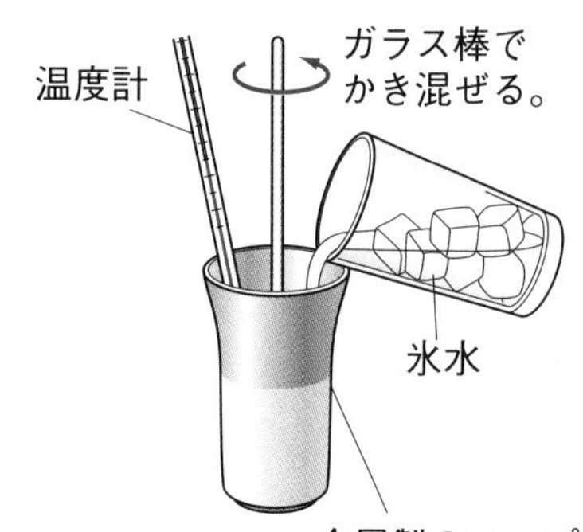

気温〔℃〕	飽和水蒸気量〔g/m³〕
25	23.1
20	17.3
15	12.8
10	9.4
5	6.8
0	4.8
−5	3.4

(1) 空気にふくまれる水蒸気が水滴に変わることを何というか。(　　　　)

(2) 実験を行った部屋の空気の露点は何℃か。(　　　　)

(3) 実験を行った部屋の湿度は何％か。小数第1位を四捨五入して整数で答えなさい。ヒント(　　　　)

1(4)風は気圧の高いところから，気圧の低いところに向かってふく。

2(3)露点での飽和水蒸気量は，1 m³の空気がふくんでいる水蒸気の質量と等しい。

3 湿度の観測

右の表は，気温と飽和水蒸気量についてまとめたものである。これについて，次の問いに答えなさい。

(1) 次の①～③の空気の湿度を小数第1位を四捨五入して整数で答えなさい。

① 飽和水蒸気量が15.3g/m^{3}で，1 m^{3}に9.8gの水蒸気をふくむ空気 (　　　　)

② 気温6℃，1 m^{3}中に5.5gの水蒸気をふくむ空気 (　　　　)

③ 気温10℃，露点8℃の空気 (　　　　)

(2) 気温14℃，湿度70％の空気1 m^{3}にふくまれる水蒸気は何gか。小数第2位を四捨五入して答えなさい。 (　　　　)

(3) 気温12℃，湿度60％の空気の露点は何℃か。最も近い温度を表から選び，答えなさい。 ヒント (　　　　)

気温〔℃〕	飽和水蒸気量〔g/m^3〕
0	4.8
2	5.6
4	6.4
6	7.3
8	8.3
10	9.4
12	10.7
14	12.1

4 湿度と露点の関係

右の図は，同じ気温で湿度の異なる空気A，Bについて，気温が変化したときの空気中の水蒸気のようすについて調べたものである。また，図の色のついた部分は，1 m^{3}の空気にふくまれている水蒸気の質量を模式的に示したもので，グラフは気温と飽和水蒸気量の関係を表している。次の問いに答えなさい。

A 湿度が高い空気
空気中の水蒸気量 / 飽和水蒸気量 / a / b / 気温

B 湿度が低い空気
空気中の水蒸気量 / 飽和水蒸気量 / a / b / 気温

(1) 図から，気温と飽和水蒸気量の間にはどのような関係があることがわかるか。簡単に説明しなさい。

(　　　　　　　　　　　　　　　　)

(2) 図のaが示しているものは何か。次のア～ウから選びなさい。 (　　　)

ア　飽和水蒸気量　　　イ　湿度

ウ　さらにふくむことができる水蒸気の質量

(3) ふくまれる水蒸気が凝結するまで冷やすと，湿度はどのように変化するか。次のア～ウから選びなさい。 (　　　)

ア　高くなる。　　　イ　低くなる。　　　ウ　変化しない。

(4) 水蒸気が凝結した後，さらに空気の温度を下げていくと，湿度はどのように変化するか。(3)のア～ウから選びなさい。 (　　　)

(5) A，Bの空気1 m^{3}を，それぞれbの温度まで冷やしたとき，より多くの水滴が生じるのは，A，Bどちらの空気か。 ヒント (　　　)

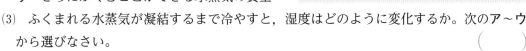

ヒントの森

3(3)露点は，1 m^{3}の空気にふくまれている水蒸気の質量から知ることができる。

4(5)同じ気温では飽和水蒸気量は変わらないので，はじめにふくまれていた水蒸気の質量から考える。

実力判定テスト ステージ3 第1章 気象の観測(2)

解答 p.26

30分 /100

1 右の図について，次の問いに答えなさい。

4点×9（36点）

(1) 図の㋐～㋗のような線を何というか。

(2) ㋐～㋗の線は，どのような地点を結んだものか。

(3) 次の（ ）にあてはまる数を書きなさい。

㋐～㋗の線は，（ ① ）hPaを基準に，（ ② ）hPaごとに実線で引き，（ ③ ）hPaごとに太線にする。

(4) B地点での風向として考えられるのは，北西，南東のどちらか。

(5) A～C地点の気圧を答えなさい。

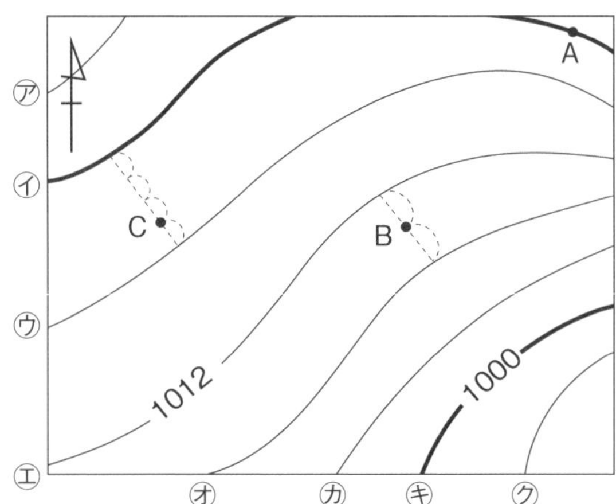

(1)		(2)		(3) ①		②		③	
(4)		(5) A		B		C			

2 気圧と風について，次の問いに答えなさい。

4点×6（24点）

(1) 下の㋐～㋓のうち，高気圧，低気圧の中心付近における，上空と地表の間の空気の動き，地表付近の風のふくようすを表したものはどれか。それぞれ記号で答えなさい。

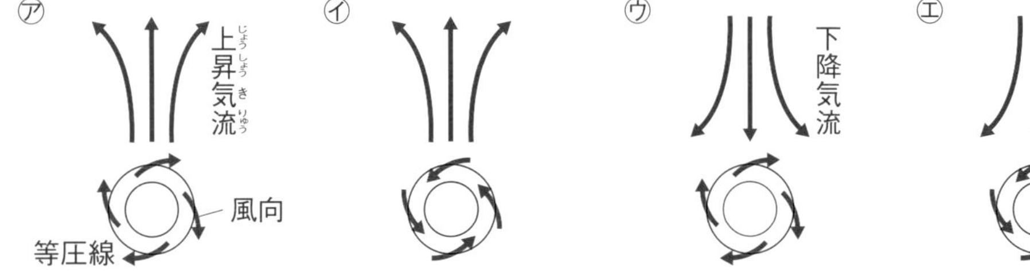

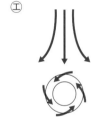

(2) 次の①～④について，それぞれ（ ）のア，イから正しいものを選びなさい。

① 風は，気圧の（ ア 高いところから低いところ イ 低いところから高いところ ）に向かってふく。

② 等圧線の間隔が（ ア 広い イ せまい ）ほど，風は強くふく。

③ 気圧の変化が急であるほど，空気の移動は（ ア 速く イ おそく ）なる。

④ 等圧線が閉じた曲線になっていて，中心部の気圧が周囲よりも（ ア 高く イ 低く ）なっている部分を低気圧という。

(1) 高気圧		低気圧		(2) ①		②		③		④	

3 右のグラフは，気温と1 m³の空気にふくむことのできる水蒸気の質量との関係を表したもので，Aは1 m³に10.7gの水蒸気をふくむ空気を表している。これについて，次の問いに答えなさい。 3点×8（24点）

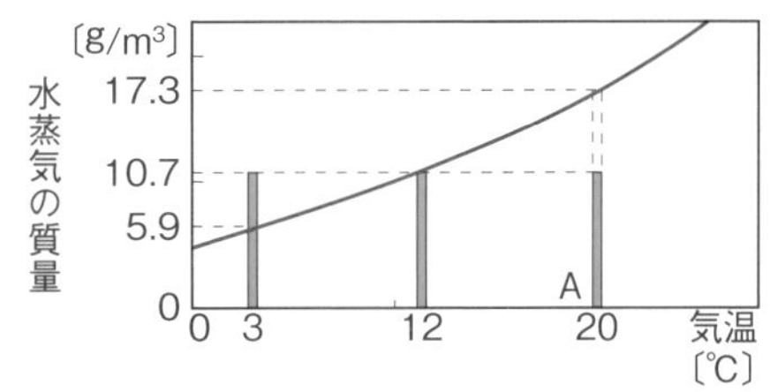

(1) Aの空気は，1 m³にあと何gの水蒸気をふくむことができるか。

(2) Aの空気の露点は何℃か。

(3) Aの空気の温度を20℃から3℃まで冷やした。次の問いに答えなさい。

① 3℃まで冷やしたとき，Aの空気1 m³あたり何gの水滴が生じるか。

② 20℃，12℃，3℃のとき，Aの空気の湿度はそれぞれ何%か。四捨五入して整数で答えなさい。

(4) 次の①，②の空気の湿度は，20℃のときのAの空気と比べて，高いか，低いか，あるいは等しいか，それぞれ答えなさい。

① Aと露点が等しく，気温が高い空気

② Aと気温が等しく，露点が高い空気

(1)		(2)		(3) ①		② 20℃		12℃		3℃	
(4) ①		②									

よく出る **4** 湿度について調べるために次の手順で実験を行った。これについて，あとの問いに答えなさい。ただし，室温は20℃であったものとする。 4点×4（16点）

手順1 金属製のコップにくんでおいた水を入れて水温をはかると，20℃であった。

手順2 コップの水をガラス棒でかき混ぜながら，少しずつ氷水を加えていき，コップ内の水の温度を下げていった。

手順3 コップの表面にかすかに水滴がついたときの水温をはかると，15℃であった。

(1) **手順1**で，水を入れるコップに金属製のものを使うのはなぜか。

(2) **手順1**で，くんでおいた水を使うのはなぜか。

(3) **手順3**で，コップの表面についた水滴はどのようにしてできたものか。

(4) 右の表は，気温と飽和水蒸気量についてまとめたものである。表をもとに，実験を行ったときの湿度を，小数第1位を四捨五入して整数で答えなさい。

気温〔℃〕	0	5	10	15	20	25
飽和水蒸気量〔g/m³〕	4.8	6.8	9.4	12.8	17.3	23.1

単元3

解答 p.27

第2章　雲のでき方と前線

（　　）にあてはまる語句を，下の語群から選んで答えよう。

同じ語句を何度使ってもかまいません。

1 雲のでき方

教 p.197〜201

(1)　雲は空気中に浮かぶ小さな（①　　　　）の集まりである。

(2)　水蒸気をふくむ空気のかたまりが上昇すると，上空にいくほど気圧が（②　　　　）なるため，空気は（③　　　　）して温度が（④　　　　）。そして，（⑤★　　　　）に達すると，水蒸気が水滴や氷の粒となって雲ができる。

(3)　地球上の水は，（⑥　　　　）のエネルギーによって，地球表面から蒸発して水蒸気となったり，雨や雪となって地球表面にもどったりするなどして循環している。このことを**水の循環**という。

プラスα

上昇気流のでき方の例

- 空気が山の斜面にぶつかったとき。
- 太陽の光で地面があたためられ，地面で空気があたためられたとき。
- あたたかい空気が，冷たい空気の上にはい上がるとき。

2 気団と前線

教 p.202〜208

(1)　あたたかい空気と冷たい空気が接したとき，（①　　　　）空気は下へ，（②　　　　）空気は上へ移動する。

(2)　空気が大陸上や海上などにとどまってできる，気温や湿度が広い範囲でほぼ一様な空気のかたまりを（③★　　　　）という。

(3)　性質の異なる気団の境界面を（④★　　　　）といい，この面が地表面と接したところを（⑤★　　　　）という。

(4)　寒気が暖気の下にもぐりこみ，暖気をおし上げながら進む前線を（⑥★　　　　）といい，暖気が寒気の上にはい上がり，寒気をおしやりながら進む前線を（⑦★　　　　）という。

(5)　前線の種類について，寒冷前線が温暖前線に追いついてできる前線を（⑧★　　　　），暖気と寒気がぶつかり合い，ほとんど前線の位置が変わらない前線を（⑨★　　　　）という。

(6)　中緯度帯で発生し，前線をともなう低気圧を（⑩★　　　　）という。

(7)　温暖前線付近では（⑪★　　　　）や高層雲などができ，**弱い雨が長時間降り続く**ことが多く，前線通過後は（⑫　　　　）寄りの風がふき，**気温が上がる**。

南からの暖気におおわれる。

(8)　寒冷前線付近では（⑬★　　　　）が発達し，**短時間に強い雨が降り**，前線通過後は（⑭　　　　）寄りの風がふき，**気温が下がる**。

北からの寒気におおわれる。

まるごと暗記

前線の記号

前線	記号
寒冷前線	
温暖前線	
閉そく前線	
停滞前線	

まるごと暗記

前線付近のようす

● 寒冷前線

● 温暖前線

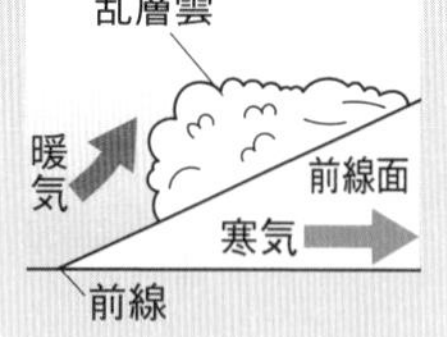

語群　1 低く／下がる／露点／水滴／太陽／膨張／　2 北／南／冷たい／あたたかい／前線／前線面／温暖前線／寒冷前線／停滞前線／閉そく前線／気団／積乱雲／乱層雲／温帯低気圧

★の用語は，説明できるようになろう！

同じ語句を何度使ってもかまいません。

□にあてはまる語句を，下の語群から選んで答えよう。

1 雲のでき方

教 p.200

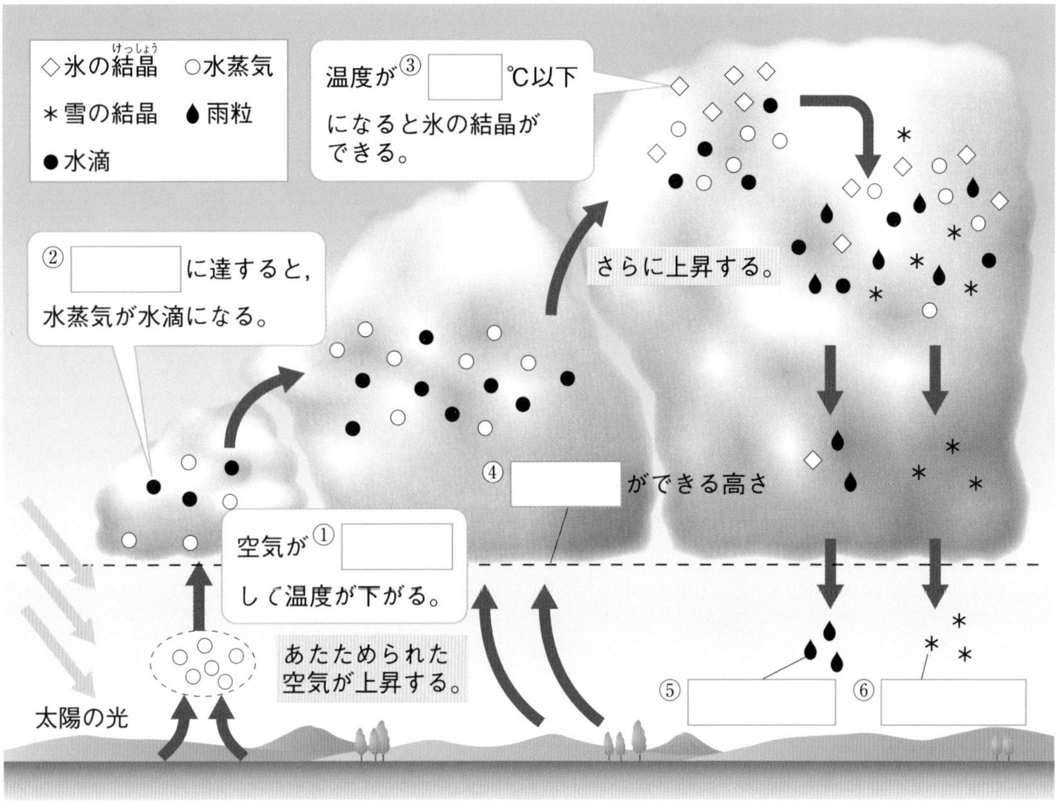

◇氷の結晶（けっしょう）　○水蒸気
＊雪の結晶　●雨粒
●水滴

温度が③□℃以下になると氷の結晶ができる。

②□に達すると，水蒸気が水滴になる。

さらに上昇する。

④□ができる高さ

空気が①□して温度が下がる。

あたためられた空気が上昇する。

太陽の光

⑤□　⑥□

2 温帯低気圧と前線付近のようす

教 p.204〜205

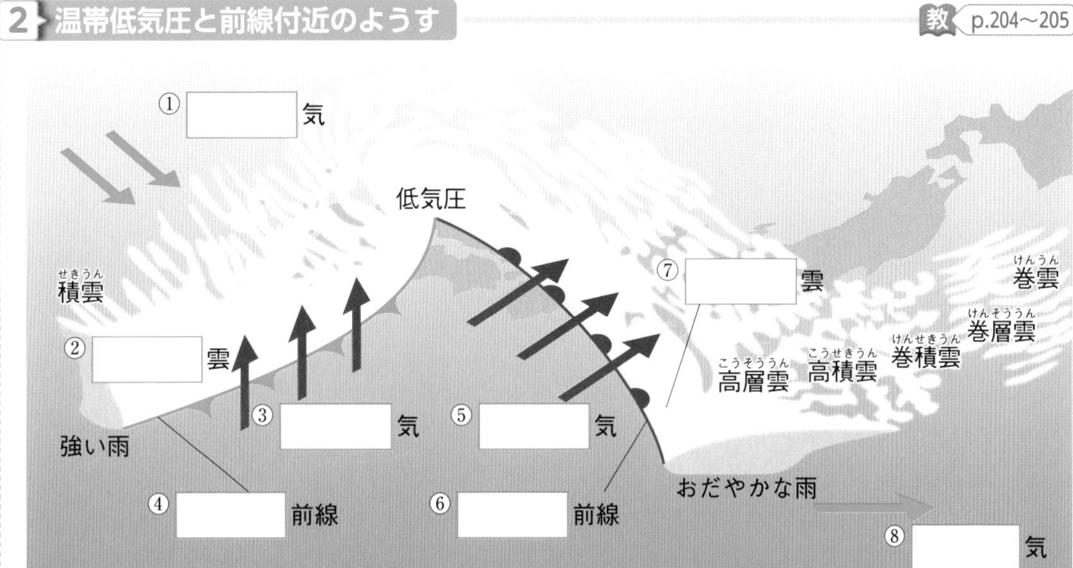

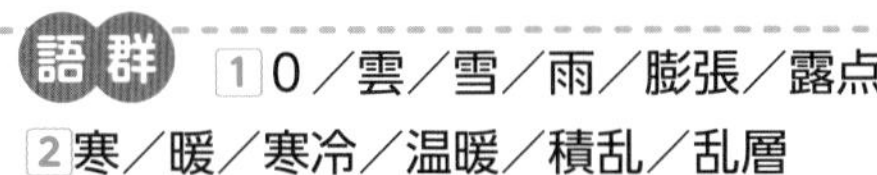

1 0／雲／雪／雨／膨張／露点
2 寒／暖／寒冷／温暖／積乱／乱層

わからない用語は，教科書の要点の★で確認しよう！

解答 p.27

定着のワーク ステージ2 第2章 雲のでき方と前線－①

1 教 p.199 実験2 **気圧の低いところで起こる変化** 簡易真空容器を使って，次のような手順で実験を行った。これについて，あとの問いに答えなさい。

<手順1> 簡易真空容器の中に，気圧計，デジタル温度計の入ったビニルぶくろを入れてふたをする。ビニルぶくろの口は輪ゴムできつくしばっておく。

<手順2> 簡易真空容器の中の空気をぬいて，気圧と温度の変化を調べる。

<手順3> 容器をからにし，ビニルぶくろの中に少量の水と少量の線香のけむりを入れて口を閉じ，それを容器に入れて，容器の中の空気をぬく。

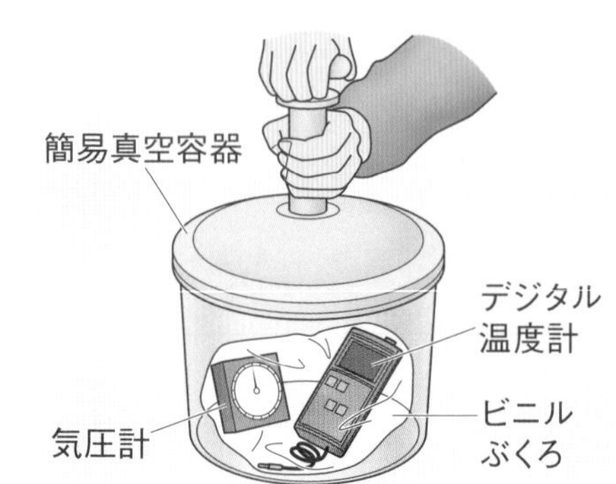

(1) 手順2で，空気をぬいていくと気圧と温度はそれぞれどのように変化したか。

気圧(　　　　) 温度(　　　　)

(2) 手順3で，空気をぬいていくとビニルぶくろの中のようすはどのように変化したか。

(　　　　)

レベルUP (3) 手順3で，ビニルぶくろに少量の線香のけむりを入れたのは何のためか。ヒント

(　　　　)

2 **雲のでき方** 右の図は，雲ができてから発達するまでのようすを模式的に表したものである。次の問いに答えなさい。

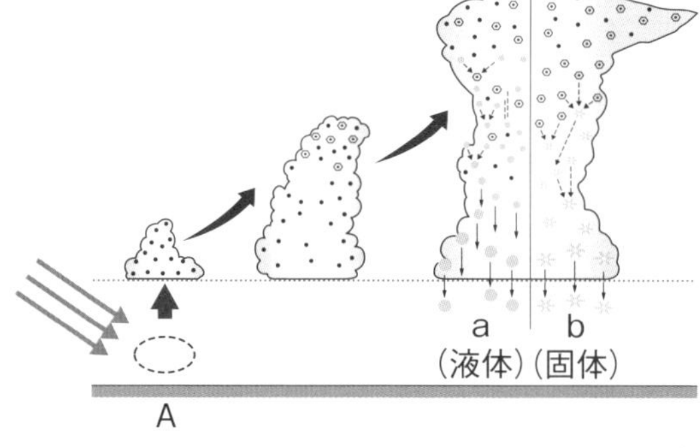

(1) 図のA地点において，地面と空気をあたためたものは何か。

地面(　　　　)

空気(　　　　)

(2) 空気のかたまりが上昇すると，その体積はどのように変化するか。

(　　　　)

記述 (3) (2)のようになるのはなぜか。(　　　　)

(4) 空気のかたまりが上昇すると，その温度はどのように変化するか。(　　　　)

(5) 雲ができ始める温度は，空気のかたまりの何と等しいか。ヒント (　　　　)

(6) 雲から落下するa，bをそれぞれ何というか。 a(　　　　) b(　　　　)

(7) (6)のa，bをまとめて何というか。(　　　　)

❶(3)自然界で雲ができるとき，空気中に存在する小さな粒子が水蒸気が凝結するときの核(芯)の役割を果たしている。 ❷(5)雲は，空気中の水蒸気が水滴となってできたものである。

3 水の循環

右の図は，水の移動のようすを模式的に表したものである。これについて，次の問いに答えなさい。

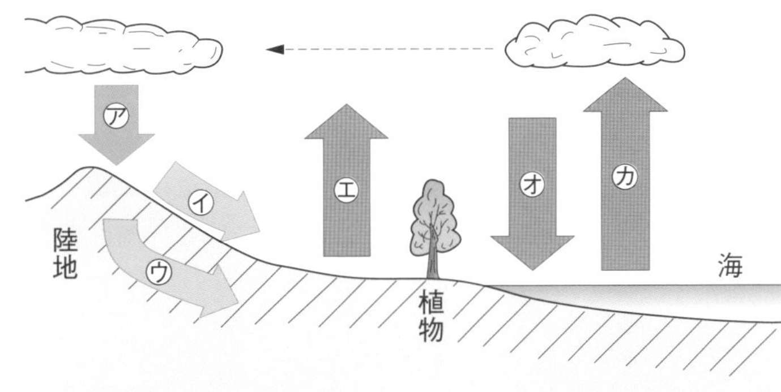

(1) 図のような，地球上の水が地球表面と大気の間で移動することを何というか。 (　　　)

(2) (1)は，何のエネルギーによってもたらされるか。ヒント (　　　)

(3) 次の①～③にあたるものを，それぞれ図の㋐～㋕から選びなさい。

①(　　) ②(　　) ③(　　)

① 海からの蒸発　② 陸地への降水　③ 地下水

(4) 図の㋓，㋕の矢印では，水はそれぞれどのような状態にあるか。

㋓(　　　) ㋕(　　　)

4 あたたかい空気と冷たい空気の動き方

右の図のように，水槽(すいそう)内に仕切りをしてA，Bの2つに分け，Aには氷水を入れて冷やし，線香のけむりを満たした。次の問いに答えなさい。

(1) 図の装置で，暖気を表しているのはA，Bのどちらか。 (　　)

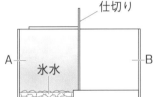

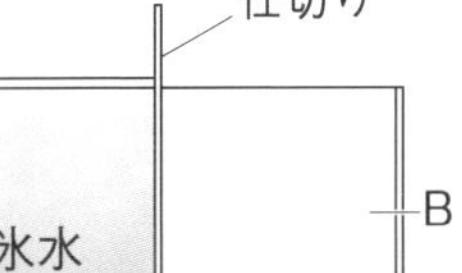

(2) 水槽内の仕切りを上げると，Aに入れた線香のけむりはどのように動くか。次の㋐～㋒から選びなさい。ただし，白い部分をけむりとする。ヒント (　　)

㋐
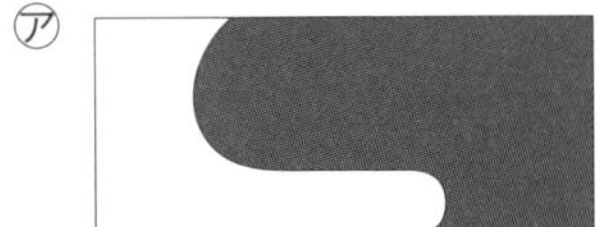
㋑

㋒

(3) (2)のように，性質が異なる気団が接したときにできる境界面を何というか。 (　　　)

5 前線

下の図は，日本付近でみられる前線を天気図の記号を使って表したものである。㋐～㋓の前線の名称を答えなさい。

㋐(　　　) ㋑(　　　)
㋒(　　　) ㋓(　　　)

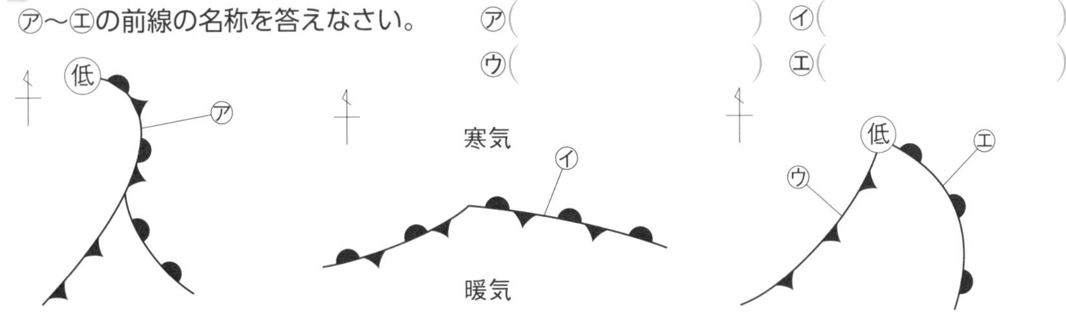

ヒントの森

❸(2)水はこのエネルギーによって，状態を変えながら地球上を循環している。

❹(2)温度の高い空気は密度が小さく，温度の低い空気は密度が大きい。

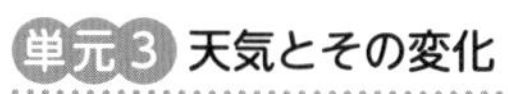

解答 p.27

定着のワーク ステージ2 第2章 雲のでき方と前線－②

1 前線のつくり 下の図は，日本列島付近にできる前線付近のようすを南側からみたものを模式的に表したものである。これについて，あとの問いに答えなさい。

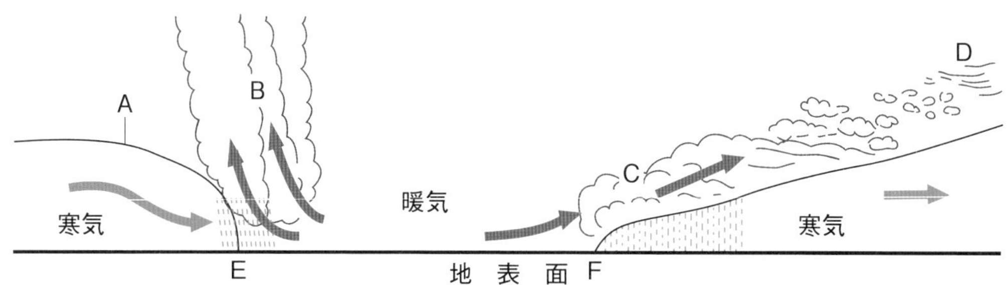

(1) 図のAのような，寒気と暖気の境界面を何というか。（　　）

(2) 図のB～Dの雲の名称を，それぞれ次のア～エから選びなさい。ヒント

B（　　）C（　　）D（　　）

ア 巻雲　イ 積雲　ウ 積乱雲　エ 乱層雲

(3) 図のE，Fの前線の名称をそれぞれ答えなさい。

E（　　）

F（　　）

(4) 次の①，②のような雨を降らせる雲を，それぞれ図のB～Dから選びなさい。

① 強い風をともなうことのある激しい雨（　　）

② 長時間降り続く弱い雨（　　）

2 低気圧と前線 右の図は日本列島付近の低気圧と前線のようすを表したものである。これについて，次の問いに答えなさい。

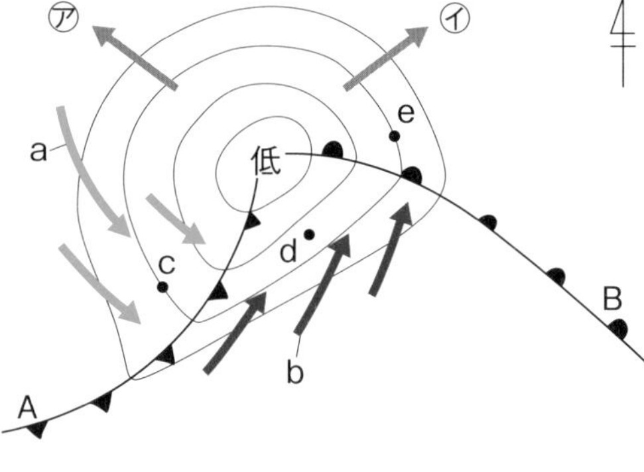

(1) A，Bの前線を何というか。

A（　　）

B（　　）

(2) a，bの矢印は，それぞれ寒気，暖気のどちらを表しているか。

a（　　）b（　　）

(3) 低気圧は図のア，イのどちらの方向に移動するか。（　　）

(4) 図のような，前線をともなう低気圧を何というか。（　　）

(5) c～eの地点のうち，最も気温が高いのはどこか。（　　）

(6) c～eの地点のうち，これから激しい雨が降るのはどこか。（　　）

(7) Aの前線がBの前線に追いついてできる前線を何というか。ヒント（　　）

1(2)Dは空の高いところにできる雲で，この雲がふえると2～3日後に雨が降ることが多い。
2(7)この前線は，━●▲●▲━の記号で表される。

3 **前線の通過**　下のグラフは，日本のある地点を前線が通過したときの前後３日間の気温・湿度・気圧の変化を表したものである。これについて，あとの問いに答えなさい。

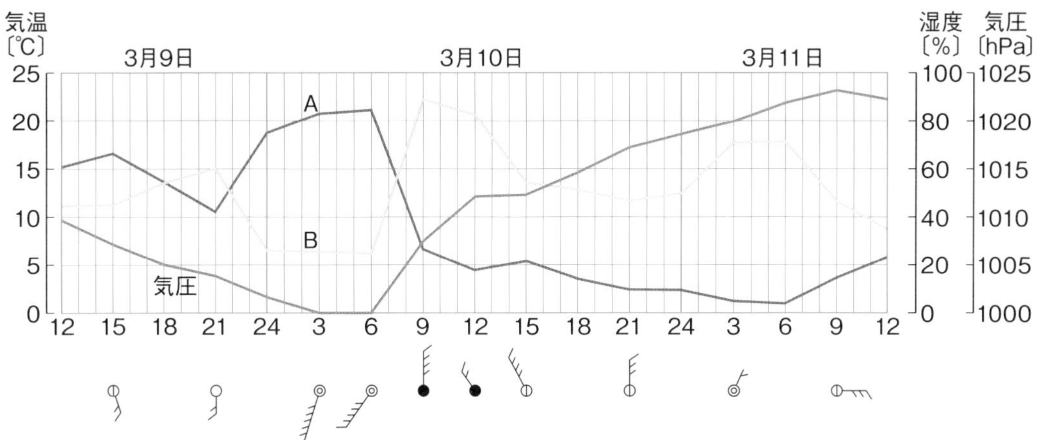

(1)　A，Bのグラフが表している気象要素は何か。ヒント

A（　　　　　　　　）　B（　　　　　　　　）

(2)　グラフの変化から，前線が通過したのはいつごろであると考えられるか。次のア～ウから選びなさい。（　　）

ア　３月９日の18時～21時の間　　　イ　３月10日の６時～９時の間

ウ　３月10日の12時～15時の間

(3)　前線の通過によって，気温・湿度・気圧はどのように変化したか。それぞれ次のア～ウから選びなさい。　気温（　　）　湿度（　　）　気圧（　　）

ア　上がった。　　イ　下がった。　　ウ　変化しなかった。

(4)　前線の通過によって，風向はどのように変化したか。次のア～ウから選びなさい。

（　　）

ア　北寄りから南寄りに変化した。　　イ　南寄りから北寄りに変化した。

ウ　風向は変化しなかった。

(5)　このときに通過したと考えられる前線の名称を答えなさい。ヒント

（　　　　　　）

(6)　(5)の前線の通過前後の天気はどのようになっていたか。次のア，イから選びなさい。

（　　）

ア　前線通過前に，弱い雨が長時間降り続いていた。

イ　前線通過後に，強い雨が短時間降った。

(7)　(6)のような天気をもたらしたのは，前線付近に何という雲が発達していたからか。雲の名称を答えなさい。ヒント　（　　　　　　）

記述

(8)　(7)の雲が前線付近で発達するのは，前線がどのように進んでいるからか。寒気，暖気という語句を用いて説明しなさい。ヒント

（　　　　　　　　　　　　　　　　　　　　）

3(1)日中，雨が降っている３月10日の変化のようすから考える。(5)温暖前線通過後は暖気，寒冷前線通過後は寒気におおわれる。(7)(8)前線付近では強い上昇気流が生じている。

単元3

第2章　雲のでき方と前線

解答 p.28

/100

よく出る 1 図1は，日本付近を通過する低気圧を表したもの，図2は，図1の前線A，Bのいずれかの断面を表したものである。これについて，次の問いに答えなさい。　3点×8（24点）

(1)　中緯度帯で発生し，図1のように前線をともなう低気圧を何というか。

(2)　日本付近の低気圧は，図1の後，どの方向に向かって移動するか。図のa〜dから選びなさい。

(3)　図1の低気圧の中心気圧を，単位とともに答えなさい。

(4)　前線A，Bの名称をそれぞれ答えなさい。

(5)　図2は，図1の前線A，Bのどちらの断面を表したものか。

(6)　図2のC，Dは，空気の動きを表している。Cは暖気，寒気のどちらか。

(7)　図2のEは層状で，降水をもたらす雲である。この雲を何というか。

図1

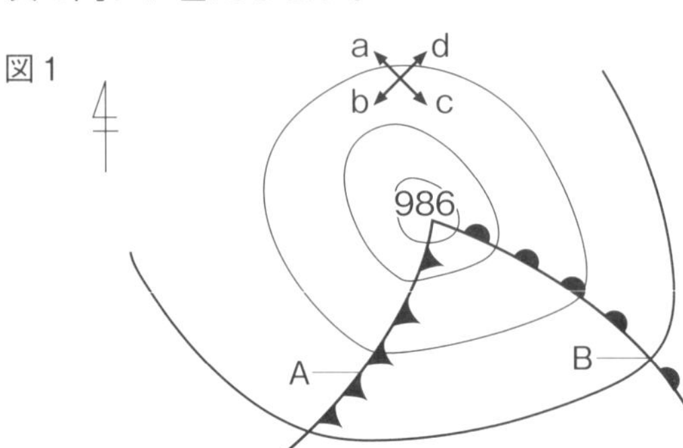

図2

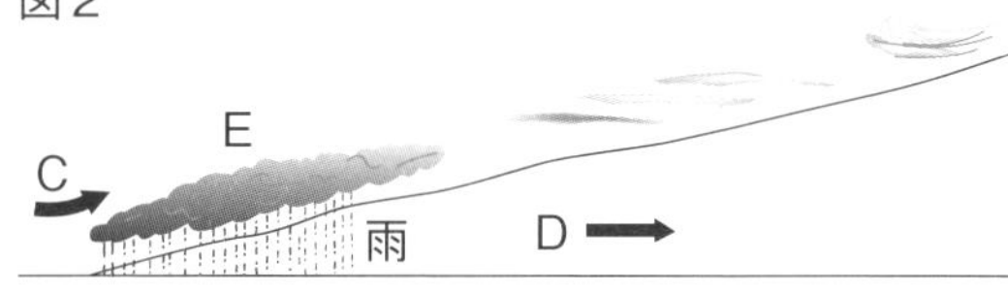

(1)		(2)		(3)		(4)	A		B	
(5)		(6)		(7)						

2 図1，図2は，日本付近を通過する前線を天気図の記号で表したものである。これについて，次の問いに答えなさい。　4点×7（28点）

(1)　図1の前線Aを何というか。

(2)　図1の前線Aは，この後，㋐，㋑のどちらの方向へ移動するか。

(3)　図2の前線Bを何というか。

(4)　図2の㋒は，寒気，暖気のどちらか。

(5)　日本列島付近で発達した低気圧の中心からのびるのは，前線A，Bのどちらか。記号で答えなさい。

(6)　図1の前線付近の地上は，寒気と暖気のどちらにおおわれているか。

(7)　初夏の梅雨前線（ばいうぜんせん）や秋の秋雨前線（あきさめぜんせん）は，図1のA，図2のBのどちらで表されるか。

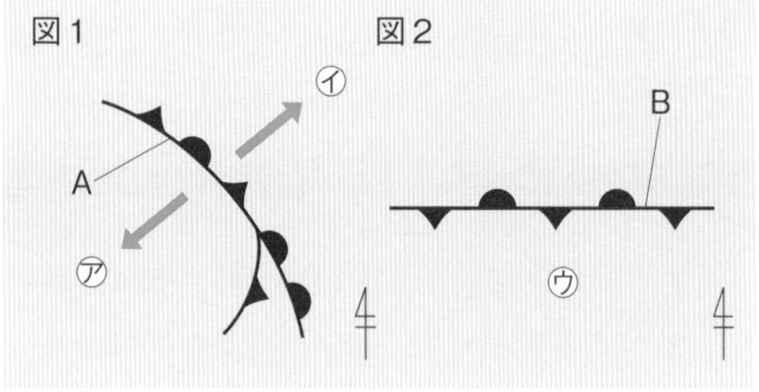

(1)		(2)		(3)		(4)		(5)	
(6)		(7)							

3 右の図は，日本列島付近で暖気と寒気がぶつかり合うようすを模式的に表したもので，A－Bの曲線は，その境界面である。これについて，次の問いに答えなさい　4点×8（32点）

(1)　A－Bの境界面を何というか。

(2)　図のa，bは，空気の動きを表している。それぞれ暖気，寒気のどちらか。

(3)　図のBの位置は，この後，c，dのどちらへ移動すると考えられるか。

(4)　図が表している前線を何というか。

(5)　図の雲は，上昇気流が発生して発達したものである。この雲を何というか。

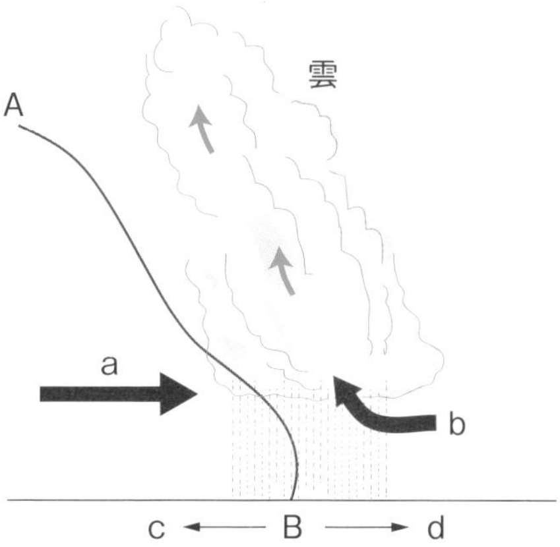

(6)　(5)の雲がもたらす雨の説明として正しいものを，次のア，イから選びなさい。

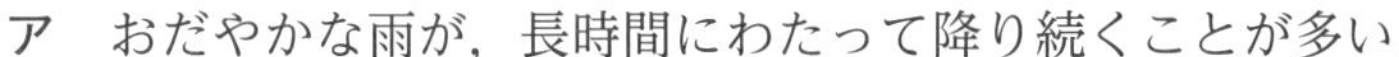

ア　おだやかな雨が，長時間にわたって降り続くことが多い。

イ　強い雨が短時間に降り，強い風がふくことも多い。

(7)　図の前線通過時の気温の変化の説明として正しいものを，次のア～ウから選びなさい。

ア　はじめは気温が低いが，だんだんと気温が上がっていく。

イ　はじめは気温が高いが，急に気温が下がる。

ウ　風向の変化はあるが，気温の変化はほとんどない。

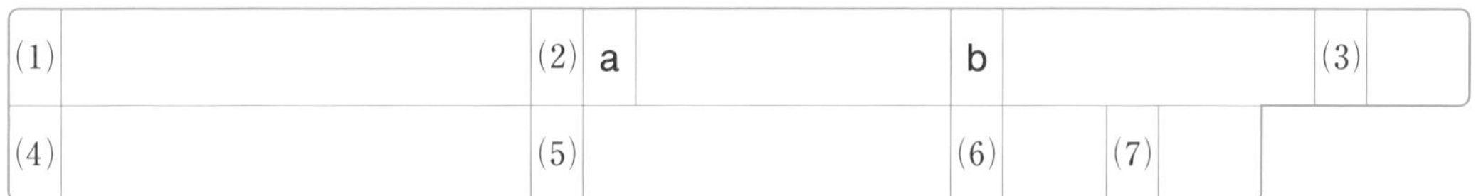

(1)		(2)	a		b		(3)	
(4)		(5)			(6)		(7)	

よく出る **4** 右の図は，日本のある地点においてある3日間の気象要素の観測結果のうち，1日目の21時から3日目の21時までのものをまとめたものである。これについて，次の問いに答えなさい。　4点×4（16点）

(1)　3日目の21時の天気と風向をそれぞれ答えなさい。

(2)　観測中にこの地点を通過したと考えられる前線は何か。

(3)　(2)の前線が通過したと考えられるのはいつごろか。次のア～ウから選びなさい。

ア　2日目の3時から6時の間

イ　2日目の18時から21時の間

ウ　3日目の9時から12時の間

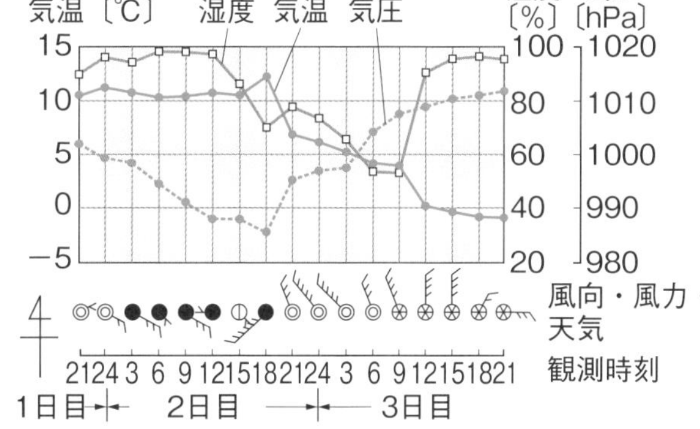

(1)	天気		風向		(2)		(3)	

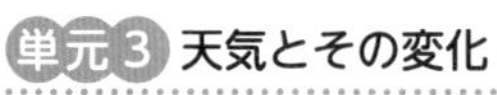

解答 p.29

確認のワーク ステージ1

第3章　大気の動きと日本の天気

教科書の要点

同じ語句を何度使ってもかまいません。

（　　）にあてはまる語句を，下の語群から選んで答えよう。

1 大気の動きと天気の変化・日本の天気と季節風

教 p.209〜213

(1) 中緯度地域の上空を西から東へふく（①★　　　）の影響で日本の天気は（②　　　）へと変化することが多い。

(2) 地球規模の大気の循環は，主に（③　　　）のエネルギーによって生じている。

(3) 気象現象は地表から約（④　　　）kmまでで起こる。

(4) 大陸と海洋のあたたまり方のちがいによって生じる，季節ごとにふく特徴的な風を（⑤★　　　）という。

冷えやすく，空気が下降して高気圧ができる。

(5) 日本付近では，（⑥　　　）は，ユーラシア大陸から太平洋に向かう北寄りの風，（⑦　　　）は太平洋からユーラシア大陸に向かう南寄りの風がふく。

大陸の方があたたまりやすく，空気が上昇して低気圧ができる。

(6) 海に近い地域では，昼は海から陸へ（⑧　　　）がふき，夜は陸から海へ（⑨　　　）がふく。これらの風を合わせて（⑩★　　　）という。

2 日本の天気の特徴

教 p.214〜233

(1) 冬は，ユーラシア大陸上で（①★　　　）高気圧が発達し，（②★　　　）気団から冷たく乾燥した北西の季節風がふく。

(2) 冬の天気図は，南北方向の等圧線がせまい間隔で並び，日本列島の東に低気圧，西に高気圧がある（③★　　　）の冬型の気圧配置となることが多い。

北西の季節風が強くふく。

(3) 冬に大陸からふく季節風は，日本海の上空を通るときに，海面からの（④　　　）をふくみ，あたためられて上昇し，筋状の雲をつくって（⑤　　　）側に雪を降らせる。

(4) 夏は，（⑥★　　　）高気圧が勢力を北に広げ，日本列島はあたたかくしめった（⑦★　　　）気団の影響を受ける。

(5) 春や秋は低気圧と（⑧★　　　）高気圧が次々と通過する。

(6) 初夏のころ，小笠原気団と（⑨★　　　）気団の勢力が同じくらいになると（⑩★　　　）とよばれる停滞前線ができる。

(7) 低緯度の熱帯地方で発生した★熱帯低気圧のうち，最大風速が約17m/s以上のものを（⑪★　　　）という。

太平洋高気圧のへりに沿って進むことが多い。

プラスα

海と陸のあたたまり方

海⇒あたたまりにくく，冷えにくい。

陸⇒あたたまりやすく，冷えやすい。

まるごと暗記

日本付近の気団

まるごと暗記

季節の天気の特徴

冬⇒日本海側は**雪の日**が多く，山間部では大雪になりやすい。太平洋側は**乾燥した晴れの日**が多い。

夏⇒全国的に高温多湿で**晴れる日**が多い。

春や秋⇒移動性高気圧と温帯低気圧が次々と通過し，**同じ天気が長続き**しない。

つゆ（梅雨）⇒梅雨前線が停滞し，**長期間にわたり雨が降り続く**。

語群

1 10／冬／夏／西から東／偏西風／季節風／太陽／海陸風／海風／陸風

2 台風／梅雨前線／日本海／太平洋／オホーツク海／シベリア／小笠原／移動性／水蒸気／西高東低

★の用語は，説明できるようにになろう！

同じ語句を何度使ってもかまいません。

教科書の 図　□にあてはまる語句を，下の語群から選んで答えよう。

1 大気の動き

①，②には夏か冬を，⑦，⑧には昼か夜かを書こう。

教 p.213

季節風

① □　　② □

ユーラシア大陸
③ □ 気圧
④ □ 気圧
季節風
太平洋

ユーラシア大陸
⑤ □ 気圧
季節風
⑥ □ 気圧
太平洋

海陸風

⑦ □
⑨ □
あたたかい
陸
冷たい
海

⑧ □
⑩ □
冷たい
陸
あたたかい
海

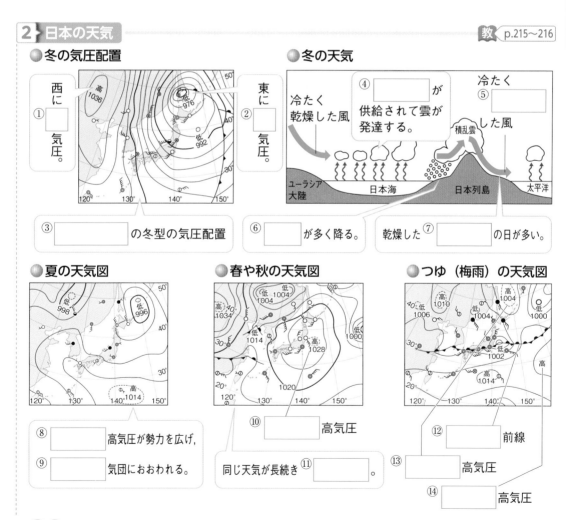

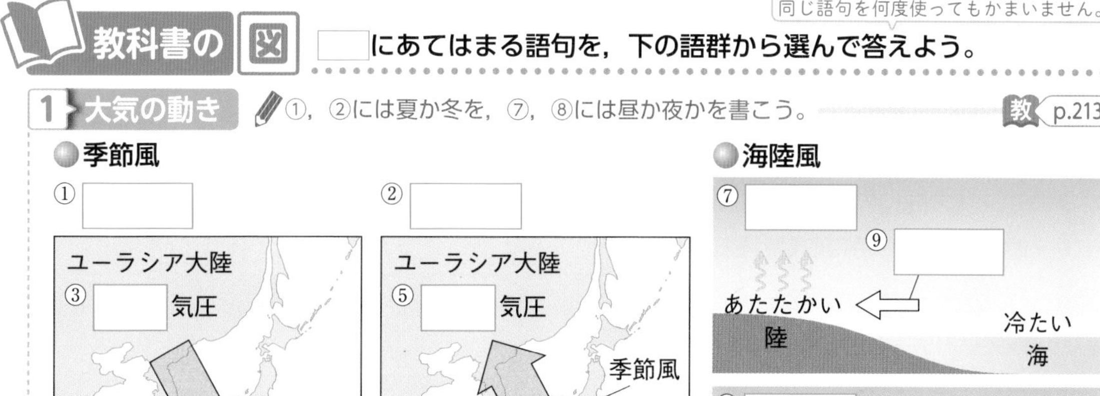

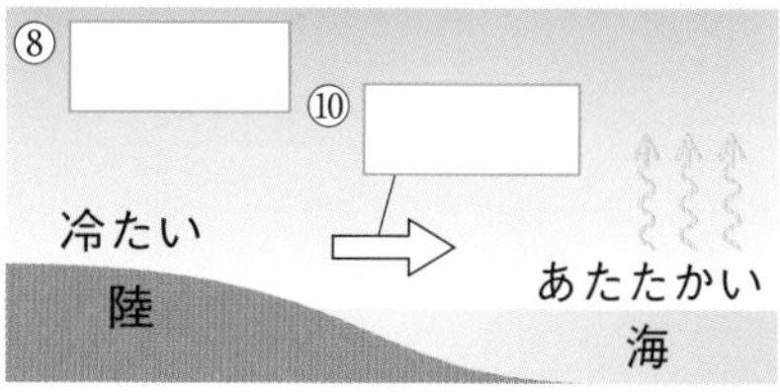

2 日本の天気

教 p.215〜216

冬の気圧配置

西に ① □ 気圧。

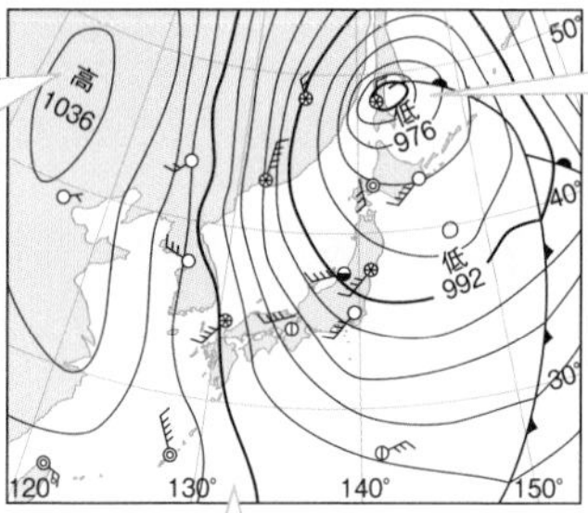

高
1036
低
976
低
992
50°
40°
30°
120°
130°
140°
150°

東に ② □ 気圧。

③ □ の冬型の気圧配置

冬の天気

④ □ が
供給されて雲が
発達する。
冷たく
⑤ □
した風
冷たく
乾燥した風
積乱雲
ユーラシア大陸
日本海
日本列島
太平洋

⑥ □ が多く降る。

乾燥した ⑦ □ の日が多い。

夏の天気図

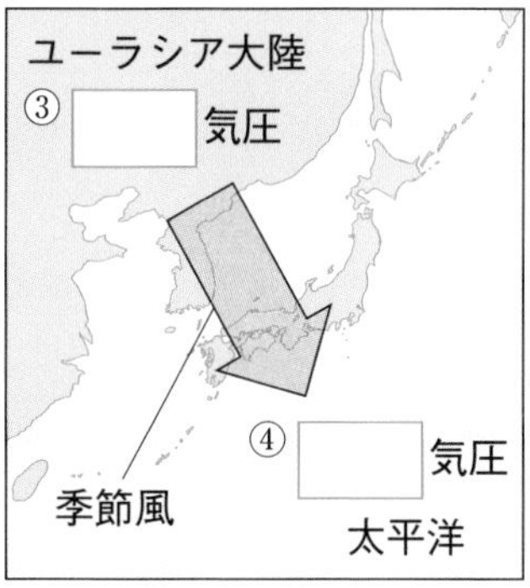

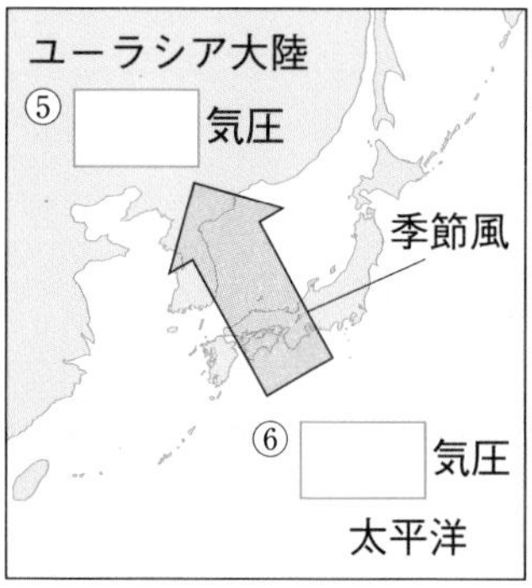

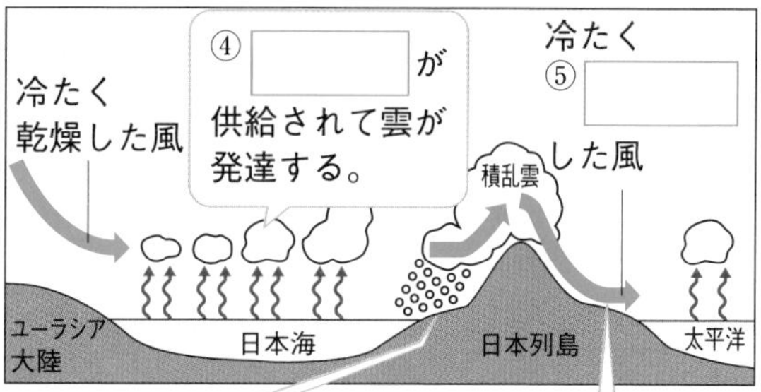

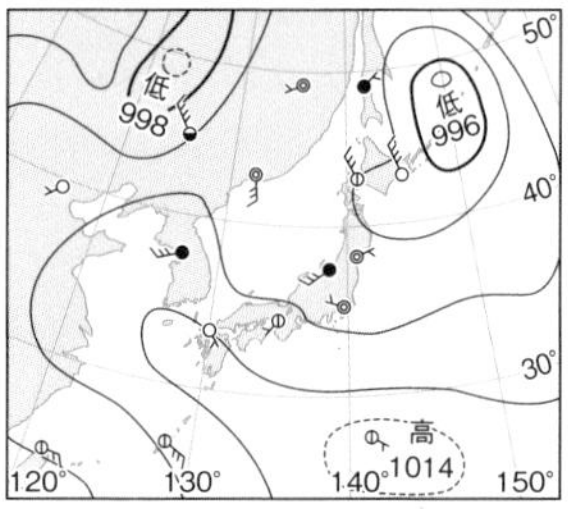

低
998
低
996
高
1014
50°
40°
30°
120°
130°
140°
150°

⑧ □ 高気圧が勢力を広げ，

⑨ □ 気団におおわれる。

春や秋の天気図

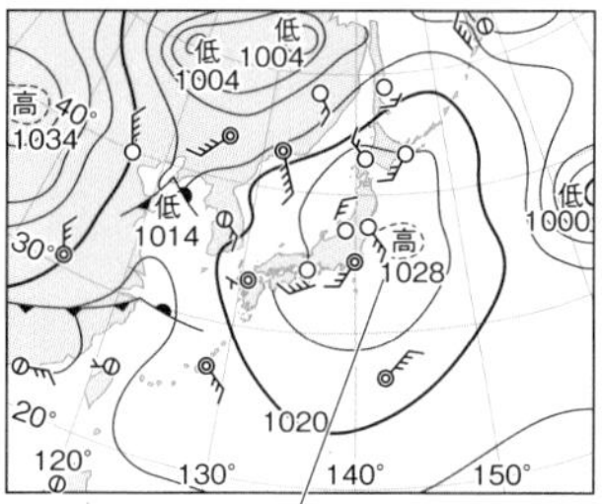

低
1004
低
1004
高
1034
低
1014
高
1028
低
1000
1020
40°
30°
20°
120°
130°
140°
150°

⑩ □ 高気圧

同じ天気が長続き ⑪ □。

つゆ（梅雨）の天気図

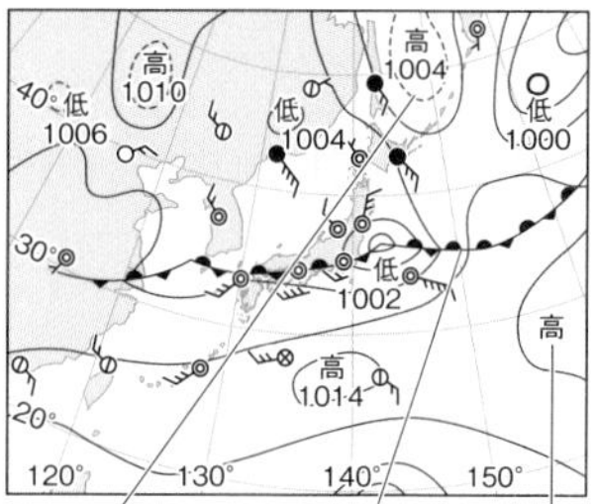

高
1004
高
1010
低
1006
低
1004
低
1000
低
1002
高
1014
高
40°
30°
20°
120°
130°
140°
150°

⑫ □ 前線

⑬ □ 高気圧

⑭ □ 高気圧

語群 1 夏／冬／昼／夜／高／低／陸風／海風　2 太平洋／オホーツク海／小笠原／乾燥／水蒸気／しない／梅雨／雪／晴れ／移動性／西高東低／高／低

わからない用語は，教科書の要点の★で確認しよう！

解答 p.29

第3章 大気の動きと日本の天気

1 海陸風 図1は，おだやかな晴れた日の昼，図2は，同じ日の夜を表している。これについて，次の問いに答えなさい。

図1
昼
陸
海

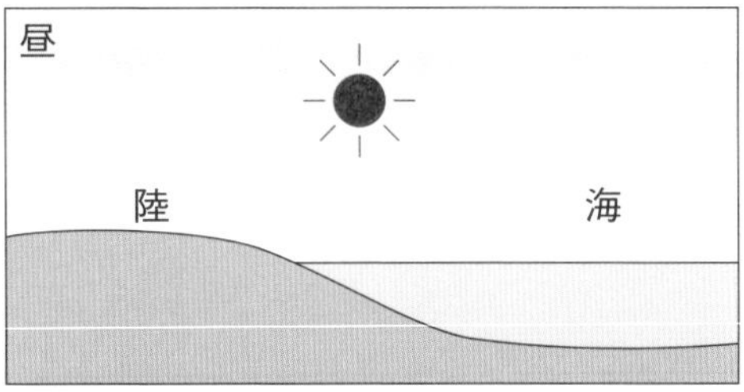

図2
夜
陸
海

(1) あたたまりやすいのは，陸と海のどちらか。（　　）

(2) 図1，図2のそれぞれで，気温が高くなるのは陸上，海上のどちらか。
図1（　　）図2（　　）

(3) 図1，図2のそれぞれで，上昇気流が起こるのは陸上，海上のどちらか。
図1（　　）図2（　　）

(4) 図1では，陸から海，海から陸のどちら向きに風がふくか。また，この風を何というか。ヒント 風向（　　）
名称（　　）

(5) 図2では，陸から海，海から陸のどちら向きに風がふくか。また，この風を何というか。
ヒント 風向（　　）名称（　　）

(6) 日本付近の夏の季節風のふくしくみに近いものは，図1，図2のどちらか。（　　）

2 日本付近の高気圧 右の図のA～Cは日本付近の主な高気圧を表している。これについて，次の問いに答えなさい。

A
C
B

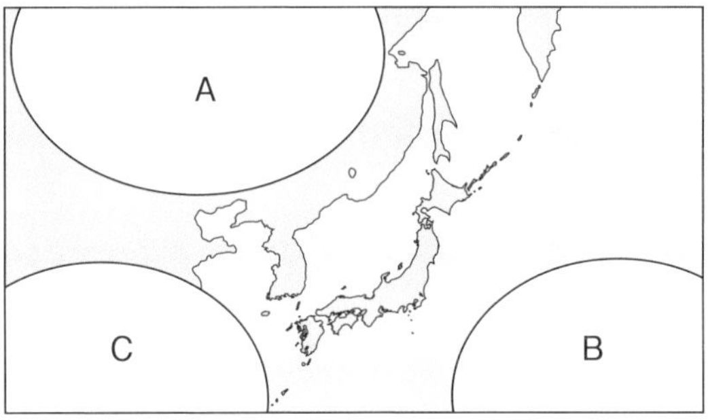

(1) A，Bの高気圧の名称を答えなさい。
A（　　）B（　　）

(2) Cは，春や秋に日本列島付近を次々と通過する。このような高気圧を特に何というか。（　　）

(3) (2)の高気圧は，日本列島付近の上空をふく強い風の影響を受けて移動している。この風を何というか。（　　）

(4) A，Bの高気圧の性質を，次のア～エからそれぞれ選びなさい。ヒント
A（　　）B（　　）

ア 冷たくしめっている。　イ 冷たく乾燥している。
ウ あたたかくしめっている。　エ あたたかく乾燥している。

(5) A，Bの高気圧の発達によってできる気団をそれぞれ何というか。
A（　　）B（　　）

1(4)(5)風は気圧の高いところから，気圧の低いところに向かってふく。
2(4)大陸上の気団は乾燥し，海洋上の気団はしめっている。また，北の気団ほど冷たい。

❸ 冬の天気

下の図は，冬の日本海側と太平洋側の天気のようすを模式的に表したものである。これについて，あとの問いに答えなさい。

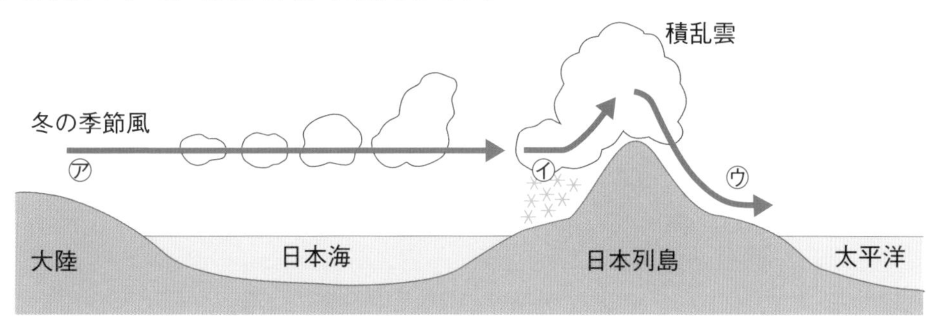

(1) 冬の季節風をもたらす大陸上の気団を何というか。（　　　　）

(2) 図の㋐～㋒の空気は，それぞれ乾いているか，しめっているか。

㋐（　　　　）　㋑（　　　　）　㋒（　　　　）

記述

(3) ㋑の空気が，(2)の状態になる理由を簡単に説明しなさい。ヒント

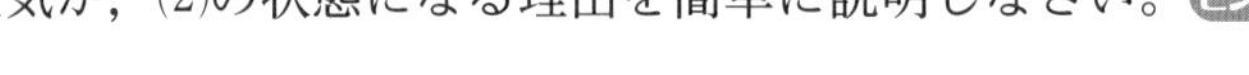

（　　　　）

記述

(4) 日本列島の日本海側と太平洋側の冬の天気にはどのような特徴があるか。

日本海側（　　　　）

太平洋側（　　　　）

❹ 日本の天気

図１のA～Cはそれぞれ，冬，夏，つゆ（梅雨）のある日の天気図のいずれかである。これについて，あとの問いに答えなさい。

図１

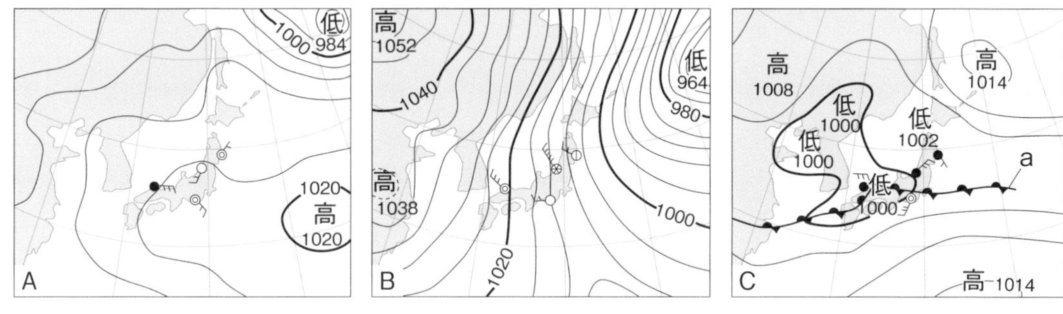

(1) 図１のA～Cはそれぞれ，冬，夏，つゆのうちのどの季節のものか。ヒント

A（　　　　）　B（　　　　）　C（　　　　）

図２

(2) 図１のBのような気圧配置を何というか。

（　　　　）

(3) 図２は，図１のA～Cのうちのどの時期のものか。

（　　　　）

(4) 図１の停滞前線aを特に何というか。（　　　　）

(5) 図１のA，Bの季節の季節風の風向を答えなさい。　A（　　　　）　B（　　　　）

ヒントの森

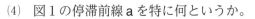

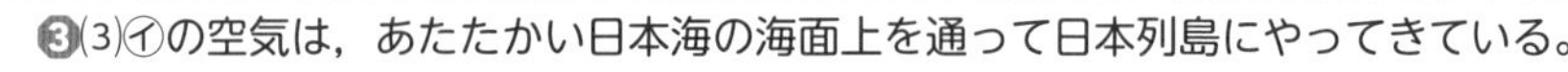
❸(3)㋑の空気は，あたたかい日本海の海面上を通って日本列島にやってきている。

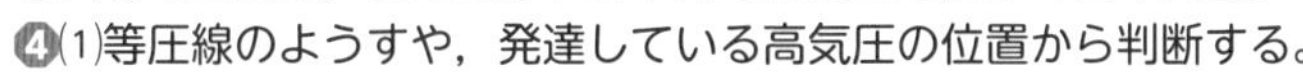
❹(1)等圧線のようすや，発達している高気圧の位置から判断する。

解答 p.30

ステージ3

第3章　大気の動きと日本の天気

30分　　/100

1 下の図は，台風の構造と進路を模式的に表したものである。これについて，あとの問いに答えなさい。　3点×5（15点）

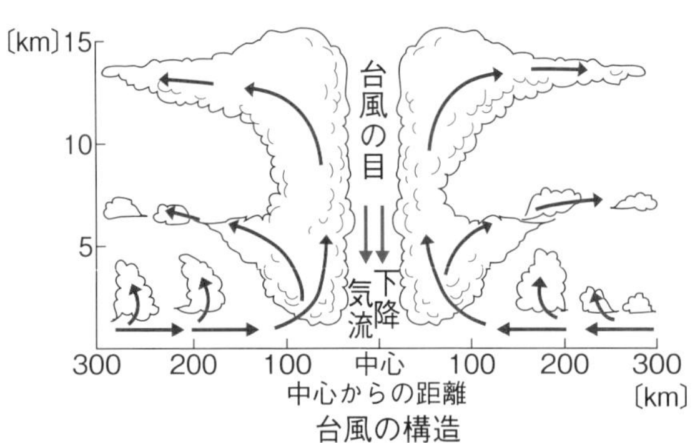

台風の構造

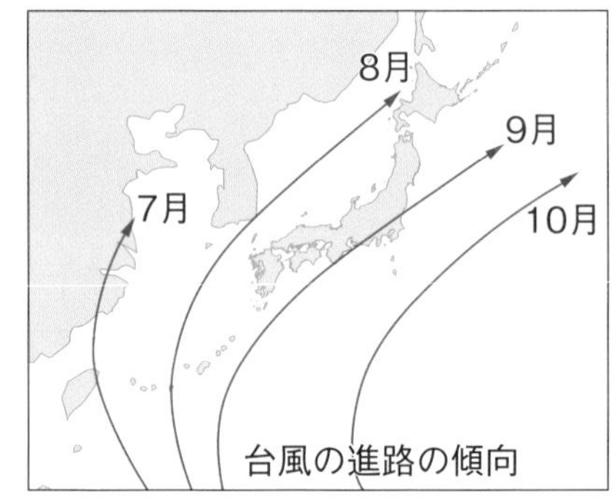

台風の進路の傾向

(1)　台風のもととなる，低緯度地域で発生した低気圧を何というか。

(2)　(1)のうち，台風となるのは最大風速が約何m/s以上になったものか。

(3)　台風が日本の南海上にあるとき，その進路に影響を与えるのは何という高気圧か。

(4)　日本列島付近を通過する台風は，どの向きに進む傾向（けいこう）があるか。東・西・南・北のいずれかで答えなさい。また，そのように進むのは何という風の影響を受けるためか。

2 図1は，夏と冬の日本付近の風のようす，図2は，晴れた日の昼の海岸付近のようすを模式的に表したものである。これについて，次の問いに答えなさい。　4点×7（28点）

(1)　図1のA，Bのうち，太平洋よりもユーラシア大陸の方があたたまっているのはどちらか。

(2)　図1のA，Bのうち，冬の風のようすを表しているのはどちらか。

(3)　図1のA，Bのうち，太平洋で上昇気流が生じているのはどちらか。

(4)　図2で，気圧が高いのは㋐，㋑のどちらか。

(5)　図2での風向はa，bのどちらか。

(6)　(5)の向きにふく風を何というか。

(7)　朝や夕方の図2のaやbの向きにふく風がやんだ状態を何というか。

図1

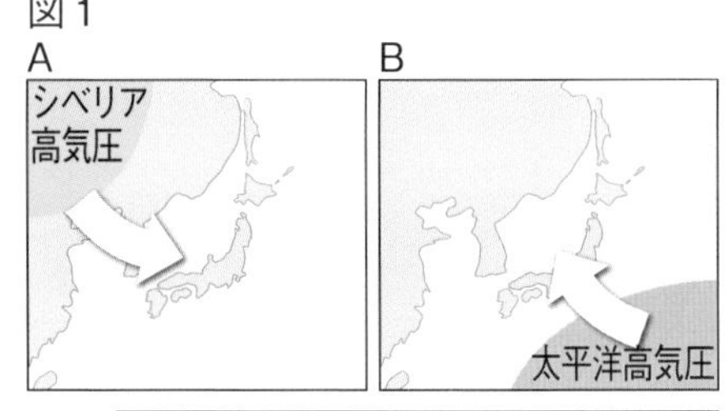

図2

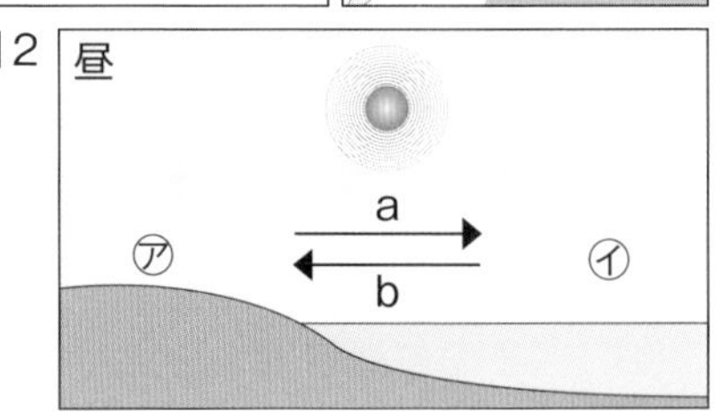

3 右の図のA～Cはそれぞれ，つゆ，夏，冬の特徴的な天気図のいずれかを表したものである。これについて，次の問いに答えなさい。　3点×19(57点)

(1)　A～Cはそれぞれ，つゆ，夏，冬のどの時期のものか。

(2)　Aの天気図で，ユーラシア大陸上に発達している高気圧を何というか。

(3)　Aの天気図に見られる気圧配置を何というか。

(4)　Aの天気図の時期の季節風は，何という気団からふくか。

(5)　(4)の気団の性質を，次のア～エから選びなさい。

ア　寒冷・乾燥

イ　寒冷・湿潤(しつじゅん)

ウ　温暖・乾燥

エ　温暖・湿潤

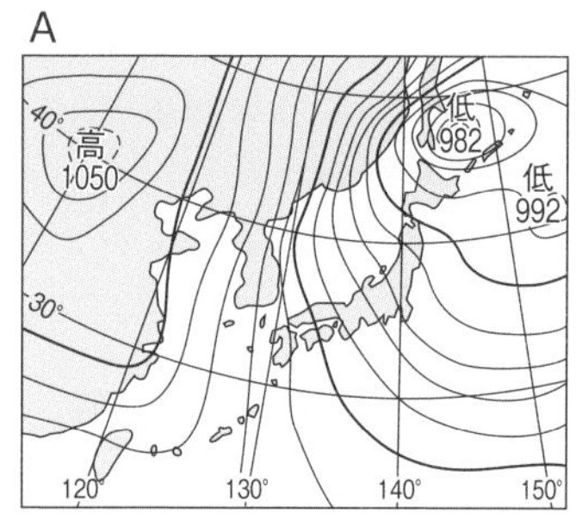

(6)　Bの天気図の季節に発達し，日本の天気に影響を与える高気圧を何というか。

(7)　Bの天気図の時期の季節風は，何という気団からふくか。

(8)　(7)の気団の性質として最も適切なものを，(5)のア～エから選びなさい。

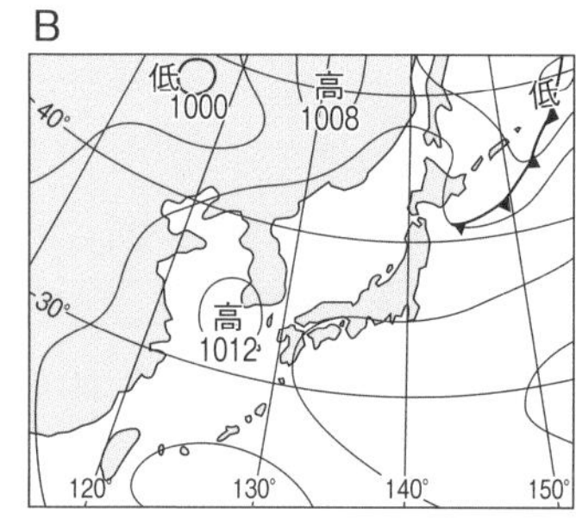

(9)　Cの天気図で，日本列島付近に見られる停滞前線について説明した次の文の(　)にあてはまる言葉を答えなさい。

図の停滞前線は，北の(①)高気圧と南の(②)高気圧がそれぞれ発達し，冷たくしめった(③)気団とあたたかくしめった(④)気団の勢いが同じくらいになることでできる。また，この時期にできる停滞前線は(⑤)前線ともよばれる。

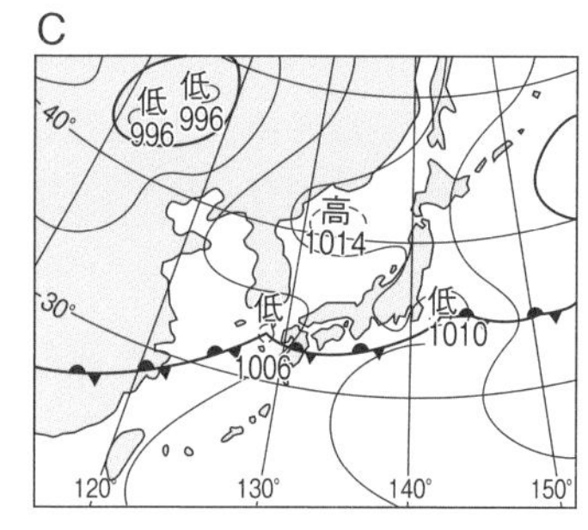

(10)　夏の終わりにも，Cの天気図に見られるような停滞前線ができる。この時期の停滞前線は何とよばれるか。

(11)　A～Cの天気図のときの日本の天気の特徴を，次のア～エからそれぞれ選びなさい。

ア　低気圧と高気圧が次々と通過し，同じ天気が続きにくい。

イ　長期間にわたり雨が降り続く。

ウ　高温多湿で晴れる日が多い。

エ　日本海側では雪の日，太平洋側では乾燥した晴れの日が多い。

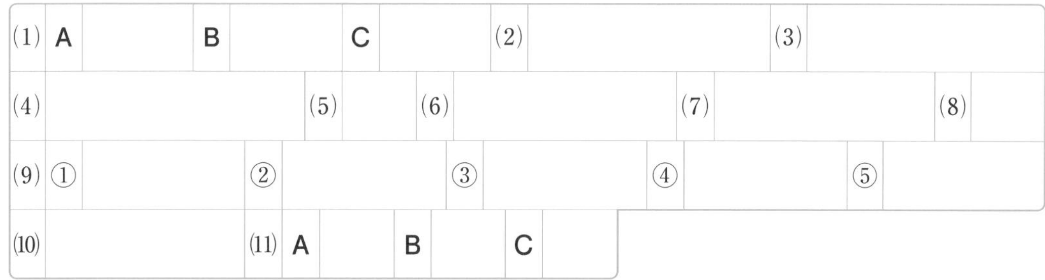

(1) A		B		C		(2)		(3)	
(4)		(5)		(6)		(7)		(8)	
(9) ①		②		③		④		⑤	
(10)		(11) A		B		C			

単元3 天気とその変化

1 図１のような質量３kgの直方体を水平面上に置いたとき，直方体から水平面にはたらく力について，あとの問いに答えなさい。ただし，質量100 gの物体にはたらく重力の大きさを１Nとする。

5点×4（20点）

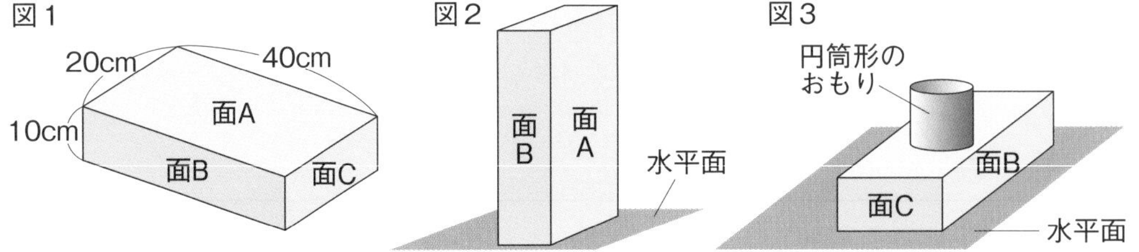

(1) 図２のように，図１の直方体を面Cを下にして水平面上に置いたとき，直方体にはたらく重力は何Nか。

(2) 図２のとき，直方体から水平面にはたらく圧力は何Paか。

(3) 図１の直方体を面Bを下にして置いたとき，水平面にはたらく圧力の大きさは，(2)の大きさの何倍になるか。

(4) 図３のように，図１の直方体を面Aを下にして水平面上に置き，さらに直方体の上に円筒形のおもりを置いたところ，水平面にはたらく圧力は600Paになった。円筒形のおもりの質量は何kgか。

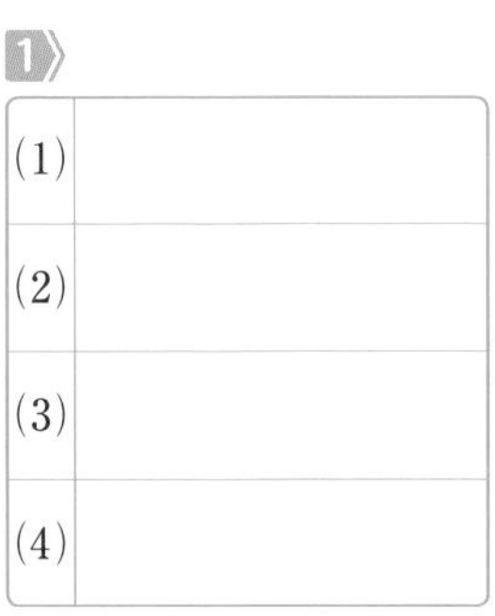

2 空気中の水蒸気量と温度の関係を調べるため，次の実験を行った。これについて，あとの問いに答えなさい。

5点×4（20点）

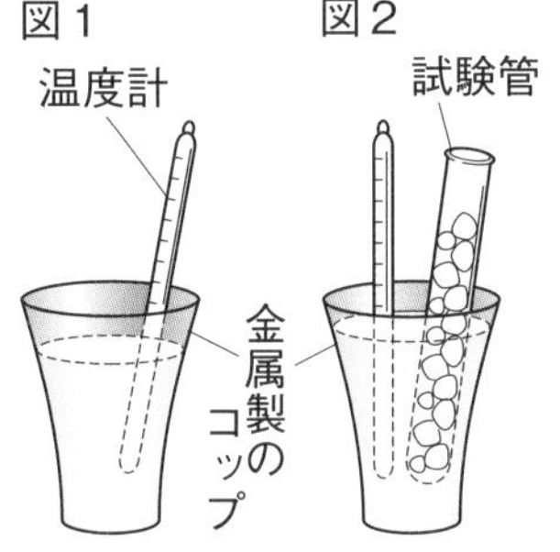

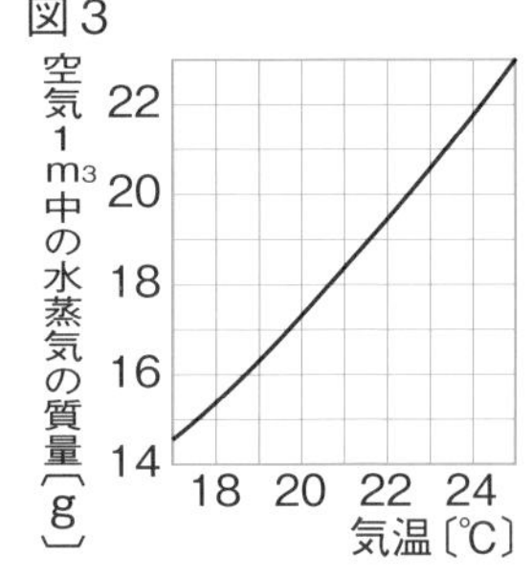

<実験>図１のように，金属製のコップにくみ置きの水を入れ，水の温度をはかると，教室の気温と同じ24.0℃であった。次に，図２のように，氷を入れた試験管をコップの中に入れ，かき混ぜながら水温を少しずつ下げていくと，20.0℃でコップの表面がくもり始めた。

(1) コップの表面がくもり始めたときの温度を何というか。

(2) 図３は，気温と飽和水蒸気量の関係を示したグラフである。教室の空気１m^3にふくまれている水蒸気の質量は約何gか。小数第１位を四捨五入して整数で答えなさい。

(3) 教室の気温での飽和水蒸気量は約何g/m^3か。小数第１位を四捨五入して整数で答えなさい。

(4) 教室の湿度は何％か。ただし，(2)，(3)の数値を使い，小数第１位を四捨五入して整数で答えなさい。

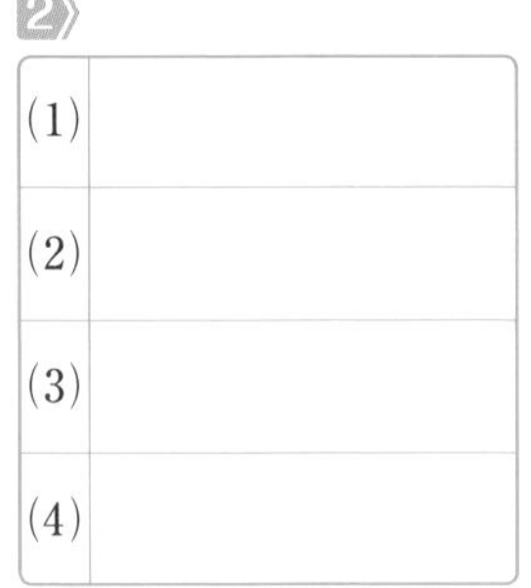

目標 圧力や露点，湿度を求める計算をしっかり身につけ，高気圧や低気圧，前線の特徴や日本付近の天気について理解しよう。

自分の得点まで色をぬろう！ がんばろう！ もう一歩 合格！ 0 60 80 100点

3 下の図は，連続した３日間の気象観測の結果である。これについて，あとの問いに答えなさい。

5点×7（35点）

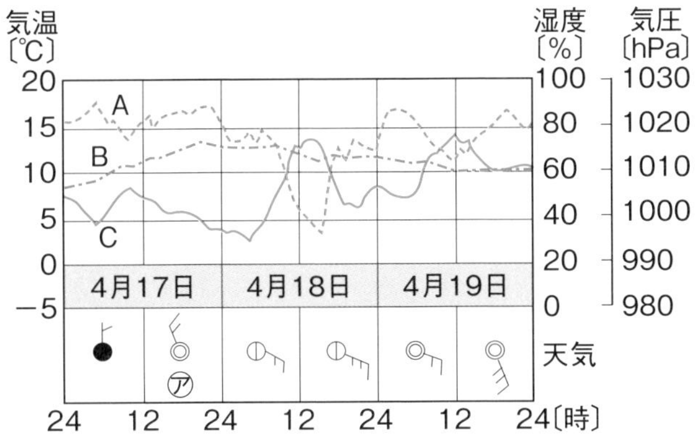

(1) ㋐の天気図の記号が表す天気，風向，風力をそれぞれ答えなさい。

(2) 観測期間中に通過したと考えられるのは，高気圧，低気圧のどちらか。

(3) **A**，**B**，**C**はそれぞれ，気温，湿度，気圧のどのグラフか。

4 次の文は，４月のある日に行った天気の観察の記録をまとめたものである。これについて，あとの問いに答えなさい。

5点×5（25点）

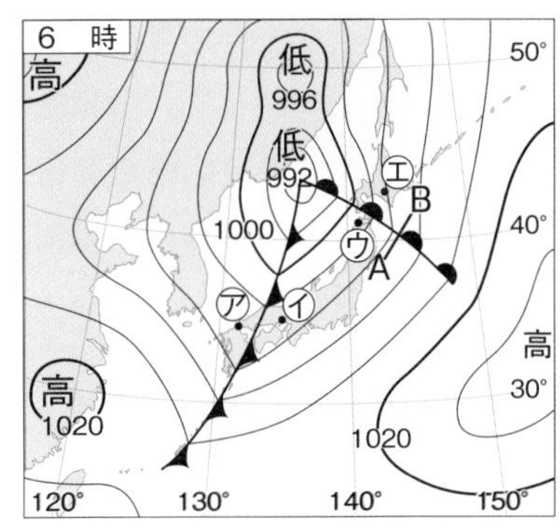

明け方までは晴れていたが，午前７時ごろに西の空に見えていた厚い雲が，午前８時ごろには空全体をおおい，あたりがうす暗くなった。やがて強風をともなう強い雨が降り始め，雷（かみなり）も鳴った。午前11時ごろには雨はやみ，やがて青空が広がり始めた。

(1) 右の図は，この日の午前６時の天気図である。上の文は，図の㋐～㋓のどの地点での記録か。

(2) 上の天気図で，低気圧から南東にのびる前線を**A**－**B**で切ったときの断面は次の㋐～㋓のどれか。また，この前線を何というか。

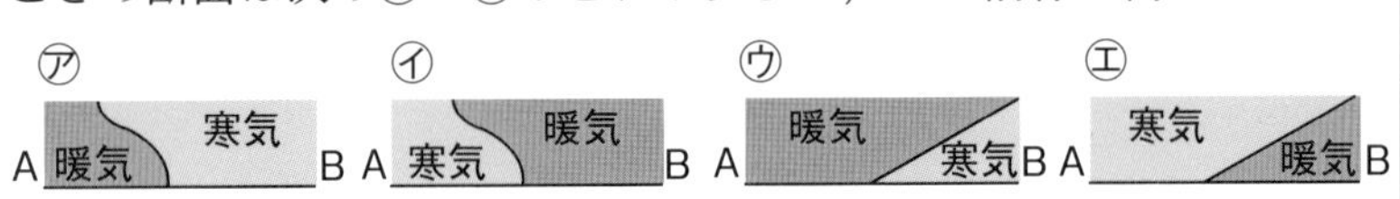

(3) 上の天気図中の低気圧は，この後，どの方向に動くと考えられるか。次の**ア**～**エ**から選びなさい。

ア 北　**イ** 北東　**ウ** 南西　**エ** 南

(4) (3)のように動くのは，何という風が日本上空をふくためか。

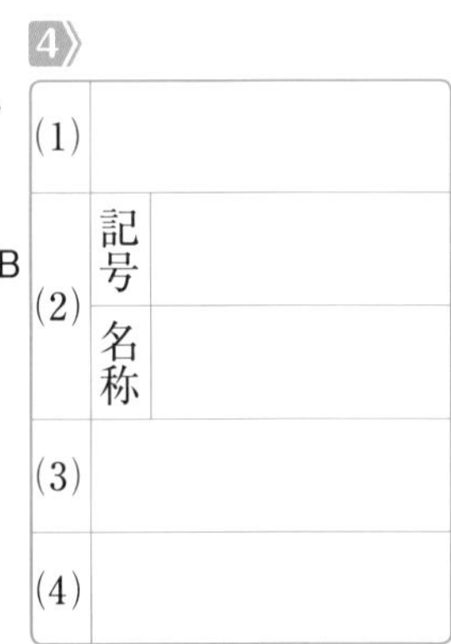

終わったら後ろの，3，4，8，13をやろう。

単元3

解答 p.32

確認のワーク ステージ1 第1章 静電気と電流

教科書の要点

同じ語句を何度使ってもかまいません。

(　　)にあてはまる語句を，下の語群から選んで答えよう。

1 静電気と放電

教 p.234～245

(1) ふつうの状態では，物体は＋の電気と－の電気を同じ量もっていて，電気は打ち消し合っているが，物体どうしがこすれ合うと，一方の物体からもう一方の物体に向かって**－の電気が移動**し，それぞれの物体が電気を帯びて，(①★　　　　)が生じる。

(2) 電気には，**＋の電気**と**－の電気**があり，物体が電気を帯びることを(②　　　　)という。－の電気が＋の電気より多くなると，物体は－の電気を帯び，－の電気が＋の電気より少なくなると，物体は＋の電気を帯びる。

静電気が発生するとき，物体が＋，－のどちらの電気を帯びるかは，物体の組み合わせで決まる。

(3) 同じ種類の電気どうしには(③　　　　)力がはたらき，異なる種類の電気どうしには(④　　　　)力がはたらく。

(4) 帯電している物体から，たまっていた電気が空間をへだてて流れる現象を(⑤★　　　　)といい，気体の圧力を小さくした空間に電流が流れる現象を(⑥★　　　　)という。

(5) クルックス管で真空放電させると，放電管の－極(陰極)から＋極(陽極)に向かって，蛍光板を光らせる(⑦　　　　)が出る。

(6) 陰極線は，**－の電気を帯びた**(⑧★　　　　)の流れである。

(7) 乾電池につないだ金属に流れる電流の正体は★**電子の流れ**で，電子は乾電池の(⑨　　　　)極から(⑩　　　　)極に向かって移動する。

電子の移動する向きと電流の向きは逆向きである。

ワンポイント

帯電のようす

物体どうしをこすり合わせると，**－の電気**が移動し，－の電気を失った方の物体は**＋に帯電**し，－の電気が多くなった方の物体は**－に帯電**する。

まるごと暗記

{＋の電気と＋の電気
 －の電気と－の電気
⇒**反発し合う。**

● ＋の電気と－の電気
⇒**引き合う。**

ワンポイント

陰極線は直進する性質があるが，クルックス管などで上下に電圧を加えると，＋極の方に曲がる。

2 放射線

教 p.246～248

(1) X線やα線，γ線，β線などを★**放射線**といい，放射線を出す物質を(①★　　　　)といい，放射線を出す性質(能力)を(②★　　　　)という。

(2) 放射線には，物質を(③　　　　)性質(透過性)がある。放射線のもつ透過性は，レントゲン検査などに利用されている。

(3) 放射線は，生物の(④　　　　)を損傷させたり，死滅させたりすることもあるので，放射性物質の管理や放射線の測定にはじゅうぶんな注意が必要である。

この特徴は，X線やγ線をがん細胞に照射して死滅させる方法としても利用されている。

プラスα

放射線のうち，**γ線**や**X線**は，鉛や鉄の厚い板で弱めることができ，**α線**は紙で，**β線**はアルミニウムなどのうすい金属板で止めることができる。

語群

1 ＋／－／電子／引き合う／反発し合う／放電／真空放電／帯電／静電気／陰極線

2 通りぬける／細胞／放射性物質／放射能

★の用語は，説明できるようになろう！

同じ語句を何度使ってもかまいません。

教科書の図　□にあてはまる語句を，下の語群から選んで答えよう。

1 静電気が生じるしくみ

教 p.240

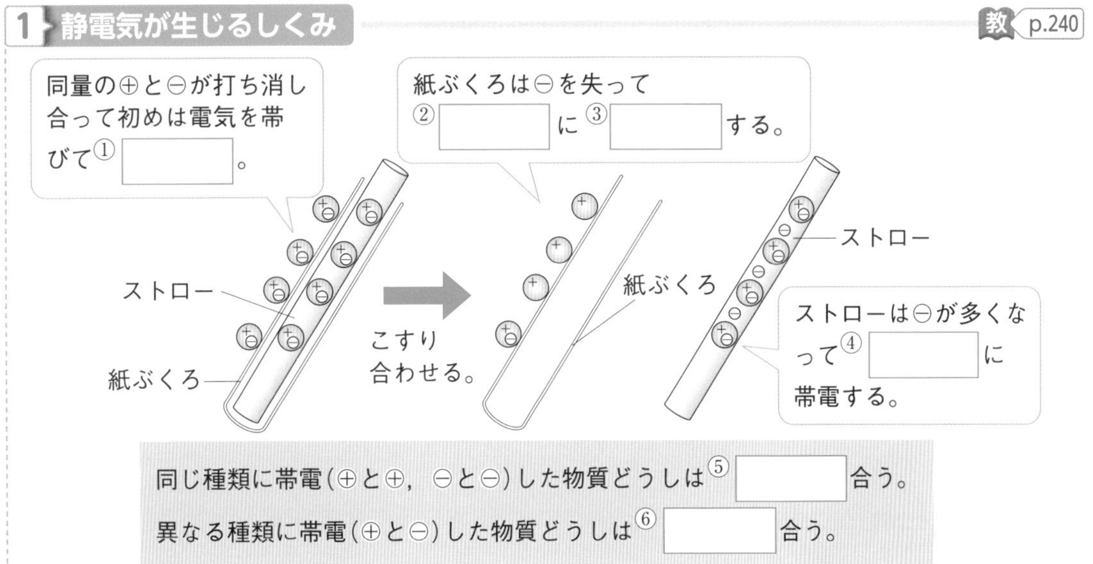

同量の⊕と⊖が打ち消し合って初めは電気を帯びて①□。
紙ぶくろは⊖を失って②□に③□する。
ストロー
紙ぶくろ
こすり合わせる。
紙ぶくろ
ストロー
ストローは⊖が多くなって④□に帯電する。

同じ種類に帯電(⊕と⊕，⊖と⊖)した物質どうしは⑤□合う。
異なる種類に帯電(⊕と⊖)した物質どうしは⑥□合う。

2 陰極線

教 p.243

陰極線のようす

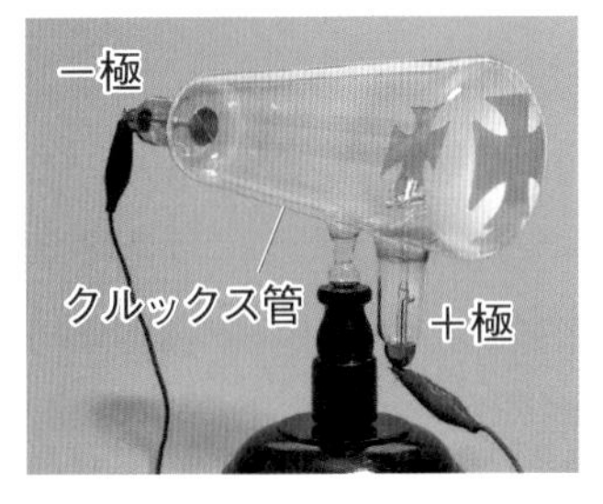

大きな電圧を加えると，①□極側に十字形のかげができる。

何かが②□極から③□極に向かって出ているのがわかる。
これを④□線という。

電圧を加えたとき

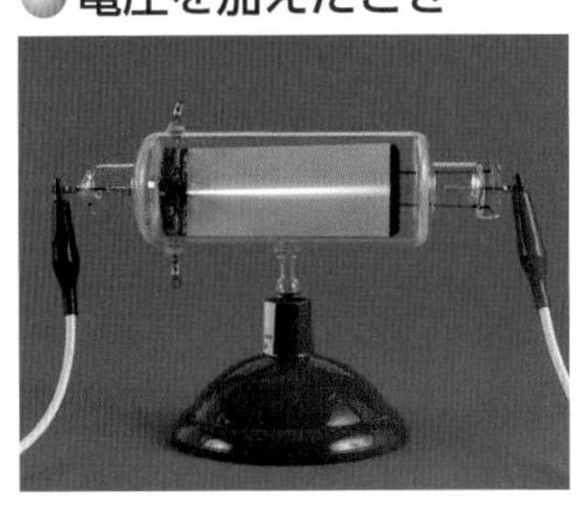

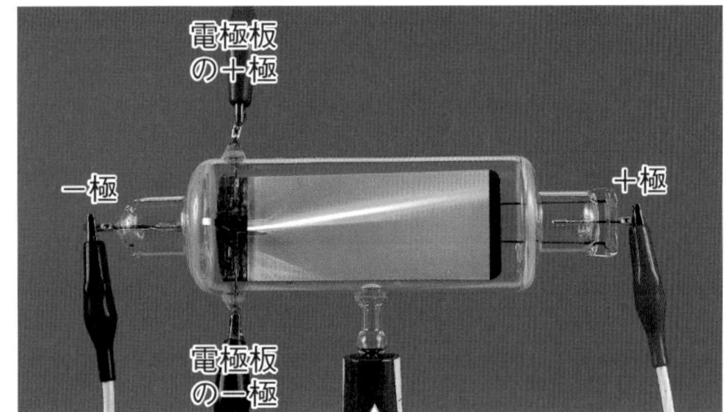

上下方向に電圧を加えると，陰極線は電極板の⑤□極の方に曲がる。

語群
1 ＋／－／引き／反発し／いない／帯電
2 ＋／－／陰極

わからない用語は，教科書の要点の★で確認しよう！

解答 p.32

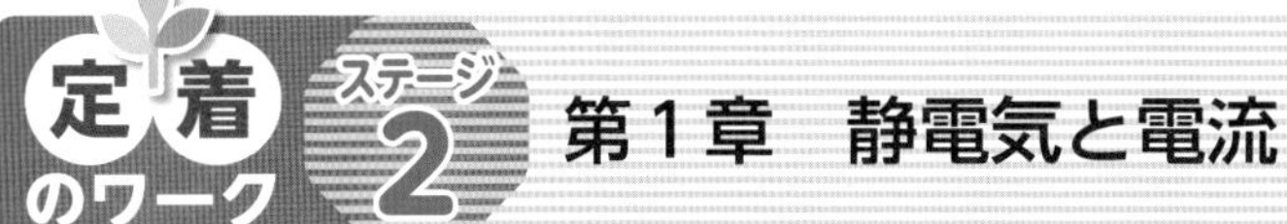

第1章　静電気と電流

1 教 p.239 実験1 **静電気の性質**　下の図のように，紙ぶくろ入りのプラスチック製ストローを使って，静電気の性質について調べた。これについて，あとの問いに答えなさい。

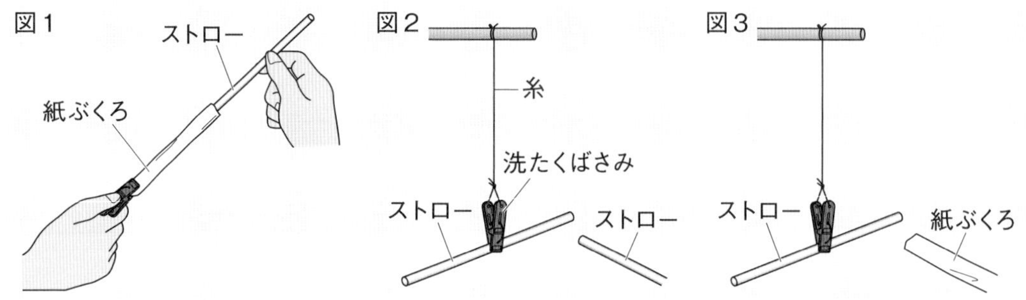

(1)　図1は，実験に使うストローを紙ぶくろからとり出しているところである。静電気を発生させるためには，どのようにしてとり出したらよいか。簡単に答えなさい。ヒント
(　　　　　　　　　　)

(2)　図2は，図1でとり出したストローを洗たくばさみでつるし，そこに同じようにしてとり出したストローを近づけたところである。このとき，ストローどうしはどのように反応するか答えなさい。　(　　　　　　)

(3)　(2)のとき，2本のストローが帯びている電気は同じ種類どうしか，異なる種類どうしか。
(　　　　　　)

(4)　図3は，図1でとり出したストローを洗たくばさみでつるし，ストローが入っていた紙ぶくろを近づけたところである。このとき，ストローと紙ぶくろはどのように反応するか答えなさい。　(　　　　　　)

(5)　(4)のとき，ストローと紙ぶくろが帯びている電気は，同じ種類どうしか，異なる種類どうしか。　(　　　　　　)

(6)　この実験のストローや紙ぶくろのように，＋や－の電気を帯びることを何というか。
(　　　　)

2 **いなずま**　右の図のように，発達した積乱雲の中で，大小の氷の粒がこすれあうことで静電気が発生して雲の中にたまることがある。これについて，次の問いに答えなさい。

(1)　図のように，雲から地面に向かっていなずまが走ったとき，㋐～㋒の部分はそれぞれ，＋，－のどちらの電気を帯びているか。
ヒント
㋐(　　　) ㋑(　　　) ㋒(　　　)

(2)　いなずまのように，たまっていた電気が空間を一気に流れる現象を何というか。
(　　　　)

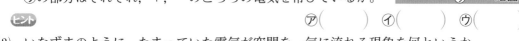

ヒントの森
❶(1)静電気は物体どうしがどのようになったときに生じるかを考えて書く。
❷(1)空間を移動する電気が，＋と－のどちらの電気を帯びているか考える。

3 電流の正体　十字形の金属板を入れたクルックス管や蛍光板を入れたクルックス管を用いて実験を行った。これについて，次の問いに答えなさい。

(1)　十字形の金属板を入れたクルックス管内の気体の圧力を小さくして電極AとBの間に電圧を加えると，図1のように電極B側に十字形のかげができた。次の問いに答えなさい。

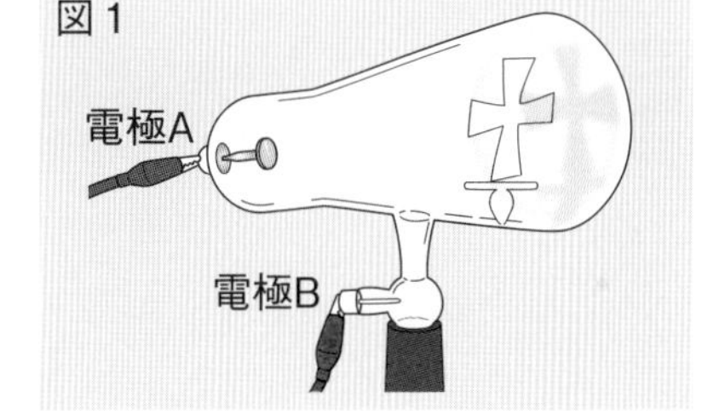

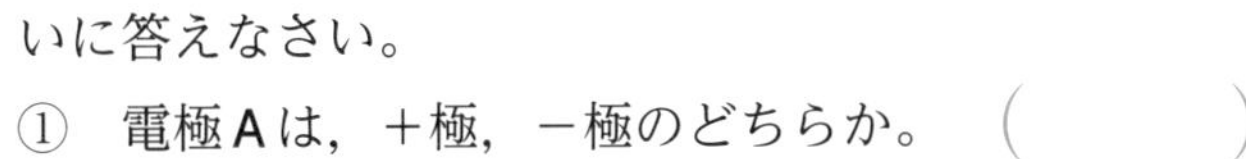

①　電極Aは，+極，−極のどちらか。（　　　）

②　+極と−極を入れかえて電圧を加えると，金属板のかげはできなかった。このことから，図1で金属板のかげをつくり出したものについてわかることを，次のア～エから2つ選びなさい。ヒント（　　）（　　）

ア　質量をもつ。　　イ　磁石で曲がる。

ウ　直進する。　　エ　帯電している。

(2)　蛍光板を入れたクルックス管内の気体の圧力を小さくして電極aとbの間に電圧を加えると，蛍光板が㋐のように光った。次の問いに答えなさい。

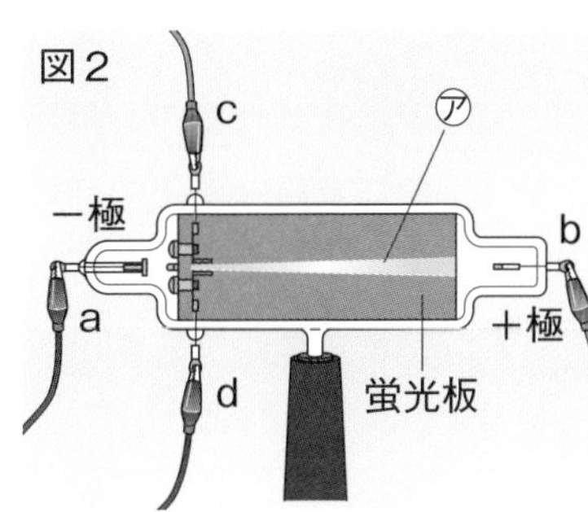

①　電極aとbの間に電圧を加えると，クルックス管の内部には電流が流れる。このように，気体の圧力を小さくした空間を電流が流れる現象を何というか。（　　　　）

②　㋐のように蛍光板を光らせたものの流れを何というか。（　　　　）

③　②は，何という粒子の流れか。（　　　　）

④　図2で，電極cが+極，電極dが−極になるように電圧を加えると，蛍光板の光の筋はどのようになるか。次の㋐～㋓から選びなさい。ヒント（　　）

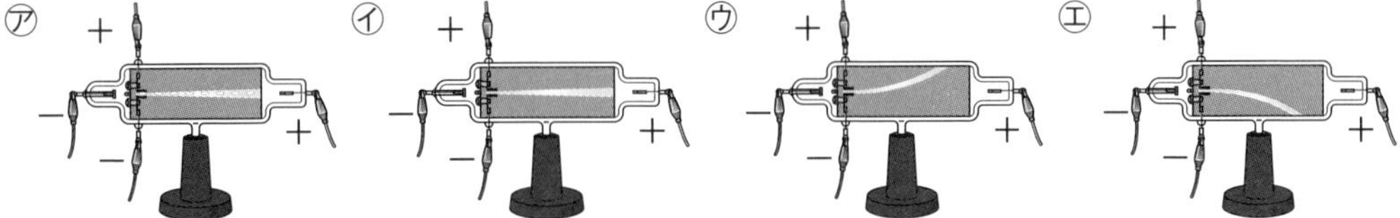

4 放射線　α線やβ線，γ線，X線について，次の問いに答えなさい。

(1)　α線やβ線，γ線，X線などをまとめて何というか。（　　　　）

(2)　(1)を出す物質を何というか。（　　　　）

(3)　(1)を出す性質(能力)を何というか。（　　　　）

(4)　次の①～③のはたらきがあるものを，下のア～ウから選びなさい。

①　α線を止める。　②　β線を止める。　③　γ線やX線を弱める。

①（　　）②（　　）③（　　）

ア　紙　　イ　鉛や鉄の厚い板　　ウ　アルミニウムなどのうすい金属板

3(1)②かげが金属板の形になっていることと，電極を入れかえるとかげができなくなったことから考える。　(2)④蛍光板を光らせたものが帯びている電気の種類に注目して考える。

解答 p.32

第1章　静電気と電流

/100

1 右の図は，2つの異なる物質でできた物体AとBをこすり合わせたときに，－の電気を帯びた粒子が移動するようすを模式的に表したものである。これについて，次の問いに答えなさい。

6点×6（36点）

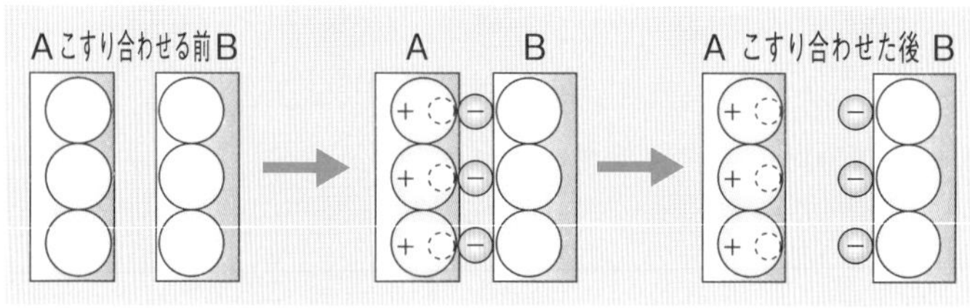

(1) 異なる物質でできた物体どうしをこすり合わせたとき，－の電気を帯びた小さな粒子が移動することによって生じる電気を何というか。

(2) 物体の間を移動した－の電気を帯びた小さな粒子を何というか。

(3) 物体が電気を帯びることを何というか。

(4) こすり合わせた後の物体Aが帯びている電気は＋の電気か，－の電気か。

(5) こすり合わせた後の物体Aと物体Bを近づけるとどうなるか。次のア〜ウから選びなさい。

ア　引き合う。　　イ　反発し合う。　　ウ　変化は見られない。

記述 (6) (5)のようになるのはなぜか。電気という言葉を使って答えなさい。

(1)		(2)		(3)		(4)		(5)	
(6)									

レベルUP **2** 右の図のように，蛍光灯（けいこうとう）を持った中央の人のセーターをプラスチックのシートでこすると，中央の人に電気がたまる。しばらくこすった後，蛍光灯のもう一方の端を，図のように別の人が持った。これについて，次の問いに答えなさい。

7点×3（21点）

蛍光灯
プラスチックのシート
発泡ポリスチレンの板

(1) 中央の人が発泡（はっぽう）ポリスチレンの板の上に立っているのはなぜか。その理由を次のア〜ウから選びなさい。

ア　たまった電気が足から流れ出やすくするため。

イ　たまった電気が足から逃げないようにするため。

ウ　たまった電気が発泡ポリスチレンの板にたまるようにするため。

(2) この実験で，蛍光灯はどのような変化を見せるか。次のア〜ウから選びなさい。

ア　光り続ける。　　イ　一瞬（いっしゅん）光る。　　ウ　割れる。

記述 (3) (2)のようになるのはなぜか。「たまった電気」という言葉を使って答えなさい。

(1)		(2)		(3)	

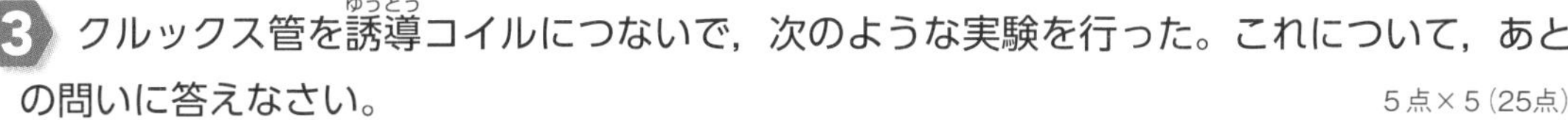

よく出る **3** クルックス管を誘導(ゆうどう)コイルにつないで，次のような実験を行った。これについて，あとの問いに答えなさい。　5点×5（25点）

実験１　図１のように，クルックス管の２つの電極の間に誘導コイルを使って高い電圧を加えると，内部の蛍光板に直線状の明るい線が見られた。

実験２　図２のように，クルックス管のＡが＋極，Ｂが－極になるように電圧を加えると，明るい線はＡの＋極側に曲がった。

実験３　図３のように，クルックス管のＡが－極，Ｂが＋極になるように電圧を加えると，明るい線はＢの＋極側に曲がった。

実験４　図４のように，金属板の入ったクルックス管を使って，㋐を－極，㋑を＋極につないで高い電圧を加えると，ガラスに金属板のかげができた。

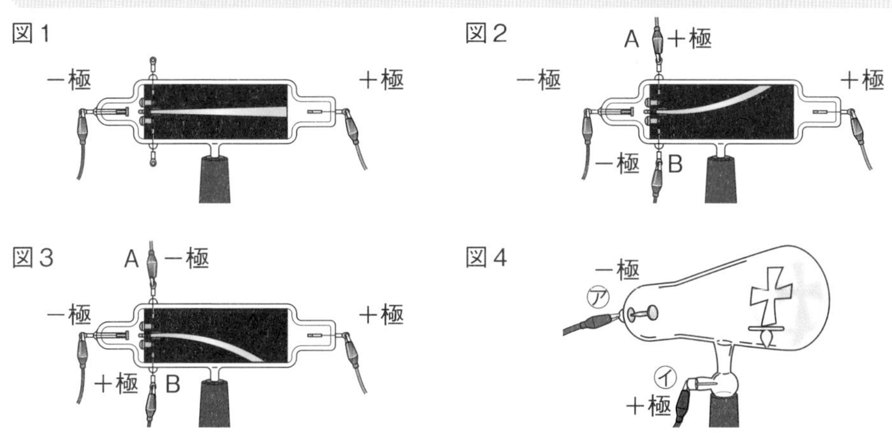

(1)　この実験のように，気体の圧力を小さくした空間を電流が流れる現象を何というか。

(2)　蛍光板を光らせたものは，電気を帯びた小さな粒子である。この粒子を何というか。

(3)　**実験１**で見られた明るい線は，(2)の流れに沿って現れている。この流れを何というか。

記述 (4)　**実験１**～**実験３**から，(2)の粒子が帯びている電気についてどのようなことがわかるか。

記述 (5)　**実験１**や**実験４**から，(2)の粒子の進み方についてどのようなことがわかるか。「＋極」，「－極」という言葉を用いて答えなさい。

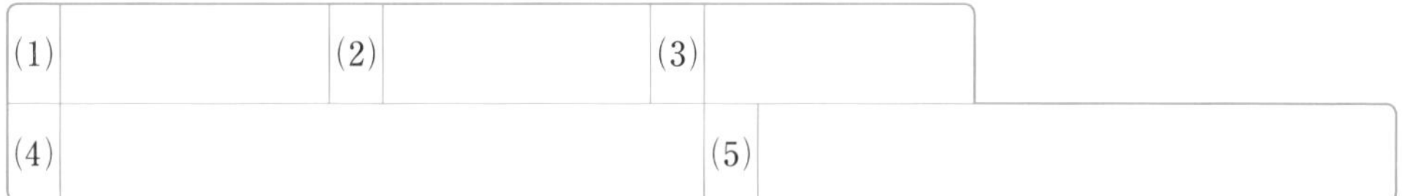

(1)		(2)		(3)	
(4)		(5)			

4 放射線について，次の問いに答えなさい。　6点×3（18点）

(1)　ドイツのレントゲンによって発見された放射線は何か。

(2)　(1)の放射線は，レントゲン検査や空港での手荷物検査などに利用されている。これは，放射線のもつどのような性質が利用されているか。

(3)　放射線を出す物質のことを何というか。

(1)		(2)		(3)	

単元4

解答 p.33

第2章 電流の性質(1)

同じ語句を何度使ってもかまいません。

(　　)にあてはまる語句を，下の語群から選んで答えよう。

1 電気の利用

教 p.249～253

(1) 電流が流れる道筋を(①★　　　　)という。

(2) 回路(かいろ)は，回路に電流を流そうとする(②　　　　)，電流が流れる導線，電気を利用する(③　　　　)の3つの共通する部分からなる。
電流：電源の＋極から出て，導線を通って－極に向かって流れる。

(3) 回路が1本の道筋でつながっているものを(④★　　　　)という。

(4) 回路が枝分かれした道筋でつながっているものを(⑤★　　　　)という。
家庭用のテーブルタップは，電源に対してこの回路をつくる。

(5) 回路を電気用図記号で表したものを(⑥★　　　　)という。

2 回路に流れる電流

教 p.253～257

(1) 電流の大きさは電流計で測定でき，電流計は測定したいところに(①★　　　　)につなぐ。
電流の大きさが予想できないときは，初めに5Aの－端子につなぐ。

(2) 電流の大きさを表す単位には，アンペア(記号(②★　　　　))やミリアンペア(記号mA)などがある。
1A＝1000mA

(3) (③★　　　　)回路では，回路の各点を流れる電流の大きさはどこでも同じになる。

(4) (④★　　　　)回路では，枝分かれする前の電流の大きさは，枝分かれした後の電流の和や合流した後の電流の大きさと等しい。

3 回路に加わる電圧

教 p.258～261

(1) 電圧の大きさは電圧計で測定でき，電圧計は測定したいところに(①★　　　　)につなぐ。
電圧の大きさが予想できないときは，初めに300Vの－端子につなぐ。

(2) 電圧の大きさを表す単位には，ボルト(記号(②★　　　　))がある。
電圧が大きいほど，回路に電流を流そうとするはたらきは大きい。

(3) (③★　　　　)回路では，回路の各区間に加わる電圧の大きさの和は，全体に加わる電圧の大きさに等しい。

(4) (④★　　　　)回路では，回路の各区間に加わる電圧の大きさと，全体に加わる電圧の大きさは等しい。
全体に加わる電圧：電源の電圧。

ワンポイント

発光ダイオードは，＋端(たん)子(し)を電源の＋極，－端子を電源の－極につないだときだけ電流が流れて点灯する。

まるごと暗記

電気用図記号

- 電池または直流(ちょくりゅう)電源
- スイッチ
- 電球
- 抵抗(ていこう)器(き)または電熱線
- 電流計 Ⓐ
- 電圧計 Ⓥ
- 導線の交わり(接続するとき)

まるごと暗記

電流計や電圧計をつなぐとき，＋端子は電源の**＋極側**，－端子は電源の**－極側**につなぐ。

語群
1 負荷(ふか)／並列回路(へいれつかいろ)／直列回路(ちょくれつかいろ)／電源／回路図(かいろず)／回路
2 直列／並列／A　3 並列／V／直列

★の用語は，説明できるようになろう！

同じ語句を何度使ってもかまいません。

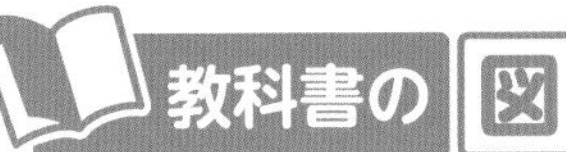

教科書の 図　□にあてはまる語句を，下の語群から選んで答えよう。

1 電流計・電圧計
教 p.253，258

電流計

電流が予測できないときは ①□ の端子につなぐ。

50mA
500mA
5A
A

② □ 端子

③ □ 端子

電流計は，測定したい点に ④□ につなぐ。

電圧計

電圧が予測できないときは ⑤□ の端子につなぐ。

300V
15V
3V
V

⑥ □ 端子

⑦ □ 端子

電圧計は，測定したい部分に ⑧□ につなぐ。

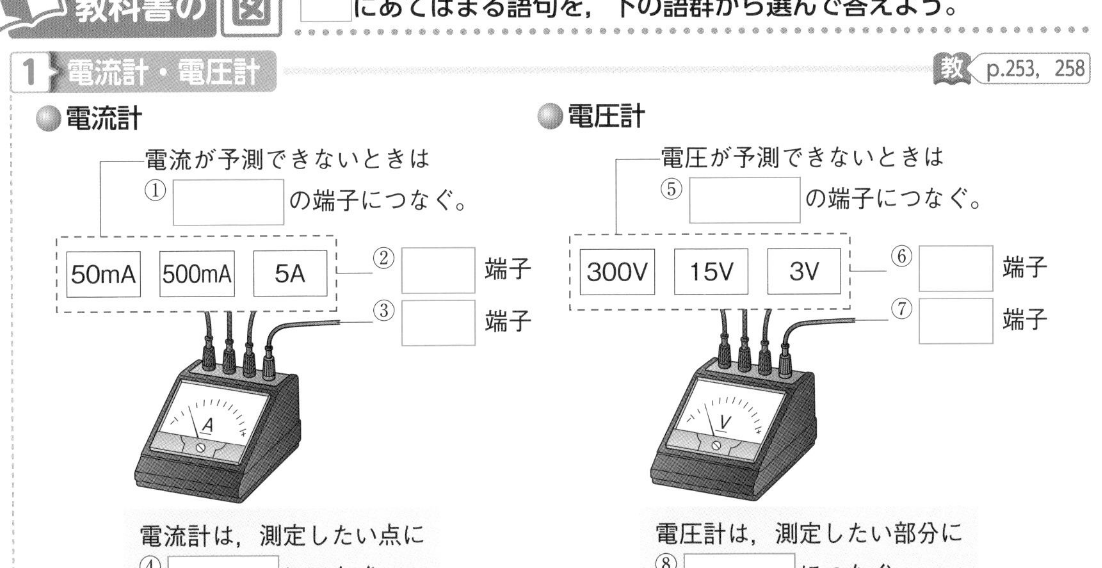

2 回路に流れる電流と加わる電圧
①～⑨に＋か＝を書こう。
教 p.257，261

直列回路

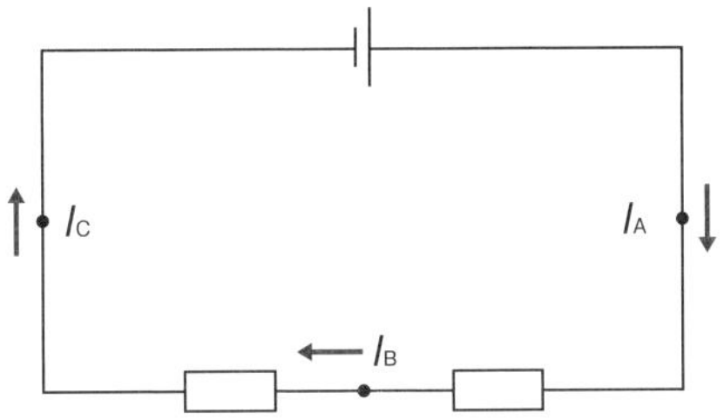

I_C
I_A
I_B

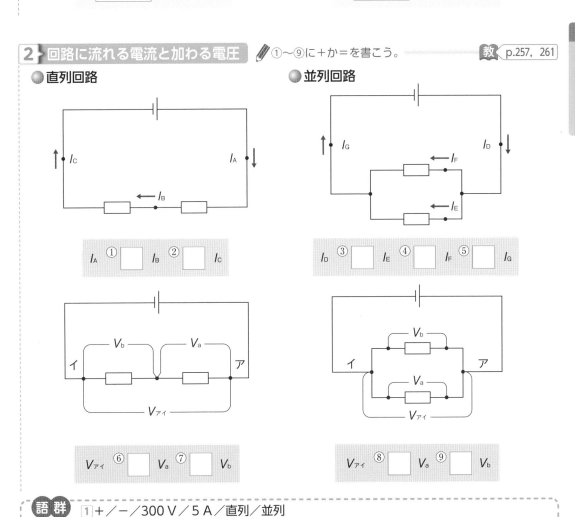

I_A ①□ I_B ②□ I_C

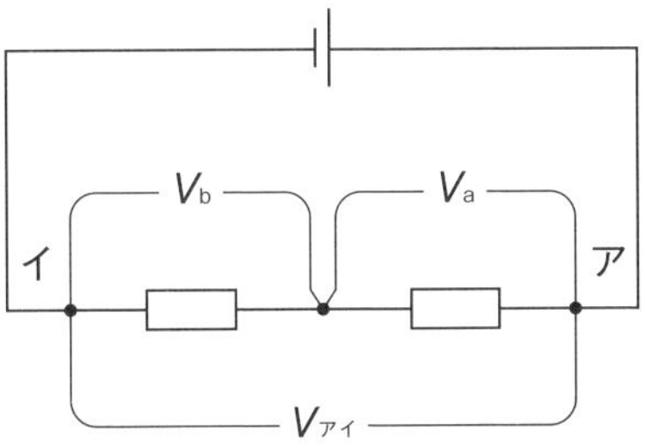

V_b
V_a
イ
ア
$V_{アイ}$

$V_{アイ}$ ⑥□ V_a ⑦□ V_b

並列回路

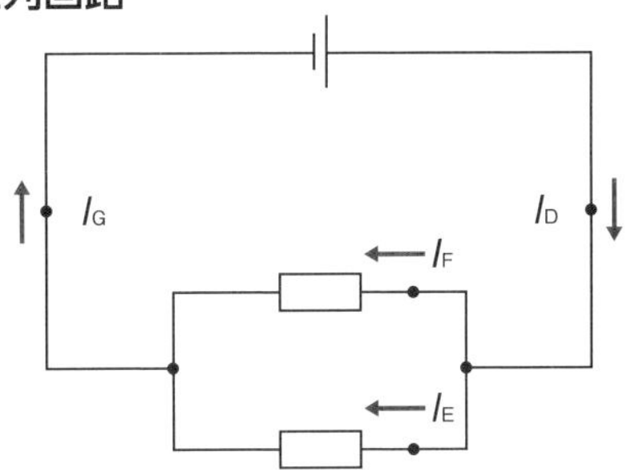

I_G
I_D
I_F
I_E

I_D ③□ I_E ④□ I_F ⑤□ I_G

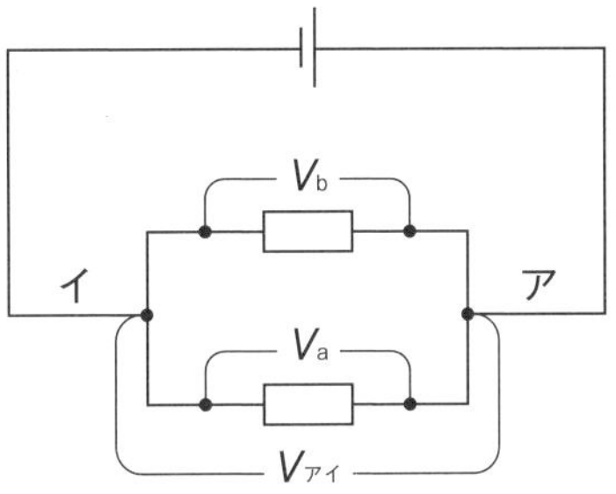

V_b
イ
ア
V_a
$V_{アイ}$

$V_{アイ}$ ⑧□ V_a ⑨□ V_b

語群
1 ＋／－／300 V／5 A／直列／並列
2 ＋／＝

わからない用語は，教科書の 要 点 の★で確認しよう！

単元4

解答 p.33

第2章 電流の性質(1)

1 いろいろな回路 右の図のように，乾電池1個と豆電球2個で回路をつくった。これについて，次の問いに答えなさい。

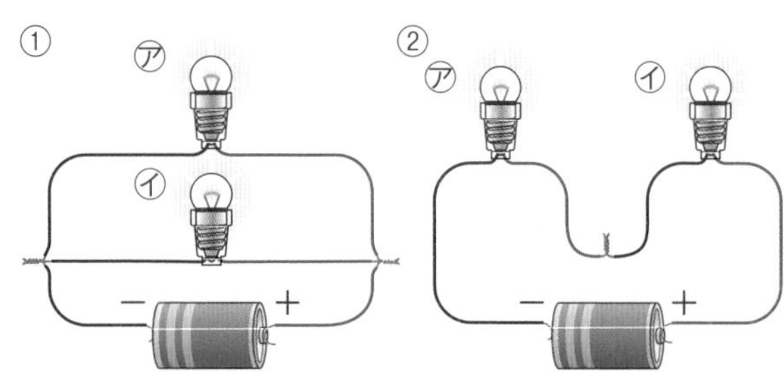

(1) ①の回路のように，枝分かれした道筋でつながっている回路を何というか。 (　　　　)

(2) ②の回路のように，1本の道筋でつながっている回路を何というか。 (　　　　)

(3) 電気用図記号を用いて，①，②の回路図を下の□にかきなさい。

(4) ①，②の回路で，㋐の豆電球を外したとき，㋑の豆電球の明かりはそれぞれついたままか，消えるか。ヒント ①(　　　　) ②(　　　　)

2 電流計の使い方 右の図は，電流計の端子の部分を表したものである。これについて，次の問いに答えなさい。

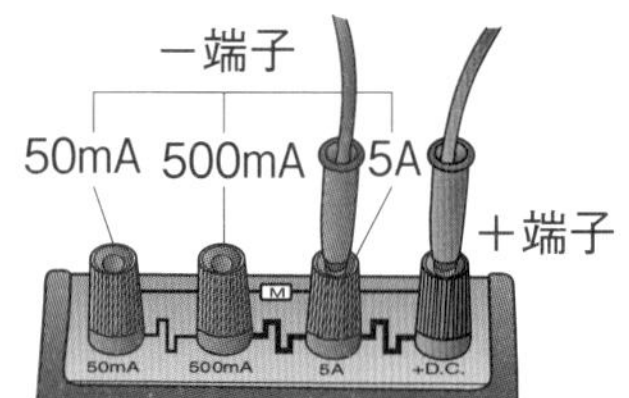

(1) 電流計は，電流を測定したい点に直列につなぐか，並列につなぐか。 (　　　　)

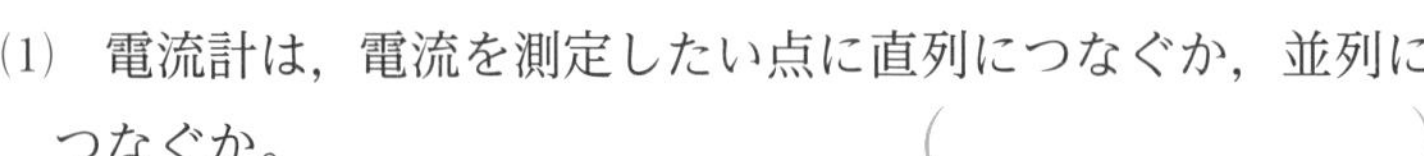

(2) 電流計の＋端子と−端子は，それぞれ電源の＋極側と−極側のどちらにつなぐか。 ＋端子(　　　　) −端子(　　　　)

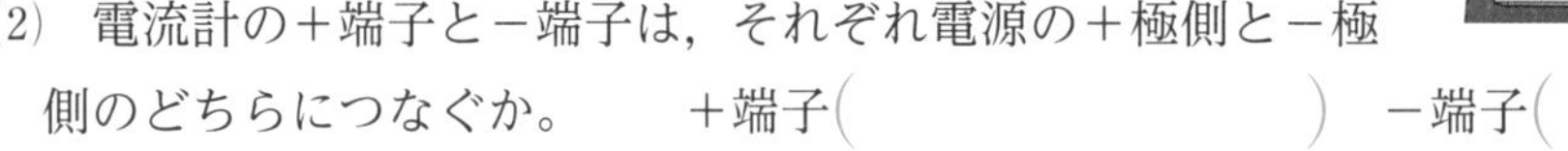

(3) 電流の大きさが予測できないとき，初めにつなぐのはどの−端子か。ヒント (　　　　)

3 電圧計の使い方 右の図は，電圧計の端子の部分を表したものである。これについて，次の問いに答えなさい。

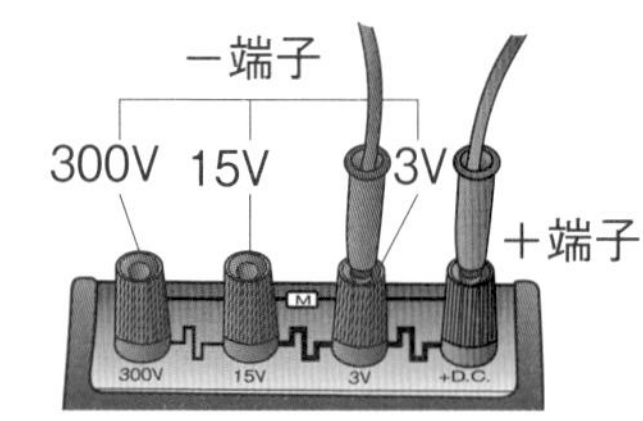

(1) 電圧計は，電圧を測定したい部分に直列につなぐか，並列につなぐか。 (　　　　)

(2) 電圧の大きさが予測できないとき，初めにつなぐのはどの−端子か。 (　　　　)

1(4)豆電球に電流が流れていると明かりはついたままである。それぞれのつなぎ方で電流がどのように流れているかから考える。 2(3)最も大きな電流を測定できる端子を選ぶ。

4 教 p.255 実験 2 **直列回路と並列回路を流れる電流** 乾電池1個と抵抗器（ていこうき）a，bを用いて図1，図2のような回路をつくった。これについて，あとの問いに答えなさい。

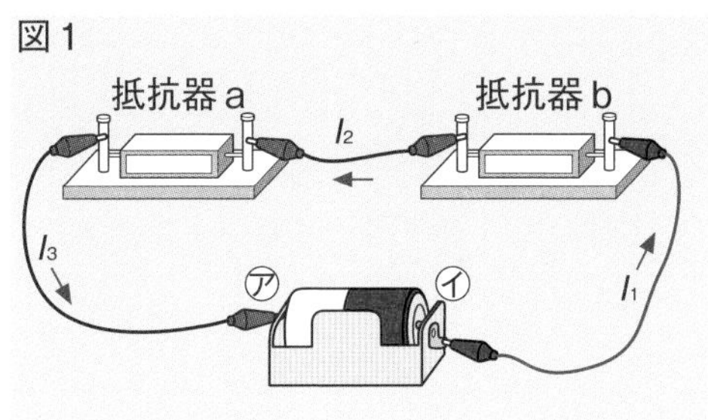

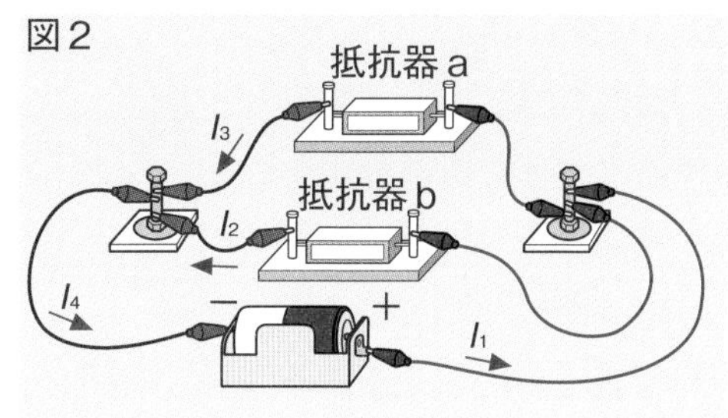

(1) 図1の回路で，電流I_1の大きさは150mAであった。次の問いに答えなさい。

① 図1で，電流が矢印の向きに流れているとき，乾電池の＋極は㋐，㋑のどちらか。 (　　)

② 150mAは何Aか。 (　　　　)

③ 電流I_2，I_3の大きさはそれぞれ何mAか。ヒント

I_2(　　　　)　I_3(　　　　)

(2) 図2の回路で，電流I_1の大きさは300mA，電流I_2の大きさは100mAであった。電流I_3，I_4の大きさはそれぞれ何mAか。ヒント

I_3(　　　　)　I_4(　　　　)

単元4

5 教 p.259 実験 3 **直列回路と並列回路に加わる電圧** 電源装置と抵抗器a，bを用いて図1，図2のような回路をつくった。電源装置の電圧を6Vとして，あとの問いに答えなさい。

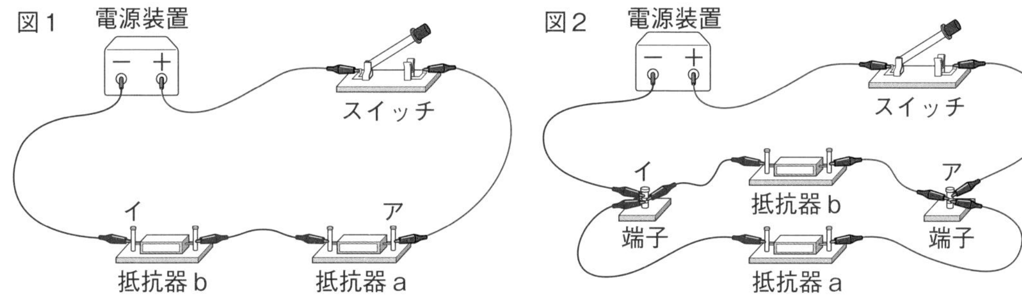

(1) 図1の回路で，スイッチを入れたとき，抵抗器aに加わる電圧は2Vであった。次の問いに答えなさい。ヒント

① 抵抗器bに加わる電圧は何Vか。 (　　　　)

② アイ間に加わる電圧を測定すると何Vになるか。 (　　　　)

(2) 図2の回路のスイッチを入れたときについて，次の問いに答えなさい。

① 抵抗器aに加わる電圧は何Vか。 (　　　　)

② 抵抗器bに加わる電圧は何Vか。 (　　　　)

③ アイ間に加わる電圧を測定すると何Vになるか。 (　　　　)

ヒントの森

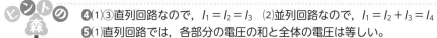

4(1)③直列回路なので，$I_1 = I_2 = I_3$　(2)並列回路なので，$I_1 = I_2 + I_3 = I_4$

5(1)直列回路では，各部分の電圧の和と全体の電圧は等しい。

解答 p.34

第2章 電流の性質(1)

30分　/100

1 次の問いに答えなさい。

4点×4（16点）

(1) 回路に共通する部分について，次の①～③の部分をそれぞれ何というか。

① 電流を流そうとするところ

② 電流が流れるところ

③ 電気を利用するところ

(2) 豆電球２個と乾電池を用いてつくった直列回路㋐と並列回路㋑について，２個の豆電球のうちの１個を外したときのもう一方の豆電球のようすを述べたものとして正しいものを，次の**ア**～**エ**から選びなさい。

ア 回路㋐も回路㋑も，豆電球の明かりは消える。

イ 回路㋐も回路㋑も，豆電球の明かりはついている。

ウ 回路㋐では豆電球の明かりは消えるが，回路㋑では豆電球の明かりはついている。

エ 回路㋑では豆電球の明かりは消えるが，回路㋐では豆電球の明かりはついている。

(1)	①		②		③		(2)	

よく出る 2 豆電球を使った回路をつくり，電流計と電圧計を使って，豆電球に流れる電流と豆電球に加わる電圧を測定した。これについて，次の問いに答えなさい。

5点×5（25点）

(1) 乾電池１個，豆電球１個，スイッチ１個を用い，豆電球に流れる電流と豆電球に加わる電圧を測定する回路の回路図をかきなさい。

(2) 電流の大きさが予測できないとき，電流計の－端子は初めどの端子を使うか。次の**ア**～**エ**から選びなさい。

ア 5 A　**イ** 500mA　**ウ** 50mA

エ どの－端子を使ってもよい。

(3) 電圧の大きさが予測できないとき，電圧計の－端子は初めどの端子を使うか。次の**ア**～**エ**から選びなさい。

ア 300 V　**イ** 15 V　**ウ** 3 V　**エ** どの－端子を使ってもよい。

(4) 電流計と電圧計は，右の図のようであった。このとき，豆電球に流れる電流は何mAか，また，豆電球に加わる電圧は何Vか。ただし，電流計は500mAの－端子，電圧計は3 Vの－端子につないであるものとする。

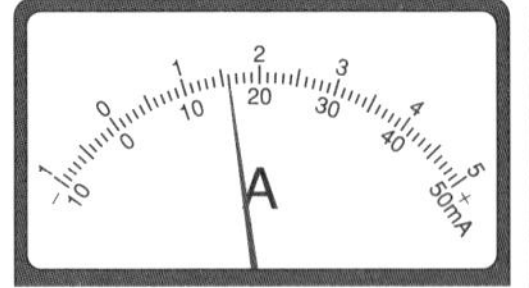

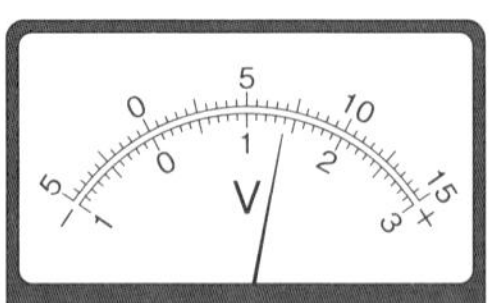

(1)	図に記入	(2)		(3)		(4)	電流		電圧	

よく出る **3** 電源装置と抵抗器 a，b を用いて，図 1，図 2 のような回路をつくった。これについて，次の問いに答えなさい。　5 点×7（35点）

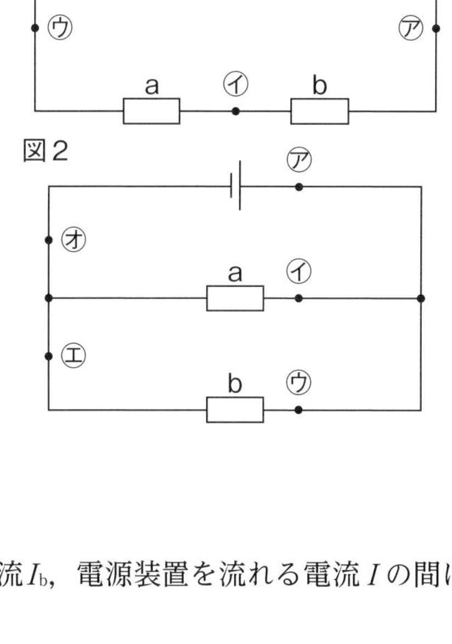

(1) 図 1 の回路において，㋑を流れる電流の大きさが 200mA のとき，次の問いに答えなさい。

① ㋐，㋒を流れる電流の大きさは何 mA か。

② 抵抗器 a を流れる電流 I_a，抵抗器 b を流れる電流 I_b，電源装置を流れる電流 I の間にはどのような関係があるか。式で表しなさい。

(2) 図 2 の回路において，㋐を流れる電流の大きさが 1.5 A，㋑を流れる電流の大きさが 1.2 A のとき，次の問いに答えなさい。

① ㋒，㋓，㋔を流れる電流の大きさは何 mA か。

② 抵抗器 a を流れる電流 I_a，抵抗器 b を流れる電流 I_b，電源装置を流れる電流 I の間にはどのような関係があるか。式で表しなさい。

(1)	①	㋐		㋒		②		
(2)	①	㋒		㋓		㋔		②	

よく出る **4** 電源装置と抵抗器 a，b を用いて，図 1，図 2 のような回路をつくった。これについて，次の問いに答えなさい。　4 点×6（24点）

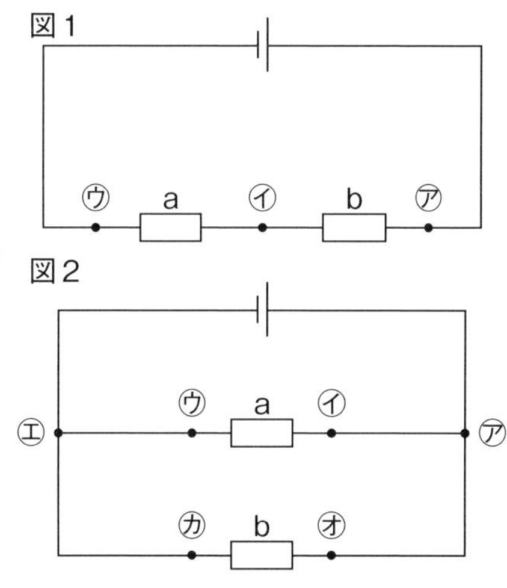

(1) 図 1 の回路において，電源装置の電圧が 3.0 V，㋐㋑間の電圧が 2.0 V のとき，次の問いに答えなさい。

① ㋐㋒間，㋑㋒間の電圧の大きさは何 V か。

② 抵抗器 a に加わる電圧 V_a，抵抗器 b に加わる電圧 V_b，電源装置の電圧 V の間にはどのような関係があるか。式で表しなさい。

(2) 図 2 の回路において，㋑㋒間の電圧が 2.4 V のとき，次の問いに答えなさい。

① ㋐㋓間，㋔㋕間の電圧の大きさは何 V か。

② 抵抗器 a に加わる電圧 V_a，抵抗器 b に加わる電圧 V_b，電源装置の電圧 V の間にはどのような関係があるか。式で表しなさい。

(1)	①	㋐㋒間		㋑㋒間		②	
(2)	①	㋐㋓間		㋔㋕間		②	

第2章 電流の性質(2)

同じ語句を何度使ってもかまいません。

教科書の要点 (　)にあてはまる語句を，下の語群から選んで答えよう。

1 電圧と電流と抵抗(ていこう)

教 p.262〜267

(1) 電流の流れにくさを電気抵抗(でんきていこう)または(①★　　　)という。

(2) 抵抗の大きさを表す単位には，オーム(記号(②★　　　))がある。

1A の電流を流すのに，1V の電圧が必要であるときの抵抗が 1Ω である。

$$抵抗〔\Omega〕= \frac{(③\qquad)〔V〕}{(④\qquad)〔A〕}$$

(3) 抵抗 R〔Ω〕の金属線に V〔V〕の電圧を加えたとき，流れる電流を I〔A〕とすると，

電圧〔V〕＝抵抗〔Ω〕×電流〔A〕($V=R\times I$)

のように表すことができ，この関係を(⑤★　　　)という。

(4) 抵抗器を直列につないだときの合成抵抗の大きさは，各抵抗の大きさの(⑥★　　　)に等しい。

(5) 抵抗器を並列につないだときの合成抵抗の大きさは，ひとつひとつの抵抗の大きさより(⑦　　　)なる。

(6) 電気を通しやすい物質を(⑧　　　)，ほとんど通さない物質を(⑨　　　)(絶縁体(ぜつえんたい))，これらの中間の性質をもつ物質を(⑩　　　)という。

2 電気(でんき)エネルギー

教 p.268〜272

(1) 1秒間あたりに使われる電気エネルギーの大きさを表す値を，(①★　　　)(消費電力(しょうひでんりょく))といい，単位には，ワット(記号(②★　　　))やキロワット(記号kW)がある。 1kW＝1000W

電力(でんりょく)〔W〕＝(③　　　)〔V〕×(④　　　)〔A〕

(2) 電流を流したときに発生する熱の量を熱量(ねつりょう)といい，単位にはジュール(記号(⑤★　　　))がある。

熱量〔J〕＝(⑥　　　)〔W〕×時間〔(⑦　　　)〕

(3) 一定時間電流が流れたときに消費される電気エネルギーの総量を電力量(でんりょくりょう)といい，単位には，ジュール(記号J)やワット時(記号Wh)，キロワット時(記号kWh)がある。 1kWh＝1000Wh

電力量〔J〕＝(⑧　　　)〔W〕×時間〔(⑨　　　)〕

まるごと暗記

オームの法則

- 抵抗＝電圧÷電流 ($R=V\div I$)
- 電圧＝抵抗×電流 ($V=R\times I$)
- 電流＝電圧÷抵抗 ($I=V\div R$)

プラスα

R_1 と R_2 の合成抵抗 R

- 直列につないだとき $R=R_1+R_2$
- 並列につないだとき $\frac{1}{R}=\frac{1}{R_1}+\frac{1}{R_2}$

プラスα

水1gを1℃上げるのに必要な熱量は**約4.2J**である。

ワンポイント

1秒間に1Wの電気エネルギーが消費されたときの電力量が**1J**，1時間に1Wの電気エネルギーが消費されたときの電力量が**1Wh**である。1時間＝3600秒なので，**1Wh＝3600J**である。

語群

1 Ω／和／オームの法則(ほうそく)／半導体(はんどうたい)／不導体(ふどうたい)／導体(どうたい)／電流／抵抗／電圧／小さく

2 J／s／W／電流／電圧／電力

★の用語は，説明できるようになろう！

同じ語句を何度使ってもかまいません。

□にあてはまる語句を，下の語群から選んで答えよう。

1 電気抵抗とオームの法則

教 p.264〜265

電熱線Aは電熱線Bより電流が流れ① □。
↓
電熱線Aは電熱線Bより抵抗が② □。

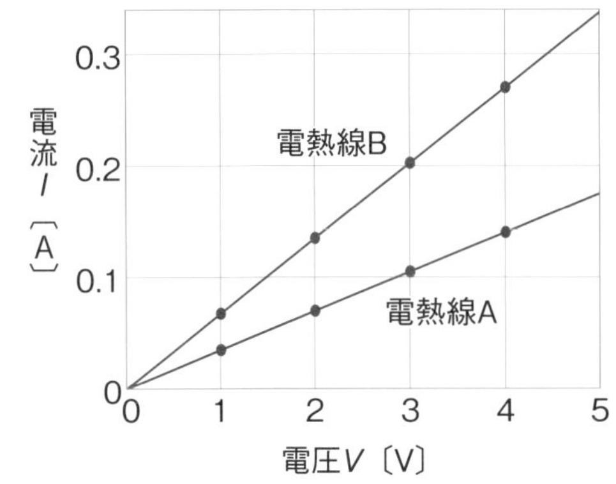

グラフが原点を通る直線になるので，電流 I は電圧 V に③ □することがわかる。

↓

④ □の法則

⑤ □〔V〕＝抵抗〔Ω〕×⑥ □〔A〕

2 直列回路・並列回路の合成抵抗

①〜④には＋か＝を書こう。

教 p.266

直列回路

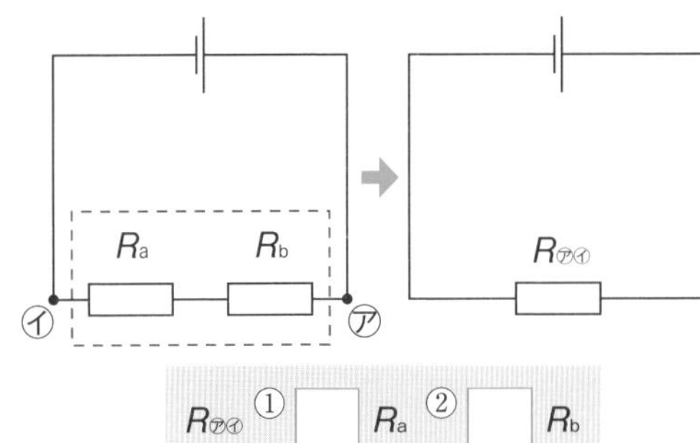

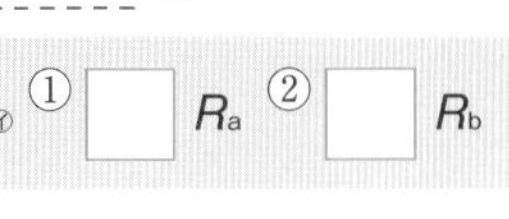

$R_{アイ}$ ① □ R_a ② □ R_b

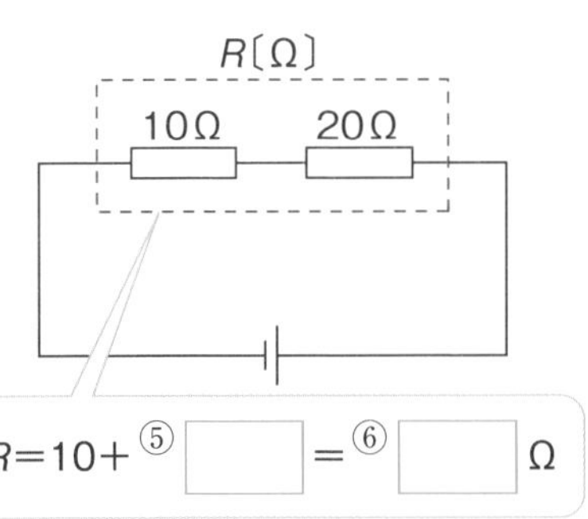

R＝10＋⑤ □＝⑥ □Ω

並列回路

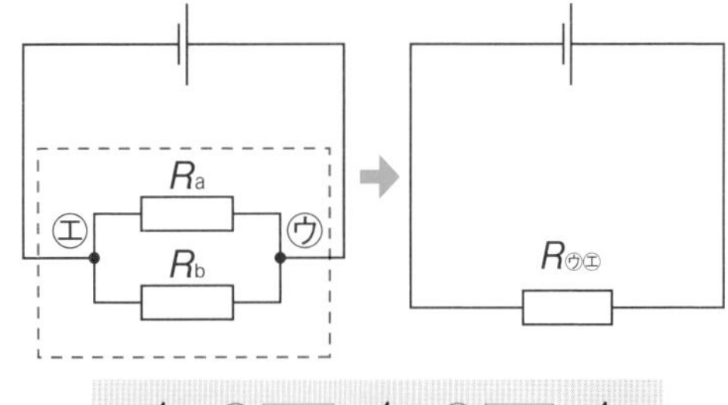

$\frac{1}{R_{ウエ}}$ ③ □ $\frac{1}{R_a}$ ④ □ $\frac{1}{R_b}$

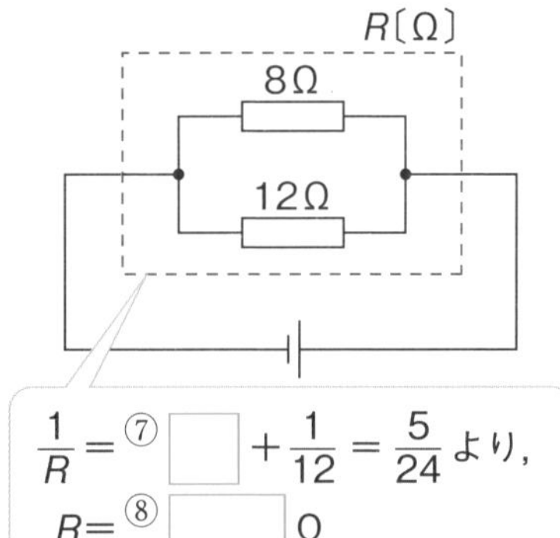

$\frac{1}{R}$＝⑦ □＋$\frac{1}{12}$＝$\frac{5}{24}$より，

R＝⑧ □Ω

語群
1 比例／大きい／にくい／電流／電圧／オーム
2 ＋／＝／$\frac{1}{8}$／4.8／20／30

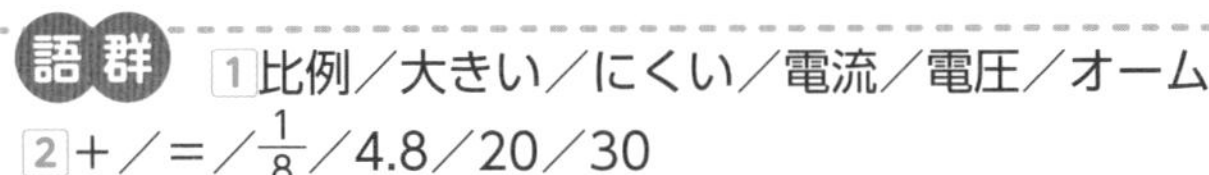

わからない用語は，教科書の要点の★で確認しよう！

単元4

解答 p.35

第2章　電流の性質(2)－①

1 オームの法則・抵抗　次の問いに答えなさい。

(1)　4Vの電圧を加えたときに2Aの電流が流れる電熱線の抵抗は何Ωか。
（　　　　　）

(2)　12Vの電圧を加えたときに250mAの電流が流れる抵抗器の抵抗は何Ωか。
（　　　　　）

(3)　5Ωの電熱線に24Vの電圧を加えたときに流れる電流は何Aか。
（　　　　　）

(4)　250Ωの抵抗器に6Vの電圧を加えたときに流れる電流は何mAか。
（　　　　　）

(5)　4Ωの電熱線に2Aの電流が流れるとき，電熱線に加わる電圧は何Vか。
（　　　　　）

(6)　60Ωの抵抗器に30mAの電流が流れるとき，抵抗器に加わる電圧は何Vか。
（　　　　　）

(7)　銅や銀などの金属のように，電気を通しやすい物質を何というか。
（　　　　　）

(8)　ガラスやゴムなどのように，電気をほとんど通さない物質を何というか。
（　　　　　）

(9)　(7)の物質と(8)の物質の抵抗を比べたとき，抵抗が大きいのはどちらか。
（　　　　　）

(10)　ケイ素（シリコン）やゲルマニウムなどのように，(7)の物質と(8)の物質の中間の性質をもつ物質を何というか。（　　　　　）

2 合成抵抗　直列回路や並列回路の合成抵抗について，次の問いに答えなさい。

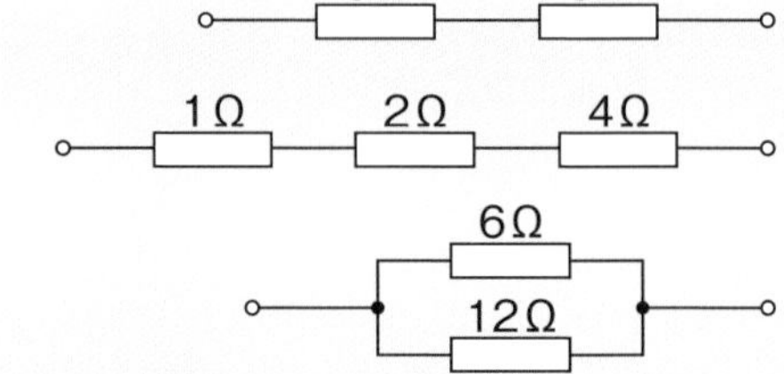

(1)　複数の抵抗器を直列につなぐと，抵抗器1個のときと比べて，全体の抵抗はどうなるか。
（　　　　　）

(2)　複数の抵抗器を並列につなぐと，抵抗器1個のときと比べて，全体の抵抗はどうなるか。
（　　　　　）

(3)　5Ωと8Ωの抵抗を直列につなぐと合成抵抗は何Ωになるか。ヒント（　　　　　）

(4)　1Ωと2Ωと4Ωの抵抗を直列につなぐと合成抵抗は何Ωになるか。（　　　　　）

(5)　6Ωと12Ωの抵抗を並列につなぐと合成抵抗は何Ωになるか。ヒント（　　　　　）

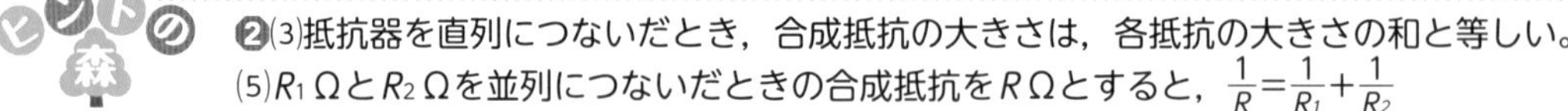

ヒントの森
❷(3)抵抗器を直列につないだとき，合成抵抗の大きさは，各抵抗の大きさの和と等しい。
(5)R_1 ΩとR_2 Ωを並列につないだときの合成抵抗をR Ωとすると，$\frac{1}{R}=\frac{1}{R_1}+\frac{1}{R_2}$

❸ オームの法則　下の回路図について，あとの問いに答えなさい。ヒント

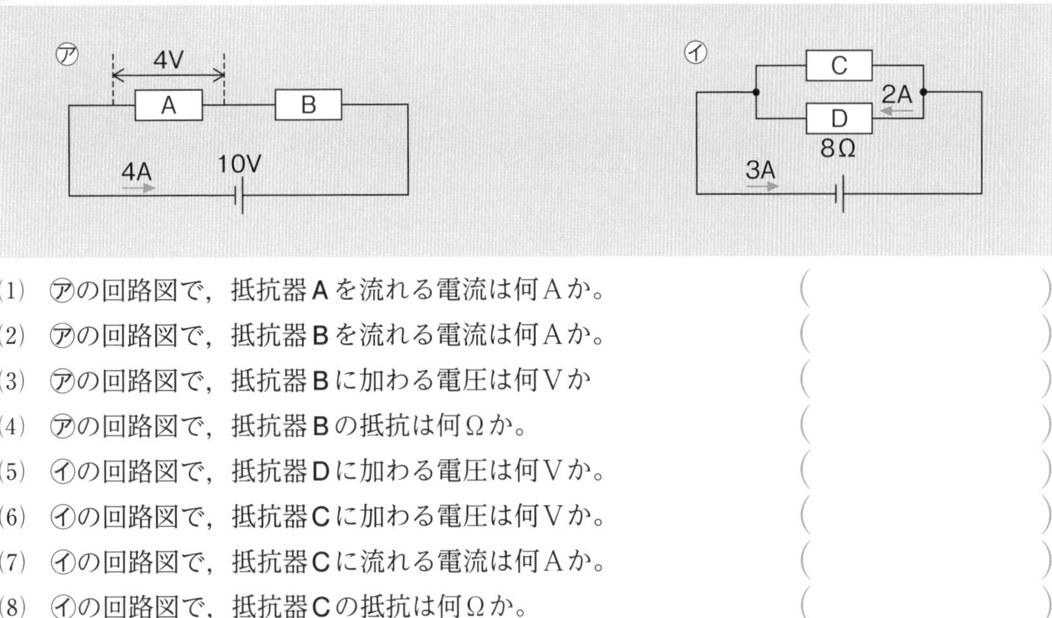

(1)　㋐の回路図で，抵抗器Aを流れる電流は何Aか。　(　　　　　)

(2)　㋐の回路図で，抵抗器Bを流れる電流は何Aか。　(　　　　　)

(3)　㋐の回路図で，抵抗器Bに加わる電圧は何Vか　(　　　　　)

(4)　㋐の回路図で，抵抗器Bの抵抗は何Ωか。　(　　　　　)

(5)　㋑の回路図で，抵抗器Dに加わる電圧は何Vか。　(　　　　　)

(6)　㋑の回路図で，抵抗器Cに加わる電圧は何Vか。　(　　　　　)

(7)　㋑の回路図で，抵抗器Cに流れる電流は何Aか。　(　　　　　)

(8)　㋑の回路図で，抵抗器Cの抵抗は何Ωか。　(　　　　　)

(9)　㋑の回路図で，電源の電圧は何Vか。　(　　　　　)

❹ 回路全体の抵抗　次の㋐～㋒のように，抵抗器を直列や並列につないだときの合成抵抗について，あとの問いに答えなさい。ヒント

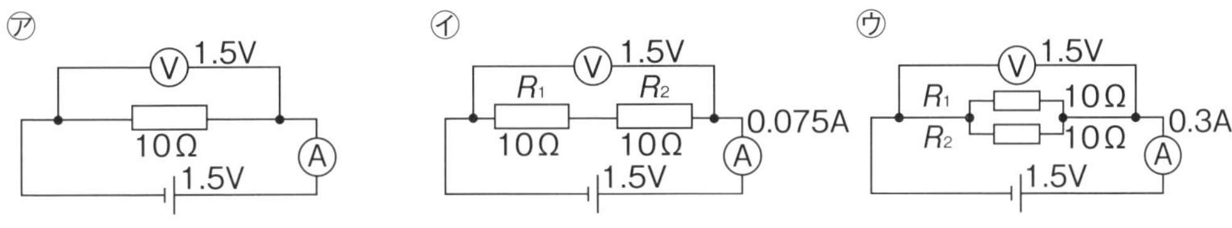

(1)　㋐の回路につないだ電流計は何Aを示すか。　(　　　　　)

(2)　電圧をV〔V〕，電流をI〔A〕，抵抗をR〔Ω〕としたとき，抵抗Rを求める式として正しいのはどれか。次のア～ウから選びなさい。　(　　)

ア　$R=V\times I$　　イ　$R=V\div I$　　ウ　$R=I\div V$

(3)　(2)で選んだ式を用いて，㋑の回路全体の抵抗を求めなさい。

式(　　　　　)　抵抗(　　　　　)

(4)　(2)で選んだ式を用いて，㋒の回路全体の抵抗を求めなさい。

式(　　　　　)　抵抗(　　　　　)

(5)　㋐～㋒の回路で，電源の電圧を3.0 Vにしたときの回路全体の抵抗はそれぞれ何Ωか。

㋐(　　　　　)　㋑(　　　　　)　㋒(　　　　　)

(6)　(5)のとき，㋐～㋒の回路につないだ電流計はそれぞれ何Aを示すか。

㋐(　　　　　)　㋑(　　　　　)　㋒(　　　　　)

❸直列回路と並列回路の電流や電圧の関係，オームの法則を組み合わせて考える。
❹合成抵抗を求めるとき，まず，オームの法則が使えるかどうかを考える。

解答 p.36

第2章　電流の性質(2)ー②

1 教 p.263 実験4 **電圧と電流の関係** 図1のような回路をつくり，電源装置で抵抗器aに加える電圧を変え，そのときの電圧計と電流計の示す値を読みとって表に記録した。次に，抵抗器bについても同じ操作を行った。これについて，あとの問いに答えなさい。

図1

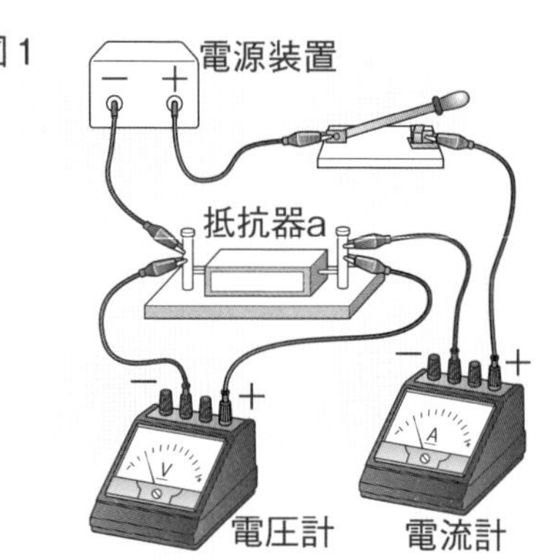

図2

電圧〔V〕		0	2.0	4.0	6.0	8.0	10.0
電流〔A〕	抵抗器a	0	0.08	0.16	0.23	0.31	0.39
	抵抗器b	0	0.10	0.20	0.30	0.40	0.50

図3

作図 (1) 図1の回路の回路図を図2にかきなさい。

作図 (2) 表をもとに，抵抗器aとbの電圧と電流の関係を表すグラフを図3にかきなさい。ただし，横軸を電圧(V)，縦軸を電流(A)とし，適切な目盛りを記入すること。

(3) (2)のグラフから，抵抗器の両端に加わる電圧と抵抗器に流れる電流の間には，どのような関係があることがわかるか。ヒント　(　　　)

(4) (3)のような電圧と電流の関係を何の法則というか。(　　　)

(5) 同じ大きさの電圧を加えたとき，流れる電流が小さいのは抵抗器a，bのどちらか。ヒント　(　　　)

(6) 同じ大きさの電流を流すのに，加える電圧が小さいのは抵抗器a，bのどちらか。ヒント　(　　　)

(7) 抵抗器bに15.0Vの電圧を加えたときに流れる電流は何Aか。(　　　)

(8) 抵抗器bに0.90Aの電流を流すには，何Vの電圧を加えればよいか。(　　　)

(9) 抵抗器a，bを並列につないだものに4.0Vの電圧を加えると，何Aの電流が流れるか。(　　　)

1(3)グラフは原点を通る直線となっている。(5)グラフで，同じ大きさの電圧のときの電流の大きさを比べる。(6)グラフで，同じ大きさの電流のときの電圧の大きさを比べる。

2 教 p.269 実験5 **電熱線の発熱と電力の関係** 下の図のように，6V－6W，6V－9W，6V－18Wの電熱線のそれぞれに6Vの電圧を加え，5分間電流を流し続けた。表はその結果である。これについて，あとの問いに答えなさい。

電熱線	開始前水温℃	時間	水温℃
㋐6V－6W	18.0	1分後	18.7
		2分後	19.5
		3分後	20.1
		4分後	20.8
		5分後	21.5
㋑6V－9W	18.0	1分後	19.1
		2分後	20.1
		3分後	21.3
		4分後	22.4
		5分後	23.5
㋒6V－18W	18.0	1分後	20.2
		2分後	22.5
		3分後	24.6
		4分後	26.9
		5分後	29.0

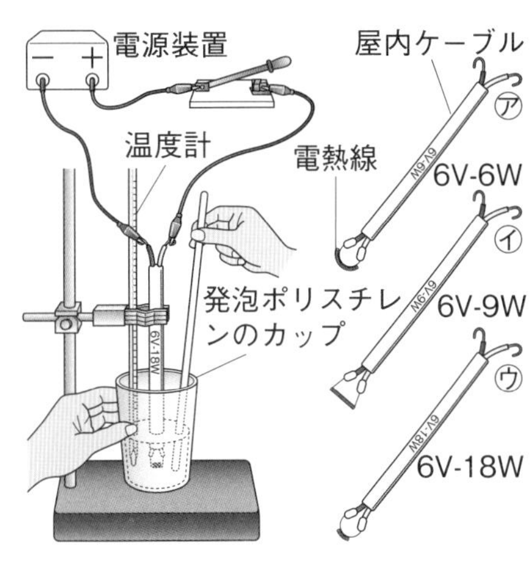

(1) 5分間の水の上昇温度が最も大きかったのは，㋐～㋒のどの電熱線を用いたときか。（　　）

(2) 5分間で発生した熱量が最も大きかったのは，㋐～㋒のどの電熱線か。（　　）

(3) 6Vの電圧を加えたとき，㋐～㋒の電熱線にはそれぞれ何Aの電流が流れたか。ヒント

㋐（　　）㋑（　　）㋒（　　）

3 **電圧・電流・電力・熱量・電力量** 次の問いに答えなさい。

(1) 「100V－80W」と表示のあるテレビと「100V－1200W」と表示のあるドライヤーが1個ずつある。これらを100Vの電源につないだときについて，次の問いに答えなさい。ヒント

① テレビに流れる電流は何Aか。（　　）

② テレビとドライヤーを同時に使用したときの消費電力は何Wか。（　　）

③ テレビを1時間30分使用したときの電力量は何Whか。（　　）

④ ドライヤーを3分間使用したときの電力量は何Jか。（　　）

(2) ある電熱線に10Vの電圧を加えると，2.1Aの電流が流れた。次の問いに答えなさい。

① 電熱線の消費電力は何Wか。（　　）

② この電熱線に10Vの電圧を20秒間加え続けたとき，発生する熱量は何Jになるか。（　　）

③ ②の熱量で水10gの温度を何℃上げることができるか。ただし，熱はすべて水の温度を上げるのに使われるものとし，1gの水の温度を1℃上げるのに必要な熱量を4.2Jとする。（　　）

ヒントの森

❷(3)電力〔W〕＝電圧〔V〕×電流〔A〕である。 ❸(1)1Wの電力で1秒間に消費される電気エネルギーが1J，1時間に消費される電気エネルギーが1Whである。

単元4

第2章 電流の性質(2)

1 2種類の抵抗器A，Bを用意し，それぞれにいろいろな大きさの電圧を加えて，流れる電流の大きさを測定した。右のグラフは，その結果を表したものである。これについて，次の問いに答えなさい。

3点×8(24点)

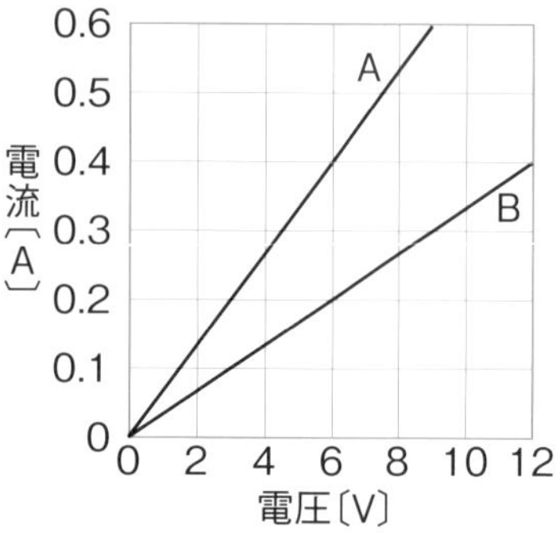

(1) 抵抗器Aに6Vの電圧を加えたとき，流れる電流の大きさは何Aか。

(2) 抵抗器Bに0.6Aの電流を流すためには，何Vの電圧を加える必要があるか。

(3) 抵抗器A，Bそれぞれに加わる電圧と電流の大きさにはどのような関係があるか。

(4) (3)のような関係を表す法則を何というか。

(5) 抵抗器A，Bそれぞれに同じ電圧を加えたとき，どちらを流れる電流の方が大きくなるか。

(6) 抵抗器A，Bそれぞれに同じ大きさの電流が流れるとき，どちらに加える電圧の方が大きくなるか。

(7) 抵抗器A，Bの抵抗は，それぞれ何Ωか。

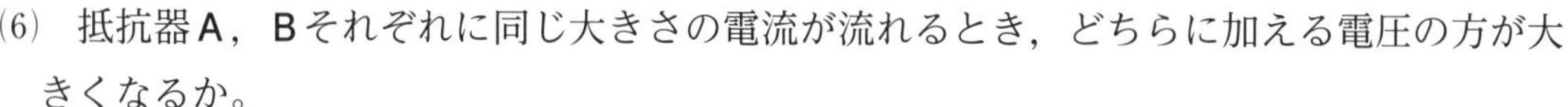

(1)	(2)	(3)	(4)

(5)	(6)	(7) A	B

よく出る **2** 抵抗器R_1，R_2をつなぎ，右の図のような回路をつくった。この回路に5.0Vの電圧を加えたところ，電流計は0.2Aを示し，電圧計㋐は3.0Vを示した。これについて，次の問いに答えなさい。

4点×6(24点)

(1) 抵抗器R_1を流れる電流は何Aか。

(2) 抵抗器R_1の抵抗は何Ωか。

(3) 電圧計㋑は何Vを示すか。

(4) 抵抗器R_2を流れる電流は何Aか。

(5) 抵抗器R_2の抵抗は何Ωか。

(6) この回路全体の合成抵抗は何Ωか。

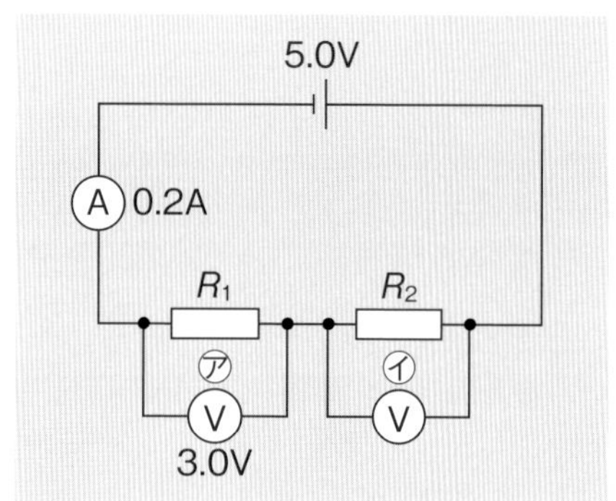

(1)	(2)	(3)
(4)	(5)	(6)

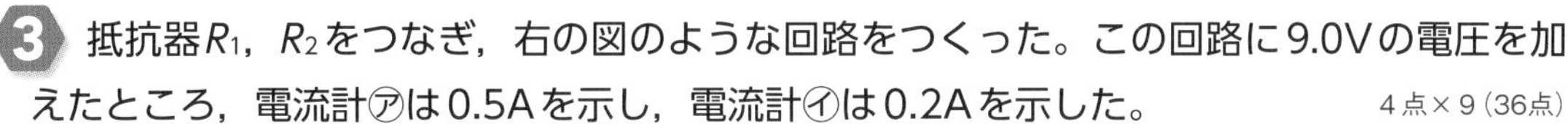

よく出る **3** 抵抗器R_1，R_2をつなぎ，右の図のような回路をつくった。この回路に9.0Vの電圧を加えたところ，電流計㋐は0.5Aを示し，電流計㋑は0.2Aを示した。 4点×9（36点）

(1) 抵抗器R_1，R_2のつなぎ方から，この回路を何回路というか。

(2) 抵抗器R_1を流れる電流は何Aか。

(3) 抵抗器R_1に加わる電圧は何Vか。

(4) 抵抗器R_1の抵抗は何Ωか。

(5) 抵抗器R_2を流れる電流は何Aか。

(6) 抵抗器R_2に加わる電圧は何Vか。

(7) 抵抗器R_2の抵抗は何Ωか。

(8) この回路全体の抵抗は何Ωか。

(9) 回路をつなぐ導線のように，電気を通しやすい物質を何というか。

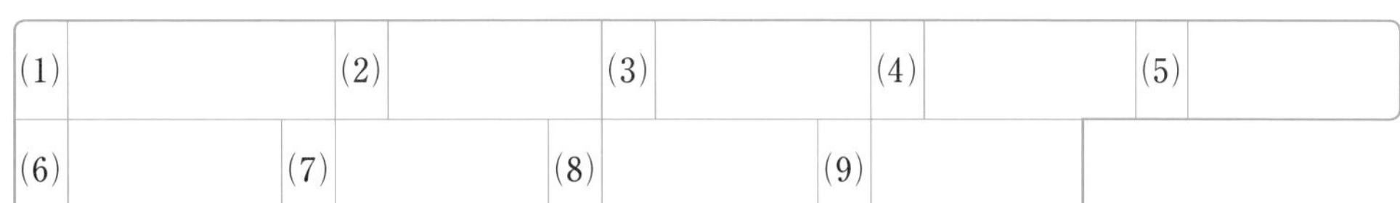

4 下の図のように，㋐，㋑，㋒の電熱線を用いて，水100cm^{3}の温度が3分間で何℃上昇するか調べた。表はその結果で，電源の電圧は6Vとし，あとの問いに答えなさい。 4点×4（16点）

図1

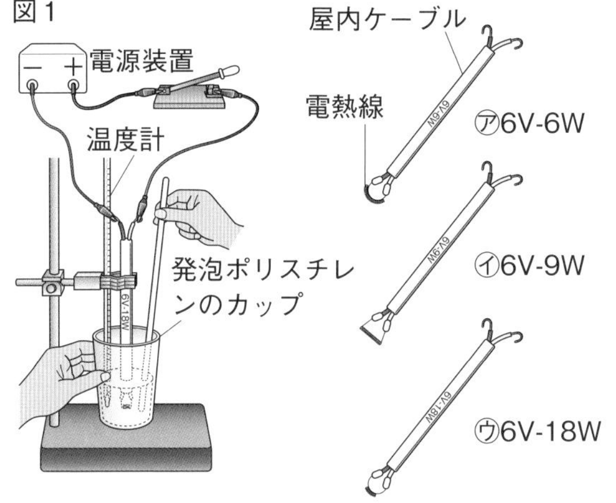

電熱線	開始前	3分後
㋐	18.0℃	19.8℃
㋑	18.0℃	20.7℃
㋒	18.0℃	23.4℃

図2

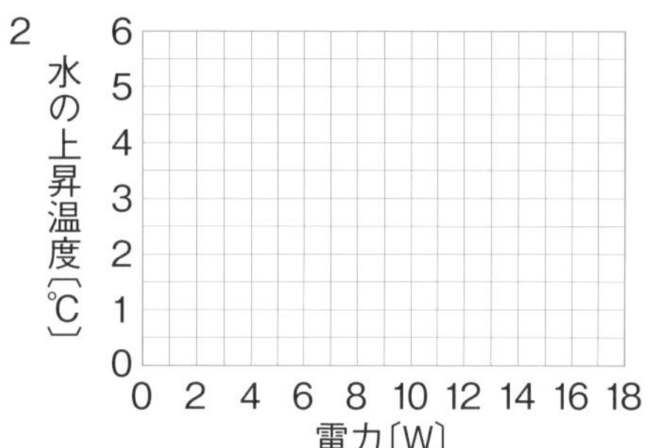

(1) ㋑の電熱線に6Vの電圧を加えたとき，流れる電流は何Aか。

作図 (2) この実験で得られた，電力と，上昇した水温の関係を図2に表しなさい。

(3) 図2より，電力と発生した熱量の間には，どのような関係があるといえるか。

(4) ㋐の電熱線に6分間，6Vの電圧を加え続けたとき，水の温度は開始前の18℃から何℃になると考えられるか。最も近いものを，次のア～ウから選びなさい。

ア 19.8℃　　**イ** 21.6℃　　**ウ** 39.6℃

(1)		(2)	図2に記入	(3)		(4)	

第3章 電流と磁界

同じ語句を何度使ってもかまいません。

教科書の要点 （ ）にあてはまる語句を，下の語群から選んで答えよう。

1 電流がつくる磁界

教 p.273〜281

(1) 磁石が鉄などを引き寄せたり，磁石どうしの間ではたらく力を磁力といい，磁力がはたらく空間を（①★ ）（磁場）という。
└同じ極どうしでは反発し合う力，異なる極どうしでは引き合う力がはたらく。

(2) 磁界の中に置かれた磁針のN極が指す向きを（②★ ）という。

(3) 磁界のようすを表した線を（③★ ）といい，棒磁石では，N極からS極へ向かう。
└磁界が強いほど，間隔はせまくなる。

(4) コイルに電流が流れると，コイルの内側と外側で（④ ）向きの磁界ができる。
└電流の向きを逆にすると，磁界の向きも逆になる。

(5) 1本の導線に電流が流れると，導線を中心とした同心円状の磁界ができ，導線に近いほど磁界は（⑤ ）。

(6) 磁界の中でコイルや導線に電流が流れると，コイルや導線は，力を受ける。電流が大きくなると，力は（⑥ ）なり，電流の向きを逆にすると，力は逆向きになる。
└モーターはこの力を利用している。

2 電磁誘導・直流と交流

教 p.282〜297

(1) 磁石やコイルを動かし，コイルの内部の（① ）を変化させたとき，コイルに電圧が生じて電流が流れる現象を（②★ ）といい，流れる電流を（③★ ）という。
└発電機はこの現象を利用している。

(2) コイルに磁石を入れるときと出すときとでは，誘導電流の向きは（④ ）になる。また，出し入れする磁石の極を逆にすると，誘導電流の向きは（⑤ ）になる。

(3) 乾電池につないだときに流れる電流のように，一定の向きに流れる電流を（⑥★ ）という。
└電源の＋極から－極の向き

(4) 家庭のコンセントに供給される電流のように，向きが周期的に変化する電流を（⑦★ ）という。

(5) 交流をオシロスコープで観察すると波のような形となり，1秒あたりの波のくり返しの数を（⑧★ ）といい，単位は，（⑨★ ）（記号Hz）が使われる。

まるごと暗記

1本の導線に電流を流したときにできる磁界の向きは，電流の向きを右手の親指の向きとしたとき，残りの指を内側へ曲げたときの向きとなる。

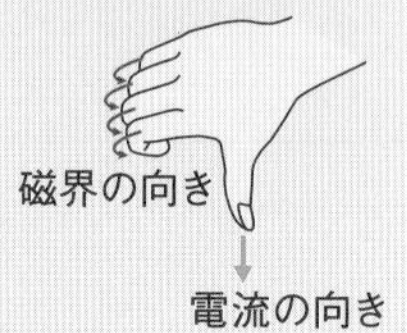

まるごと暗記

誘導電流を大きくする方法

- 磁石やコイルを**速く動かす**（磁界の変化を大きくする）。
- コイルの巻数を**増やす**。

プラスα

発電所からは，熱の発生によって失われる電気エネルギーの量を小さくするため，電圧を大きくして送電されている。とちゅう，変圧器によって電圧を下げて最終的に100Vや200Vにする。

語群
1 逆／強い／大きく／磁力線／磁界／磁界の向き
2 逆／磁界／ヘルツ／交流／直流／誘導電流／電磁誘導／周波数

★の用語は，説明できるようになろう！

教科書の図　□にあてはまる語句を，下の語群から選んで答えよう。

1 電流がつくる磁界

①～③，⑤に磁針の針，④，⑥に電流の向き（→）をかこう。 教 p.276

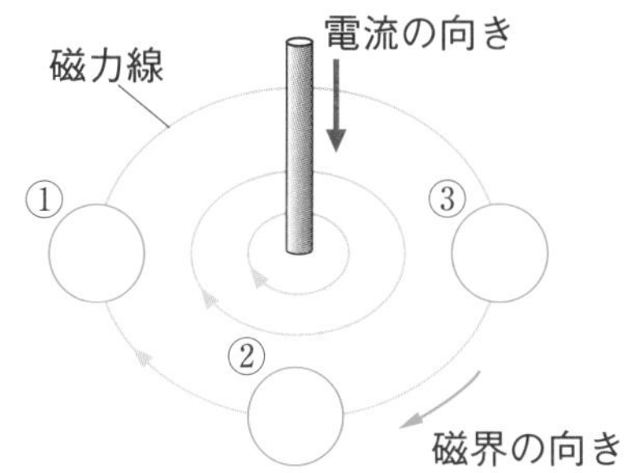

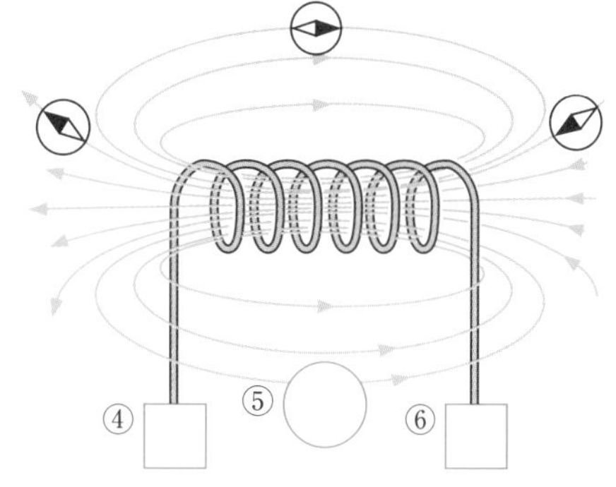

2 磁界から電流が受ける力

教 p.280

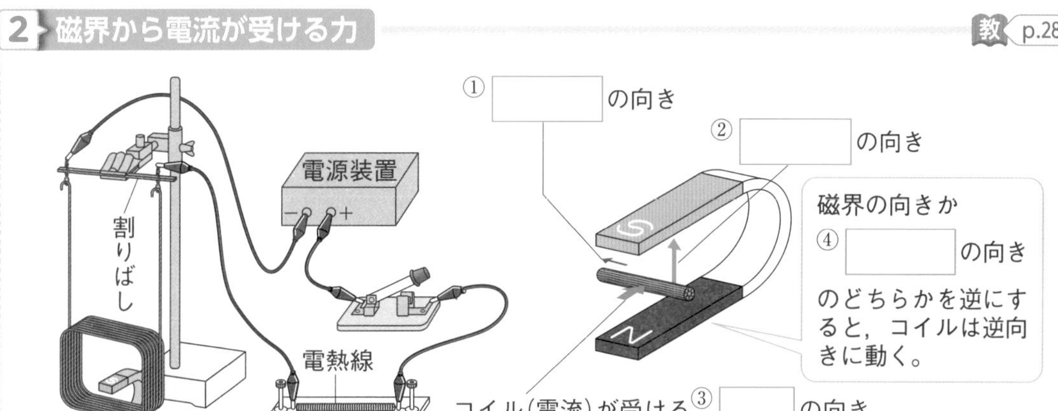

3 電磁誘導

教 p.284

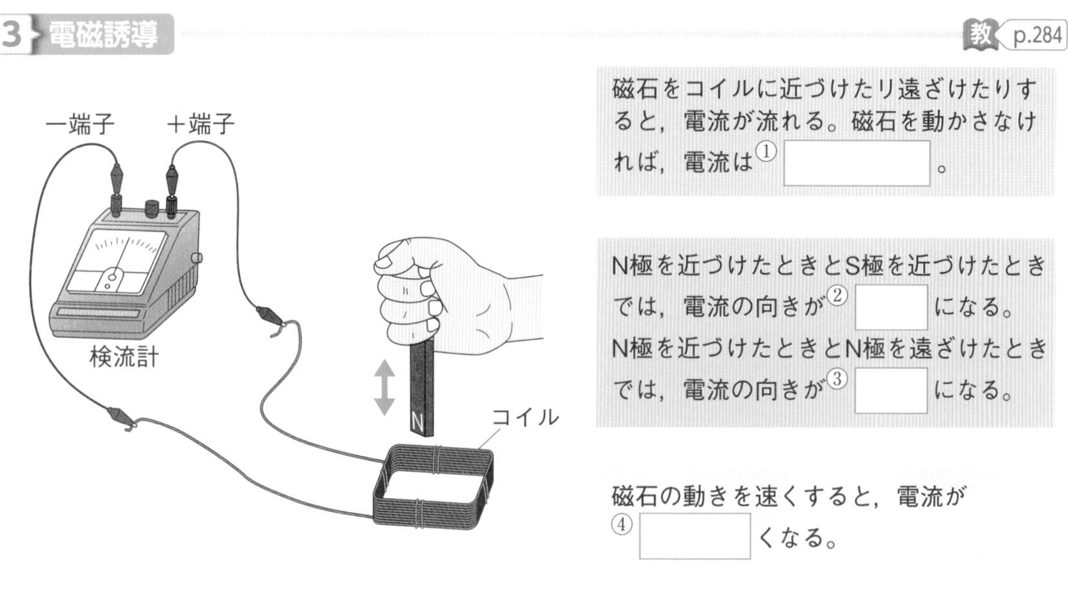

磁石をコイルに近づけたり遠ざけたりすると，電流が流れる。磁石を動かさなければ，電流は① □。

N極を近づけたときとS極を近づけたときでは，電流の向きが② □になる。
N極を近づけたときとN極を遠ざけたときでは，電流の向きが③ □になる。

磁石の動きを速くすると，電流が④ □くなる。

語群　1 ↑／↓／◁▶／◇／◀▷／◆　2 力／電流／磁界
3 逆／大き／流れない

わからない用語は，教科書の要点の★で確認しよう！

解答 p.38

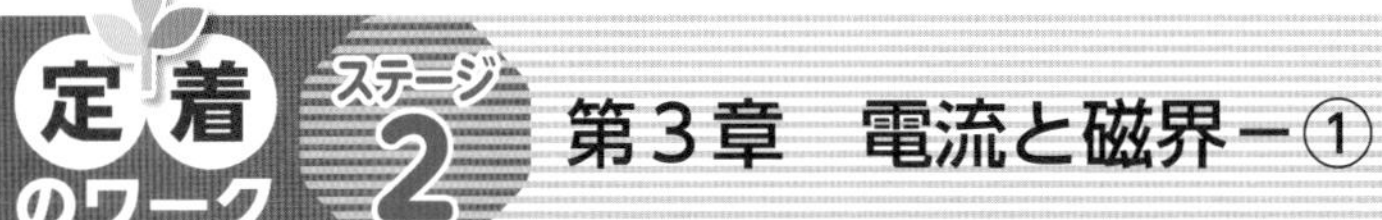

第3章　電流と磁界－①

1 棒磁石のまわりの磁界

右の図は，棒磁石のまわりの磁界のようすを，曲線で表したものである。これについて，次の問いに答えなさい。

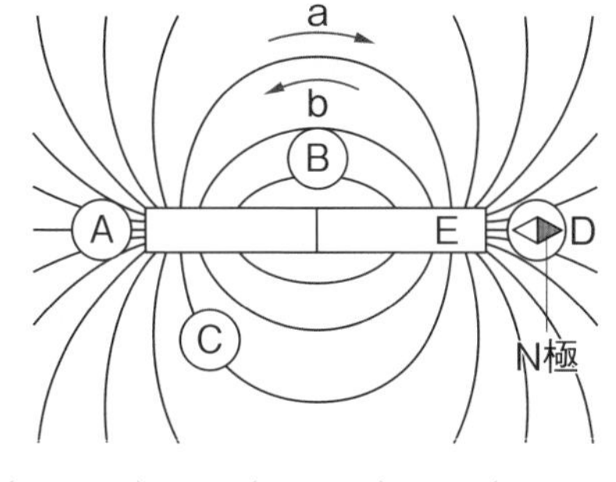

(1) 棒磁石の極Eは，N極，S極のどちらか。

ヒント （　　）

(2) 図のA～Cの場所に磁針を置いたとき，N極の向きはそれぞれどのようになるか。次の㋐～㋓から選びなさい。

A（　　） B（　　） C（　　）

㋐ 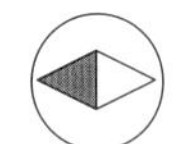 ㋑ 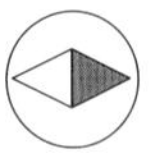 ㋒   ㋓ 

(3) 図で，磁界の向きを正しく表しているのは，a，bのどちらか。（　　）

(4) 図のA～Cのうち，磁界の強さが最も強いのはどこか。ヒント （　　）

(5) 図で，磁界の向きを順につないでできた曲線を何というか。（　　）

2 コイルを流れる電流がつくる磁界

図1のように，引きのばしたコイルに電流を流したときのようすを調べた。図1でスイッチを閉じると，コイルの内部に置いた磁針のN極は左を指した。図2は，図1のコイルを真上から見たときのようすを表している。これについて，次の問いに答えなさい。

(1) 図1でスイッチを閉じたとき，コイルに流れる電流の向きはa，bのどちらか。（　　）

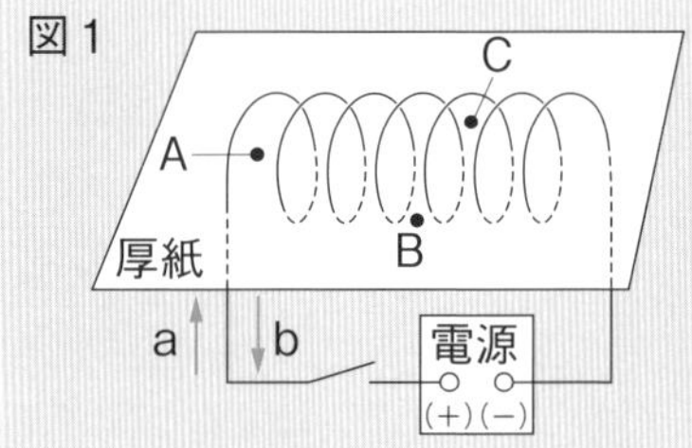

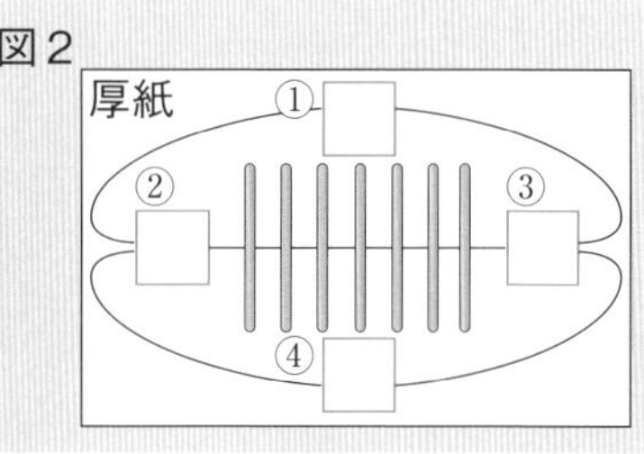

(2) (1)のときN極になるのは，このコイルの左側，右側のどちらか。ヒント （　　）

(3) 図1でスイッチを閉じたとき，厚紙の上に置いた磁針のN極が指す向きを右の㋐～㋒から選びなさい。（　　）

㋐ 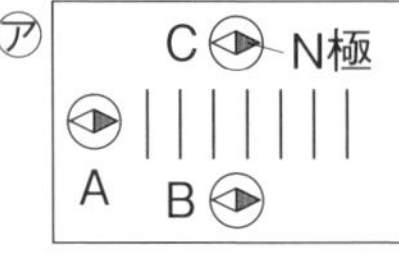

㋑ 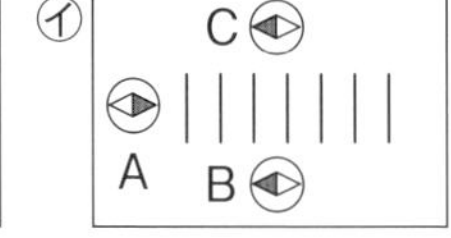

㋒ 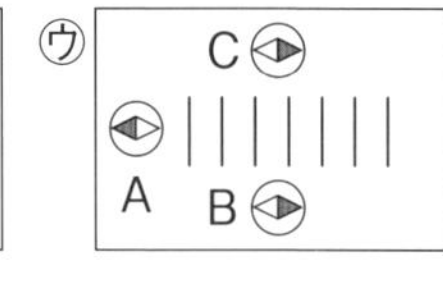

(4) 図1で，電流の流れる向きを逆にすると，N極になるのは，このコイルの左側，右側のどちらか。（　　）

(5) 図1でスイッチを閉じたときに，コイルのまわりの磁界の向きはどうなっているか。図2の□の中に，磁界の向きを矢印で記入しなさい。

❶(1)極Eは，磁針のS極と向かい合っている。(4)磁力線の間隔がせまいほど磁界は強い。
❷(2)コイルに流れる電流の向きから考える。

3 教 p.275 実験6 **導線を流れる電流がつくる磁界** 図1のように，1本の導線に電流を流したときの磁界のようすを調べた。また，図2は，1本の導線を流れる電流のまわりにできる磁界のようすについて説明するための模式図である。これについて，あとの問いに答えなさい。

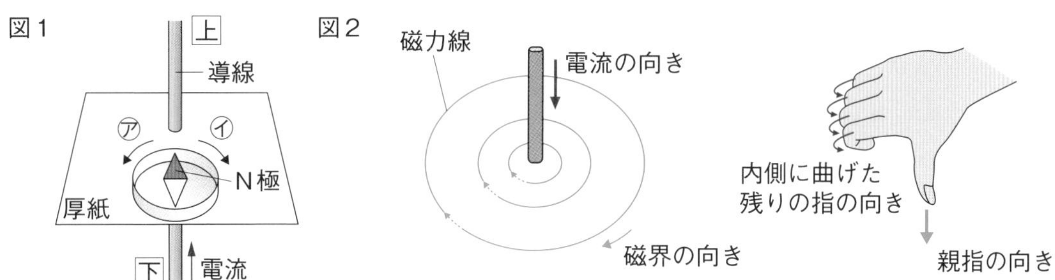

(1) 右手を図2のようにして，親指の向きを電流の向きとすると，内側に曲げた残りの指の向きは何の向きを表すか。 (　　　　　)

(2) 図1で，磁針のN極は㋐，㋑のどちらにふれるか。ヒント (　　)

(3) 電流の向きを逆にすると，磁界の向きはどうなるか。 (　　　　　)

4 **引きのばしたコイルを流れる電流がつくる磁界** 図1のように，引きのばしたコイルに電流を流したときの磁界のようすを調べた。また，図2は，コイルを流れる電流のまわりにできる磁界のようすについて説明するための模式図である。これについて，あとの問いに答えなさい。

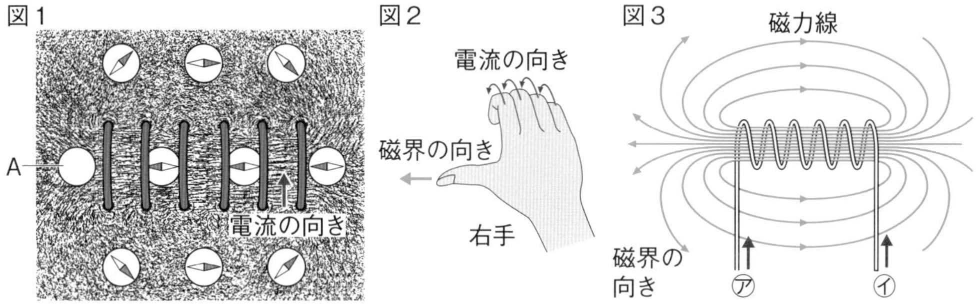

(1) 図1で，Aの場所に置いた磁針のN極の向きを，次の㋐～㋓から選びなさい。ヒント (　　)

㋐ 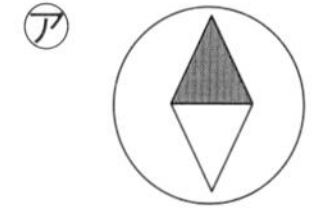 ㋑ 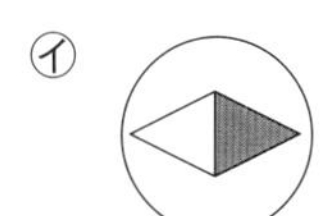 ㋒ 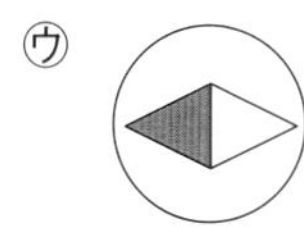 ㋓ 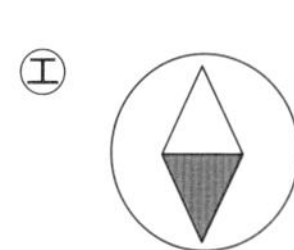

(2) 図2のように，右手の親指以外の指を内側に曲げたときの向きを電流の向きとすると，親指の向きが磁界の向きとなる。このことを利用して，図3で，コイルに流れる電流の向きは㋐，㋑のどちらになるか選びなさい。ヒント (　　)

❸(2)図2のように，右手を利用して考える。 ❹(1)コイルに電流を流すと，コイルの内部をつらぬく磁界ができる。(2)コイルに流れる電流による磁界も右手を利用して考えられる。

単元4

解答 p.39

定着のワーク ステージ2 第3章 電流と磁界－②

1 教 p.279 実験7 **磁界の中で電流を流したコイルのようす** 右の図のような装置をつくり，導線に電流を流すと，導線が㋑の向きにふれた。これについて，次の問いに答えなさい。

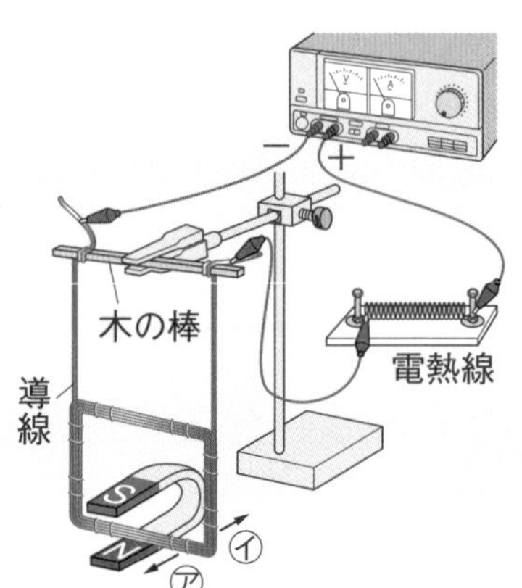

(1) 次の①～③のようにすると，導線はどの向きにふれるか。それぞれ図の㋐，㋑から選びなさい。ヒント

① 電流の向きを逆にする。 (　　)

② U字形磁石の上下を逆にして，磁界の向きを逆にする。 (　　)

③ 電流の向きを逆にし，さらにU字形磁石の上下を逆にして，磁界の向きを逆にする。 (　　)

(2) 導線に流す電流を大きくすると，導線のふれ方はどのように変化するか。

(　　　　　　　　)

2 **モーター** 右の図は，モーターのしくみを示したものである。次の問いに答えなさい。

図1

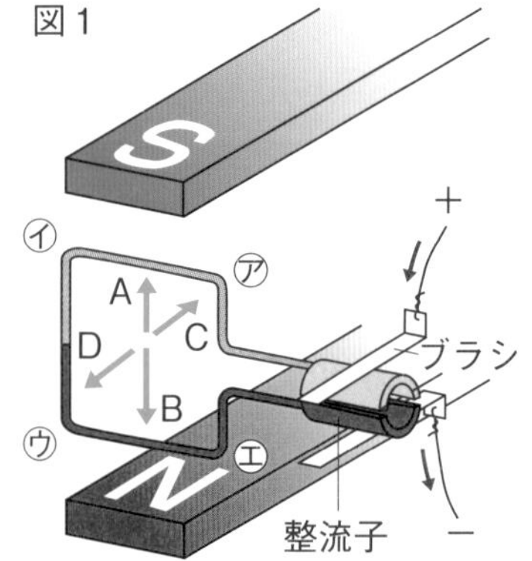

(1) 図1の状態について，次の問いに答えなさい。

① コイルに流れる電流の向きを，次から選びなさい。 (　　)

ア ㋐→㋑→㋒→㋓　　イ ㋓→㋒→㋑→㋐

② 磁石による磁界の向きは，どの向きか。図1のA，Bから選びなさい。 (　　)

③ コイルの㋐－㋑の部分は，図1のCの向きに力を受ける。それでは，コイルの㋒－㋓の部分は，どの向きに力を受けるか。図1のC，Dから選びなさい。 (　　)

図2

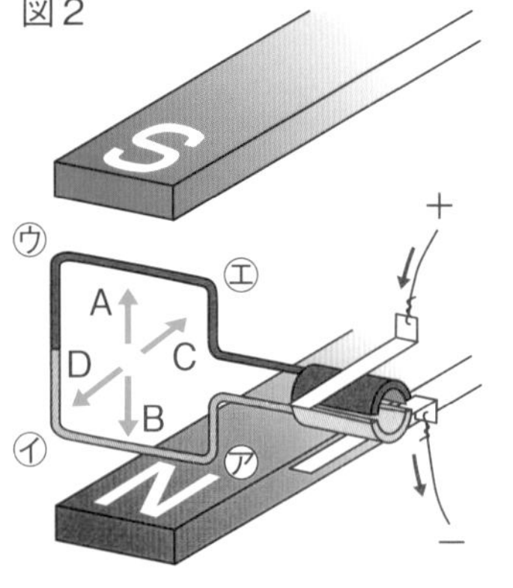

(2) 図1からコイルを180°回転させた図2の状態について，次の問いに答えなさい。ヒント

① コイルに流れる電流の向きを，(1)の①のア，イから選びなさい。 (　　)

② 磁石による磁界の向きは，どの向きか。図2のA，Bから選びなさい。 (　　)

③ コイルの㋐－㋑の部分は，図2のDの向きに力を受ける。それでは，コイルの㋒－㋓の部分は，どの向きに力を受けるか。図2のC，Dから選びなさい。 (　　)

1(1)電流と磁界の向きの一方を逆にすると，力は逆向きになり，両方を逆にすると，力の向きは変わらない。　**2**(2)図1と図2で同じ向きに力がはたらくことでモーターは回転する。

3 教 p.283 実験 8 **コイルと磁石による電流の発生** 右の図のような装置で，コイルに磁石を近づけたり，遠ざけたりして，検流計の針のふれについて調べた。次の問いに答えなさい。

(1) 磁石のN極をコイルにすばやく近づけると，検流計の針が一瞬左にふれ，コイルに電流が流れたことがわかった。このような現象を何というか。 (　　　　)

(2) (1)の現象によって流れる電流のことを何というか。 (　　　　)

(3) (1)の後，磁石をコイルに近づけたまま静止させた。このとき，検流計の針はどうなるか。次の**ア**～**ウ**から選びなさい。ヒント (　　)

ア 左にふれる。　**イ** 右にふれる。　**ウ** ふれない。

−端子　＋端子

検流計

N

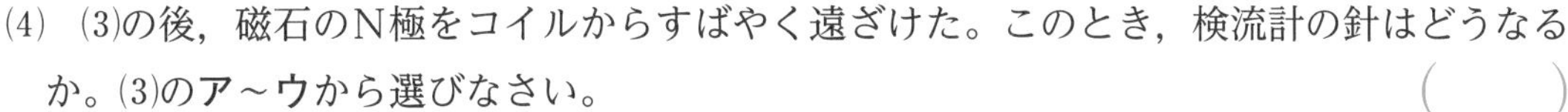

(4) (3)の後，磁石のN極をコイルからすばやく遠ざけた。このとき，検流計の針はどうなるか。(3)の**ア**～**ウ**から選びなさい。 (　　)

(5) 次に，磁石のS極をコイルにすばやく近づけた。このとき，検流計の針はどうなるか。(3)の**ア**～**ウ**から選びなさい。 (　　)

(6) (5)の後，磁石のS極をコイルからすばやく遠ざけた。このとき，検流計の針はどうなるか。(3)の**ア**～**ウ**から選びなさい。 (　　)

(7) 次に，磁石の動きをさらに速くすると，検流計の針の動きはどうなるか。次の**ア**～**ウ**から選びなさい。 (　　)

ア 大きくなる。　**イ** 小さくなる。　**ウ** 変わらない。

単元4

4 **直流と交流** 図1のように発光ダイオードは，長いあしの端子に＋極を，短いあしの端子に−極をつないで電圧を加えると点灯するが，反対の向きに電流を流そうとしても電流は流れず，点灯しない。次の問いに答えなさい。

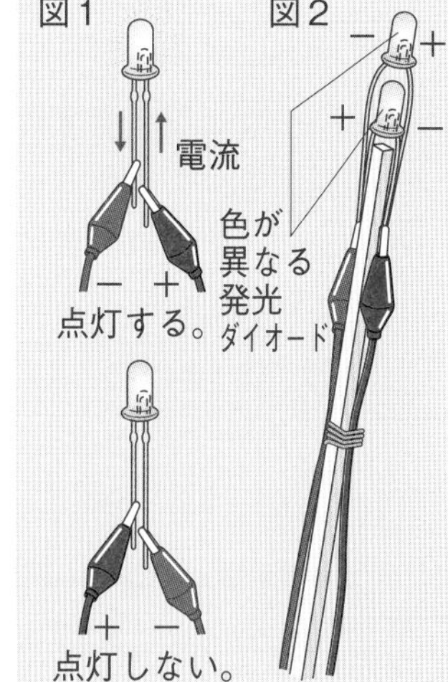

(1) 暗い部屋の中で，家庭用のコンセントに2個の発光ダイオードを図2のように配線してふると，どのように見えるか。次の㋐，㋑から選びなさい。ヒント (　　)

㋐

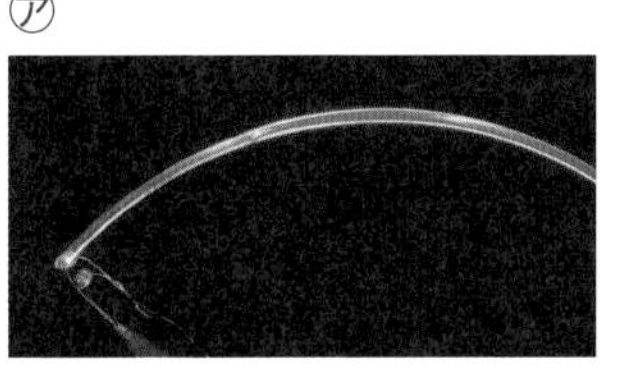

㋑

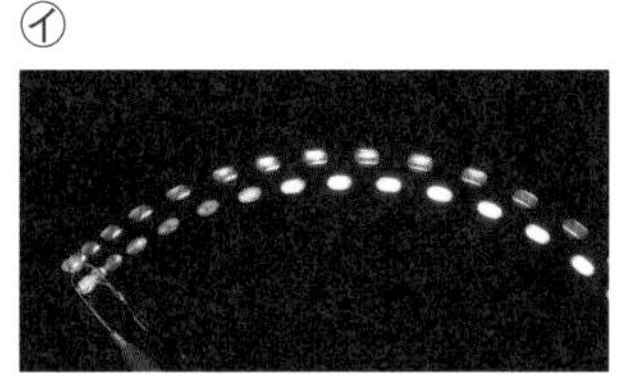

(2) 家庭で使われている電流を何というか。ヒント (　　　　)

(3) (2)に対して，乾電池につないだ回路で流れる電流を何というか。(　　　　)

ヒントの森

3(3)コイルの内部の磁界が変化したときに電流は流れる。

4(1)(2)家庭のコンセントに供給されている電流は，向きが周期的に変化している。

第3章　電流と磁界

1 右の図のような回路をつくり，コイルに電流が流れたときにできる磁界について調べた。これについて，次の問いに答えなさい。　4点×4（16点）

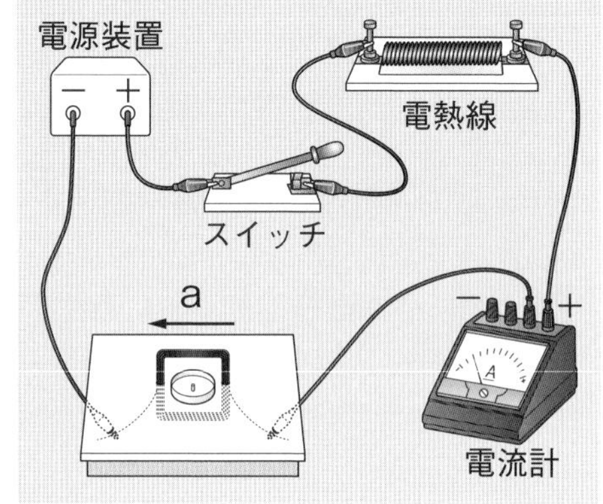

(1)　コイルに電流を流したところ，aの向きに電流が流れた。このとき，台の上に置いた磁針は，上から見るとどのようになるか。次の㋐〜㋓から選びなさい。

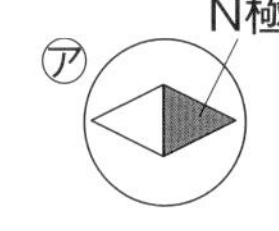

㋑　㋒　㋓

記述
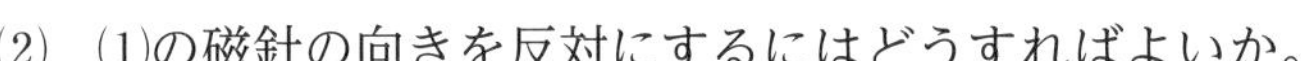
(2)　(1)の磁針の向きを反対にするにはどうすればよいか。

(3)　コイルのまわりの磁界を強くするには，電流の大きさをどうすればよいか。

(4)　コイルのまわりの磁界を弱くするには，コイルの巻数をどうすればよいか。

(1)		(2)		(3)		(4)	

よく出る **2** 右の図は，モーターの模式図である。図の向きに電流を流すと，コイルは➡の向きに回転した。これについて，次の問いに答えなさい。　5点×7（35点）

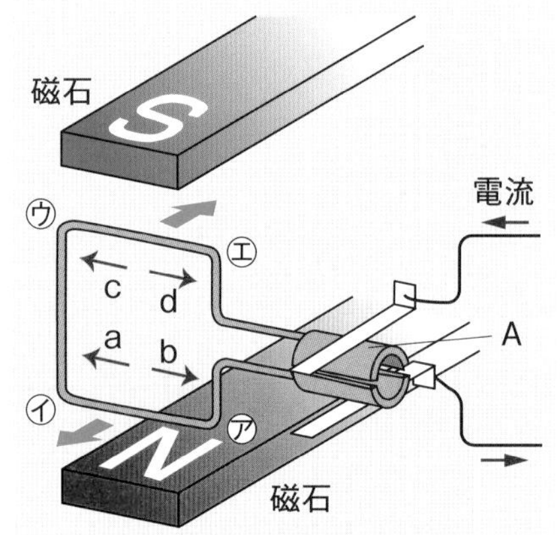

(1)　㋐−㋑，㋒−㋓の部分を流れる電流の向きは，それぞれa〜dのどの向きか。

(2)　磁石による磁界の向きは，上向きか，下向きか。

(3)　コイルを流れる電流の向きは，何度回転するごとに逆向きになるか。

(4)　コイルを流れる電流の向きが逆向きになるごとに，コイルの回転する向きはどうなるか。次のア，イから選びなさい。

ア　逆向きに回転する。

イ　同じ向きに回転し続ける。

(5)　電源からの電流の向きを逆向きにすると，コイルの回転の向きはどうなるか。

(6)　Aは何と呼ばれているか。名称を答えなさい。

(1)	㋐−㋑		㋒−㋓		(2)		(3)	
(4)		(5)					(6)	

よく出る **3** 右の図のような装置で電源から電流を流したところ，導線のA点は㋑の向きにふれた。次の問いに答えなさい。

6点×3（18点）

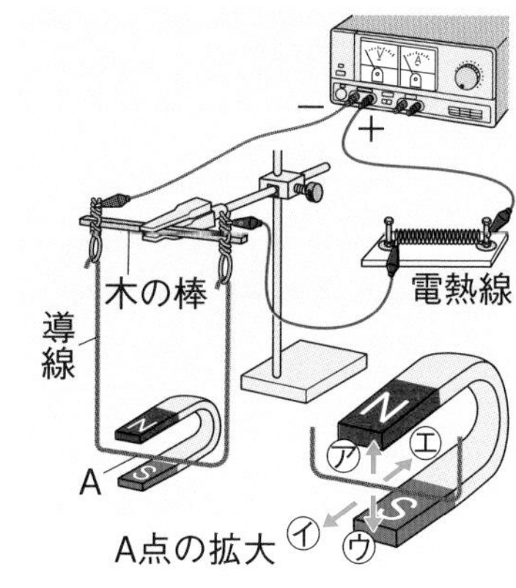

(1) 電源の＋端子と−端子をつなぎかえ，導線に流れる電流の向きを逆にした。このとき，導線のA点はどの向きにふれるか。図の㋐〜㋓から選びなさい。

(2) 電源装置の電圧を変えずに，電熱線につないだクリップを移動して，抵抗を小さくすると，導線のA点を流れる電流はどうなるか。

(3) (2)のとき，導線のA点のふれ方はどうなるか。

4 右の図で，磁石を→の向きに動かしたとき，→の向きに電流が流れた。これをもとにして，①〜④で流れる電流の向きを，㋐または㋑の記号で答えなさい。なお，電流が流れないときは，×と答えなさい。 4点×4（16点）

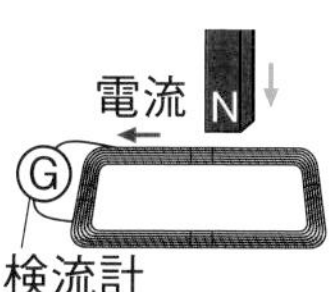

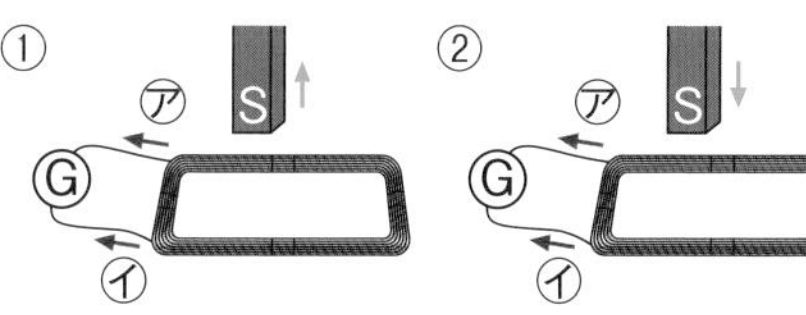

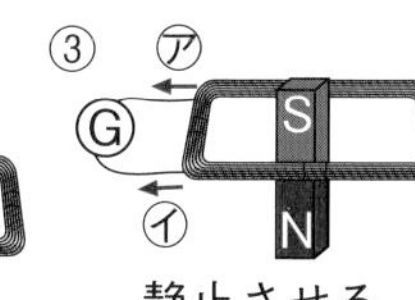

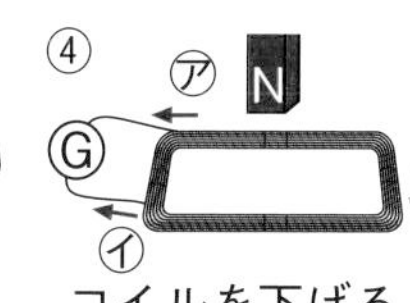

5 右の図のように，発光ダイオード2個の＋極と−極を逆にして並列につなぎ，家庭のコンセントにつないだ。次の問いに答えなさい。 5点×3（15点）

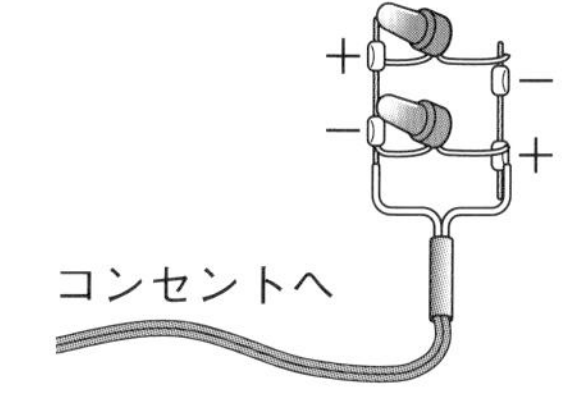

(1) 直流につないだ右の㋐では発光ダイオードは一方しか光らず，交流につないだ㋑では発光ダイオードは交互（こうご）に光る。このように光り方にちがいがあるのは，発光ダイオードにどのような特徴があるからか。

(2) 図の発光ダイオードを暗い部屋の中で横に動かすと，どのように見えるか。右の㋐，㋑から選びなさい。

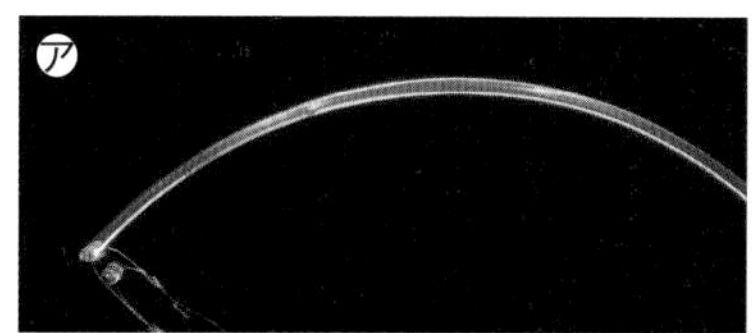

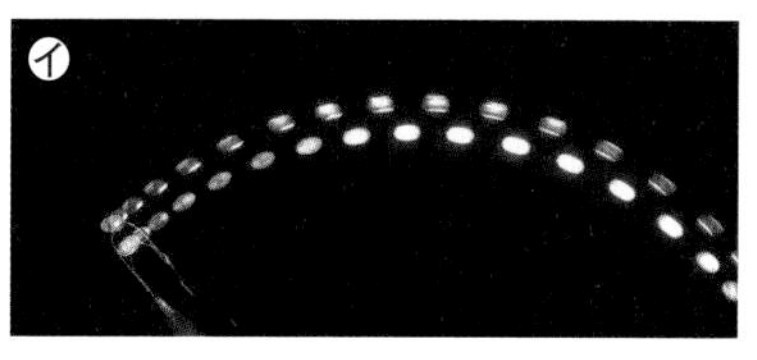

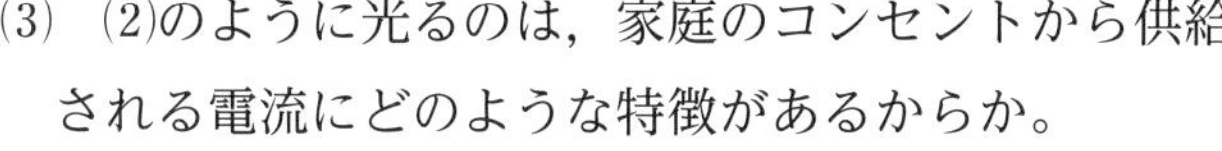

記述 (3) (2)のように光るのは，家庭のコンセントから供給される電流にどのような特徴があるからか。

単元4

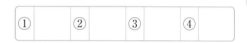

単元4 電気の世界

1 抵抗器に加わる電圧と，回路に流れる電流の関係を調べるために，図１のような回路をつくった。２つの抵抗器Ｐ，Ｑを用いて，それぞれ電圧と電流を測定し結果を図２に表した。これについて，次の問いに答えなさい。 ６点×５（30点）

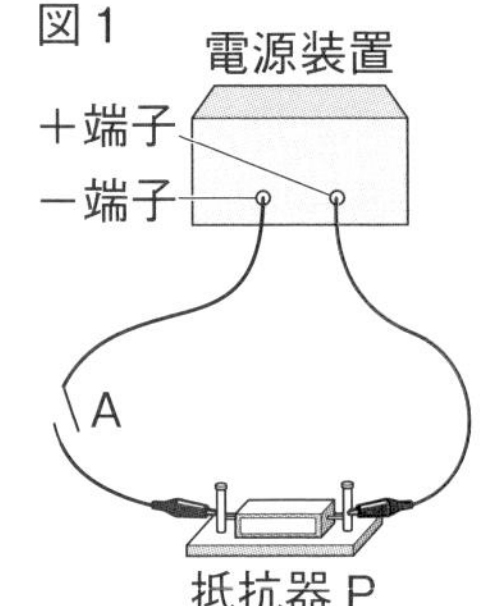

(1) 図１で，電気用図記号で表されたＡの名称を答えなさい。

(2) 図１の回路に電圧計と電流計をつなぐとき，右の図の㋐，㋑のどちらのようにするか。

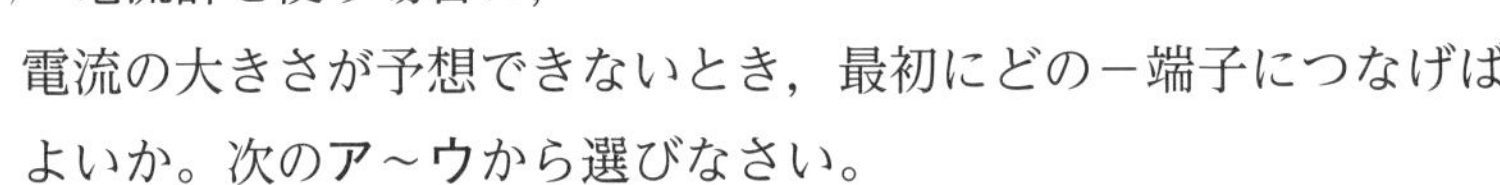
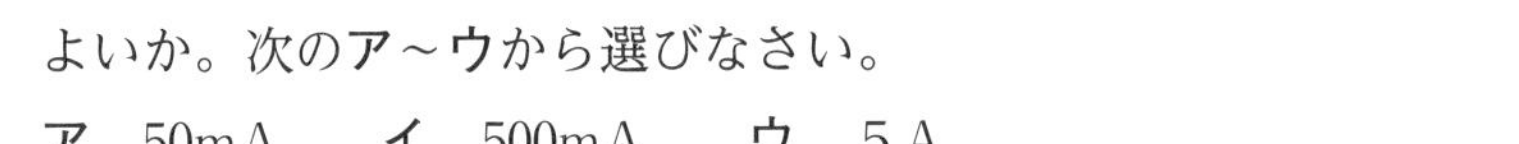

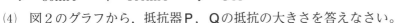

(3) 電流計を使う場合に，電流の大きさが予想できないとき，最初にどの－端子につなげばよいか。次のア〜ウから選びなさい。

ア 50mA イ 500mA ウ ５A

(4) 図２のグラフから，抵抗器Ｐ，Ｑの抵抗の大きさを答えなさい。

1		
(1)		
(2)		
(3)		
(4)	P	
	Q	

2 右の図のように，並列につないだ２つの抵抗器Ｐ，Ｑと，コイルをつないだ回路をつくった。電源装置から６Ｖの電圧を加えたところ，電流計は500mAを示した。抵抗器以外の抵抗は無視できるものとして，次の問いに答えなさい。 ６点×５（30点）

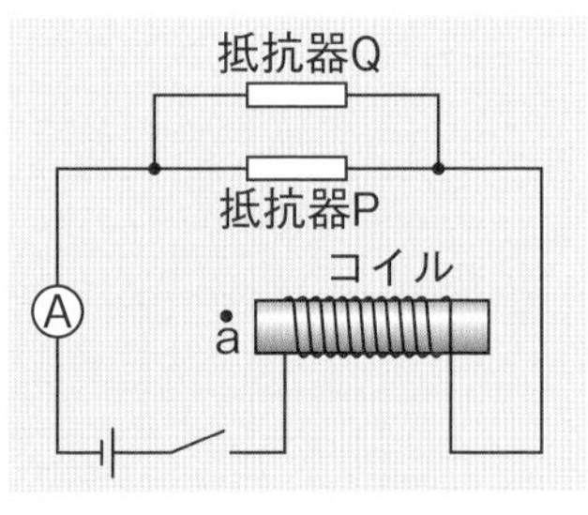

(1) この回路全体の抵抗の大きさを答えなさい。

(2) 抵抗器Ｐの抵抗の大きさを20Ωとしたとき，抵抗器Ｑの抵抗の大きさを求めなさい。

(3) (2)のとき，抵抗器ＰとＱを直列につないだとしたら，回路全体の抵抗の大きさは何Ωになるか。

(4) スイッチを閉じると，コイルは電磁石になった。図のａ点に置いた磁針のＮ極はどうなるか。次の㋐〜㋓から選びなさい。

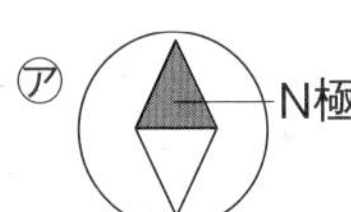

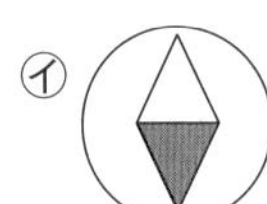

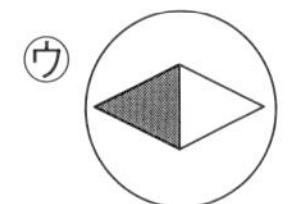

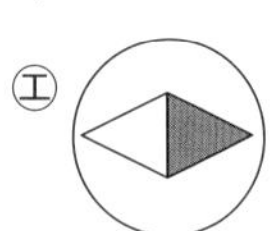

(5) 回路に流れる電流を逆にしたとき，図のａ点の磁針のＮ極はどうなるか。(4)の㋐〜㋓から選びなさい。

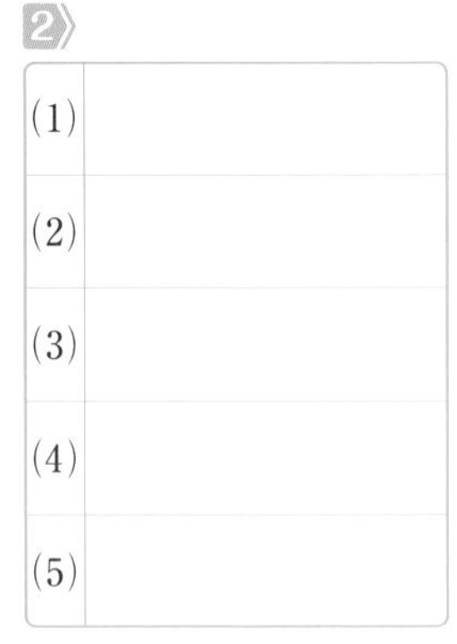

2	
(1)	
(2)	
(3)	
(4)	
(5)	

目標 直列回路と並列回路のちがい，オームの法則，電流と発熱の関係，電流と磁界の関係を，しっかりとおさえておこう。

自分の得点まで色をぬろう！

がんばろう！ もう一歩 合格！

0 60 80 100点

3 2つのビーカーA，Bに水を100gずつ入れ，Aに電熱線M(6V－9W)，Bに電熱線N(6V－6W)をひたし，右の図のような回路をつくった。このとき水の温度はどちらも18℃で，スイッチ1，スイッチ2を入れて電源の電圧を6Vにして，5分間電流を流した。次の問いに答えなさい。 5点×5(25点)

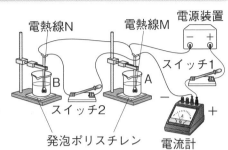

(1) この回路は，直列回路，並列回路のどちらか。

(2) 実験終了時の水の温度はA，Bどちらの方が高いか。ただし，電熱線で発生した熱は，すべて水の温度上昇に使われたものとする。

(3) 電源の電圧を6Vにして，スイッチ1，2を入れたとき，電流計に流れる電流の大きさ I_1〔A〕，電熱線Mが1秒間に発生する熱量を Q_1〔J〕とする。次に図のスイッチ2を切ってスイッチ1を入れたときに電流計に流れる電流の大きさを I_2〔A〕，電熱線Mが1秒間あたりに発生する熱量を Q_2〔J〕とする。次の問いに答えなさい。

① I_1 の大きさは何Aか。

② I_2 の大きさは何Aか。

③ Q_1 と Q_2 の大きさについて正しいものを，次のア～ウから選びなさい。

ア $Q_1 > Q_2$　　イ $Q_1 = Q_2$　　ウ $Q_1 < Q_2$

3

(1)		
(2)		
(3)	①	
	②	
	③	

4 右の図のように，スタンドからコイルをつるし，U字形の磁石をN極を上，S極を下にして，N極がコイルに入るように置いた。コイルに，電熱線A，Bを直列につなぎ，電源装置の電圧を4.0Vにしてスイッチを入れると，コイルは矢印の向きに動き，電熱線Aの両端の電圧は2.4Vになった。電熱線以外の抵抗は無視できるものとして，次の問いに答えなさい。 5点×3(15点)

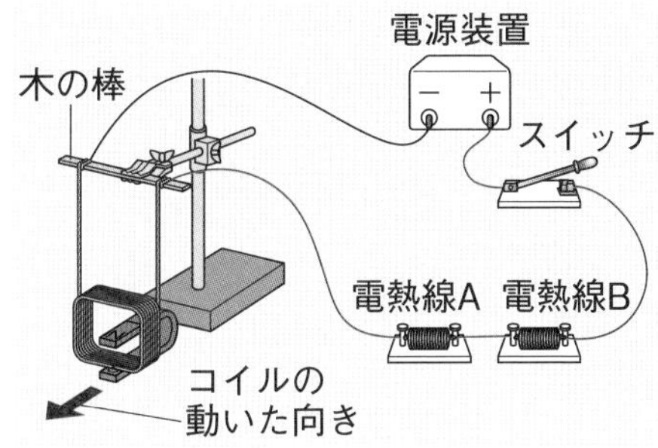

(1) スイッチを入れたとき，電熱線Bの両端に加わる電圧は何Vになるか。

(2) 回路全体に流れる電流の大きさが200mAだったとき，電熱線Aの抵抗の大きさは何Ωか。

(3) 電熱線AとBを並列につないで，電源の電圧を4.0Vにしてスイッチを入れると，コイルの動きは，直列つなぎのときと比べてどうなるか。

4

(1)	
(2)	
(3)	

終わったら後ろの，5，6をやろう。

解答 p.42

理科の力をのばそう

計算力UP 注意して計算してみよう！

1 **金属の酸化と質量の変化** 右の図のように，マグネシウムの粉末3.0 gをステンレス皿にうすく広げ，じゅうぶんに加熱したところ，酸化マグネシウムの白い粉末が5.0 g生じた。これについて，次の問いに答えなさい。

単元① 第4章
マグネシウムと酸素は一定の質量の割合で結びつくことから計算。

(1) 4.5 gのマグネシウムの粉末をじゅうぶんに加熱したとき，マグネシウムと結びつく酸素の質量を求めなさい。

(　　　　)

(2) 6.0 gのマグネシウムの粉末を加熱したところ，加熱がじゅうぶんではなく，加熱後の質量は7.0 gであった。このとき，反応せずに残っているマグネシウムの質量を求めなさい。

(　　　　)

(3) マグネシウムと銅の混合物4.0 gをじゅうぶんに加熱したところ，加熱後の質量は6.0 gになった。混合物にふくまれていたマグネシウムの質量を求めなさい。ただし，銅と酸素が結びつくときの質量の比は，銅：酸素＝4：1とする。 (　　　　)

2 **蒸散** 葉の大きさと枚数が同じ枝を3本用意し，下の図の㋐～㋒のような処理をした後，水が入ったメスシリンダーにさし，水面に油をうかべた。数時間後，㋐～㋒の水の減少量を調べると，表のとおりであった。これについて，あとの問いに答えなさい。

単元② 第2章
吸水量＝蒸散量
ワセリンをぬったところでは蒸散がないことを利用して計算。

㋐
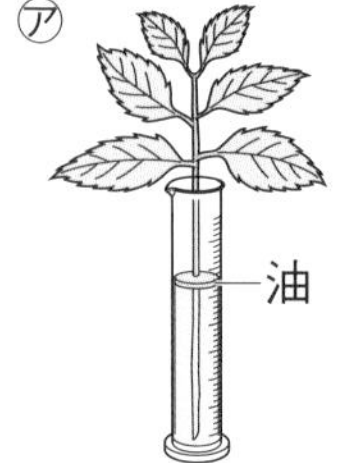

何もぬらない。

㋑
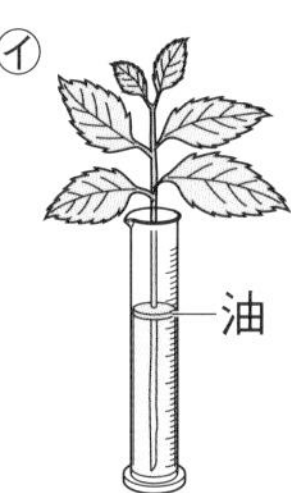

葉の表側にワセリンをぬる。

㋒
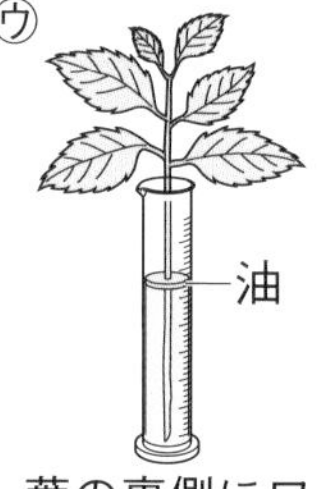

葉の裏側にワセリンをぬる。

枝	㋐	㋑	㋒
水の減少量〔cm³〕	5.8	4.2	2.0

(1) 葉の表側から出ていった水蒸気の量と葉の裏側から出ていった水蒸気の量の差を求めなさい。

(　　　　)

(2) 葉の表側から出ていった水蒸気の量を求めなさい。

(　　　　)

(3) 葉の裏側から出ていった水蒸気の量を求めなさい。 (　　　　)

3 **圧力** 右の図のような質量3kgの直方体の物体をゆかに置いた。質量100gの物体にはたらく重力の大きさを1Nとして，次の問いに答えなさい。

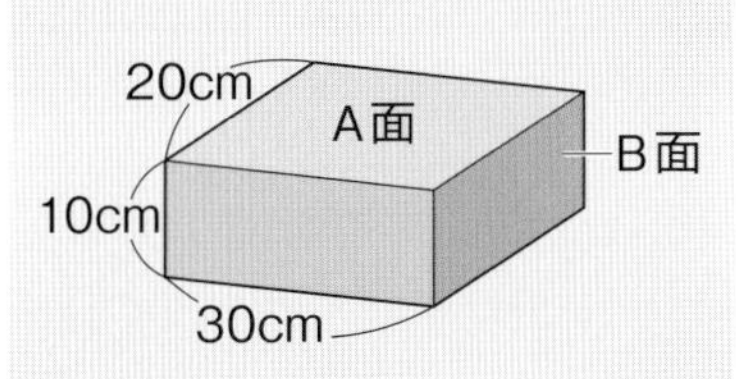

単元③ 第1章
面を垂直におす力の大きさ，力がはたらく面積，圧力を求める公式を利用して計算。

(1) 物体がゆかを垂直におす力の大きさを求めなさい，

（　　　）

(2) A面を下にしてゆかに置いたときの圧力の大きさは何Paか。

（　　　）

(3) B面を下にしてゆかに置いたときの圧力の大きさは，(1)の何倍か。

（　　　）

(4) A面を下にしてゆかに置き，その上におもりをのせたところ，ゆかにはたらく圧力の大きさは1250Paになった。おもりの質量は何gか。

（　　　）

(5) ゆかと物体の間に質量を無視できるうすい板をはさみ，A面を下にして置いたところ，ゆかにはたらく圧力の大きさは300Paになった。板の面積は何cm^2か。

（　　　）

4 **飽和水蒸気量と湿度** 右の表は，それぞれの温度における飽和水蒸気量を表している。これについて，次の問いに答えなさい。

温度〔℃〕	飽和水蒸気量〔g/m^3〕
5	6.8
10	9.4
15	12.8
20	17.3
25	23.1
30	30.4

単元③ 第1章
飽和水蒸気量，空気中の水蒸気の質量，湿度を求める公式を利用して計算。

(1) 気温が25℃で，1m^3中に9.4gの水蒸気をふくむ空気がある。

① この空気の湿度は何%か。四捨五入して小数第1位まで求めなさい。

（　　　）

② この空気を15℃まで冷やすと，湿度は何%になるか。四捨五入して小数第1位まで求めなさい。

（　　　）

③ この空気を10℃まで冷やしたときの湿度を求めなさい。

（　　　）

④ この空気を5℃まで冷やしたとき，空気1m^3あたり何gの水蒸気が水滴に変化するか。

（　　　）

(2) ある日の気温が15℃で，湿度が50%であったとき，空気1m^3中にふくまれる水蒸気の質量を求めなさい。

（　　　）

(3) 気温が25℃で，湿度が75%の空気がある。この空気の露点を整数で答えなさい。

（　　　）

5 **電流・電圧・抵抗** 次の回路について，あとの問いに答えなさい。

単元 4 第2章
抵抗を直列や並列につないだときの電流・電圧の関係やオームの法則を利用して計算。

図1

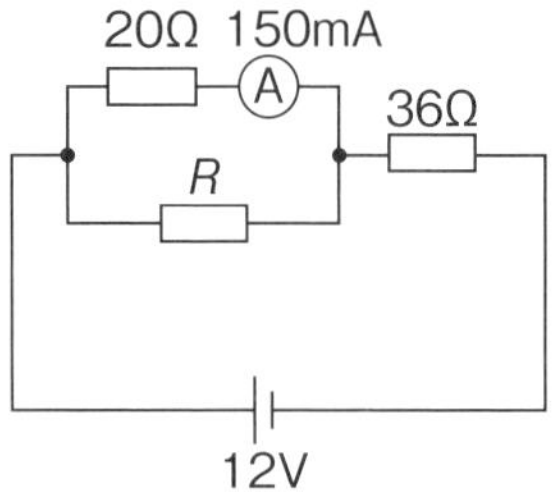

図2

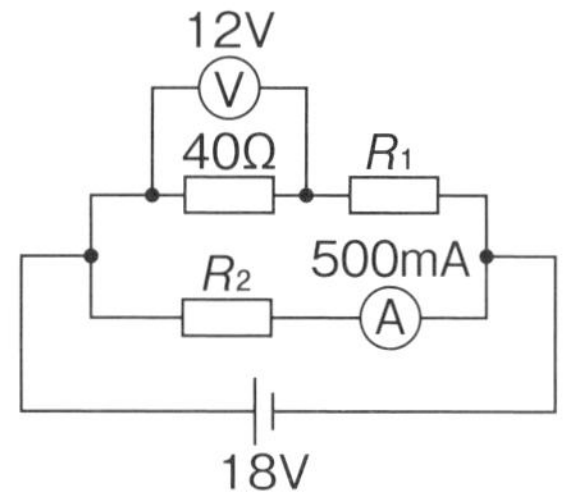

(1) 20 Ωと36 Ωの抵抗器，抵抗のわからない抵抗器Rを使って図1の回路をつくり，12 Vの電圧を加えたところ，電流計は150mAを示した。次の問いに答えなさい。

① 36 Ωの抵抗器に流れる電流は何mAか。

( )

② 抵抗器Rに流れる電流は何mAか。

( )

③ 抵抗器Rの抵抗は何Ωか。

( )

④ 回路全体の抵抗は何Ωか。

( )

(2) 40 Ωの抵抗器と抵抗のわからない抵抗器R_1，R_2を使って図2の回路をつくり，18 Vの電圧を加えたところ，電圧計は12 V，電流計は500mAを示した。次の問いに答えなさい。

① 抵抗器R_1の抵抗は何Ωか。

( )

② 抵抗器R_2の抵抗は何Ωか。

( )

③ 回路全体の抵抗は何Ωか。

( )

6 **電熱線と発熱** 右の図のような装置をつくり，100cm^{3}の水を入れたポリエチレンのビーカーの中に6 V－12Wの電熱線を入れて，5分間電流を流した。電源の電圧を6 Vとして，次の問いに答えなさい。

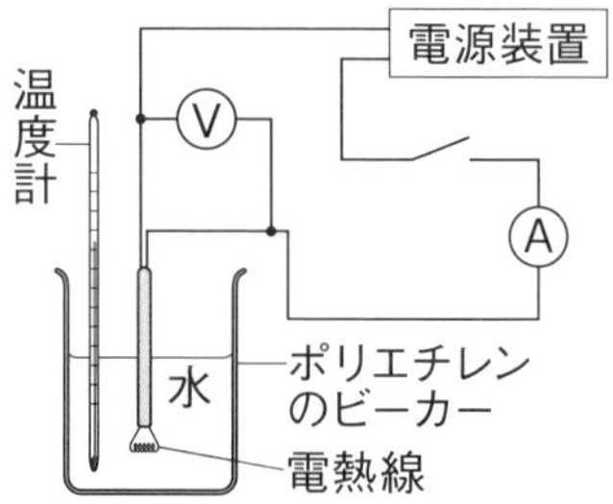

単元 4 第2章
電力を求める式，熱量を求める式を利用して計算。

(1) この回路に流れる電流の大きさを，単位とともに答えなさい。

( )

(2) この回路に5分間電流を流したとき，電熱線から発生する熱量を単位とともに答えなさい。

( )

作図力UP よく考えてかいてみよう！

7 **銅の酸化**　銅を加熱すると，空気中の酸素と結びつく。これについて，次の問いに答えなさい。

単元①第４章
測定値を・などの印で記入し，全ての測定値のなるべく近くを通るなめらかな曲線か直線を引く。

(1)　銅の粉末1.00gをステンレス皿に入れ，くり返し加熱しながら，そのつどステンレス皿の中の物質の質量を調べたところ，次の表のようになった。このときの，加熱した回数と，結びついた酸素の質量の関係を，下の図１に表しなさい。

加熱した回数〔回〕	1	2	3	4	5	6
ステンレス皿の中の物質の質量〔g〕	1.07	1.14	1.21	1.25	1.25	1.25

(2)　銅の質量を変えて加熱し，加熱する前の銅の質量と，完全に酸素と結びついてできた酸化銅の質量の関係を調べたところ，次の表のようになった。このときの，銅の質量と，酸化銅の質量の関係を，下の図２に表しなさい。

銅の質量〔g〕	0.20	0.40	0.60	0.80	1.00
酸化銅の質量〔g〕	0.25	0.49	0.75	1.00	1.25

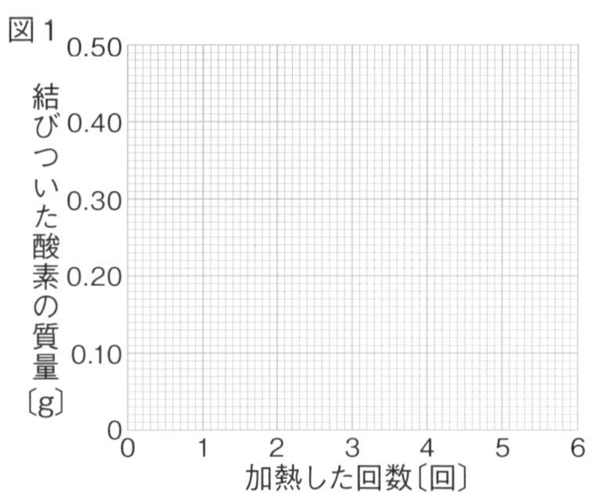

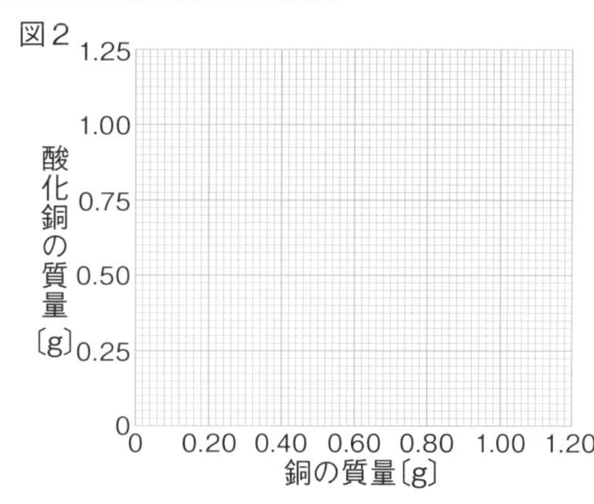

8 **等圧線**　右の天気図の［　］内の数字は気圧を表し，例えば，21は1021hPaを示している。［　］内に，等圧線Aと等圧線Bがつながるように等圧線を引きなさい。

単元③第１章
等圧線は4hPaごとに引いてある。AとBの等圧線が表す気圧を確認し，各地の気圧からわかる等圧線A，Bと同じ気圧の地点に線を引く。

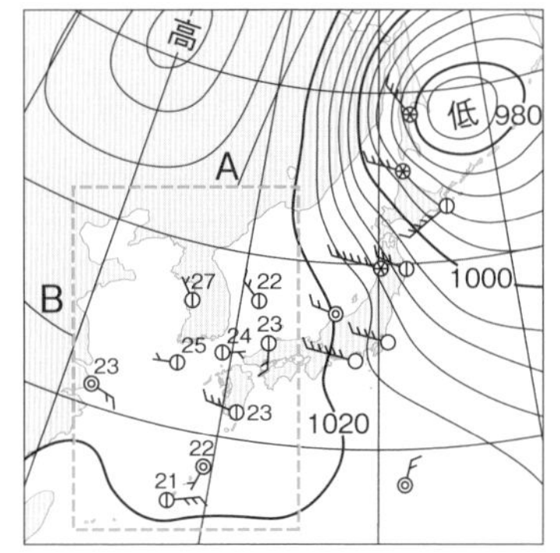

記述力UP 自分の言葉で表現してみよう！

9 化学変化と熱 鉄と硫黄の混合物を試験管に入れ，右の図のように加熱し，反応が始まったら加熱するのをやめたが，その後も反応は続き，やがて鉄と硫黄は完全に反応した。加熱をやめても反応が続いたのはなぜか。簡単に答えなさい。

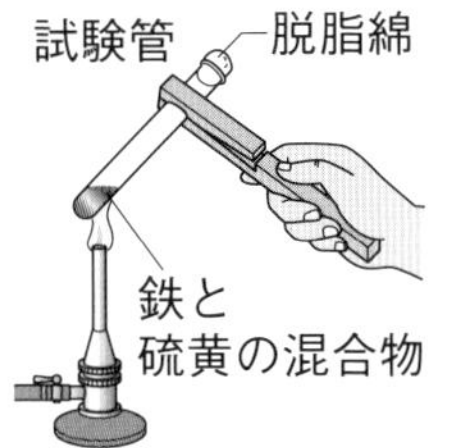

単元1 第2章
鉄と硫黄が反応するときの熱の出入りに着目して考える。また，理由を答えるので，「〜から。」で文が終わるようにする。

(　　　)

10 植物の細胞 細胞壁は植物にとって，どのようなことに役立っているか。簡単に答えなさい。

単元2 第1章
細胞壁は，細胞膜の外側にあり，かたくてじょうぶであることから考える。

(　　　)

11 葉のつき方 右の図のように，ヒマワリを真上から見ると，葉が重ならないようについているのはなぜか。簡単に答えなさい。

単元2 第2章
葉で行われる植物のはたらきをもとに考える。

(　　　)

12 赤血球のはたらき 赤血球が肺でとりこまれた酸素を全身の酸素が必要なところに運ぶことができるのはなぜか。赤血球にふくまれる酸素を運ぶ物質の名称を使って簡単に答えなさい。

単元2 第3章
赤血球にふくまれる物質の性質に着目して考える。

(　　　)

13 大気圧 右の図のように，少量の水を入れた空きかんを沸騰させ，湯気が出たら加熱をやめてラップシートでくるむと，やがて空きかんはつぶれた。このようになるのはなぜか。簡単に答えなさい。

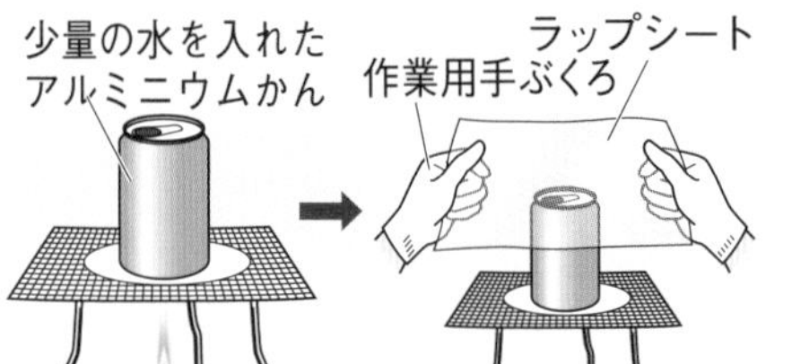

単元3 第1章
空きかんの中と外の圧力に着目して考える。

(　　　)

陰極線（電子線）のようす

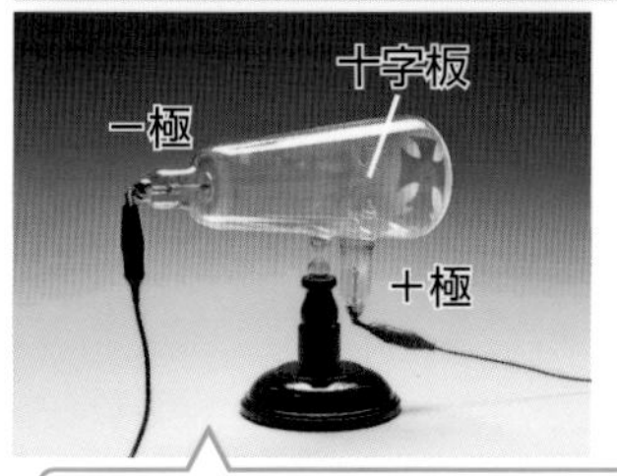

＋極側に十字板の影ができる。

→ 電子は－極から＋極に向かって移動する。

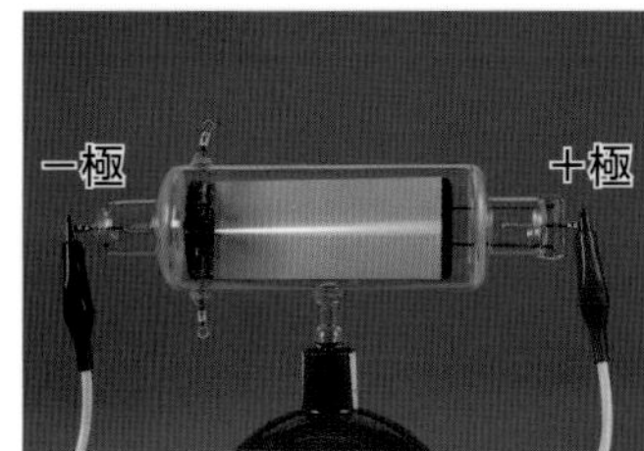

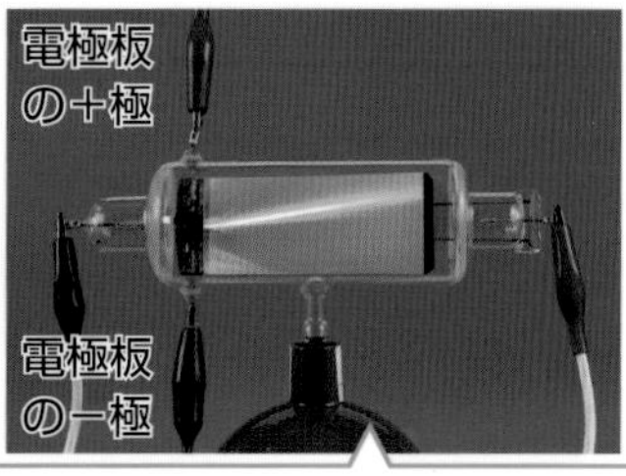

上下方向にも電圧を加えると，＋極側に曲がる。

→ 電子は，－の電気をもつ。

電流がつくる磁界

●導線のまわり

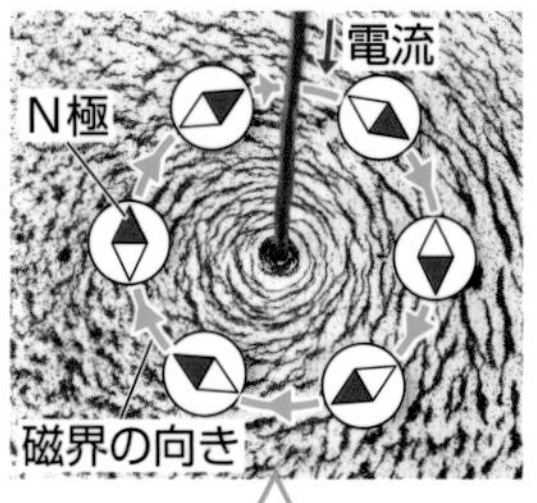

同心円状の磁界

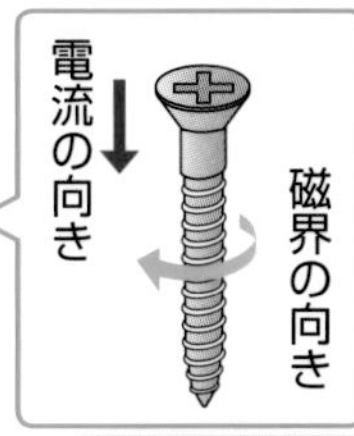

磁界の向きを変える方法

電流の向きを変える。

●コイルのまわり

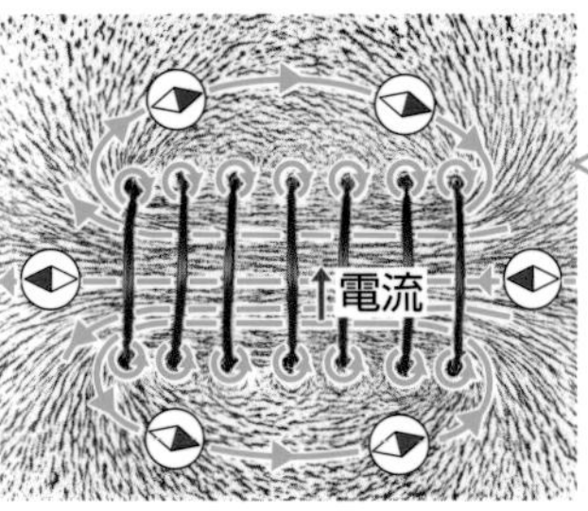

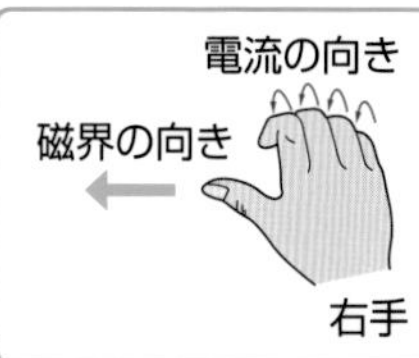

磁界を強くする方法

- 電流を大きくする。
- コイルの巻数を多くする。
- コイルに鉄心を入れる。

いろいろな化学変化

●炭酸水素ナトリウムの熱分解

炭酸水素ナトリウム ⟶ 炭酸ナトリウム ＋ 二酸化炭素 ＋ 水

（$2NaHCO_3 \longrightarrow Na_2CO_3 + CO_2 + H_2O$）

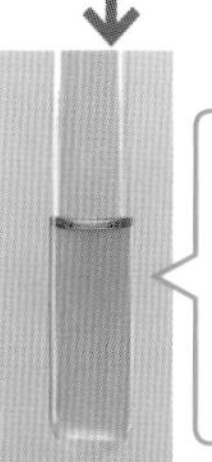

- 水に少しとける。
- 水溶液は弱いアルカリ性。

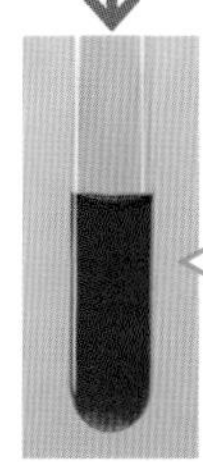

- 水によくとける。
- 水溶液は強いアルカリ性。

●水の電気分解

水 ⟶ 水素 ＋ 酸素

（$2H_2O \longrightarrow 2H_2 + O_2$）

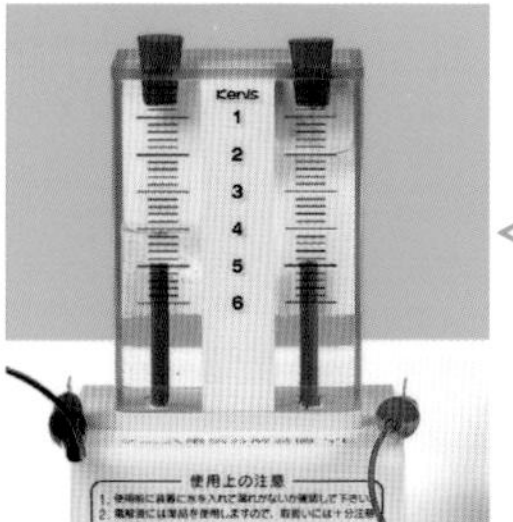

陰極に水素，陽極に酸素が発生する。

気体の体積は，水素：酸素＝2：1

●銅の酸化

銅 ＋ 酸素 ⟶ 酸化銅

（$2Cu + O_2 \longrightarrow 2CuO$）

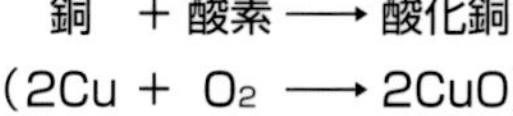

結びつく質量の比は銅：酸素＝4：1で一定。

●酸化銅の還元

酸化銅 ＋ 炭素 ⟶ 銅 ＋ 二酸化炭素

（$2CuO + C \longrightarrow 2Cu + CO_2$）

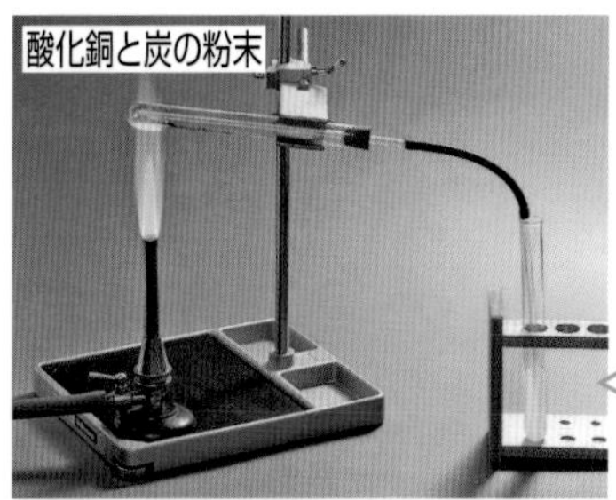

石灰水が白くにごる。

細胞のつくり

植物の細胞に特徴的なつくり
植物の細胞
植物と動物の細胞に共通するつくり
動物の細胞
液胞
貯蔵物質や不要な物質がふくまれる。
細胞壁
植物のからだを支える。
葉緑体
光合成を行う。
細胞膜
細胞の外側にある。
核
染色液によく染まる。

タマネギの表皮

オオカナダモの葉

ヒトのほおの粘膜

ヒトの筋肉

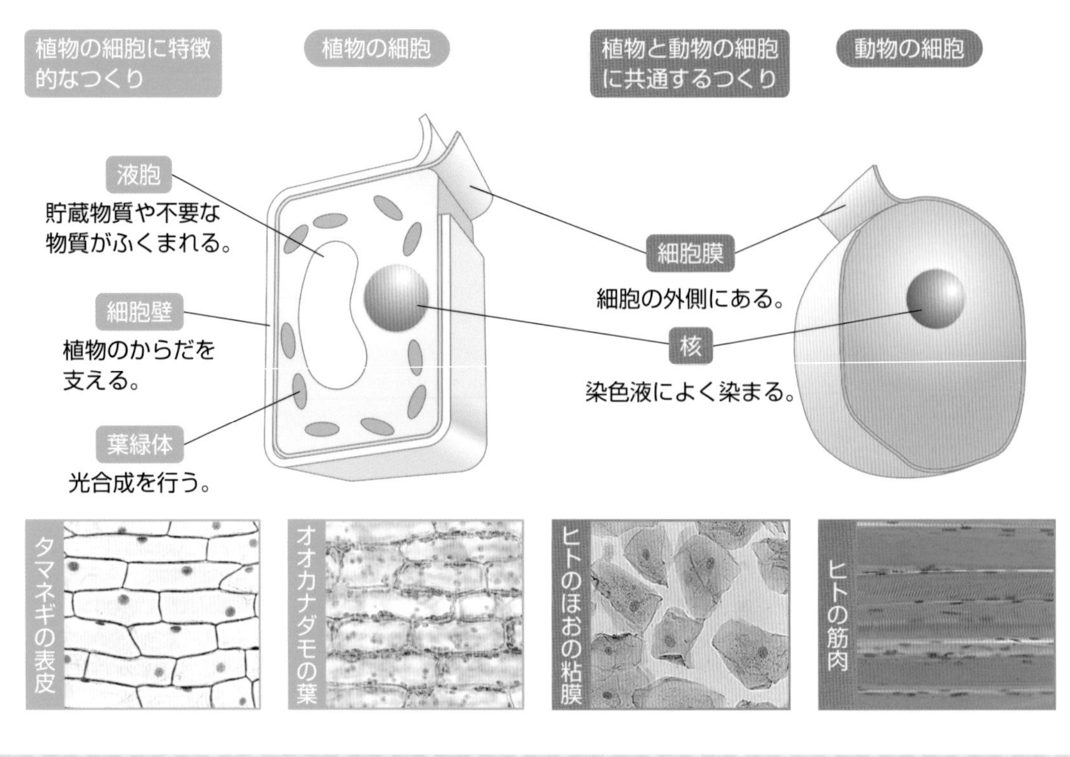

前線と雲

積雲

積乱雲

乱層雲

巻雲

巻層雲
高層雲
巻雲
巻積雲
積雲
積乱雲
低
乱層雲
高積雲
前線面
前線面
暖気
寒気
寒気
寒冷前線
温暖前線
雨
・強い雨
・短時間
・せまい範囲
通過後
・北よりの風
・気温が下がる。
雨
・弱い雨
・長時間
・広い範囲
通過後
・南よりの風
・気温が上がる。

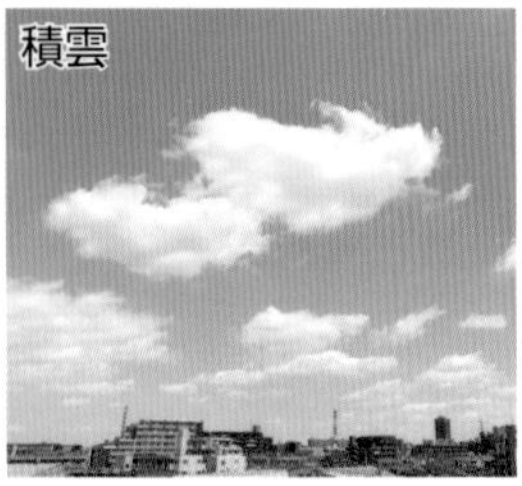

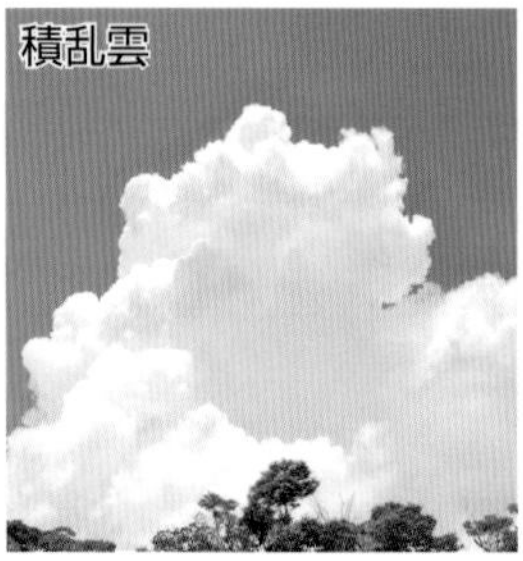

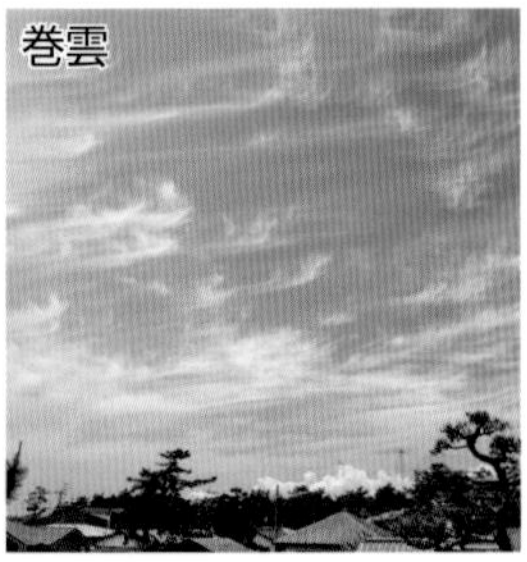

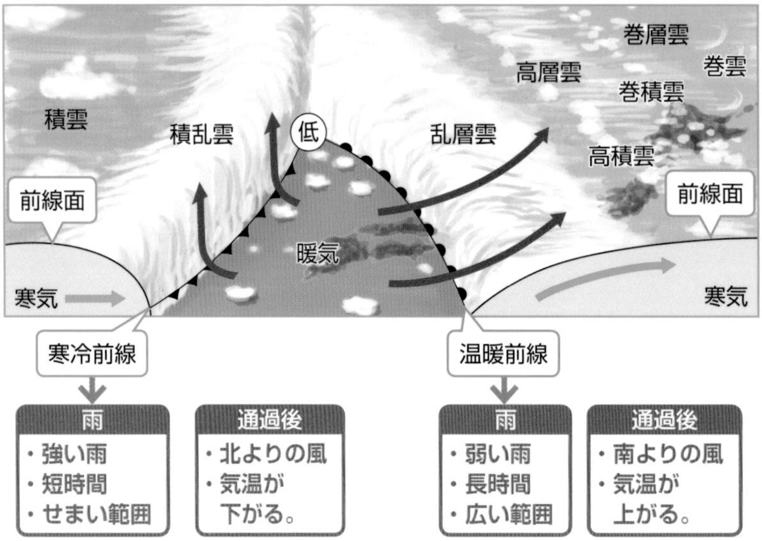

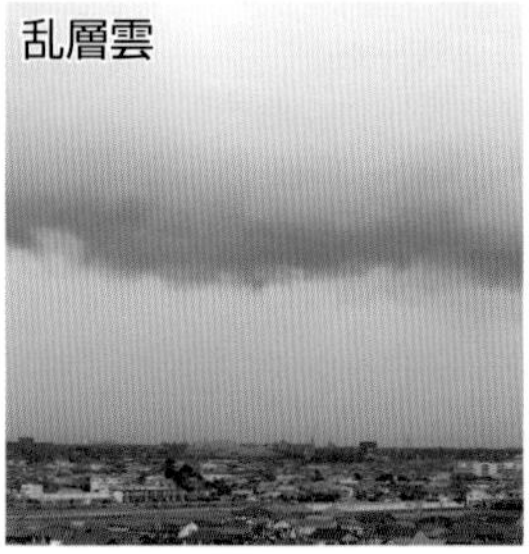

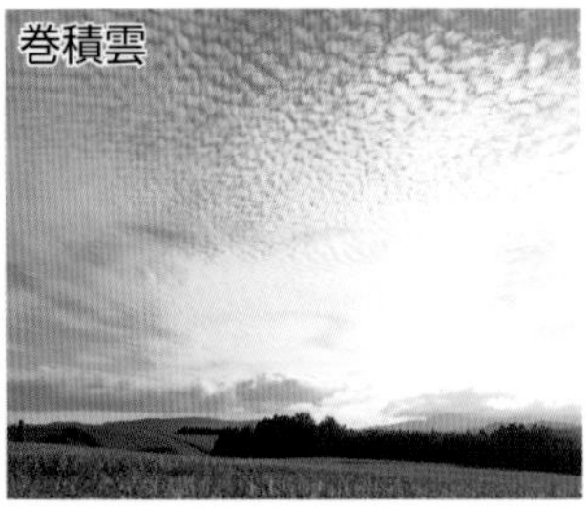

巻積雲

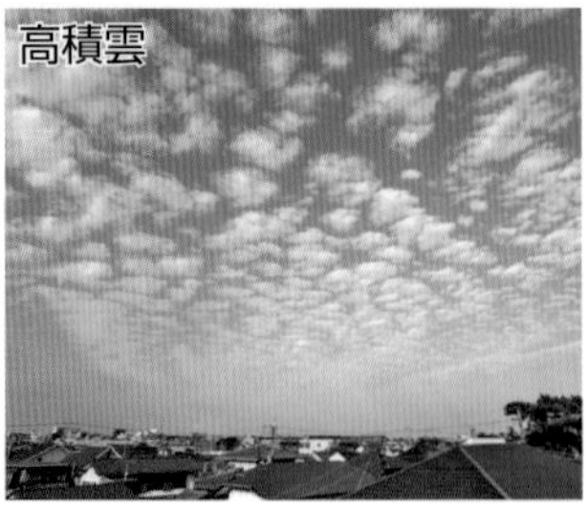

高積雲

定期テスト対策

得点アップ！予想問題

1
この「**予想問題**」で実力を確かめよう！

2
「**解答と解説**」で答え合わせをしよう！

3
わからなかった問題は戻って復習しよう！

この本での学習ページ

スキマ時間でポイントを確認！
別冊「**スピードチェック**」も使おう

●予想問題の構成

回数	教科書ページ	教科書の内容	この本での学習ページ
第1回	12〜48	第１章　物質のなり立ち 第２章　物質どうしの化学変化	2〜15
第2回	49〜87	第３章　酸素がかかわる化学変化 第４章　化学変化と物質の質量 第５章　化学変化とその利用	16〜31
第3回	88〜128	第１章　生物と細胞 第２章　植物のからだのつくりとはたらき	32〜49
第4回	129〜169	第３章　動物のからだのつくりとはたらき 第４章　刺激と反応	50〜71
第5回	170〜196	第１章　気象の観測	72〜85
第6回	197〜233	第２章　雲のでき方と前線 第３章　大気の動きと日本の天気	86〜101
第7回	234〜297	第１章　静電気と電流 第２章　電流の性質 第３章　電流と磁界	102〜131

第1回 予想問題 第1章 物質のなり立ち 第2章 物質どうしの化学変化

1 右の図のような装置を使い，炭酸水素ナトリウムを熱すると気体が発生した。発生した気体は試験管Bに集めた。反応後の試験管Aには白い物質が残り，試験管の口の部分には液体Xがついていた。これについて，次の問いに答えなさい。 5点×4（20点）

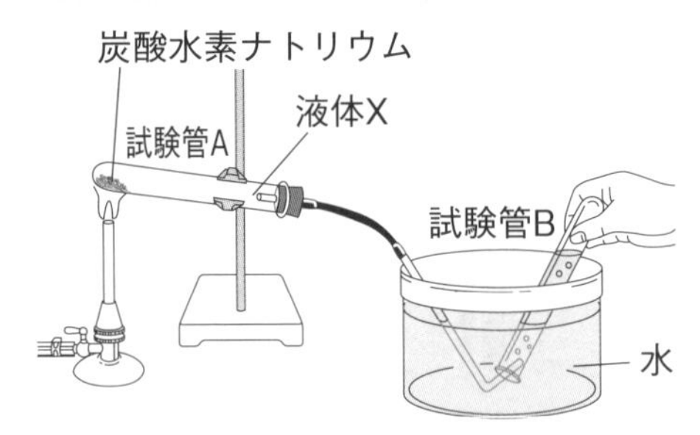

(1) 気体を集めた試験管Bに石灰水を入れてよくふると，どのような変化が見られるか。

(2) 試験管Aに残った白い物質の名称を答えなさい。

(3) 液体Xに青色の塩化コバルト紙をつけると，塩化コバルト紙は何色に変化するか。

(4) 炭酸水素ナトリウムを熱したときに起こる化学変化を，化学反応式で表しなさい。

(1)		(2)	
(3)		(4)	

2 次の実験1から実験3のようにして，鉄粉と硫黄の粉末の混合物を熱したときの変化を調べた。あとの問いに答えなさい。 5点×4（20点）

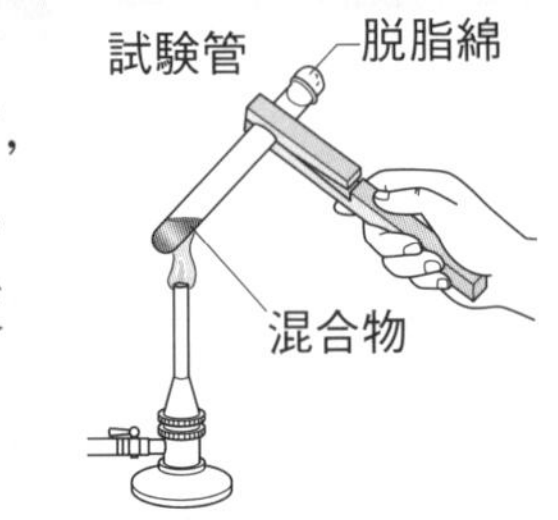

〈実験1〉 鉄粉3.5 g，硫黄の粉末2 gの混合物を試験管に入れて，口を脱脂綿でゆるく閉じ，右の図のように，混合物の上部を熱した。混合物の上部が赤くなったら加熱をやめたが反応は進み，反応後の試験管には黒い物質ができた。

〈実験2〉 黒い物質がじゅうぶんに冷えてから，磁石を近づけた。

〈実験3〉 別の試験管に黒い物質を少量とり分け，うすい塩酸を入れると気体が発生した。

(1) 鉄と硫黄の混合物を熱したときに起こる化学変化を，化学反応式で表しなさい。

(2) **実験1**で,加熱をやめても反応が続いたのはなぜか。その理由として最も適切なものを，次の**ア**〜**エ**から選びなさい。

ア 鉄と硫黄が反応するときに発熱するから。 **イ** 硫黄が燃え続けようとするから。

ウ 鉄粉が空気中の酸素と反応して発熱するから。 **エ** 黒い物質が熱をもつから。

(3) **実験2**の結果を書きなさい。

(4) **実験3**で発生した気体のにおいはどのようであったか。

(1)		(2)	
(3)		(4)	

3 右の図のような装置で，水の電気分解を行った。これについて，次の問いに答えなさい。　5点×6(30点)

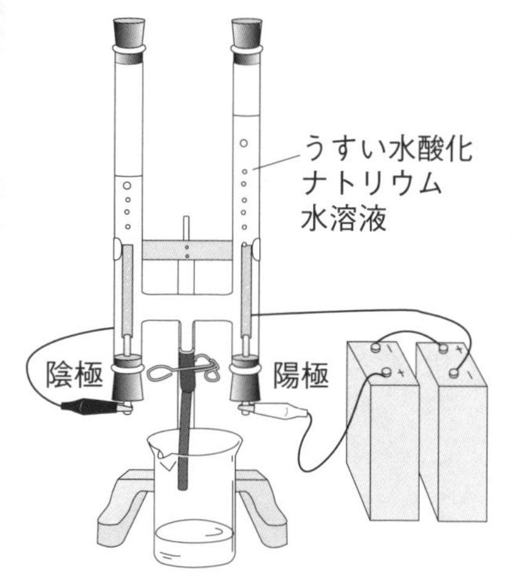

(1) 純粋な水のもつある性質のために，水に水酸化ナトリウムをとかして電気分解を行った。純粋な水のもつある性質はどのようなものか。

(2) 陽極から発生した気体の名称を答えなさい。

(3) 陰極から発生した気体の名称を答えなさい。

(4) 発生した気体の体積が大きいのは，陽極，陰極のどちらか。

(5) マッチの火を近づけたときに，音を立てて燃える気体が発生するのは，陽極，陰極のどちらか。

(6) 水の電気分解を化学反応式で表しなさい。

(1)							
(2)		(3)		(4)		(5)	
(6)							

4 次の問いに答えなさい。　2点×15(30点)

(1) 次の元素を，元素記号で表しなさい。

① 鉄　② 銅

③ 窒素　④ マグネシウム

(2) 次の元素記号で表される元素は何か。

① Ca　② C

③ Cl　④ Ag

(3) 次の物質を化学式で表しなさい。

① 鉄　② 水素

③ 酸化銅　④ アンモニア

⑤ 塩化ナトリウム

(4) (3)の①〜⑤の物質から単体をすべて選び，番号で答えなさい。

(5) 酸化銀の加熱による分解を，化学反応式で表しなさい。

(1)	①		②		③		④			
(2)	①		②		③		④			
(3)	①		②		③		④		⑤	
(4)			(5)							

第2回 予想問題

第３章　酸素がかかわる化学変化
第４章　化学変化と物質の質量
第５章　化学変化とその利用

1 金属と酸素が結びつく反応について，次の問いに答えなさい。　4点×7（28点）

(1) 質量の等しいスチールウール㋐，㋑を用意し，右の図のように㋑だけを空気を送りこみながらじゅうぶんに加熱した。

上皿てんびん　㋐　㋑　空気を送りながら加熱する。　ガラス管　スチールウール　空気

① 加熱後の㋑の質量は，㋐と比べてどうなったか。

② ①の理由を答えなさい。

③ ㋐と，加熱後の㋑の物質名をそれぞれ答えなさい。

(2) 銅とマグネシウムをガスバーナーで加熱した。

① 反応中のようすを説明したものとして最も適切なものを，次の**ア**〜**ウ**から選びなさい。

ア 銅は熱や光を出して激しく反応するが，マグネシウムはおだやかに反応する。

イ マグネシウムは熱や光を出して激しく反応するが，銅はおだやかに反応する。

ウ 銅もマグネシウムも熱や光を出して激しく反応する。

② 銅を加熱したときの化学変化を，化学反応式で表しなさい。

③ マグネシウムを加熱したときの化学変化を，化学反応式で表しなさい。

(1)	①		②			
	③	㋐		㋑		
(2)	①		②		③	

2 右の図のようにして，酸化銅の粉末2.0 gと炭素粉末0.2 gの混合物を熱すると，気体が発生して石灰水は白くにごり，加熱した試験管には赤色の物質が残った。これについて，次の問いに答えなさい。　5点×5（25点）

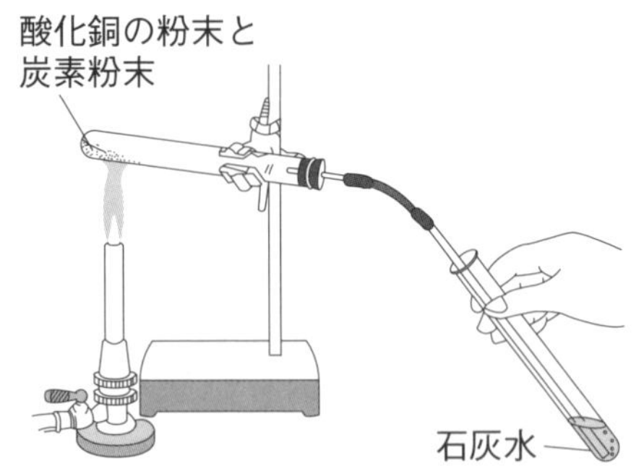

(1) 発生した気体は何か。物質名を答えなさい。

(2) 加熱した試験管に残った赤い物質は何か。物質名を答えなさい。

(3) 実験で，酸化銅に起こった化学変化を何というか。漢字２文字で答えなさい。

(4) 実験で，炭素に起こった化学変化を何というか。漢字２文字で答えなさい。

(5) この実験で起こった化学変化を，化学反応式で表しなさい。

(1)		(2)		(3)		(4)	
(5)							

3 炭酸水素ナトリウムとうすい塩酸を右の図のような容器に入れ，容器全体の質量をはかるとX gであった。次の問いに答えなさい。 4点×3（12点）

うすい塩酸
炭酸水素ナトリウム

(1) 炭酸水素ナトリウムにうすい塩酸を加えたときに発生する気体と同じものが発生する化学変化を，次の**ア**～**エ**から選びなさい。

ア 二酸化マンガンにオキシドールを加える。

イ 石灰石にうすい塩酸を加える。

ウ 亜鉛にうすい塩酸を加える。

エ 塩化アンモニウムと水酸化カルシウムの混合物を加熱する。

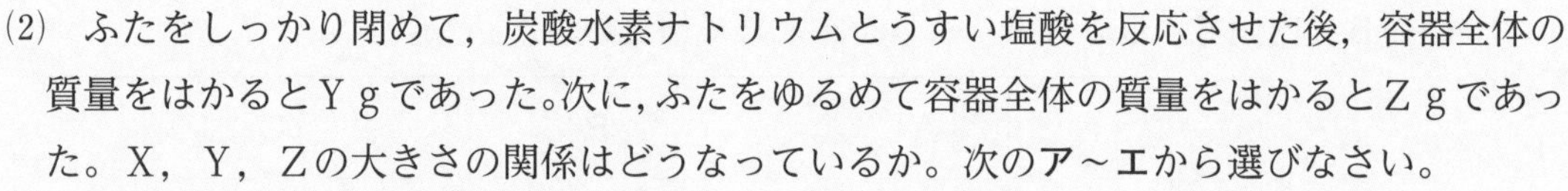

(2) ふたをしっかり閉めて，炭酸水素ナトリウムとうすい塩酸を反応させた後，容器全体の質量をはかるとY gであった。次に，ふたをゆるめて容器全体の質量をはかるとZ gであった。X，Y，Zの大きさの関係はどうなっているか。次の**ア**～**エ**から選びなさい。

ア X＞Y＞Z　**イ** X＝Y＝Z　**ウ** X＝Y＞Z　**エ** X＜Y＜Z

(3) (2)の関係から確認できる，質量に関する法則を何というか。

(1)		(2)		(3)	

4 右の図のように，ステンレス皿の上で銅の粉末をうすく広げてじゅうぶんに加熱した。表は，加熱前後の質量の変化をまとめたものである。あとの問いに答えなさい。 5点×7（35点）

銅の質量〔g〕	0	0.4	0.8	1.2	1.6	2.0
加熱後の質量〔g〕	0	0.5	1.0	1.5	2.0	2.5

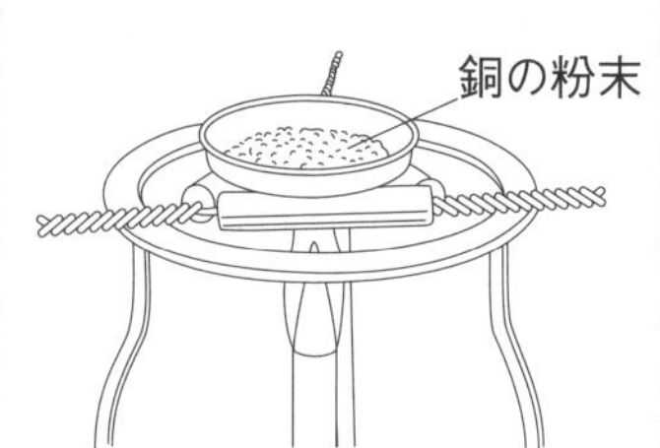

(1) 銅の粉末をステンレス皿にうすく広げたのはなぜか。その理由を答えなさい。

(2) 銅の粉末は，何色から何色に変化したか。

(3) 銅は何という物質に変化したか。物質名を答えなさい。

(4) 銅と結びついた酸素の質量の関係を右のグラフにかきなさい。

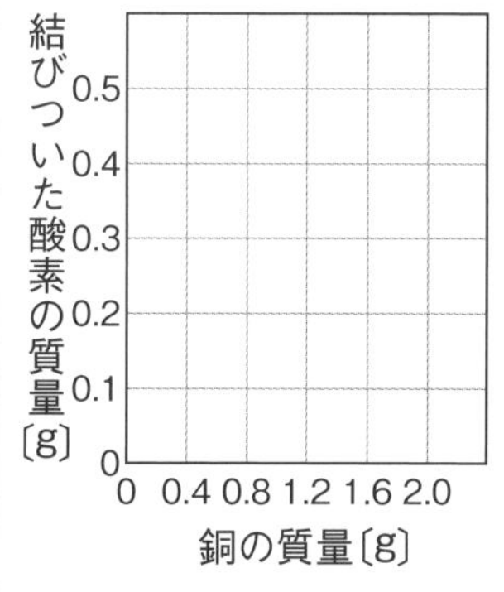

(5) 実験の結果から，銅と酸素が結びつくときの質量の割合を，最も簡単な整数の比で答えなさい。

(6) 銅の粉末2.8 gをじゅうぶんに加熱すると，何gの酸素と結びつくか。

(7) 銅の粉末をじゅうぶんに加熱し，加熱後の質量が4.5 gであるとき，加熱した銅の粉末は何gか。

(1)						(2)	から		
(3)		(4)	図に記入	(5)	銅：酸素＝	(6)		(7)	

第3回 予想問題

第1章　生物と細胞
第2章　植物のからだのつくりとはたらき

1 植物の細胞と動物の細胞を比べた。右の図の㋐と㋑は，それぞれ植物の細胞と動物の細胞のいずれかである。これについて，次の問いに答えなさい。　5点×7（35点）

(1)　植物の細胞を表しているのは，㋐，㋑のどちらか。

(2)　図のA〜Eのつくりを何というか。

(3)　図のBの内側で，C以外のつくりをまとめて何というか。

(1)		(2)	A		B		C	
(2)	D		E		(3)			

2 じゅうぶん明るいところに置いた水槽に入れておいた水草の葉Aと，1日暗いところに置いた水槽に入れておいた水草の葉Bをとり出し，次のような手順で実験を行った。これについて，あとの問いに答えなさい。　5点×5（25点）

〈手順1〉　図1のように，熱湯であたためたエタノールの中に葉A，Bを別々に入れ，水でよくゆすぐ。

〈手順2〉　図2のように，葉A，Bをスライドガラスにのせ，ヨウ素液をたらし，カバーガラスをかけてから顕微鏡で観察する。

図1

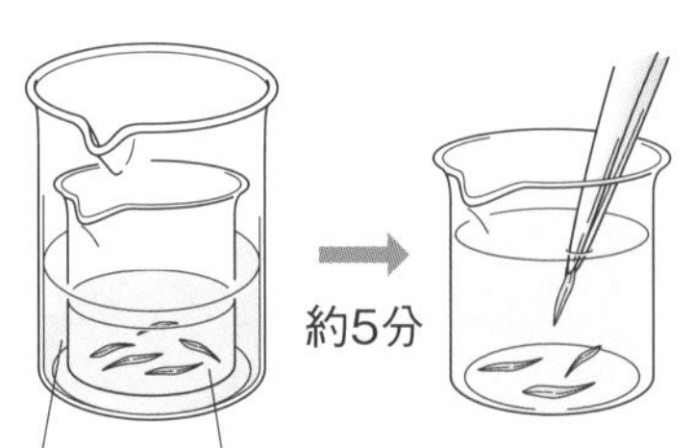

図2

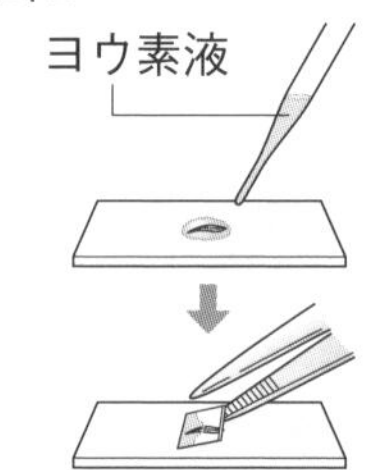

(1)　**手順1**で，あたためたエタノールの中に葉を入れたのはなぜか。その理由を次のア〜エから選びなさい。

ア　葉を消毒するため。　　**イ**　葉をあたためるため。

ウ　葉を脱色するため。　　**エ**　葉の養分を分解するため。

(2)　**手順2**で顕微鏡を観察したとき，一方の葉で，細胞のつくりに色の変化が見られた。変化が見られた葉はA，Bのどちらか。

(3)　(2)で色が変化していたつくりにできていた物質は何か。

(4)　実験の結果から，(3)の物質はどこでつくられることがわかるか。

(5)　植物が，(4)のつくりで(3)の物質をつくるはたらきを何というか。

(1)		(2)		(3)		(4)		(5)	

3 図1のように，ポリエチレンのふくろA，Bに新鮮なコマツナを入れ，Cには何も入れなかった。次に，Aは明るいところ，BとCは暗いところに置いた。2時間後，図2のように，ふくろA～Cの中の空気をそれぞれ石灰水に通した。これについて，あとの問いに答えなさい。

4点×6（24点）

図1

ストロー
セロハンテープ
輪ゴム
A
新鮮な
コマツナ
ポリエチレンのふくろ

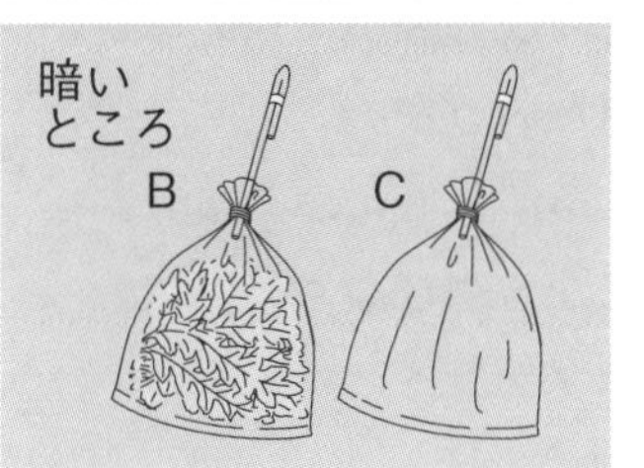

図2

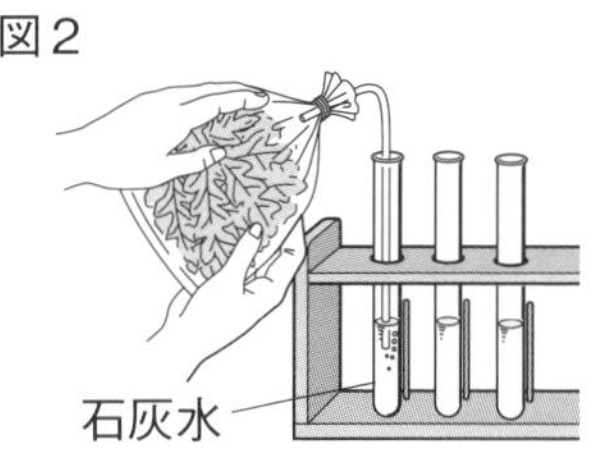

(1)　Bに対するCのような実験を何というか。

(2)　Cは，どのようなことを調べるために行った実験か。

(3)　石灰水が変化したのは，A～Cのうち，どのふくろの中の空気か。

(4)　(3)のふくろの中でふえた気体は何か。

(5)　(4)の気体がふえたのは，植物の何というはたらきのためか。

(6)　(5)のはたらきを，植物はいつ行っているか。次のア～ウから選びなさい。

ア　昼だけ　　**イ**　夜だけ　　**ウ**　一日中

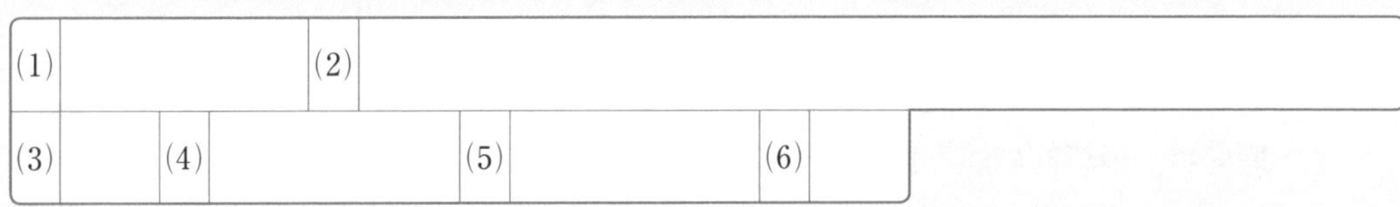

(1)		(2)					
(3)		(4)		(5)		(6)	

4 葉の大きさと枚数が同じ枝を3本用意し，右の図のように㋐～㋒の処理をした後，水が入ったメスシリンダーにさし，水面には油を浮かべた。数時間後，㋐～㋒の水の減少量を調べた。これについて，次の問いに答えなさい。

4点×4（16点）

(1)　植物のからだから水が水蒸気になって出ていくことを何というか。

(2)　㋑と㋒を比べたとき，数時間後の水の減少量が多いのはどちらか。

(3)　(2)のような結果になるのはなぜか。その理由を，水蒸気が出ていくつくりの名称を使って答えなさい。

㋐

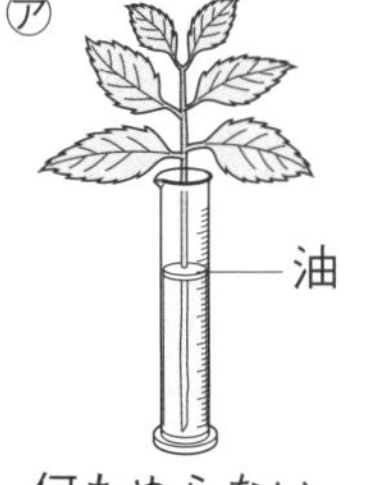

何もぬらない。

㋑

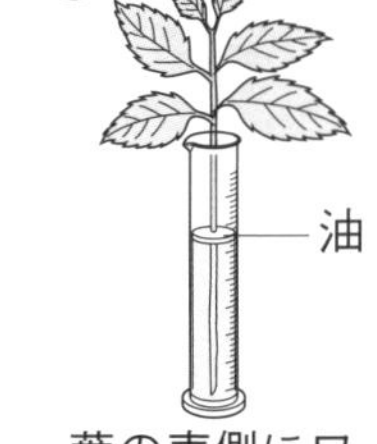

葉の表側にワセリンをぬる。

㋒

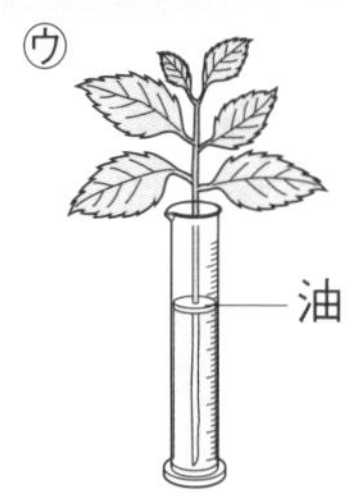

葉の裏側にワセリンをぬる。

(4)　(1)のはたらきと吸水にはどのような関係があるか。次のア，イから選びなさい。

ア　(1)がさかんになると，吸水もさかんに行われる。

イ　(1)がさかんになると，吸水はあまり行われない。

(1)		(2)		(3)		(4)	

第4回 予想問題

第3章　動物のからだのつくりとはたらき
第4章　刺激と反応

解答 p.46

/100

1 図1は，ヒトの消化にかかわる器官，図2は，図1のFのかべの表面に見られるつくりの模式図である。これについて，次の問いに答えなさい。　2点×20(40点)

(1)　図1のA～Fの器官を何というか。

(2)　だ液せんとEから出される消化液にふくまれる消化酵素を，次のア～エから選びなさい。

ア　アミラーゼ　　イ　ペプシン
ウ　トリプシン　　エ　リパーゼ

(3)　デンプン，タンパク質，脂肪について，次の①～⑦の問いに答えなさい。

①　デンプンだけにはたらく消化液は何か。
②　タンパク質だけにはたらく消化液は何か。
③　3種類の養分全てにはたらく消化液は何か。
④　消化酵素をふくまず，脂肪の分解を助けるものは何か。
⑤　④をつくる器官は図1のA～Fのどれか。
⑥　デンプン，タンパク質は，最終的に何という物質に分解されるか。
⑦　脂肪は，最終的に何という物質に分解されるか。2つ答えなさい。

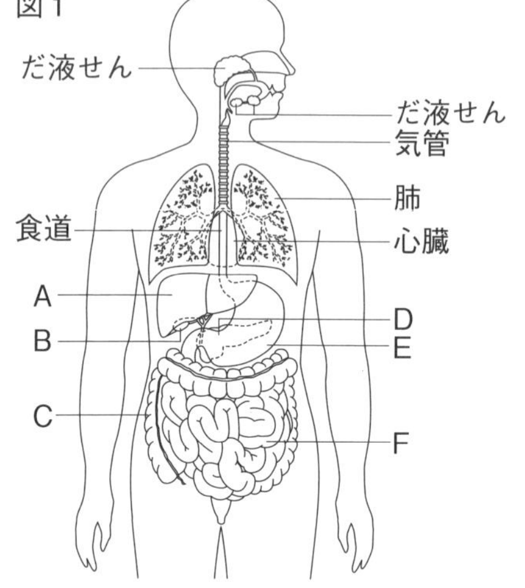

(4)　図2のつくりを何というか。

(5)　図2のa，bの管をそれぞれ何というか。

図2
a
b

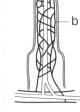

(1)	A		B		C		D		
	E		F		(2)	だ液せん		E	
(3)	①		②		③		④		
	⑤		⑥	デンプン		タンパク質			
	⑦			(4)		(5)	a	b	

2 肺について，次の問いに答えなさい。　3点×3(9点)

(1)　肺の内部にたくさんある，ふくろ状のつくりを何というか。

(2)　肺の内部に(1)がたくさんあることによる利点を簡単に答えなさい。

(3)　肺で空気と血液の間で行われる酸素と二酸化炭素のやりとりを何というか。

(1)		(2)		(3)	

3 右の図は，ヒトの血液の循環を模式的に表したものである。これについて，次の問いに答えなさい。
2点×12(24点)

(1) 図のA〜Dの器官の名称をそれぞれ，肝臓，じん臓，肺，小腸から選んで答えなさい。

(2) 図のa〜fの血管のうち，動脈血の流れる血管をすべて選びなさい。

(3) 肺動脈は，図のa〜fのどの血管か。

(4) 次の①〜④の血液が流れる血管は，図のa〜fのどの血管か。

① 食後，養分を最も多くふくむ血液

② 酸素を最も多くふくむ血液

③ 二酸化炭素を最も多くふくむ血液

④ 尿素が最も少ない血液

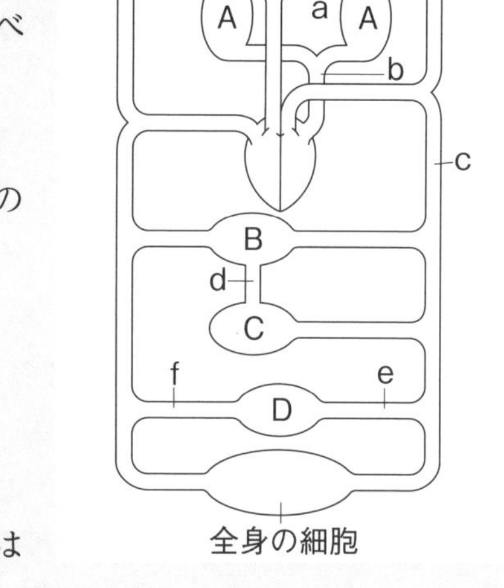

(5) 血液の成分のうち，酸素を運ぶはたらきをもつものは何か。

(6) 毛細血管からしみ出し，細胞のまわりを満たしている液を何というか。

(1)	A		B		C		D		(2)	
(3)		(4) ①		②		③		④		(5)		(6)	

4 右の図は，ヒトの神経系と反応のしくみについて模式的に表したものである。これについて，次の問いに答えなさい。　3点×9(27点)

(1) Bのつくりを何というか。

(2) AやBの部分をまとめて何というか。

(3) C，Dの神経をそれぞれ何というか。

(4) CやDの神経をまとめて何というか。

(5) 次の①，②の刺激を受けた反応について，信号の伝わる経路をそれぞれ，図中の語や記号を用いて「皮膚→D→B→A」のように表しなさい。

① 熱いやかんに手がふれて，思わず手を引っこめた。

② うしろから肩をたたかれたので，ふり向いた。

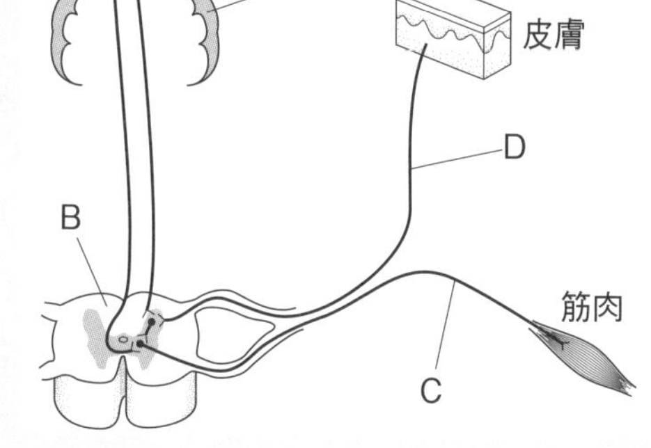

(6) (5)で，意識とは無関係に起こる反応を何というか。また，何がその反応の命令を出すか。

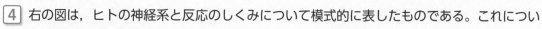

(1)		(2)		(3) C		D		(4)	
(5) ①		②							
(6) 反応		命令							

解答 p.47

第5回 予想問題 第1章 気象の観測

40分 /100

1 右の表は，湿度表の一部である。これについて，次の問いに答えなさい。 2点×4（8点）

乾球〔℃〕	乾球と湿球の示度の差〔℃〕					
	0	1	2	3	4	5
18	100	90	80	71	62	53
17	100	90	80	70	61	51
16	100	89	79	69	59	50
15	100	89	78	68	58	48
14	100	89	78	67	56	46
13	100	88	77	66	55	45

(1) 気温はどのようなところではかるか。次のア〜エから選びなさい。

ア 直射日光の当たる，約50cmの高さではかる。

イ 直射日光の当たる，約1.5mの高さではかる。

ウ 直射日光の当たらない，約50cmの高さではかる。

エ 直射日光の当たらない，約1.5mの高さではかる。

(2) 乾球の示度が17℃，湿球の示度が13℃であるとき，次の①，②の問いに答えなさい。

① 気温は何℃か。 ② 湿度は何％か。

(3) 乾球の示度が14℃で，湿度が89％であるとき，湿球は何℃を示しているか。

(1)		(2) ①		②		(3)	

2 右の図のように，１辺の長さがそれぞれ4cm，5cm，6cmで150gの直方体の物体を台の上にのせた。これについて，次の問いに答えなさい。ただし，質量100gの物体にはたらく重力の大きさを１Nとする。 4点×7（28点）

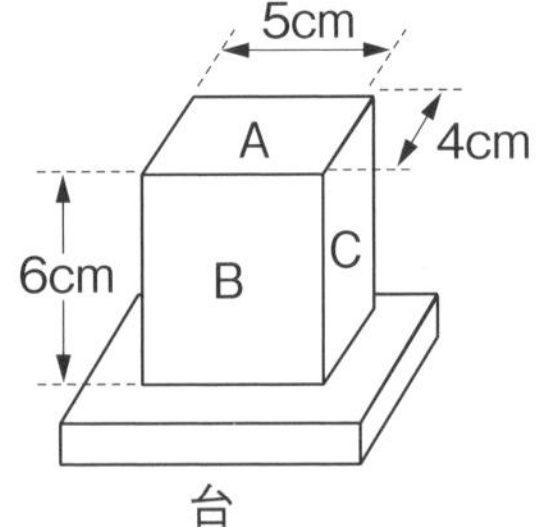

(1) 物体が台をおす力は何Nか。

(2) 図のようにA面を下にして置いたとき，台が物体から受ける圧力の大きさは何Paか。

(3) 台が物体から受ける圧力の大きさが最も小さくなるのは，図のA〜Cのどの面を下にしたときか。記号で答えなさい。

(4) (3)のとき，台が物体から受ける圧力の大きさは何Paか。

(5) 圧力の大きさについて正しく説明したものはどれか。次のア〜エからすべて選びなさい。

ア 力がはたらく面積が同じ場合，面をおす力が大きいほど，圧力は大きくなる。

イ 力がはたらく面積が同じ場合，面をおす力が大きいほど，圧力は小さくなる。

ウ 面をおす力が同じ場合，力がはたらく面積が大きいほど，圧力は大きくなる。

エ 面をおす力が同じ場合，力がはたらく面積が大きいほど，圧力は小さくなる。

(6) 上空にある空気にはたらく重力によって生じる圧力を何というか。

(7) 高さ０mの海面での(6)の大きさは約何Paか。次のア〜エから選びなさい。

ア 約100Pa イ 約1000Pa ウ 約10000Pa エ 約100000Pa

(1)		(2)		(3)		(4)	
(5)		(6)		(7)			

3 右の図は，北半球の一部における気圧のようすを表したものである。これについて，次の問いに答えなさい。 4点×15(60点)

(1) 図に引かれている曲線を何というか。

(2) (1)の曲線は何hPaごとに引かれるか。

(3) Aの線の示す気圧は何hPaか。

(4) 図のC地点とD地点では，どちらのほうが風が強いと考えられるか。記号で答えなさい。

(5) (4)のように考えた理由を，「気圧」という言葉を使って答えなさい。

(6) D地点の気圧は何hPaであると考えられるか。

(7) BとEはそれぞれ，高気圧，低気圧のどちらか。

(8) B，Eの地表付近での風のふき方はどのようになっているか。それぞれ次の㋐〜㋓から選びなさい。

㋐ 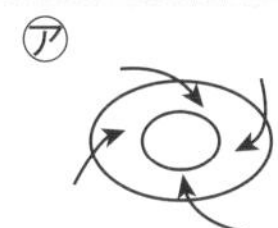
㋑ 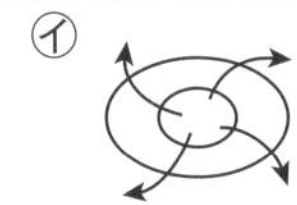
㋒ 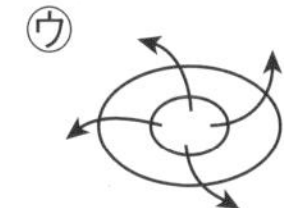
㋓ 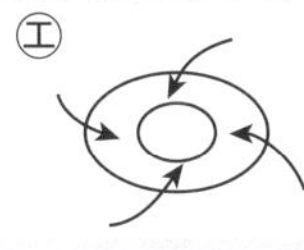

(9) 上昇気流が起こっているのは，BとEのどちらか。記号で答えなさい。

(10) D地点の気象を調べたところ，右の図のように天気図の記号で表すことができた。これについて，次の①，②の問いに答えなさい。

① 雲量はいくつからいくつの範囲であったと考えられるか。

② 風力，風向，天気をそれぞれ答えなさい。

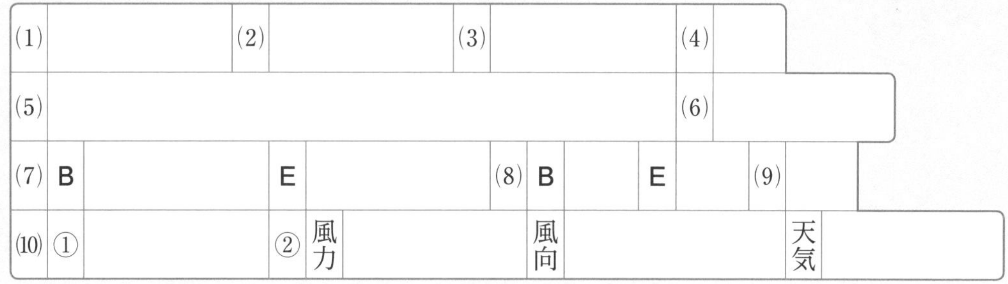

(1)		(2)		(3)		(4)	
(5)						(6)	
(7)	B		E		(8) B		E	(9)
(10)	①		② 風力		風向		天気

4 右の表は，気温とその気温での飽和水蒸気量をまとめたものである。これについて，次の問いに答えなさい。 2点×2（4点）

気温〔℃〕	−5	0	5	10	15	20	25	30	35
飽和水蒸気量〔g/m^3〕	3	5	7	9	13	17	23	30	40

(1) 気温15℃で，1 m^{3}の空気にふくまれる水蒸気の質量が9 gの空気がある。この空気の湿度は何％か。小数第1位を四捨五入して求めなさい。

(2) (1)の空気にふくまれる水蒸気の質量が変わらずに気温が30℃になると，湿度は何％になるか。

(1)		(2)	

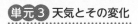

解答 p.47

第6回 予想問題　第2章　雲のでき方と前線　第3章　大気の動きと日本の天気

/100

1 右の図のように，少量の水と少量の線香のけむりを入れたビニルぶくろの口を閉じたものを簡易真空容器の中に入れ，容器の中の空気をぬいた。次の問いに答えなさい。　3点×6（18点）

(1)　空気をぬいていくと，次の①，②はどうなるか。

①　容器の中の気圧　　②　容器の中の温度

(2)　空気をぬいていくと，ビニルぶくろの内部が白くくもった。それはなぜか。

(3)　次の文の(　)にあてはまる言葉を，下の〔　〕から選んで答えなさい。

(　①　)気圧の中心付近や地面が(　②　)ときなど，(　③　)気流が起こると雲ができやすい。

〔　高　　低　　あたためられた　　冷やされた　　上昇　　下降　〕

(1)	①		②		(2)		
(3)	①		②		③		

2 図1，図2は，前線のようすを模式的に表したものである。これについて，あとの問いに答えなさい。　3点×10（30点）

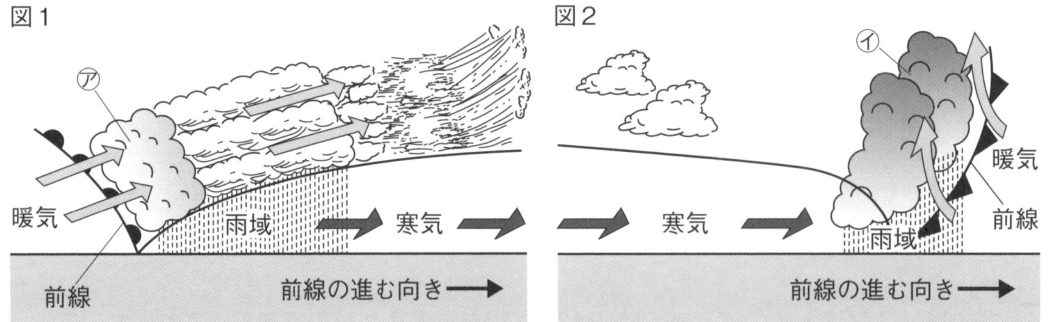

(1)　図1，図2はそれぞれ何という前線を表したものか。

(2)　図1の㋐，図2の㋑はいずれも雨を降らせる雲である。それぞれの名称を答えなさい。

(3)　図1，図2について，それぞれ前線付近の雨の降る時間や強さを簡単に答えなさい。

(4)　図2の前線の通過後，風向と気温はどのように変化するか。

(1)	図1		図2		(2)	㋐	㋑	
(3)	図1	時間		強さ	図2	時間	強さ	
(4)	風向				気温			

3 右の図のA〜Cは，日本の天気に影響をあたえる気団を示したものである。これについて，次の問いに答えなさい。

3点×10(30点)

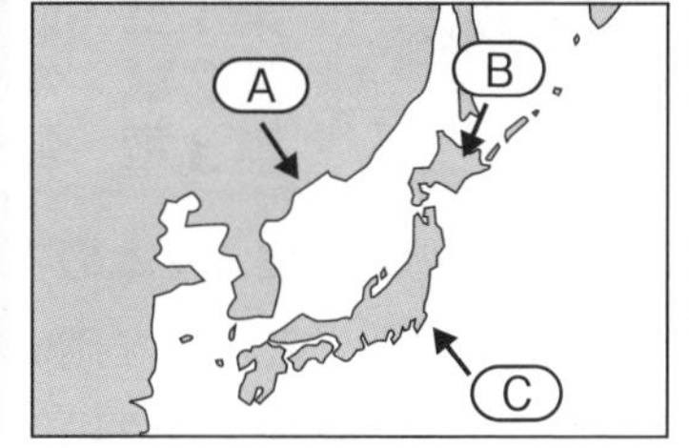

(1)　A〜Cの気団の名称を答えなさい。

(2)　A〜Cのうち，しめっている気団をすべて選び，記号で答えなさい。

(3)　A〜Cのうち，冷たい気団をすべて選び，記号で答えなさい。

(4)　A〜Cのうち，日本の夏の天気に影響をあたえる気団を選びなさい。

(5)　A〜Cのうち，日本の冬の天気に影響をあたえる気団を選びなさい。

(6)　A〜Cのうち，日本のつゆ(梅雨)の天気に影響をあたえる気団を2つ選びなさい。

(7)　Aの気団は，何という高気圧が発達してできたものか。

(8)　Cの気団は，何という高気圧が発達してできたものか。

(1)	A		B		C		(2)		(3)	
(4)		(5)		(6)		(7)		(8)		

4 次のA〜Dの天気図は，日本の冬，夏，秋，つゆの時期の天気図である。これについて，あとの問いに答えなさい。

2点×11(22点)

A

B

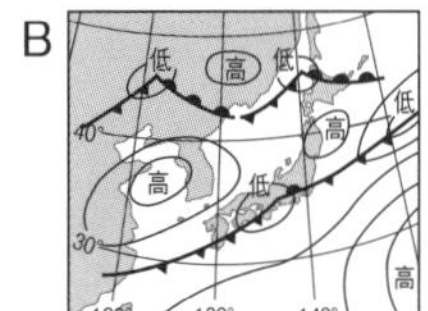

C

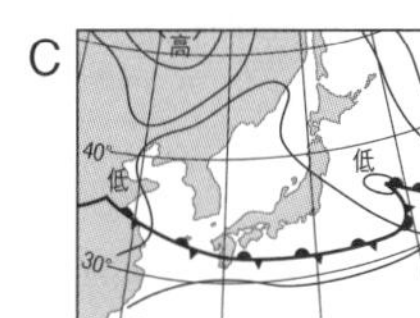

D

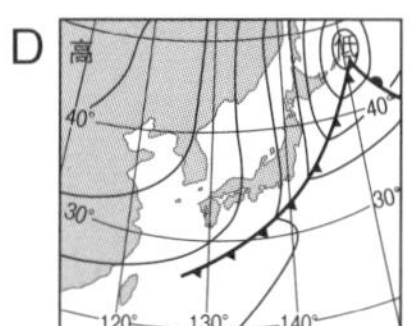

(1)　A〜Dの天気図は，冬，夏，秋，つゆのうち，それぞれどの時期のものか。

(2)　Bの天気図に見られる高気圧は，次々と日本列島付近を通過する。このような高気圧を特に何というか。

(3)　Cの天気図に見られる停滞前線を特に何というか。

(4)　Dの天気図に見られるような気圧配置を特に何というか。

(5)　A〜Dの天気図の時期の天気の特徴を，それぞれ次のア〜エから選びなさい。

ア　日本海側では雪，太平洋側では乾燥した晴れの日が多い。

イ　雨が長期間にわたって降り続く。

ウ　同じ天気の日があまり長く続かない。

エ　高温多湿の晴れの日が多い。

(1)	A		B		C		D		(2)	
(3)		(4)		(5)	A		B		C		D	

第7回 予想問題
第1章 静電気と電流 第2章 電流の性質 第3章 電流と磁界

1 右の図のように，2本のプラスチックストローをナイロン布でこすり，これらを用いて実験を行った。これについて，次の問いに答えなさい。 3点×4（12点）

(1) プラスチックストローとナイロン布を摩擦（まさつ）したときにそれぞれが帯びた電気を何というか。

(2) 図の㋐のように，摩擦したストローのうちの1本を摩擦していないストローの上に置き，もう1本の摩擦したストローを近づけると，ストローどうしはどうなるか。

(3) 図の㋑のように，摩擦したストローに，ストローを摩擦したナイロン布を近づけると，ストローとナイロン布はどうなるか。

(4) 帯びている電気の種類について，同じ種類の電気を帯びたものの組み合わせは，次のア，イのどちらか。

ア 摩擦した2本のストロー　　イ 摩擦したストローとナイロン布

(1)		(2)	
(3)		(4)	

2 放電管を用いた実験について，次の問いに答えなさい。 3点×6（18点）

(1) 図1のような十字形の影が見られるとき，電極A，Bはそれぞれ，＋極，－極のどちらか。

(2) 図2のような装置を用いて，電極a，bの間に電圧を加えると，蛍光板を光らせる電極aからbに向かう流れが確認できた。次の①～④の問いに答えなさい。

① 蛍光板を光らせた流れを何というか。

② ①は何という粒子の流れか。

③ ②の粒子は＋，－どちらの電気を帯びているか。

④ 図2で，電極cを＋極，電極dを－極にして電圧を加えると，光の筋はどうなるか。

図1

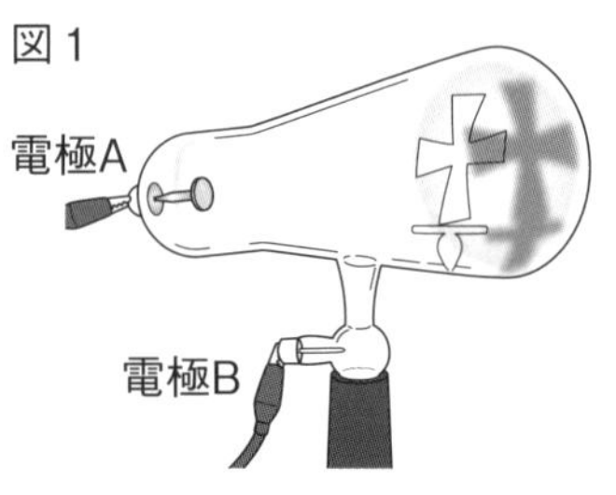

図2

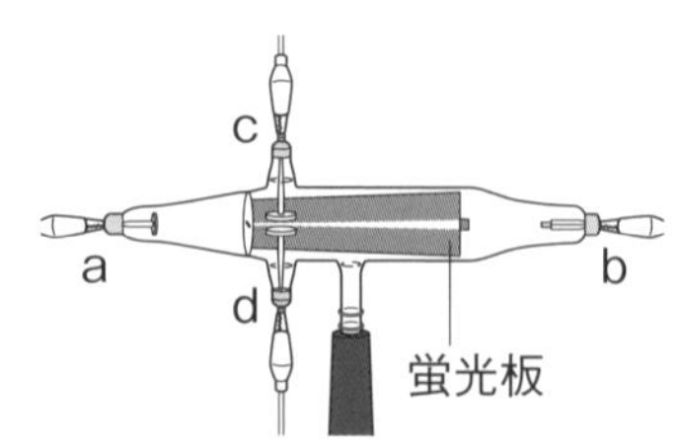

(1)	電極A		電極B		(2)	①		②	
(2)	③		④						

3 電熱線a，bについて，加えた電圧と流れる電流の関係を調べた。表はその結果をまとめたものである。これについて，あとの問いに答えなさい。 3点×7（21点）

電圧〔V〕	1.0	2.0	3.0	4.0	5.0
電流の大きさ〔mA〕（電熱線a）	124	249	372	498	623
電流の大きさ〔mA〕（電熱線b）	65	132	196	264	330

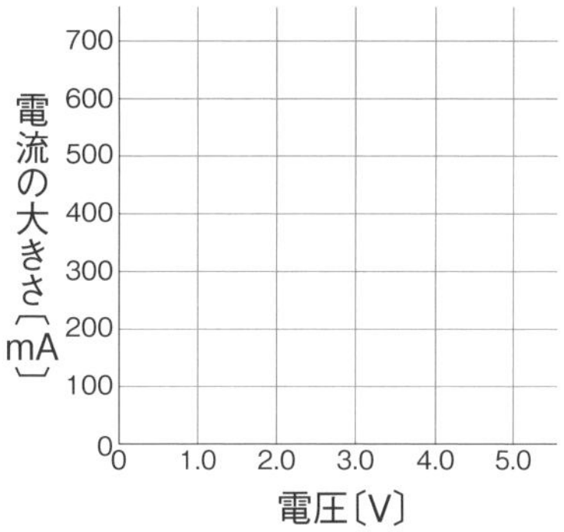

電流の大きさ〔mA〕 0 100 200 300 400 500 600 700

電圧〔V〕 0 1.0 2.0 3.0 4.0 5.0

(1) 電熱線a，bについて，それぞれの電圧と電流の関係を右のグラフに表しなさい。

(2) (1)のグラフから，電圧と電流にはどのような関係があることがわかるか。

(3) (2)のような，電流と電圧の関係を何の法則というか。

(4) 電熱線a，bの抵抗は約何Ωか。小数第1位を四捨五入して求めなさい。

(5) 電熱線a，bを用いた右の図で，㋐の回路のP点を流れる電流と，㋑の回路のQ点を流れる電流を比べたとき，流れる電流が大きいのは，P点とQ点のどちらか。記号で答えなさい。

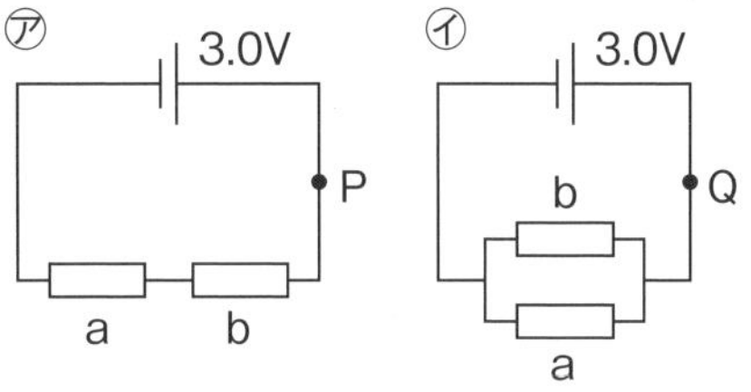

㋐ 3.0V P a b

㋑ 3.0V Q b a

(1)	a	図に記入	b	図に記入	(2)	
(3)		(4)	電熱線a		電熱線b		(5)	

4 図のような，「100V－800W」と表示されたドライヤーと，「100V－600W」と表示された湯わかし器について，次の問いに答えなさい。 3点×5（15点）

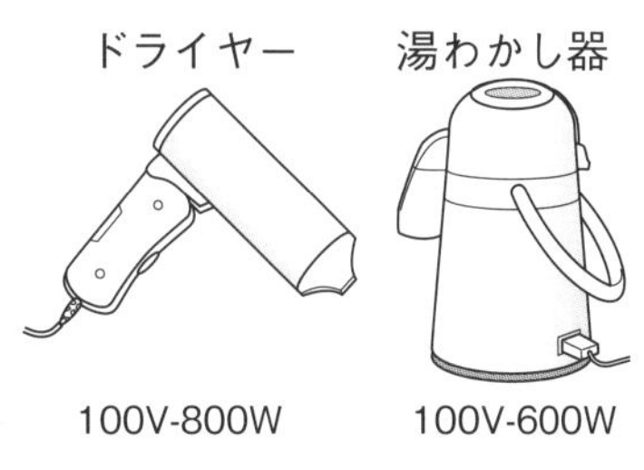

(1) 次の（ ）にあてはまる言葉を答えなさい。

> ドライヤーや湯わかし器では，電気のはたらきを利用しておもに熱を発生させている。このようなとき，電気は（ ① ）をもっていると表現することができ，電気のもつ（ ① ）を（ ② ）という。

(2) ドライヤーに100Vの電圧を加えたとき，次の①，②の問いに答えなさい。

① 流れる電流は何Aか。 ② 3分間使用したときの電力量は何Jか。

(3) 湯わかし器に100Vの電圧を加え，30分間使用したときの電力量は何Whか。

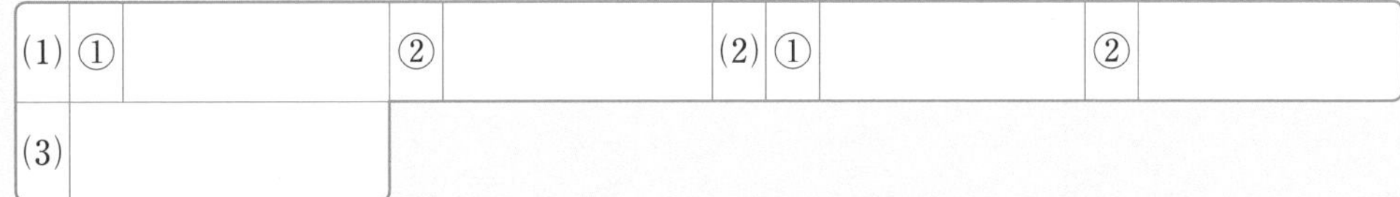

(1)	①		②		(2)	①		②	
(3)									

5 コイル，U字形磁石，電熱線，電流計，電圧計などを用いて，図1のような装置をつくった。図2は，スイッチを入れて電流を流したときの磁石のまわりを拡大した模式図で，電流を流したとき，コイルは図2の矢印の向きに少し動いて静止した。これについて，あとの問いに答えなさい。

3点×6（18点）

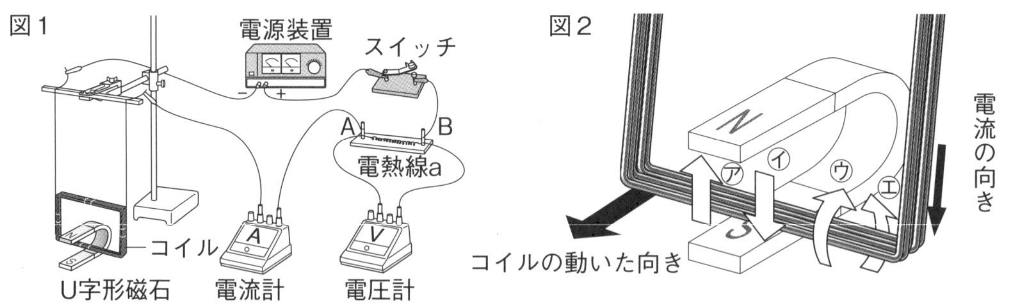

(1) 図2で，磁石による磁界の向きと，コイルに流れる電流によってできる磁界の向きをそれぞれ，ア～エから選びなさい。

(2) U字形磁石のN極とS極を入れかえると，コイルの動く向きと動く大きさはどうなるか。

(3) 図1の装置で，電熱線aを抵抗の値の小さい電熱線bにかえ，電源装置の電圧を電熱線aのときと同じにしてスイッチを入れると，コイルの動く向きと動く大きさはどうなるか。

(1)	磁石		コイル		(2)	向き		大きさ	
(3)	向き		大きさ						

6 コイル，棒磁石，検流計を用いて，右の図のように，棒磁石のN極を下にして，コイルの上から棒磁石を近づけると，検流計の針が左に少しふれた。これについて，次の問いに答えなさい。

4点×4（16点）

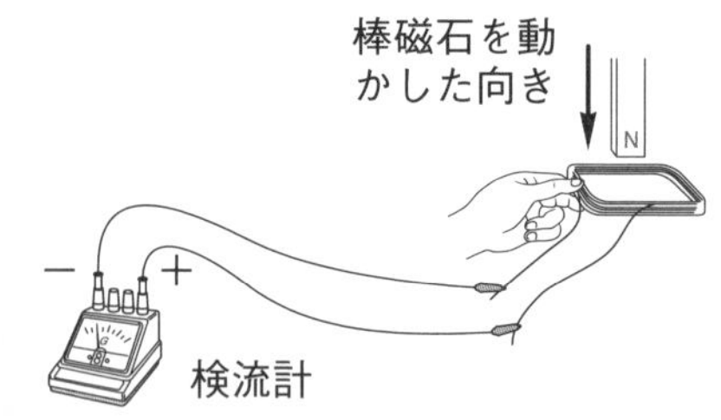

(1) 同じコイルと棒磁石を用いて，コイルに流れる電流を大きくするにはどのようにすればよいか。

(2) 棒磁石のS極を下にして，コイルの上から棒磁石を近づけると，検流計の針は，左と右のどちらにふれるか。

(3) この実験では，棒磁石をコイルに近づけたことでコイルの内部の磁界が変化し，電圧が生じてコイルに電流が流れた。このような現象を何というか。

(4) (3)の現象によって流れる電流を何というか。

(1)					
(2)		(3)		(4)	

教科書ワーク 理科 特別ふろく

無料アプリ どこでもワーク

こちらにアクセスして，ご利用ください。
https://portal.bunri.jp/app.html

重要事項を
３択問題で確認！

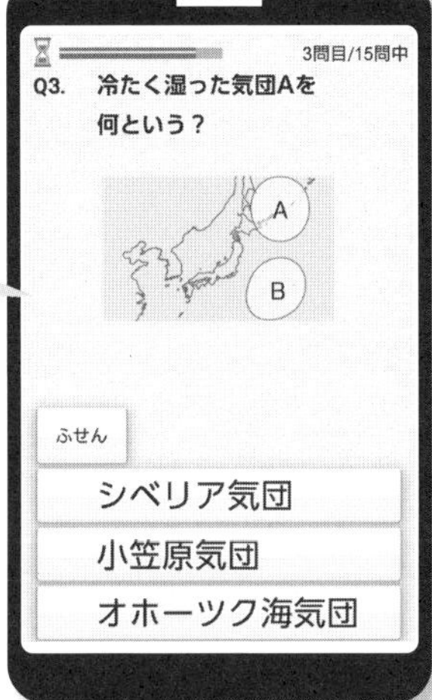

3問目/15問中
A3.
・オホーツク海気団は，冷たく湿った気団である。
・小笠原気団とともに，初夏に日本付近にできる停滞前線の原因となる。

ふせん　次の問題
× シベリア気団
× 小笠原気団
○ オホーツク海気団

ポイント
解説つき

間違えた問題だけを何度も確認できる！

無料ダウンロード ホームページテスト

無料でダウンロードできます。
表紙カバーに掲載のアクセスコードを入力してご利用ください。
https://www.bunri.co.jp/infosrv/top.html

問題▶

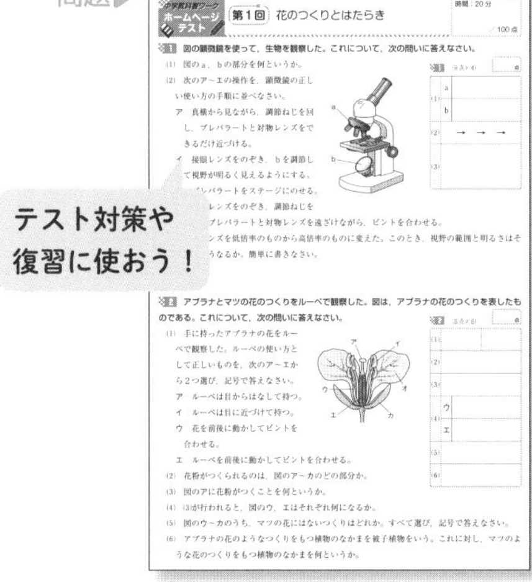

テスト対策や
復習に使おう！

▼解答

同じ紙面に解答があって，
採点しやすい！

1 図の顕微鏡を使って，生物を観察した。これについて，次の問いに答えなさい。

(1) 図のa，bの部分を何というか。
(2) 次のア～エの操作を，顕微鏡の正しい使い方の手順に並べなさい。
ア 真横から見ながら，調節ねじを回し，プレパラートと対物レンズをできるだけ近づける。
イ 接眼レンズをのぞき，bを調節して視野が明るく見えるようにする。
ウ プレパラートをステージにのせる。
エ 接眼レンズをのぞき，調節ねじを回し，プレパラートと対物レンズを遠ざけながら，ピントを合わせる。
(3) 対物レンズを低倍率のものから高倍率のものに変えた。このとき，視野の範囲と明るさはそれぞれどうなるか。簡単に書きなさい。

1 (9点×4)

(1)	a	レボルバー
	b	反射鏡
(2)		イ→ウ→ア→エ
(3)		範囲はせまくなり，明るさは暗くなる。

(1)aを回して，対物レンズを変える。視野が暗いときは，bの角度を変えて明るさを調節する。 (2)ピントを合わせるとき，プレパラートと対物レンズを近づけないのは，対物レンズをプレパラートにぶつけないためである。

2 アブラナとマツの花のつくりをルーペで観察した。図は，アブラナの花のつくりを表したものである。これについて，次の問いに答えなさい。

(1) 手に持ったアブラナの花をルー

2 (8点×8)

注意　●サービスやアプリの利用は無料ですが，別途各通信会社からの通信料がかかります。
●アプリの利用には iPhone の方は Apple ID，Android の方は Google アカウントが必要です。対応 OS や対応機種については，各ストアでご確認ください。
●お客様のネット環境および携帯端末により，ご利用いただけない場合，当社は責任を負いかねます。ご理解，ご了承いただきますよう，お願いいたします。

中学教科書ワーク

解答と解説

東京書籍版

理科2年

この「解答と解説」は，取りはずして使えます。

単元1 化学変化と原子・分子

第1章 物質のなり立ち

p.2~3 ステージ1

●教科書の要点

❶ ①化学変化 ②分解 ③熱分解
④二酸化炭素 ⑤銀 ⑥電気分解
⑦水素 ⑧酸素

❷ ①原子 ②元素記号 ③周期表 ④分子
⑤化学式 ⑥単体

●教科書の図

1 ①炭酸ナトリウム ②下げる ③桃
④白 ⑤二酸化炭素

2 ①流れる ②陰 ③音 ④水素
⑤陽 ⑥激しく ⑦酸素

3 ①分割 ②質量

p.4~5 ステージ2

❶ (1)ベーキングパウダー(炭酸水素ナトリウム)
(2)二酸化炭素

❷ (1)加熱する試験管から出てきた液体(水)が，試験管の底の熱しているところに流れこみ，試験管が割れるのを防ぐため。
(2)白くにごる。 (3)桃色に変化する。
(4)ア
(5)気体…二酸化炭素 液体…水
固体…炭酸ナトリウム

❸ (1)(線香は)炎を出して激しく燃える。
(2)酸素 (3)黒色から白色
(4)①のびる(うすく広がる)。
②流れる
③銀色に光る。(金属光沢が出る。)
④銀
(5)分解 (6)熱分解

❹ (1)－極
(2)電流が流れるようにするため。
(3)(気体が)音を立てて燃える。 (4)水素
(5)(線香が)炎を出して激しく燃える。
(6)酸素 (7)電気分解 (8)できない。

解 説

❶ ベーキングパウダーにふくまれている炭酸水素ナトリウムを熱すると，炭酸ナトリウムと二酸化炭素，水に分解される。このうち，二酸化炭素は気体としてホットケーキの生地(きじ)から出ていくので，多くのあながあき，ふっくらとした仕上がりになる。

❷ (1) 注意 理由や目的を答えるときは，文末を「～から。」「～ため。」の形にしよう。試験管は急な温度変化に弱く，炭酸水素ナトリウムを加熱して出てきた水が試験管の熱しているところに流れこむと割れてしまうおそれがある。

(2)炭酸水素ナトリウムを熱したときに発生する二酸化炭素には，石灰水を白くにごらせる性質がある。

(3)炭酸水素ナトリウムを熱したときにできる水には，青色の塩化コバルト紙を桃色に変える性質がある。

(4)炭酸水素ナトリウムを熱したときに試験管に残った白い固体は炭酸ナトリウムである。炭酸ナトリウムは，水によくとけ，水溶液は強いアルカリ性を示す。フェノールフタレイン溶液は，アルカリ性で赤色を示し，アルカリ性が強いほどこい赤色になる。

(5)炭酸水素ナトリウムは，炭酸ナトリウム(白い固体)と水(液体)と二酸化炭素(気体)に分解される。

❸ (1)(2)酸化銀を加熱すると，酸素が発生する。酸素には物質を燃やすはたらきがあり，酸素を集めた試験管に火のついた線香を入れると，線香は炎

を出して激しく燃える。
(3)黒色の酸化銀を加熱すると，白色の銀に変化する。
(4)銀は金属なので，「たたくとのびて，うすく広がる。」「電流が流れる。」「金属光沢をもつ。」「熱をよく伝える。」という性質がある。
(5)(6)1種類の物質が2種類以上の物質に分かれる化学変化を分解といい，加熱によるものを熱分解という。

4 (1)電気分解装置では，電源装置の＋極につながっている方が陽極，－極につながっている方が陰極になる。
(2)純粋な水には電流が流れないので，電流が流れるようにするために，少量の水酸化ナトリウムを水にとかす。
(3)(4)陰極からは水素が発生し，水素にマッチの火を近づけると，水素は音を立てて燃えて水になる。
(5)(6)陽極からは酸素が発生し，酸素には物質を燃やすはたらきがあるため，線香は炎を出して激しく燃える。

p.6～7 ステージ2

1 (1)ピンチコック　(2)①閉じる。　②開く。
(3)㋐水素　㋑酸素　(4)ア

2 (1)①イ　②ウ　③ア　(2)ドルトン
(3)元素　(4)分子

3 ①Na　②Mg　③Ca　④Fe　⑤Cu　⑥Ag
⑦H　⑧C　⑨N　⑩O　⑪S　⑫Cl

4 ①(H)(H)　②窒素分子　③水分子
④(O)(C)(O)　⑤アンモニア分子

5 (1)化学式　(2)周期表
(3)化学的性質がよく似ている。
(4)①(H)(H)　②H_2　③HOH　④H_2O
(5)単体　(6)化合物
(7)①Cu　②Mg　③NaCl　④CuO

解説

1 (1)(2)電流を流している間は気体が発生し，管内の物質の体積が大きくなる。このとき，ゴム栓を外側におす力によってゴム栓が外れてしまうのを防ぐために，ピンチコックは開いておく。
(3)電源装置の－極につながる㋐は陰極なので水素が発生し，電源装置の＋極につながる㋑は陽極なので酸素が発生する。
(4)水を電気分解すると，水素と酸素が体積の比で2：1で発生する。

2 (1)(2)原子には，「化学変化によってそれ以上に分割することができない。」「化学変化によって，ほかの種類の原子に変わったり，なくなったり，新しくできたりしない。」「原子の種類によって質量や大きさが決まっている。」という性質があり，この性質は，1803年にイギリス人の科学者ドルトンによって発表された。

3 元素記号はアルファベット1文字または2文字で表し，2文字の場合，1文字目は大文字，2文字目は小文字になる。また，元素記号は世界共通である。

4 それぞれの分子の化学式は次のとおりである。
酸素分子…O_2，水素分子…H_2，窒素分子…N_2，水分子…H_2O，二酸化炭素分子…CO_2，アンモニア分子…NH_3

5 (2)(3)元素を整理して表にしたものを，元素(げんそ)の周期表(しゅうきひょう)といい，周期表では，縦の列に化学的性質がよく似た元素が並ぶように配置されている。
(5)～(7)1種類の元素だけでできている物質を単体，2種類以上の元素でできている物質を化合物という。また，単体と化合物には，それぞれ分子であるものと分子ではないものがあり，(7)の①～④の物質は，いずれも分子ではない物質である。化合物の化学式は，その物質を構成する元素や原子の数の比を表している。

p.8～9 ステージ3

1 (1)水　(2)二酸化炭素　(3)炭酸ナトリウム
(4)試験管Aの中にあった空気が多くふくまれているから。
(5)水槽の水が試験管Aに流れこみ，試験管Aが割れるのを防ぐため。
(6)炭酸ナトリウム

2 (1)水酸化ナトリウム
(2)気体が音を立てて燃える。
(3)線香が炎を出して激しく燃える。
(4)A…H_2　B…O_2　(5)ウ

3 ①H　②O　③C　④Cu

⑤窒素　⑥ナトリウム　⑦亜鉛　⑧銀

4 (1)① N_2　② H_2O　③ Fe　④ Ag_2O　⑤ NH_3
(2)③，④
(3)①金　②水素　③二酸化炭素
④塩化ナトリウム

5 (1)㋐純粋な物質　㋑混合物
㋒単体　㋓化合物
(2)① A　② B　③ B　④ C　⑤ A

解説

1 (1)炭酸水素ナトリウムの熱分解では水が水蒸気となって生じ，冷やされて試験管の内部に液体の水となってつく。
(4)試験管で物質を熱すると，初めは試験管の中にあった空気が出てくるので，炭酸水素ナトリウムを熱して発生した二酸化炭素はあまりふくまれていない。そのため，1本目の試験管の気体は実験には使わない。
(5)加熱をやめると試験管Aの温度が下がり，内部の物体の体積が小さくなる。そのため，ガラス管の先が水槽の中にあると，水槽の水が試験管Aに流れこみ，急激な温度変化によって試験管Aが割れてしまうおそれがある。
(6)炭酸水素ナトリウムと炭酸ナトリウムは，どちらも水にとけ，水溶液はアルカリ性を示すが，炭酸水素ナトリウムは少しとけて弱いアルカリ性の水溶液，炭酸ナトリウムはよくとけて強いアルカリ性の水溶液となる。

2 (2)陰極から発生した水素は，水素が燃えて水に変化する。
(3)陽極から発生した酸素は，酸素自体は燃えないが，物質を燃やすはたらきがあるため，線香が炎を出して激しく燃える。

5 (1)物質は，純粋な物質と，2種類以上の物質が混じり合っている混合物に分けることができる。さらに，純粋な物質は，1種類の元素でできた単体と2種類以上の元素からできた化合物に分けることができる。 **注意** **混合物は2種類以上の物質が混じり合っているだけで，それぞれの物質の性質をもつが，化合物は，2種類以上の物質が化学変化によって結びついてできたもので，反応前の物質とは性質が異なる物質になっている。**
(2)塩化ナトリウム NaCl は，ナトリウムと塩素からなる物質，二酸化炭素 CO_2 は，炭素と酸素からなる物質である。また，アンモニア水は，アンモニア NH_3 と水 H_2O が混じり合ってできたものである。

第2章　物質どうしの化学変化

p.10～11　ステージ1

●教科書の要点

1 ①化合物　②熱　③硫化鉄　④水
⑤硫化銅　⑥二酸化炭素

2 ①化学反応式　②左　③右　④化学式
⑤元素　⑥数　⑦ふやし　⑧ FeS
⑨ CO_2　⑩ 2　⑪ 2　⑫ Ag_2O　⑬ 4
⑭ H_2O　⑮ H_2　⑯ O_2

●教科書の図

1 ①引き寄せられない　②引き寄せられる
③ある　④ない　⑤水素　⑥熱　⑦硫化鉄

2 ①二酸化炭素　② CO_2　③硫化鉄　④ FeS
⑤水　⑥ $2H_2$　⑦ $2H_2O$

p.12～13　ステージ2

1 (1)桃色　(2)水

2 (1)イ
(2)試験管A…引き寄せられない。
試験管B…引き寄せられる。
(3)試験管Aの物質…ア
試験管Bの物質…イ
(4)硫化鉄　(5)化合物

3 (1)赤色から黒色　(2)硫化銅　(3)イ
(4)炭素　(5)二酸化炭素　(6)酸素
(7)灰

4 ① H_2　②(H)(H)　③ $2H_2$　④ H_2O
⑤ (H)(O)(H)　(H)(O)(H)
⑥ $2H_2O$

5 (1) $Fe+S \longrightarrow FeS$
(2) $C+O_2 \longrightarrow CO_2$
(3) $2H_2O \longrightarrow 2H_2+O_2$
(4) $2Ag_2O \longrightarrow 4Ag+O_2$
(5) $2NaHCO_3 \longrightarrow Na_2CO_3+CO_2+H_2O$

解説

1 水素と酸素が結びついてできた水によって，青色の塩化コバルト紙は桃色に変化する。

2 (1)鉄と硫黄が反応すると熱が発生する。その熱によって，熱するのをやめても反応は進んでいく。

(2)～(4)完全に反応させた試験管Aには硫化鉄ができる。硫化鉄は鉄や硫黄とは性質の異なる物質で，磁石には引き寄せられず，塩酸を加えると腐卵臭のある気体(硫化水素)が発生する。一方，熱していない試験管Bには鉄がふくまれているため，磁石に引き寄せられ，塩酸を加えるとにおいのない水素が発生する。

(5)２種類以上の物質が結びついてできる物質を化合物という。また，単体どうしが反応して化合物ができる化学変化を化合とよぶこともある。

3 (1)～(3)銅と硫黄が反応すると硫化銅になる。このとき，銅板は赤色から黒色に変化する。また，硫化銅は銅とは性質が異なり，弾力はなく，力を加えるとぼろぼろとくずれる。

(4)～(7)炭素を主成分とする炭を燃やすと，炭素が酸素と結びついて二酸化炭素が発生し，燃えつきると灰が残る。

4 分子が何個の原子からなるかを示すためには，「$H_{\underline{2}}$」の下線部の「2」のように，元素記号の右下に個数を示す数を書く。分子が何個あるかを示すためには，「$\underline{2}H_2$」の下線部の「2」のように，化学式の前に個数を示す数を書く。

5 (4)酸化銀の化学式はAg_2O，銀の化学式はAg，酸素の化学式はO_2なので，反応のようすを化学式で表すと，

$Ag_2O \longrightarrow Ag + O_2$となる。

まず，矢印(→)の左右で酸素原子Oの数を２個にそろえるために，左側にAg_2Oを１個加える。

$2Ag_2O \longrightarrow Ag + O_2$

ここで，酸素原子の数はそろうが，銀原子Agの数が矢印の左右で等しくないため，銀原子Agの数を４個にそろえるために，右側にAgを３個加える。$2Ag_2O \longrightarrow 4Ag + O_2$

p.14～15 ステージ3

1 (1)イ　(2)(青色から)桃色に変化する。

(3)H_2O　(4)$2H_2 + O_2 \longrightarrow 2H_2O$

(5)水素分子…20個　酸素分子…10個

2 (1)A　(2)Fe

(3)①手であおぐようにしてかぐ。

②気体には有毒なものもあるから。

③B　④H_2

(4)$Fe + S \longrightarrow FeS$

3 (1)黒色　(2)硫化銅　(3)イ

(4)化合物

(5)$Cu + S \longrightarrow CuS$

4 (1)①炭素＋酸素→二酸化炭素

②

③$C + O_2 \longrightarrow CO_2$

(2)①水→水素＋酸素

②

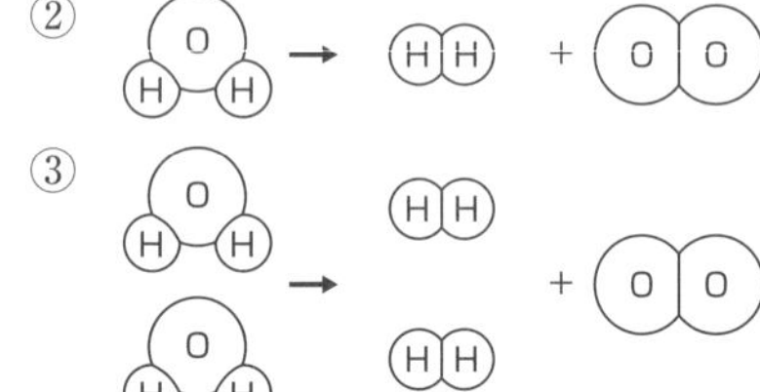

③

④$2H_2O \longrightarrow 2H_2 + O_2$

解説

1 (1)(2)水素と酸素の混合物に点火すると，水素が大きな音を出して激しく酸素と結びつき，水ができる。できた水によって，塩化コバルト紙は青色から桃色に変化する。

(5)化学反応式より，水素分子２個と酸素分子１個から水分子２個ができることがわかる。よって，水分子を20個つくるには，水素分子は20個，酸素分子は10個必要である。

2 (1)(2)加熱していないAの筒の中の鉄Feが磁石に引き寄せられる。

(3)①②気体には有毒なものもあるので，直接ではなく，手であおぐようにしてにおいをかぐ。

③④加熱していないAでは，鉄と塩酸が反応してにおいのない水素H_2が発生し，加熱したBでは，硫化鉄と塩酸が反応して腐卵臭のする気体(硫化水素H_2S)が発生する。

3 (1)～(3)銅と硫黄が結びつくと，黒色の硫化銅ができる。硫化銅は，銅や硫黄と性質が異なる。金属である銅に電流は流れるが，硫化銅には電流は流れない。

4 (2)水分子は水素原子２個と酸素原子１個からなり，水素分子は水素原子２個，酸素分子は酸素原子２個からなる。それぞれの分子１個ずつでは，矢印の左右で酸素原子の数が等しくならない。そのため，矢印の左側に水分子を１個加えて酸素原

子の数を2個にそろえる。水分子を加えたことで水素原子の数がそろわなくなるので，水素原子を4個にそろえるために，矢印の右側に水素分子を1個加える。矢印の左側に水分子が2個，右側に水素分子が2個，酸素分子が1個とすることで，水素原子が4個，酸素原子が2個と矢印の左右で数が等しくなる。

第3章　酸素がかかわる化学変化

p.16～17　ステージ1

●教科書の要点

1 ①酸化　②酸化物　③燃焼　④酸化鉄
⑤大きい　⑥酸化銅　⑦CuO
⑧酸化マグネシウム　⑨MgO
⑩炭素　⑪水

2 ①還元　②還元　③酸化　④Cu　⑤CO_2
⑥水素　⑦H_2　⑧還元　⑨還元
⑩酸化　⑪酸化鉄

●教科書の図

1 ①酸化鉄　②上がる　③鉄
④酸化鉄　⑤大きい

2 ①燃焼　②$2Mg$　③$2MgO$

3 ①赤　②銅　③還元　④酸化
⑤酸化　⑥白　⑦二酸化炭素

p.18～19　ステージ2

1 (1)スチールウールが燃えるときに集気びんの中の酸素が使われたから。
(2)スチールウールを燃やしてできた物質
(3)流れない。　(4)発生しない。
(5)酸化鉄　(6)燃焼

2 (1)上がる(上昇する)。　(2)水素
(3)H_2O　(4)$2H_2+O_2 \longrightarrow 2H_2O$

3 (1)二酸化炭素　(2)水　(3)有機物

4 (1)白くにごる。　(2)二酸化炭素
(3)ガラス管を石灰水の中から出すこと。
(4)イ　(5)赤色　(6)銅　(7)CuO
(8)還元　(9)C　(10)酸化

解説

1 (1)スチールウールを燃やすと，集気びん内の酸素と結びつくため，集気びん内の気体の体積が小さくなる。そこに水が入りこむため，水面が上昇する。
(2)スチールウールは結びついた酸素の質量の分，質量が大きくなる。
(3)～(5)スチールウール(鉄)を燃やすと，酸素と結びついて酸化鉄となる。酸化鉄は鉄とは性質の異なる物質で，電流は流れず，塩酸と反応して気体が発生することもない。また，もむとぼろぼろとくずれる。

(6)物質が酸素と結びつく化学変化を酸化といい，熱や光を出しながら激しく酸化することを，特に燃焼という。

❷ (1)水素と酸素の混合気体に点火すると，水素と酸素が結びついて水ができる。気体の水素と酸素が反応した分，体積は小さくなり，液体の水が生じるため，水面は上がる。

❸ ロウは，炭素と水素をふくむので，燃焼させると，炭素と酸素が結びついて二酸化炭素が，水素と酸素が結びついて水が生じる。有機物は，ふつう炭素と水素をふくんでいるので，燃焼させると二酸化炭素と水が生じる。

❹ 酸化銅と炭素の混合物を加熱すると，酸化銅は炭素によって還元されて銅になり，炭素は酸化して二酸化炭素になる。

(3)熱するのをやめると，加熱していた試験管の温度が下がり，管内の気体の体積が小さくなる。このとき，ガラス管の先が石灰水の中にあると，石灰水が逆流し，試験管の加熱していた部分に流れこみ，急激な温度変化によって，試験管が割れてしまうおそれがある。

(4)熱するのをやめたとき，ガラス管の先が石灰水から出ていると，空気が加熱していた試験管に入ってくる。加熱直後は，銅がまだ熱をもっているため，入ってきた空気にふくまれる酸素と再び反応して酸化銅にもどってしまう。それを防ぐために，熱するのをやめた後，すぐにピンチコックでゴム管をとめて空気が入らないようにする。

(5)(6)反応後の試験管に残るのは，赤色の銅である。

p.20〜21 ステージ3

❶ (1)イ　(2)B

(3)結びついた酸素の分だけ質量が大きくなるため。

(4)イ，ウ，オ，ク　(5)酸化鉄

❷ (1)白くにごる。　(2)CO_2　(3)酸化

❸ (1)二酸化炭素　(2)炭素，酸素　(3)銅

(4)酸素　(5)還元

(6)$2CuO + C \longrightarrow 2Cu + CO_2$

❹ (1)$2Cu + O_2 \longrightarrow 2CuO$

(2)イ　(3)水　(4)還元

(5)$CuO + H_2 \longrightarrow Cu + H_2O$

解説

❶ (1)スチールウールを熱すると，空気中の酸素と熱や光を出しながら激しく反応する。鉄が酸素と結びつく反応には，スチールウールを熱したときの燃焼以外に，ゆっくりと空気中の酸素と結びつくおだやかな酸化がある。このおだやかな酸化によってできたものがさびである。

(4)加熱前のスチールウールは金属である鉄なので，ア，エ，カ，キの性質がある。

❷ 木炭の主成分は炭素で，炭素が酸素と結びつくことで二酸化炭素が発生する。

❸ (1)(2)石灰水が白くにごったことから発生した気体は二酸化炭素であることがわかる。二酸化炭素は，混合物内の炭素が，酸化銅からうばった酸素と結びついて発生したものである。

(3)(4)手順３で，加熱後の物質を薬品さじでこすると赤いかがやき(金属光沢)が出たことから，酸化銅は酸素をうばわれて銅に変化したことがわかる。

❹ (1)銅線の表面が黒くなったことから，銅は酸化して酸化銅になったことがわかる。

(2)銅が酸素と結びつくときの反応は燃焼ではない。炎を出さずにおだやかに酸化する。

(4)酸化と還元は同時に起こり，この実験では，酸化銅が水素によって還元され，水素は酸化銅からうばった酸素によって酸化された。

第４章　化学変化と物質の質量
第５章　化学変化とその利用

p.22〜23　ステージ1

●教科書の要点

❶ ①質量保存の法則　②する　③しない
④と等しくなる　⑤より小さくなる
⑥と等しくなる

❷ ①比例　②なる　③多い

❸ ①発熱反応　②吸熱反応
③化学エネルギー

●教科書の図

1 ①変わらない　②質量保存
③二酸化炭素　④小さく

2 ①マグネシウム　②銅　③４：５
④３：５　⑤４：１　⑥３：２

p.24〜25　ステージ2

❶ (1)白色
(2)物質名…硫酸バリウム　化学式…$BaSO_4$
(3)$H_2SO_4+BaCl_2 \longrightarrow 2HCl+BaSO_4$
(4)変化しなかった。

❷ (1)$NaHCO_3+HCl \longrightarrow NaCl+H_2O+CO_2$
(2)発生した二酸化炭素が容器の外に出ていったから。

❸ (1)塩化ナトリウム，水，二酸化炭素
(2)変化しなかった。
(3)小さくなった。
(4)質量保存の法則

❹ (1)酸素　(2)酸化鉄
(3)変化しなかった。

解説

❶ うすい硫酸H_2SO_4と塩化バリウム$BaCl_2$水溶液を混ぜ合わせると，塩酸（塩化水素）HClと硫酸バリウム$BaSO_4$が生じる。硫酸バリウムは白い沈殿で，この反応では気体は発生せず，容器の外に出ていく物質がないため，反応の前後で質量は変化しない。

❷ 炭酸水素ナトリウム$NaHCO_3$とうすい塩酸HClを混ぜ合わせると，塩化ナトリウム$NaCl$と水H_2Oと二酸化炭素CO_2ができる。二酸化炭素は気体として容器の外へ出ていくため，この実験のように密閉せずに反応させると，反応後の全体の質量は，反応前に比べて小さくなる。

❸ (1)(2)炭酸水素ナトリウムとうすい塩酸を混ぜ合わせると，塩化ナトリウムと水と二酸化炭素ができ，このうち二酸化炭素は気体であるが，密閉した容器内で反応させているため，容器から外へは出ていかず，反応の前後で物質全体の質量は変化しない。
(3)(4)反応後の容器のふたをあけると，二酸化炭素が容器の外へ出ていくため，反応前と比べて質量は小さくなる。ただし，容器の外へ出ていった二酸化炭素の質量と，容器に残った物質全体の質量の和は，反応前の物質全体の質量と等しくなり，質量保存の法則はなり立っている。

❹ スチールウールはフラスコ内の酸素と結びついて酸化鉄となる。密閉してフラスコ内で反応させているため，スチールウール（鉄）が酸素と結びつくことで増加した質量と，フラスコ内の使われることで減少した酸素の質量は等しくなるため，反応の前後で容器全体の質量は変化せず，質量保存の法則はなり立っている。

p.26〜27　ステージ2

❶ (1)マグネシウム
(2)銅…CuO　マグネシウム…MgO
(3)銅…イ　マグネシウム…イ
(4)３回　(5)1.0g
(6)マグネシウム：酸素＝３：２
(7)３回　(8)0.25g
(9)銅：酸素＝４：１

❷ (1)上がる。　(2)放出
(3)下がる。　(4)吸収
(5)図１…発熱反応　図２…吸熱反応

❸ (1)酸化銅
(2)
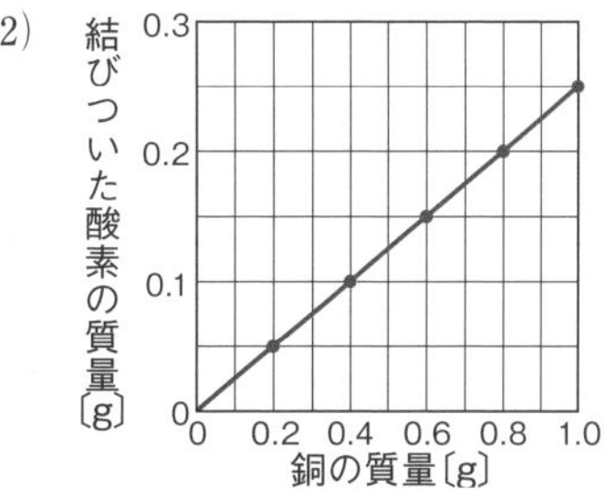

(3)1.50g　(4)8.00g　(5)2.00g

解説

❶ (1)マグネシウムは酸素と結びつくとき，光や熱を出すが，銅はおだやかに酸素と結びつく。

(3)銅やマグネシウムなどの金属が酸素と結びつく反応では，金属と，結びつく酸素の質量の割合は一定なので，くり返し熱すると，あるところまでは質量は大きくなるが，その後は一定となる。

(4)グラフでは，3回以降質量が変化しなくなっていることから，3回熱したところでマグネシウム原子の全てが酸素原子と結びついたことがわかる。

(5) **注意** **グラフで，熱した回数が0回のときの物質の質量が加熱前のマグネシウムの質量となり，一定になったときの物質の質量が，加熱後にできた酸化マグネシウムの質量となる。** マグネシウム1.5gが全て酸素と反応すると，2.5gになっていることから，マグネシウムと結びついた酸素の質量は，2.5－1.5＝1.0〔g〕とわかる。

(6)(5)より，マグネシウム1.5gと酸素1.0gが結びつくので，質量の比は，

マグネシウム：酸素＝1.5〔g〕：1.0〔g〕＝３：２

(7)グラフでは，3回以降質量が変化しなくなっていることから，3回熱したところで銅原子の全てが酸素原子と結びついたことがわかる。

(8)　銅1.0gが全て酸素と反応すると，1.25gになっていることから，銅と結びついた酸素の質量は，1.25－1.0＝0.25〔g〕とわかる。

(9)(8)より，銅1.0gと酸素0.25gが結びつくので，質量の比は，

銅：酸素＝1.0〔g〕：0.25〔g〕＝４：１

2 (1)(2)図１では，鉄と酸素が反応して酸化鉄ができ，このとき，周囲に熱を放出する。活性炭や食塩水は反応を進めやすくするためのもの(触媒(しょくばい)という)である。この反応を利用したものが化学かいろである。

(3)(4)図２では，水酸化バリウムと塩化アンモニウムが反応して，塩化バリウムとアンモニアと水ができ，このとき，周囲から熱を吸収する。この反応を利用したものが冷却パックである。

(5)周囲に熱を放出する化学変化を発熱反応，周囲から熱を吸収する化学変化を吸熱反応という。

3 (2)化合物の質量と銅の質量の差が結びついた酸素の質量となる。銅の質量と結びついた酸素の質量の関係をまとめると，次の表のようになる。

銅の質量〔g〕	0.20	0.40	0.60	0.80	1.00
酸素の質量〔g〕	0.05	0.10	0.15	0.20	0.25

表の値を図にとり，全ての点を通るような直線を引く。グラフは原点を通る直線となることから，銅の質量と，結びつく酸素の質量は比例の関係にあることがわかる。

(3)(2)より，銅の質量と結びつく酸素の質量の間には比例の関係があり，その質量の比は，

銅：酸素＝0.20〔g〕：0.05〔g〕＝４：１である。

銅の粉末6.00gと結びつく酸素の質量をx〔g〕とすると，４：１＝6.00〔g〕：x〔g〕　x＝1.50〔g〕

(4)化合物(酸化銅)の質量も，反応前の銅の質量に比例する。表から，その質量の比は，

銅：酸化銅＝0.20g：0.25g＝４：５である。

質量y〔g〕の銅から酸化銅10.00gができるとすると，４：５＝y〔g〕：10.00〔g〕　y＝8.00〔g〕

(5)10.00－8.00＝2.00〔g〕

p.28～29　ステージ3

1 (1)白色　(2)硫酸バリウム

(3)ない。　(4)ない。

(5)質量保存の法則

2 (1)80.0g　(2)二酸化炭素

(3)(反応によって発生した)二酸化炭素が容器の外へ出ていったから。

(4)変化しなかった。

(5)反応の前後で，容器の中の元素と原子の数が変化しないから。

(6)大きくなった。

(7)変化しない。

3 (1)

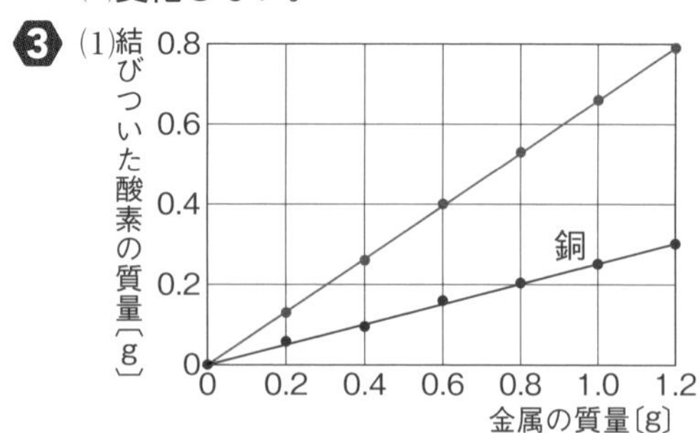

(2)比例(の関係)

(3)銅：酸素＝４：１

(4)マグネシウム：酸素＝３：２

(5)2g　(6)18g

4 (1)①吸熱反応　②発熱反応

(2)①

(3)化学エネルギー

解説

❶ うすい硫酸とうすい塩化バリウム水溶液を混ぜ合わせると，硫酸バリウムの白い沈殿が生じる。この反応では，容器の外に出ていく物質がないため，反応の前後で全体の質量を測定すると，質量は変化しない。

❷ (1)(4)(5)密閉した容器で反応させたとき，反応の前後で全体の質量を測定すると，質量は変化しない。これは，化学変化の前後では，反応にかかわる元素とそれぞれの原子の数が変化しないからである。
(2)(3)炭酸水素ナトリウムとうすい塩酸の反応では二酸化炭素が発生し，容器のふたをとると二酸化炭素が容器の外に出ていくため，質量が小さくなる。
(6)スチールウールに電流を流すと，フラスコ内の酸素とスチールウール(鉄)が結びつく。このとき，フラスコ内の酸素は減るが，密閉容器内で反応させているため，容器全体の質量は変化しない。しかし，ゴム栓を外すと，スチールウールと結びついて減った酸素の分だけフラスコ内に空気が入ってくるため，再びゴム栓をして質量を測定すると，容器全体の質量は入ってきた空気の分だけ大きくなる。

❸ (1)(2)表のマグネシウムの質量と結びついた酸素の質量の示す点を図にとり，全ての点のなるべく近くを通るように直線を引くと，グラフは原点を通る直線となることから，マグネシウムの質量と，結びつく酸素の質量は比例の関係にあることがわかる。
(3)グラフから，銅0.8gと酸素0.2gが結びついていることがわかるので，質量の比は，
銅：酸素＝0.8〔g〕：0.2〔g〕＝４：１
(4)表から，マグネシウム0.60gと酸素0.40gが結びついていることがわかるので，質量の比は，
マグネシウム：酸素＝0.60〔g〕：0.40〔g〕＝３：２
(5)(3)より，銅と酸素が結びつくときの質量の比は，銅：酸素＝４：１なので，銅20gと結びつく酸素の質量をx〔g〕とすると，４：１＝20〔g〕：x〔g〕
x＝５〔g〕とわかる。よって，反応しないで残った酸素の質量は，７－５＝２〔g〕
(6)表から，マグネシウム0.60gから酸化マグネシウムが1.00gできるので，質量の比は，
マグネシウム：酸化マグネシウム
＝0.60〔g〕：1.00〔g〕＝３：５とわかる。
質量y〔g〕のマグネシウムが酸素と過不足なく反応して酸化マグネシウム30gができたとすると，
３：５＝y〔g〕：30〔g〕　y＝18〔g〕

❹ (1)(2)①では，物質Aと物質Bが熱エネルギーを吸収して，物質Cができていることがわかるので，この反応は吸熱反応である。②では，物質Dと物質Eが反応して，物質Fができ，同時に熱エネルギーが放出されていることがわかるので，この反応は発熱反応である。

p.30〜31 単元末総合問題

1 (1)二酸化炭素　(2)ガラス管
(3)白い固体
(4)塩化コバルト紙

2 (1)0.8g
(2)0.375g
(3)マグネシウム：酸素＝３：２
(4)銅：マグネシウム＝８：３

3 (1)①炭素　②二酸化炭素
(2)イ
(3)①C　②Cu

4 (1)発熱反応　(2)試験管B　(3)試験管A
(4)FeS
(5)①S　②0.5g

解説

1 (1)発生した気体によって石灰水が白くにごっていることから，発生した気体は炭酸水素ナトリウムが分解されてできた二酸化炭素とわかる。
(2)ガラス管の先が石灰水に入ったままで加熱をやめると，温度が下がって試験管A内の気体の体積が小さくなるため，石灰水が試験管Aに流れこみ，試験管Aが割れてしまうおそれがある。それを防ぐために，ガラス管を石灰水から出した後にガスバーナーの火を消す。
(3)白い固体(炭酸ナトリウム)は水によくとけ，炭酸水素ナトリウムは水に少しとける。いずれの水溶液もアルカリ性を示すが，白い固体(炭酸ナトリウム)の水溶液の方が，炭酸水素ナトリウムの水溶液よりもアルカリ性が強いため，フェノールフタレイン溶液を加えるとこい赤色を示す。
(4)塩化コバルト紙は，水にふれると青色から桃色

に変化する。

2》 (1)くり返し熱すると，マグネシウムの質量は2.0gで一定になることから，マグネシウム1.2gが完全に酸素と結びついたとき，酸化マグネシウムは2.0gできることがわかる。よって，マグネシウムが完全に反応したときに結びついた酸素の質量は，2.0－1.2＝0.8〔g〕

(2)表から，1.2gの銅が完全に酸素と結びつくと1.5gの酸化銅になることから，1.2gの銅と結びつく酸素の質量は1.5－1.2＝0.3〔g〕で，銅と酸素は，1.2〔g〕：0.3〔g〕＝4：1の質量の比で結びつくことがわかる。1.5gの銅が完全に酸素と反応するのに必要な酸素の質量をx〔g〕とすると，

4：1＝1.5〔g〕：x〔g〕　x＝0.375〔g〕

(3)(1)より，1.2gのマグネシウムと0.8gの酸素が結びつくので，酸化マグネシウムができるときの質量の比は，

マグネシウム：酸素＝1.2〔g〕：0.8〔g〕＝3：2

(4)酸化銅ができるときの銅と酸素の質量の比は，

銅：酸素＝4：1，

酸化マグネシウムができるときのマグネシウムと酸素の質量の比は，マグネシウム：酸素＝3：2なので，酸素2gと反応する銅の質量をx，マグネシウムの質量をy〔g〕とすると，

4：1＝x〔g〕：2〔g〕　x＝8〔g〕

3：2＝y〔g〕：2〔g〕　y＝3〔g〕

なので，同じ質量(2g)の酸素と結びつく銅とマグネシウムの質量の比は，

銅：マグネシウム＝8〔g〕：3〔g〕＝8：3

3》 (1)この実験では，酸化銅が炭素によって還元されて銅になり，炭素は酸化されて二酸化炭素になる。

(2)酸化銅は水素によっても還元することができ，このとき，酸化銅は水素によって還元されて銅になり，水素は酸化されて水になる。

4》 (2)試験管Bにふくまれる未反応の鉄が磁石に引き寄せられる。

(3)(4)鉄と硫黄が反応してできた硫化鉄(FeS)とうすい塩酸が反応すると腐卵臭のする気体(硫化水素)が発生する。

(5)鉄粉2.8gと硫黄の粉末1.6gが全て反応して硫化鉄ができることから，鉄と硫黄が反応するときの質量の比は，鉄：硫黄＝2.8〔g〕：1.6〔g〕＝7：4であることがわかる。

鉄4.2gと反応する硫黄の質量をx〔g〕とすると，

7：4＝4.2〔g〕：x〔g〕　x＝2.4〔g〕

よって，硫黄(S)が，2.9－2.4＝0.5〔g〕反応せずに残る。

単元2 生物のからだのつくりとはたらき

第1章 生物と細胞

p.32〜33 ステージ1

●教科書の要点

❶ ①せまく ②逆

❷ ①細胞 ②核 ③葉緑体 ④気孔
⑤表 ⑥裏 ⑦維管束 ⑧細胞壁
⑨細胞膜 ⑩細胞質

❸ ①単細胞生物 ②多細胞生物
③組織 ④器官

●教科書の図

1 ①ミカヅキモ ②ミジンコ ③アオミドロ

2 ①植物 ②動物 ③核 ④細胞膜
⑤細胞壁 ⑥液胞 ⑦葉緑体

3 ①植物 ②動物 ③細胞 ④組織
⑤器官 ⑥個体

p.34〜35 ステージ2

❶ (1)ピンセット
(2)酢酸オルセイン(酢酸カーミン)
(3)つくり…核 色…赤色
(4)気泡(空気)が入らないように注意する。
(5)プレパラート (6)近くなる。 (7)㋒

❷ (1)①㋑ ②㋒ ③㋐ (2)多細胞生物
(3)単細胞生物

❸ (1)B (2)㋐, ㋔
(3)㋐核 ㋑細胞膜 ㋒液胞 ㋓葉緑体
㋔核 ㋕細胞膜 ㋖細胞壁
(4)細胞質

❹ (1)①細胞 ②組織 ③器官 ④個体
(2)①㋑ ②㋐ ③㋒

❺ (1)A (2)細胞 (3)気孔 (4)孔辺細胞

解 説

❶ (2)(3)酢酸オルセインや酢酸カーミンを用いて細胞を染色すると，核が赤色に染まる。
(4)気泡(空気)がカバーガラスとスライドガラスの間に入ると,試料が観察しづらくなるため,カバーガラスは気泡が入らないように，ななめに端からかぶせていく。
(5)スライドガラスに試料をのせ，カバーガラスをかぶせて顕微鏡で観察できるようにしたものをプレパラートという。
(6)レボルバーをまわし，対物レンズを高倍率のものに変えると，対物レンズとプレパラートの距離が近くなる。また，顕微鏡の倍率を高くすると，視野はせまくなり，明るさは暗くなる。
(7)顕微鏡では上下左右が逆になって見えるので，実際に動かしたい方向とは逆にプレパラートを動かす。

❷ (1)㋐と㋑は，細胞と細胞の間に細胞壁があることから植物の細胞である。また，植物の葉の細胞には葉緑体があることから，小さな粒が多く見られる㋑がオオカナダモの葉の細胞であることがわかる。タマネギのりん片の表皮の細胞は，地中にある部分のもので，光を受けることがなく，光合成を行うことがないため葉緑体がない。このことから，㋐はタマネギのりん片の表皮の細胞であるとわかる。㋒のように，細胞が細胞壁に囲まれておらず，葉緑体も見られないのは，動物の細胞の特徴である。

❸ (1)細胞壁や葉緑体，液胞が見られるBの細胞が植物の細胞，細胞壁や葉緑体，液胞が見られないAの細胞が動物の細胞である。
(2)酢酸オルセインや酢酸カーミンでよく染まるのは，核(㋐，㋔)である。
(3)核(㋐，㋔)と細胞膜(㋑，㋕)は，動物の細胞と植物の細胞に共通するつくりである。
(4)細胞膜と，細胞膜の内側の核以外の部分をまとめて細胞質という。

❹ (1)細胞が集まり組織，組織が集まり器官，器官が集まり個体ができる。
(2)㋑は表皮細胞，㋐は表皮細胞が集まってできた表皮組織，㋒は表皮組織などが集まってできた器官の葉である。

❺ (1)葉の断面では，表に近い方では細胞がすきまなく並び，裏に近い方では細胞と細胞の間にすきまが見られる。
(3)(4)葉の表皮には，三日月形の孔辺細胞とよばれる２つの細胞に囲まれた，気孔とよばれるすきまがある。

p.36~37 ステージ3

❶ (1)綿棒 (2)スライドガラス
(3)気泡(空気)が入らないようにする。
(4)つくり…核 色…赤色
(5)㋑ (6)ウ

❷ (1)A…細胞膜 B…細胞壁 C…液胞 D…核
(2)B，C (3)色…緑 名称…葉緑体
(4)①C ②B (5)細胞質

❸ (1)A…アメーバ B…ゾウリムシ C…ミカヅキモ D…ミジンコ
(2)A，B，C (3)単細胞生物
(4)多細胞生物 (5)①a ②b (6)D

❹ (1)ア (2)上皮細胞 (3)筋組織
(4)イ (5)器官 (6)個体

解説

❶ (1)観察するための粘膜は，傷つけないように軽く綿棒でこすりとる。
(4)動物の細胞でも植物の細胞でも，酢酸オルセインや酢酸カーミンで染色すると，核が赤く染まる。
(5)動物の細胞には細胞壁がないため，ひとつひとつの細胞がばらばらになりやすい。
(6)ヒトのほおの内側の細胞の大きさは約0.1mmで，肉眼ではひとつひとつの細胞はわかりにくく，顕微鏡で観察するときは，倍率を100～400倍程度にする。

❷ (1)植物の細胞は，外側を細胞壁(B)が囲み，その内側に細胞膜(A)がある。また，細胞膜の内側にはまるい核(D)があり，液胞(C)や葉緑体(E)が見られるものもある。
(2)(3)細胞壁や液胞，緑色の葉緑体は，植物の細胞にだけ見られるつくりである。
(4)①植物には排出にかかわるつくりがないため，細胞の活動でできた物質や水などは，液胞にたくわえられる。
②植物は細胞壁があることで細胞の形を維持することができ，からだを支えることができる。
(5) 注意 核は細胞質にふくまれないが，細胞膜は細胞質にふくまれる。

❸ (3)(5)からだが1つの細胞でできている単細胞生物には，組織や器官といったつくりの分類はないが，1個の細胞の中に，からだを動かしたり食物をとりこんだり，なかまをふやしたりするなどの生命活動に必要なしくみが全て備(そな)わっている。

❹ 図の小腸の模式図で，表面の上皮組織は養分を吸収するはたらきをもち，その下部にある筋組織は小腸を動かすはたらきをもつ。上皮組織や筋組織などの組織が集まって，小腸という器官ができている。そして，いろいろな器官が集まって，ヒトという個体ができている。

第2章 植物のからだのつくりとはたらき(1)

p.38~39 ステージ1

●教科書の要点

❶ ①光合成 ②対照実験 ③ヨウ素液
④エタノール ⑤青紫 ⑥葉緑体
⑦酸素 ⑧石灰水 ⑨白 ⑩緑
⑪水 ⑫二酸化炭素

❷ ①呼吸 ②呼吸 ③光合成 ④二酸化炭素
⑤酸素 ⑥呼吸 ⑦酸素 ⑧二酸化炭素

●教科書の図

1 ①青紫 ②葉緑体 ③緑 ④青
⑤二酸化炭素

2 ①水 ②二酸化炭素 ③酸素
④気孔 ⑤葉緑体

3 ①二酸化炭素 ②酸素 ③二酸化炭素
④酸素 ⑤二酸化炭素 ⑥酸素

p.40~41 ステージ2

❶ (1)葉を脱色するため。 (2)A
(3)デンプン (4)光(日光)

❷ (1)㋐酸 ㋑アルカリ (2)イ
(3)A…緑色 B…青色
(4)はたらき…光合成 物質…二酸化炭素

❸ (1)ウ (2)イ
(3)㋐変化しない。 ㋑白くにごる。
㋒白くにごる。
(4)①光合成 ②二酸化炭素

❹ (1)㋑ (2)㋑ (3)二酸化炭素 (4)呼吸

解説

❶ (1)あたためたエタノールに葉をつけると，葉を脱色することができる。脱色することで，ヨウ素液による色の変化がわかりやすくなる。
(2)(3)光がじゅうぶんに当たった葉では，光合成が行われてデンプンがつくられる。ヨウ素液はデン

プンがあると青紫色に変化するため，明るいところに置いたビーカーの水草の葉Aで，ヨウ素液による色の変化が観察できる。

(4)実験に用いた葉Aと葉Bでは，光を当てたか，当てていないかという条件以外は同じにしているので，光による結果のちがいを知ることができる。

注意 **調べたいことがらについての条件だけを変え，それ以外をそろえて行う実験を対照実験といい，この実験は，光に関する条件だけを変えた対照実験となっている。**

2 (1)BTB溶液は，酸性で黄色，中性で緑色，アルカリ性で青色を示す。

(2)二酸化炭素は水に少しとけ，水溶液は酸性を示す。酸素と窒素は水にとけにくい。

(3)(4)青色のBTB溶液に息をふきこむと，息にふくまれている二酸化炭素が溶液にとけ，水溶液がアルカリ性から中性に変化して緑色を示す。水草に光が当たると，水草は光合成を行い，溶液中の二酸化炭素を吸収する。そのため，溶液中の二酸化炭素の量が少なくなり，息をふきこむ前の青色になる。

3 (1)(2)試験管㋐と㋒では，葉があるか，ないかという条件だけを変え，それ以外の条件をそろえているので，実験結果が葉のはたらきによることを確かめることができる。一方，試験管㋑は，㋐に対して光の条件だけを変えた対照実験となっている。この実験は，光が当たった植物が光合成を行うときに二酸化炭素を使うかどうかを調べるものであるため，息をふきこんで試験管内の二酸化炭素をふやしておく。

(3)(4)光を当てた㋐の葉は，光合成を行って試験管内の二酸化炭素を吸収するため，試験管内の二酸化炭素の量は少なくなる。よって，石灰水を入れてふっても変化は見られない。一方，光を当てていない試験管㋑の葉は，光合成を行わず呼吸だけが行われるため，二酸化炭素はふえ，試験管㋒では二酸化炭素がそのまま残っている。よって，試験管㋑と㋒では，石灰水を入れてよくふると，石灰水は白くにごる。

注意 **石灰水は二酸化炭素によって白くにごるため，この実験では，試験管内の酸素の量の変化を確かめることはできない。**

4 (1)対照実験は，調べたいことがらに関する1つの条件だけを変えて行う実験である。ふくろ㋒と条件が1つだけちがっているのはふくろ㋑で，葉があるか，ないかという条件だけを変えている。ふくろ㋑と㋒の実験結果を比べることで，ふくろの中の空気を石灰水に通したときの変化がコマツナのはたらきによるものであることを確認することができる。

(2)〜(4)明るいところにある葉は呼吸よりも光合成をさかんに行っている。そのため，ふくろ㋐では二酸化炭素が減り，ふくろの中の空気を石灰水に通しても，石灰水は変化しない。暗いところにある葉は，光合成を行わず呼吸だけを行うため，葉からは二酸化炭素が放出される。そのため，ふくろ㋑では二酸化炭素がふえ，ふくろの中の空気を石灰水に通すと，石灰水が白くにごる。ふくろ㋒の中の空気にふくまれる二酸化炭素の量は変化していないため，ふくろの中の空気を石灰水に通しても，石灰水は変化しない。

注意 **この実験では，石灰水の変化によってふくろの中の二酸化炭素が，植物の呼吸によってふえたことは確認できるが，光合成によって二酸化炭素が植物に吸収されて減ったことは確認できない。**

p.42〜43 ステージ3

1 (1)葉を脱色するため。
(2)エタノールは引火しやすいため。
(3)㋐
(4)光合成は葉緑体で行われること。
(5)光合成には光が必要であること。

2 (1)葉緑体　(2)㋐水　㋑二酸化炭素
(3)㋒デンプン　㋓酸素　(4)気孔

3 (1)酸素　(2)二酸化炭素　(3)呼吸　(4)㋐

4 (1)呼吸　(2)光合成　(3)㋒，㋔
(4)二酸化炭素を吸収して，酸素を放出しているように見える。

解説

1 (1)葉をエタノールで脱色することで，ヨウ素液による変化がわかりやすくなる。

(2)エタノールは引火しやすいため，火で直接加熱せずに，湯につけてあたためる(湯せんする)。

(3)光合成は，光が当たった葉緑体で行われる。㋐の部分には葉緑体があり，光が当たっているので光合成が行われ，デンプンができているのでヨウ素液による変化がある。㋑の部分は，光は当たっているが葉緑体がないため，光合成が行われない。㋒の部分は，葉緑体はあるが光が当たっていないため光合成が行われない。
(4)㋐の部分には葉緑体があり，㋑の部分には葉緑体がなく，それ以外の条件は同じである。この実験結果から，光合成が葉緑体で行われていることが確認できる。
(5)㋐の部分には光が当たり，㋒の部分には光が当たっていなくて，それ以外の条件は同じである。この実験結果から，光合成には光が必要であることが確認できる。

❷ (1)光合成は，葉の細胞内の葉緑体で行われる。
(2)光合成の材料として使われる物質は水と二酸化炭素である。㋐は，茎を通って運ばれていることから，根からとり入れられた水であることがわかる。㋑は，空気中からとり入れられていることから二酸化炭素であることがわかる。
(3)光合成では，デンプンなどの養分と酸素がつくられる。㋓は，空気中に出されていることから酸素であることがわかる。
(4)二酸化炭素や酸素などの気体は，葉の表皮などにある気孔とよばれるすきまから出入りする。

❸ (1)㋐のオオカナダモには光が当たっているため，呼吸よりも光合成がさかんに行われ，オオカナダモからは酸素が出てくる。
(2)(3)㋑のオオカナダモには光が当たっていないため，呼吸だけが行われ，オオカナダモからは二酸化炭素が出てくる。二酸化炭素は水にとけ，その水溶液は酸性を示すため，ＢＴＢ溶液は黄色を示す。
(4)光合成を行った㋐のオオカナダモの細胞の葉緑体にはデンプンができているため，ヨウ素液によって葉緑体の部分が青紫色に変化する。

❹ (1)植物は生きていくために一日中呼吸をし，酸素を吸収して二酸化炭素を放出している。
(2)光が当たると光合成を行い，二酸化炭素を吸収して酸素を放出する。
(3)Ｘが呼吸，Ｙが光合成を表しているので，㋐，㋒，㋔は二酸化炭素，㋑，㋓，㋕が酸素を示している。
(4)昼は，呼吸よりも光合成がさかんに行われている。よって植物が吸収する気体は酸素よりも二酸化炭素の方が多い。このため，見かけのうえでは二酸化炭素を吸収しているように見える。植物が放出する気体は二酸化炭素よりも酸素の方が多いため，見かけのうえでは酸素を放出しているように見える。

第２章　植物のからだのつくりとはたらき(2)

p.44～45　ステージ1

●教科書の要点

❶ ①吸水　②蒸散　③茎　④葉脈
⑤表　⑥裏　⑦裏　⑧気孔

❷ ①道管　②根毛　③師管
④単子葉　⑤双子葉

●教科書の図

1 ①孔辺細胞　②気孔　③裏　④根
⑤気孔　⑥水蒸気　⑦蒸散

2 ①維管束　②道管　③師管　④師管
⑤道管　⑥維管束　⑦道管　⑧師管
⑨道管　⑩双子葉　⑪単子葉

p.46～47　ステージ2

❶ (1)気孔　(2)孔辺細胞
(3)蒸散　(4)吸水

❷ (1)㋑イ　㋒ア　(2)㋐　(3)㋒
(4)葉の裏側には気孔が(表側よりも)多くあり，蒸散で出ていく水の量が多くなるから。
(5)蒸散は葉で主に行われていて，蒸散が行われると吸水が起こる。
(蒸散は葉で主に行われていて，蒸散が行われないと，吸水は起こらない。)

❸ (1)ウ　(2)道管　(3)㋐

❹ (1)㋐道管　㋑師管　(2)維管束　(3)㋑
(4)ひげ根　(5)㋓主根　㋔側根　(6)D

解説

❶ 植物が根からとりこんで吸い上げた水は，葉の表面にある孔辺細胞とよばれる三日月形の２つの細胞に囲まれた気孔というすきまから，水蒸気となって出ていく。これを蒸散という。

❷ (1)ワセリンをぬると気孔がふさがれるため，ワセリンをぬった部分での蒸散はおさえられる。
(2)蒸散量が多いほど，水の減少量は多くなる。ワセリンをぬると蒸散がおさえられるので，何も処理せず，蒸散がおさえられていない㋐で水の減少量が最も多くなる。

(3)(4)単位面積あたりの気孔の数は，葉の表側よりも裏側に多い。そのため，蒸散で出ていく水蒸気の量は，気孔の数が多い葉の裏側で多くなる。

(5)葉をとり除いた㋓では吸水がほとんど行われなかったことから，蒸散がさかんに行われる葉がないと吸水が行われないことがわかる。このことから，蒸散が行われると吸水が起こることがわかる。

❸ (1)(2)赤く染まっている部分は，赤インクをとかした色水が通った部分である。植物の茎の水や水にとけた肥料分が通る管を道管という。

(3)ヒマワリなどの双子葉類では，茎の維管束は㋐のように周辺部に輪の形に並んでいる。茎の維管束が㋑のように全体に散らばっているのは単子葉類である。

❹ (1)(2)道管と師管が集まった部分を維管束という。茎の維管束では，内側に道管，外側に師管が通っている。

(3)葉でつくられたデンプンなどの養分が，水にとけやすいものに変化し，その物質が通るのが師管である。

(4)〜(6)図１で，維管束が輪の形に並んでいるＡは双子葉類の茎，維管束が全体に散らばっているＢは単子葉類の茎の断面である。また，図２で，ひげ根からなるＣは単子葉類の根，主根と側根からなるＤは双子葉類の根である。

p.48〜49 ステージ3

❶ (1)蒸散　(2)ア
(3)表側…エ　裏側…オ

❷ (1)B　(2)道管　(3)維管束　(4)㋓

❸ (1)Ａ…道管　Ｂ…師管
(2)図２…㋑　図３…㋔
(3)(骨組みとなって)植物のからだを支える。
(4)双子葉類

❹ (1)根毛
(2)根の土とふれる面積を広げ，多くの水や水にとけた肥料分をとりこむことができる。
(3)管Ａ…道管　管Ｂ…師管
(4)(管) B　(5)ウ

解説

❶ (2)ワセリンをぬったところでは蒸散がおさえられるので，㋐では葉全体と茎，㋑では葉の裏側と茎，㋒では葉の表側と茎からそれぞれ蒸散が行われている。蒸散で出ていく水蒸気の量が多いほど吸水量が多くなり，メスシリンダーの水の減少量は多くなる。これらのことから，最も水の減少量が多いのは㋐とわかる。また，気孔の数は葉の表側よりも裏側に多いため，葉の裏側からの方が蒸散で出ていく水の量が多くなる。よって，茎と葉の裏側で蒸散が行われている㋑の方が，茎と葉の表側で蒸散が行われている㋒よりも水の減少量が多くなる。したがって，水の減少量は，㋐>㋑>㋒となる。

(3)㋐〜㋒の蒸散のようすをまとめると，次の表のようになる。

	㋐	㋑	㋒
葉の表側	○	×	○
葉の裏側	○	○	×
茎	○	○	○

○は蒸散あり，×は蒸散なしを表す。

表から，蒸散する部分が葉の表側だけが異なる㋐と㋑の水の減少量の差が，葉の表側から出ていった水の量と等しく，蒸散する部分が葉の裏側だけが異なる㋐と㋒の水の減少量の差が，葉の裏側から出ていった水の量と等しいことがわかる。

❷ (1)(2)茎の横断面で，維管束の内側の管は道管，外側の管は師管である。道管には根からとり入れた水や水にとけた肥料分が通り，師管には葉でつくられた養分が水にとけやすい物質に変わったものが通る。

(4)ホウセンカなどの双子葉類では，茎の維管束は輪の形のように並び，トウモロコシなどの単子葉類では，茎の維管束は全体に散らばっている。

❸ (1)葉の維管束(葉脈)では，葉の表側に近い方に道管，葉の裏側に近い方に師管が通る。

(2)道管は茎の内側，根の中心付近を通る。

(3)維管束はかたいつくりなので，植物のからだを支えるはたらきもある。

❹ (2)根の表面にたくさんの根毛があることで，根の表面積が広くなり，土から多くの水や水にとけた肥料分をとりこむことができる。

(3)〜(5)根から茎や葉に向かう管Ａは，水や水にとけた肥料分が通る道管，葉から茎や根に向かう管Ｂは，葉でつくられた養分が水にとけやすい物質に変化したものが通る師管である。

第3章　動物のからだのつくりとはたらき⑴

p.50～51　ステージ1

●教科書の要点

❶ ①消化　②青紫　③ベネジクト液
④消化液　⑤アミラーゼ　⑥消化管
⑦ブドウ糖　⑧アミノ酸　⑨胆汁

❷ ①小腸　②柔毛　③アミノ酸　④リンパ管
⑤肝臓　⑥大腸　⑦便

●教科書の図

1 ①だ液せん　②食道　③肝臓　④胆のう
⑤大腸　⑥すい臓　⑦胃　⑧小腸
⑨肛門　⑩青紫　⑪赤褐

2 ①だ液　②胃液　③すい液　④小腸
⑤柔毛

p.52～53　ステージ2

❶ ⑴対照実験　⑵消化酵素　⑶アミラーゼ
⑷消化酵素がよくはたらく体温に近い温度にするため。
⑸試験管…Ｂ１
変化…青紫色になった。
⑹試験管…Ａ２
変化…赤褐色の沈殿が生じた。
⑺デンプンを麦芽糖などに変化させる。

❷ ⑴㋐肝臓　㋑胆のう　㋒大腸　㋓だ液せん
㋔食道　㋕胃　㋖すい臓　㋗小腸
⑵消化管　⑶名称…胆汁　記号…㋑
⑷Ａ…胃液　Ｂ…すい液
⑸ａ…ブドウ糖　ｂ…アミノ酸
⑹脂肪酸，モノグリセリド

❸ ⑴柔毛　⑵㋐毛細血管　㋑リンパ管
⑶ブドウ糖…㋐　アミノ酸…㋐
⑷㋑
⑸表面積が非常に大きくなり，養分を効率よく吸収できる。

解説

❶ ⑴影響を知りたい条件以外を同じにして行う実験を対照実験という。試験管ＡとＢでは，だ液を入れるか，水を入れるかという条件だけがちがい，それ以外の条件を同じにして実験を行っているので，デンプン溶液に対するだ液のはたらきについて調べることができる。

⑵⑶消化液にふくまれ，特定の物質を分解するはたらきをもつものを消化酵素という。だ液には，アミラーゼとよばれる消化酵素がふくまれ，デンプンに対してはたらく。

⑷消化液にふくまれている消化酵素は，温度によってはたらきぐあいが異なる。ヒトの消化液にふくまれている消化酵素は，体温に近い温度でよくはたらくので，体温に近い約40℃で実験を行う。

⑸デンプンがあると，ヨウ素液によって青紫色に変化する。だ液にはデンプンを分解するはたらきがあるが，水にはデンプンを分解するはたらきがないため，試験管Ａ１ではヨウ素液による変化は見られず，試験管Ｂ１ではヨウ素液による変化が見られる。

⑹麦芽糖があると，ベネジクト液を入れて加熱したときに赤褐色の沈殿が生じる。だ液のはたらきでデンプンは分解されて麦芽糖などに変化するが，水でデンプンは分解されないため，試験管Ａ２ではベネジクト液によって赤褐色の沈殿が生じ，試験管Ｂ２ではベネジクト液による変化は見られない。

⑺ヨウ素液による実験から，だ液のはたらきによってデンプンが別の物質に変化することがわかり，ベネジクト液による実験から，だ液のはたらきによって麦芽糖などができることがわかる。

❷ ⑶肝臓でつくられる消化液は胆汁で，胆汁は胆のうに運ばれ，胆のうから出される。また，胆汁には消化酵素はふくまれないが，脂肪の消化を助けるはたらきがある。

⑷⑸デンプンは，だ液中の消化酵素→すい液中の消化酵素→小腸のかべの消化酵素によって順に分解され，最終的にブドウ糖になる。
タンパク質は，胃液中の消化酵素→すい液中の消化酵素→小腸のかべの消化酵素によって順に分解され，最終的にアミノ酸になる。

⑹脂肪は，胆汁によって消化されやすい形にされた後，すい液中の消化酵素によって分解され，脂肪酸とモノグリセリドになる。

❸ ⑶ブドウ糖とアミノ酸は，小腸の柔毛で吸収されて毛細血管に入り，血液によって肝臓を通って全身の細胞へ運ばれる。肝臓では，アミノ酸の一部がタンパク質に変えられ，ブドウ糖の一部はグリコーゲンに変えられて一時的にたくわえられる。

(4)脂肪酸とモノグリセリドは，小腸の柔毛で吸収された後，再び脂肪となってリンパ管に入る。リンパ管は，心臓の近くで血管と合流し，脂肪は血管に入って全身の細胞へ運ばれる。

p.54~55 ステージ3

❶ (1)㋐肝臓　㋑胃　㋒すい臓　㋓小腸

(2)

どこにある消化酵素か	デンプン	タンパク質	脂肪
だ液	○		
㋑から出される消化液		○	
㋒から出される消化液	○	○	○
㋓の表面	○	○	

(3)①胆汁　②肝臓　③脂肪

(4)柔毛

(5)①ブドウ糖　②アミノ酸
③脂肪酸とモノグリセリド

(6)ブドウ糖，アミノ酸

❷ (1)ウ　(2)加熱する。

(3)①B
②だ液はデンプンを別の物質に変えること。

(4)①C
②だ液によって麦芽糖などができること。

(5)アミラーゼ

❸ (1)タンパク質　(2)○　(3)タンパク質

(4)ブドウ糖　(5)○

解説

❶ (2)デンプンをブドウ糖まで分解するのは，だ液とすい液中の消化酵素と小腸のかべの消化酵素である。タンパク質をアミノ酸まで分解するのは，胃液とすい液中の消化酵素と小腸のかべの消化酵素である。脂肪を脂肪酸とモノグリセリドに分解するのは，すい液にふくまれる消化酵素である。

(3)胆のうからは，肝臓でつくられた胆汁が出される。

注意 胆汁には，消化酵素はふくまれず，脂肪を脂肪酸とモノグリセリドに分解する消化酵素(リパーゼ)はすい液にふくまれている。

(6)脂肪酸とモノグリセリドは，再び脂肪になってリンパ管から吸収される。

❷ (1)消化酵素がよくはたらく体温に近い約40℃で実験を行う。

(2)麦芽糖などがあるところにベネジクト液を加え，加熱すると赤褐色の沈殿が生じる。

(3)水を加えた試験管Bではヨウ素液に変化が見られるが，だ液を加えた試験管Aではヨウ素液による変化が見られないことから，デンプンがだ液のはたらきで別の物質に変化したことがわかる。

注意 ヨウ素液はデンプンの有無を調べるための薬品で，試験管Aでデンプンがなくなったことは確認できるが，麦芽糖などになったことは確認できない。

(4)水を加えた試験管Dではベネジクト液で変化は見られないが，だ液を加えた試験管Cではベネジクト液による変化が見られたことから，だ液のはたらきで麦芽糖などができたことが確認できる。

注意 ベネジクト液は麦芽糖などの有無を調べるための薬品で，試験管Cで麦芽糖などができたことは確認できるが，試験管Cだけでは，だ液のはたらきでデンプンから麦芽糖などに変化したことは確認できない。

(5)だ液にふくまれる消化酵素はアミラーゼであり，アミラーゼは，デンプンをブドウ糖が2つつながった麦芽糖などに分解する。

❸ (1)デンプンや麦芽糖などをまとめて炭水化物といい，炭水化物は米やイモ，小麦粉などに多くふくまれる。

(2)炭素をふくみ，燃やしたときに二酸化炭素が発生する物質を有機物といい，有機物以外の物質を無機物という。

(3)ペプシンは胃液，トリプシンはすい液にふくまれ，どちらもタンパク質にはたらく消化酵素である。脂肪を分解するはたらきがあるのは，すい液にふくまれるリパーゼである。

(4)肝臓でアミノ酸は，一部が必要に応じてタンパク質に変えられる。

(5)リンパ管は心臓の近くで血管と合流し，リンパ管を通って運ばれていた脂肪などは，合流後，血管を通って運ばれる。

第3章　動物のからだのつくりとはたらき(2)

p.56〜57　ステージ1

●教科書の要点

❶ ①肺胞　②酸素　③二酸化炭素
④肺呼吸　⑤横隔膜　⑥動脈血
⑦静脈血　⑧細胞による呼吸

❷ ①動脈　②静脈　③肺循環　④体循環
⑤赤血球　⑥組織液

❸ ①尿素　②じん臓

●教科書の図

1 ①右心房　②右心室　③左心房　④左心室
⑤弁　⑥逆流　⑦静脈　⑧毛細血管　⑨動脈

2 ①白血球　②赤血球　③血しょう　④血小板
⑤二酸化炭素　⑥酸素　⑦組織液

3 ①じん臓　②輸尿管　③ぼうこう
④尿素　⑤尿

p.58〜59　ステージ2

❶ (1)㋑　(2)A　(3)B
(4)A…酸素　B…二酸化炭素　C…窒素

❷ (1)気管　(2)気管支　(3)肺胞
(4)毛細血管
(5)A…酸素　B…二酸化炭素
(6)肺呼吸
(7)空気にふれる表面積が大きくなり，効率よく酸素と二酸化炭素の交換を行うことができる。

❸ (1)①ウ　②ア　③イ　(2)イ
(3)息を吸うとき。

❹ (1)㋐右心房　㋑左心房　㋒右心室　㋓左心室
(2)弁　(3)拍動(はくどう)
(4)①㋓　②㋐　③㋒　④㋑
(5)エ　(6)肺循環　(7)体循環
(8)㋑，㋓　(9)㋐，㋒

解　説

❶ 図のA〜Cで，呼気と吸気でほとんど変化がなく，約78%ふくまれている気体Cは窒素である。体積の割合で窒素の次に多い気体Aは酸素である。呼気ははく息，吸気は吸う息で，ヒトは呼吸のとき，酸素をとり入れることから，酸素（気体A）の割合が少ない㋑が呼気とわかる。吸気を表す図の㋐は空気の割合と同じなので，体積の割合で0.03%ふくまれている気体Bは二酸化炭素である。

❷ (1)〜(3)ヒトのからだで，空気は鼻や口から吸いこまれ，気管を通って肺に入る。気管の先は枝分かれして気管支となり，その先に小さなふくろのようなつくりの肺胞がたくさんある。
(4)〜(6)肺胞は毛細血管とよばれる細い血管に囲まれていて，毛細血管を流れる血液と空気の間で気体の交換が行われ，酸素が血液にとりこまれ，二酸化炭素が肺胞へわたされる。このような肺で行われるはたらきを肺呼吸という。
(7)小さなふくろのようなつくりの肺胞がたくさんあることで，肺において，空気とふれる表面積が大きくなっている。

❸ (1)図のモデルでは，ゴム風船が肺，ストローが気管，ゴム膜が横隔膜を表し，ペットボトルの内部が，ろっ骨や横隔膜に囲まれた胸部の空間を表している。
(2)(3)ヒトのからだでは，横隔膜が下がり，ろっ骨が上がって胸部の空間が広がると，肺が広がって肺の中に空気が入る。モデルでは，ゴム膜を下に引っ張ることでペットボトル内部の空間が広がり，ゴム風船がふくらむ。

❹ (1)図では，㋓の部屋の部分の筋肉が厚くなっていることから，㋓の部屋が左心室であることがわかり，ヒトの心臓のつくりを正面から見たものを表していることがわかる。
(2)弁には血液が逆流するのを防ぐはたらきがある。
(3)心臓の規則正しく収縮する運動を拍動といい，手首などの血管にふれて感じることができる動きを脈拍という。
(4)心臓において，血液は心室から送り出され，心房に流れこむ。全身への血液は㋓の左心室，肺への血液は肺動脈につながる㋒の右心室から，ぞれぞれ送り出される。全身からの血液は㋐の右心房に，肺からの血液は肺静脈につながる㋑の左心房に，それぞれ流れこむ。
(5)心室が収縮すると血液が心臓から送り出される。血液が心臓に流れこむときは心房が広がり，血液が心房から心室に流れこむときは心房が収縮する。
(8)酸素を多くふくみ，二酸化炭素が少ない血液を動脈血という。酸素は肺で血液にとりこまれるので，肺からもどった血液が流れる㋑と㋓に動脈血が流れる。

注意 動脈血は，動脈を流れる血液のことではない。

(9)酸素が少なく，二酸化炭素を多くふくむ血液を静脈血という。二酸化炭素は肺で血液から空気にわたされるので，全身からもどって肺に向かう血液が流れる㋐と㋒に静脈血が流れる。

注意 静脈血は，静脈を流れる血液のことではない。

p.60〜61 ステージ2

1 (1)㋐肺　㋑心臓　(2)㋑　(3)体循環
(4)動脈　(5)ウ　(6)静脈　(7)イ
(8)動脈血　(9)静脈血　(10)B，C，D
(11)B…イ　C…ア　G…オ　J…エ

2 (1)㋐　(2)白血球　(3)血小板
(4)出血した血液を固めるはたらき。

3 (1)組織液　(2)①ア，エ　②イ，ウ
(3)赤血球
(4)酸素の多いところでは酸素と結びつき，酸素の少ないところでは酸素をはなす性質。

4 (1)㋐じん臓　㋑輸尿管
㋒ぼうこう　㋓肝臓
(2)尿　(3)①アンモニア　②尿素

解説

1 (1)4つの部屋に分かれている㋑が心臓，心臓と血管でつながり，大きな2つのつくりからなる㋐は肺である。

(4)(5)心臓から送り出される血液が流れる血管を動脈といい，動脈のかべは厚く，心臓から送り出される血液の圧力にたえられるつくりになっている。

(6)(7)心臓にもどる血液が流れる血管を静脈といい，静脈は動脈よりもかべがうすく，ところどころに血液が逆流するのを防ぐための弁がある。

(10)肺循環は，心臓→肺動脈(B，D)→肺→肺静脈(C)→心臓という血液の流れである。

(11)B…心臓から肺へ向かう血液が流れる血管で，肺では二酸化炭素が血液から空気にわたされることから，二酸化炭素を最も多くふくむ血液が流れていることがわかる。

C…肺から心臓にもどる血液が流れる血管で，肺では酸素が血液にとりこまれることから，酸素を最も多くふくむ血液が流れていることがわかる。

G…小腸を通過した直後の血液が流れる血管で，小腸では消化された養分が血液に入ることから，食後，養分を最も多くふくむ血液が流れていることがわかる。

J…じん臓を通過した直後の血液が流れる血管で，じん臓では血液中から尿素などの不要物がとり除かれることから，尿素などの不要物が最も少ない血液が流れていることがわかる。

2 (1)赤血球にふくまれるヘモグロビンには，酸素の多いところでは酸素と結びつき，酸素の少ないところでは酸素をはなす性質があり，全身の細胞に酸素を運んでいる。

3 (1)(2)血液の液体成分である血しょうが毛細血管からしみ出し，細胞のまわりを満たしたものを組織液といい，血液によって運ばれてきた酸素や養分を細胞に届けたり，細胞から二酸化炭素やアンモニアなどの不要物を受けとったりしている。

(3)(4)赤血球にふくまれるヘモグロビンは，酸素の多い肺の毛細血管を通るときに酸素と結びつき，酸素の少ない細胞付近の毛細血管を通るときに酸素をはなすことで酸素を運んでいる。

4 細胞の活動でできた有害なアンモニアは肝臓に運ばれ，無害な尿素に変えられる。尿素は血液によって運ばれ，じん臓で血液中からとり除かれる。その後，尿として輸尿管を通ってじん臓に一時ためられた後，尿として体外へ排出される。

p.62〜63 ステージ3

1 (1)肺胞　(2)A…酸素　B…二酸化炭素
(3)空気とふれる表面積が大きくなり，効率よく気体の交換ができる。
(4)赤血球　(5)ヘモグロビン　(6)血しょう

2 (1)B…肺動脈　E…肺静脈
(2)酸素を多くふくむ血液
(酸素を多くふくみ，二酸化炭素が少ない血液)
(3)D，E，F
(4)二酸化炭素を多くふくむ血液
(二酸化炭素を多くふくみ，酸素が少ない血液)
(5)A，B，C　(6)E　(7)B

3 (1)㋐右心房　㋑左心室
(2)全身に血液を送り出すため。
(3)肺　(4)A

(5)血液が逆流するのを防ぐ(はたらき)。

(6)a　(7)体循環

4 (1)A…酸素　B…二酸化炭素

(2)細胞による呼吸　(3)組織液

(4)アンモニア

(5)ウ→エ→ア→オ→イ

解説

1 (4)(5)酸素の多いところ(肺)では酸素と結びつき，酸素の少ないところ(体の細胞)では酸素をはなすという性質をもつ物質であるヘモグロビンが赤血球にはふくまれている。これにより赤血球が酸素を運ぶ。

(6)二酸化炭素は，血液の液体成分である血しょうによって運ばれる。

2 (1)心臓から送り出される血液が流れる血管が動脈，心臓にもどる血液が流れる血管が静脈である。Bは心臓から肺に向かう血液が流れるので肺動脈，Eは肺から心臓にもどる血液が流れるので肺静脈である。

(3)酸素は肺で血液にとりこまれるので，肺から心臓へもどる血液の流れる血管Eと，心臓から肺以外に送り出される血液の流れる血管D，Fに動脈血が流れる。

(5)二酸化炭素は肺で血液から空気に出されるので，心臓から肺へ送り出される血液が流れる血管Bと，肺以外から心臓へもどる血液の流れる血管A，Cに静脈血が流れる。

(6)(7)血液と空気の間で気体の交換が行われるのは肺なので，肺を通過した直後の血液が流れる血管Eに酸素を最も多くふくむ血液が流れ，肺を通過する直前の血液が流れる血管Bに二酸化炭素を最も多くふくむ血液が流れる。

3 (2)肺に血液を送り出す右心室の筋肉のかべに比べて，全身に血液を送り出す左心室の筋肉のかべの方が厚くなっている。

(3)右心室を出て肺に向かった血液は，肺を通って左心房にもどる。

(4)動脈の血管には弁はなく，血管のかべが厚い。

4 (1)(2)細胞では，酸素を使って養分からエネルギーがとり出される。このとき，二酸化炭素と水ができる。このような細胞の活動を細胞による呼吸という。

(3)血しょうが毛細血管からしみ出て細胞のまわりを満たしたものを組織液という。組織液は，細胞に養分や酸素を届け，細胞からは二酸化炭素やアンモニアなどの不要物を受けとる。

(4)アンモニアは，細胞の活動によってタンパク質が分解されたときにできる。

第4章　刺激と反応

p.64～65　ステージ1

●教科書の要点

1 ①感覚器官　②感覚神経　③網膜　④立体　⑤鼓膜　⑥うずまき管

2 ①中枢神経　②末しょう神経　③神経系　④反射　⑤せきずい

3 ①筋肉　②内臓　③関節　④縮む

●教科書の図

1 ①感覚神経　②うずまき管　③鼓膜　④水晶体(レンズ)　⑤ひとみ　⑥網膜　⑦におい　⑧圧力　⑨感覚神経

2 ①脳　②せきずい　③感覚神経　④運動神経　⑤感覚神経　⑥運動神経　⑦反射

p.66～67　ステージ2

1 (1)㋐感覚神経　㋑水晶体(レンズ)　㋒ひとみ　㋓網膜

(2)㋓

2 (1)㋐鼓膜　㋑耳小骨　㋒感覚神経　㋓うずまき管

(2)㋐　(3)㋓　(4)感覚器官

3 (1)せきずい　(2)㋑感覚神経　㋒運動神経

(3)背骨　(4)中枢神経　(5)末しょう神経

4 (1)①3.92秒　②0.28秒　(2)感覚神経

(3)脳　(4)運動神経　(5)神経系

(6)反射　(7)異なる。　(8)イ，エ，オ

解説

1 外から入った光は，水晶体(レンズ)を通って，網膜上に像を結ぶ。ひとみは，目に入る光の量を調節するつくりで，光が多くなるとひとみは小さくなる。

2 音は鼓膜を振動させ，その振動が耳小骨を通ってうずまき管に伝わる。うずまき管には音による刺激を受けとる細胞があり，刺激が電気的な信号に変えられて，感覚神経を通って中枢神経に伝え

られる。

❸ 脳やせきずいのような多くの神経が集まり，判断や命令などを行う場所を中枢神経といい，感覚神経や運動神経のように中枢神経から枝分かれした，全身に広がる神経を末しょう神経という。

❹ (1)①平均＝合計÷回数より，
(3.90＋3.95＋3.91)〔秒〕÷3〔回〕＝3.92〔秒〕
②14人のからだを伝わるのに3.92秒かかっているので，1人あたりにかかった時間は，
3.92〔秒〕÷14〔人〕＝0.28〔秒〕
(6)(7)意識とは無関係に起こる反応を反射といい，からだを危険から守ったり，からだのはたらきを調節したりするのに役立っている。また，反応の命令を出すつくりは，意識して起こる反応とは異なり，主にせきずいから命令が出される。

p.68～69 ステージ3

❶ (1)①記号…㋓　名称…鼓膜
②記号…㋑　名称…網膜
③記号…㋔　名称…うずまき管
(2)・物を立体的に見ることができる。
・物との距離を正確にとらえることができる。
(3)ひとみ　(4)小さくなる。
(5)音の来る方向。

❷ (1)刺激　(2)感覚器官　(3)脳
(4)運動器官
(5)①ウ　②イ　③エ　④ア
(6)皮膚

❸ (1)A…脳　B…せきずい
(2)中枢神経
(3)C…感覚神経　D…運動神経
(4)末しょう神経
(5)①イ　②ア　(6)①　(7)反射

❹ (1)けん　(2)関節
(3)曲げる…ア　のばす…ウ

解説

❶ (1)音の振動によって鼓膜(㋓)が振動し，その振動が耳小骨(㋕)を通ってうずまき管(㋔)に伝わり，うずまき管から電気的な信号が感覚神経を通って脳に伝わる。
水晶体(㋐)を通った光は，網膜(㋑)に像を結び，網膜から電気的な信号が感覚神経(㋒)を通って脳に伝わる。
(3)(4)ひとみは目に入る光の量を調節するつくりで，光が強いときは，ひとみのまわりにある虹彩(こうさい)とよばれるつくりが変化し，ひとみの大きさが小さくなる。一方，光が弱いときは，ひとみの大きさは大きくなる。

❷ (2)(3)感覚器官には刺激を受けとる特定の細胞があり，そこから刺激を受けとると電気的な信号が脳へ伝えられる。
(5)嗅覚はにおいに対する感覚，味覚は味に対する感覚，視覚は光に対する感覚，聴覚は音に対する感覚である。

❸ (1)(2)脳やせきずいはまとめて中枢神経とよばれ，多くの神経が集まり，判断や命令などの重要な役割をになっている。また，せきずいは背骨の中にある。
(3)(4)Cは皮膚などの感覚器官が受けとった刺激の電気的な信号を中枢神経に伝える感覚神経，Dは中枢神経からの命令の信号を筋肉などの運動器官に伝える運動神経である。中枢神経から枝分かれして全身に広がっている感覚神経や運動神経などの神経をまとめて末しょう神経という。
(5)(6)①は，意識とは無関係に起こる決まった反応で，反射のひとつである。②は脳で反応の命令が出されている，意識して起こす反応である。

❹ うでなどの運動に関係する筋肉は骨につながっている。骨と筋肉が関係しあって動くことで，さまざまな動きができるようになっている。

p.70～71 単元末総合問題

1》 (1)対照実験　(2)酸素
(3)方法…火をつけた線香を近づける。
結果…線香が激しく燃える。
(4)B…オオカナダモが呼吸よりも光合成をさかんに行い，溶液中の二酸化炭素が吸収されて減り，水溶液がアルカリ性になったから。
C…オオカナダモが呼吸だけを行い，溶液中に二酸化炭素が出されて，水溶液が酸性になったから。

2》 (1)肺　(2)酸素　(3)赤血球
(4)二酸化炭素　(5)血しょう
(6)心臓　(7)①，②　(8)①，③　(9)③

3》 (1)胃　(2)デンプン　(3)すい臓
(4)イ　(5)C…アミノ酸　D…ブドウ糖
(6)柔毛　(7)肝臓　(8)脂肪

4》 (1)感覚器官　(2)網膜
(3)b…せきずい　aとb…中枢神経
(4)感覚神経　(5)反射　(6)イ

》解説《

1》 (1)試験管Bの実験に対して，試験管Aの実験は，ＢＴＢ溶液の色の変化とオオカナダモのはたらきの関係を調べるための対照実験，試験管Cの実験は，ＢＴＢ溶液の色の変化とオオカナダモに当たる光の関係を調べるための対照実験である。

(2)試験管Bのオオカナダモにはじゅうぶんに光が当たっているので，呼吸よりも光合成をさかんに行っている。そのため，オオカナダモのからだからは酸素が放出されている。

(3)酸素には物を燃やすはたらきがあるため，火をつけた線香を近づけると，線香は激しく燃える。

(4)ＢＴＢ溶液は酸性で黄色，中性で緑色，アルカリ性で青色を示す。オオカナダモのはたらきによって出入りする気体のうち，水溶液の性質を変えるのは二酸化炭素で，酸素によって水溶液の性質は変わらない。オオカナダモは，光の強さに関係なく呼吸をし，光が当たっていると光合成を行う。光が強いときは呼吸よりも光合成がさかんに行われ，見かけのうえで，光合成だけを行っているように見える。

2》 (1)～(5)肺では，血液中に酸素がとりこまれ，血液中から二酸化炭素が出される。酸素は赤血球，二酸化炭素は血しょうによって運ばれる。

(7)～(9) **注意** 動脈と静脈・動脈血と静脈血
動脈…心臓から送り出される血液が流れる血管
静脈…心臓にもどる血液が流れる血管
動脈血…酸素を多くふくみ，二酸化炭素が少ない血液
静脈血…二酸化炭素を多くふくみ，酸素が少ない血液
動脈血が流れる血管…肺動脈以外の動脈と肺静脈
静脈血が流れる血管…肺静脈以外の静脈と肺動脈

3》 (1)(2)胃(a)で最初に消化されるAはタンパク質，口で最初に消化されるBはデンプンである。

(3)すい臓(b)から出される消化酵素はデンプン，タンパク質，脂肪にはたらく。

(4)アミラーゼはデンプン，リパーゼは脂肪に対してはたらく消化酵素である。

(7)(8)胆のうからは胆汁が出される。胆汁は肝臓でつくられ，消化酵素はふくまれていないが，脂肪の消化を助けるはたらきをもつ。

4》 (3)aは脳，bはせきずいで，これらをまとめて中枢神経という。

(5)下線部②は，意識とは無関係に起こる決まった反応で，反射とよばれる。

(6)反射では，信号が脳に伝わる前に，反応の命令が脳ではなくせきずいで出されて運動器官に伝えられる。

単元3 天気とその変化

第1章　気象の観測(1)

p.72〜73　ステージ1

●教科書の要点

1 ①気象　②湿度　③ふいてくる　④雲量
⑤1.5　⑥当てない　⑦乾球
⑧ヘクトパスカル

2 ①大気圧　②小さく　③圧力　④力
⑤面積　⑥Pa　⑦1 Pa　⑧100000

●教科書の図

1 ①風向　②天気　③風力　④晴れ
⑤くもり　⑥晴れ　⑦くもり

2 ①湿度　②気圧　③気温
④気温　⑤気圧　⑥湿度
⑦低く　⑧高く　⑨気圧　⑩湿度

3 ①小さい　②小さい　③大きい　④大きい

p.74〜75　ステージ2

1 (1)気象　(2)雲量
(3)①快晴　②晴れ　③くもり
(4)①　②晴れ
③　④雨
⑤

(5)ふいてくる方位
(6)①0　②12　③13
(7)①　②

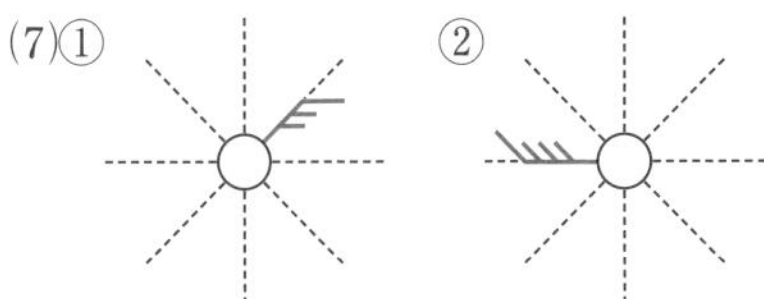

③南南東の風，風力5
④東北東の風，風力7
(8)読み方…ヘクトパスカル　記号…hPa
(9)1013hPa(1013.25hPa)
(10)アメダス

2 (1)エ　(2)乾湿計
(3)乾球…20.0℃　湿球…15.0℃
(4)56%

3 (1)気温…10.5℃　湿度…94%
気圧…1001hPa
(2)4月2日
(3)朝と夜に気温が低く，午後に最高気温に達していて，気圧が高く，湿度が低いから。

解説

1 (2)(3)空全体を10としたときの雲がおおっている割合を雲量といい，降水がない(雨や雪が降っていない)ときの天気は，雲量0〜1の場合は快晴，雲量2〜8の場合は晴れ，雲量9〜10の場合はくもりとなる。

(5)風向は風がふいてくる方位で表し，風向計やけむりのたなびく方向で調べる。

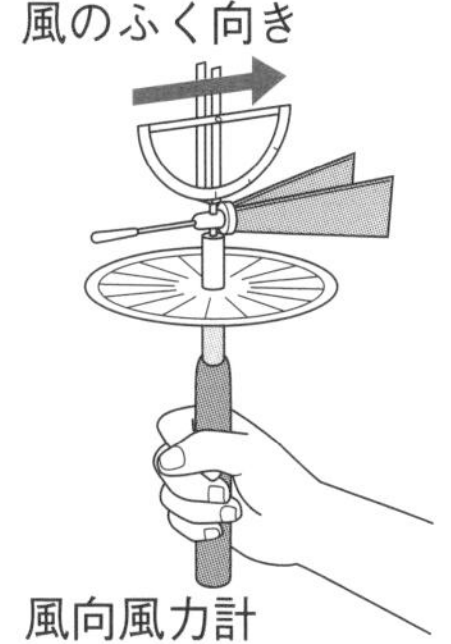

(7)天気図の記号では，○の中に天気を表す記号をかき，矢の向きで風向，矢ばねの数で風力を表す。

注意 風向を表す矢は，風のふいてくる方位に向かって出す。また，風力を表す矢ばねは，風力1から6までは，時計回りにやや外向きでかき，風力7から12までは反時計回りにやや外向きでかく。また，矢ばねの数は，風力1から6までは，○から外側に向かって追加していき，風力7から12までは，外側から○に向かって追加していく。

(10)日本の気象庁による気象観測には，気象台での観測以外に，アメダス観測所とよばれる無人の施設での観測もある。アメダス(AMeDAS)とは，地域気象観測システムの略称である。

2 (3)図1のような乾湿計の示す示度は，ふつう乾球の示度のほうが湿球の示度よりも高くなり，湿球の示度が乾球の示度より高くなることはない。また，温度計は，1目盛りの10分の1までを目分量で読みとる。

(4)乾球の示度が20.0℃，湿球の示度が15.0℃なので，示度の差は，20.0－15.0＝5.0℃である。

乾球の示度〔℃〕	乾球と湿球の示度の差〔℃〕		
		5	
20		㊽56	

図2の湿度表において，乾球の示度が20℃の行と，乾球と湿球の示度の差が5℃の列の交わるところは56であることから，湿度は56%である。

❸ (2)(3)晴れの日とくもりや雨の日の気温・湿度・気圧の特徴は次のようになる。

	晴れの日	くもりや雨の日
気温	朝と夜に低く，午後に最高気温。	一日中変化が小さい。
湿度	低い	高い
気圧	高い	低い

p.76〜77 ステージ2

❶ (1)イ
(2)①重力　②大気圧(気圧)　③あらゆる
(3)ア

❷ (1)a…5N　b…5N　c…5N
(2)c
(3)段ボールの面積が小さいほど，スポンジの変形は大きくなる。(段ボールの面積が大きいほど，スポンジの変形は小さくなる。)

❸ (1)1.25Pa　(2)3000Pa　(3)1Pa
(4)12000Pa　(5)0.16m²　(6)2.4N
(7)比例している。(面を垂直におす力が大きくなるほど，圧力は大きくなる。)
(8)反比例している。(力がはたらく面積が大きくなるほど，圧力は小さくなる。)

❹ (1)本…5N　筆箱…3N
(2)0.04m²　(3)125Pa　(4)250Pa
(5)200Pa　(6)エ　(7)1気圧

解説

❶ (2)空気にも質量があるため，重力がはたらく。この空気にはたらく重力によって，地球上のあらゆる物には大気圧(気圧)とよばれる力がはたらく。
(3)大気圧は空気にはたらく重力による力なので，上空にある空気の質量が大きい海面付近の方が大気圧は大きくなる。

❷ (1)段ボールがスポンジをおす力の大きさは，段ボールにのせたペットボトル全体にはたらく重力の大きさと等しく，段ボールの面積に関係しない。

注意 質量100gの物体にはたらく重力の大きさが1Nなので，質量〔g〕から力の大きさ〔N〕を求めるときは，質量の大きさを100で割る。

500gのペットボトル全体にはたらく重力の大きさは，500÷100＝5より，5〔N〕
(2)(3)ペットボトル全体の質量が一定のとき，段ボールがスポンジをおす力の大きさは一定なので，段ボールの面積が小さいほど，同じ面積あたりにはたらく力の大きさが大きくなるため，スポンジの変形が大きくなる。

❸ (1)$\frac{5〔N〕}{4〔m^2〕}$＝1.25〔Pa〕

(2) **注意** 圧力〔Pa〕を求めるとき，面積の単位はm^2にする。また，$1m^2$＝$10000cm^2$より，cm^2で表された面積をm^2に直すときは，10000で割る。

20〔cm^2〕＝(20÷10000)〔m^2〕＝0.002〔m^2〕より，

圧力は，$\frac{6〔N〕}{0.002〔m^2〕}$＝3000〔Pa〕

(3)物体が台をおす力の大きさは，
200÷100＝2より，2〔N〕

圧力は，$\frac{2〔N〕}{2〔m^2〕}$＝1〔Pa〕

(4)48kg＝48000gなので，ヒトの両足がゆかをおす力の大きさは，48000÷100＝480より，480〔N〕
力の加わる面積は，
200〔cm^2〕＝(200÷10000)〔m^2〕＝0.02〔m^2〕
片足がゆかをおす力の大きさは480÷2＝240〔N〕

なので，圧力は，$\frac{240〔N〕}{0.02〔m^2〕}$＝12000〔Pa〕

(5)力のはたらく面積＝面をおす力÷圧力より，
2.4〔N〕÷15〔Pa〕＝0.16〔m^2〕
(6)面をおす力＝圧力×力のはたらく面積より，
10〔cm^2〕＝(10÷10000)〔m^2〕＝0.001〔m^2〕だから，
2400〔Pa〕×0.001〔m^2〕＝2.4〔N〕

❹ (3)$\frac{5〔N〕}{0.04〔m^2〕}$＝125〔Pa〕

(4)$\frac{3〔N〕}{0.012〔m^2〕}$＝250〔Pa〕

(5)机をおす力の大きさは，本と筆箱にはたらく重力の大きさの和と等しいので，5＋3＝8〔N〕
力がはたらく面積は本と机がふれ合う面積となるので，圧力は，$\frac{8〔N〕}{0.04〔m^2〕}$＝200〔Pa〕

p.78~79 ステージ3

1 (1)北西　(2)19℃　(3)イ
(4)1015hPa
(5)

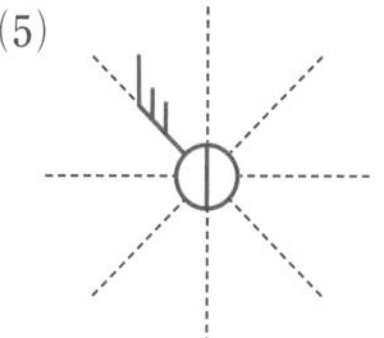

2 (1)A…360N　B…360N
(2)ア　(3)2250Pa

3 (1)A…◐　B…○　C…●
(2)ア，エ　(3)イ
(4)晴れていて，湿度が低いから。

4 (1)100000Pa，1000hPa
(2)1013.25hPa　(3)ア
(4)海面の方が上空にある空気の質量が大きいから。(海面の方が上空にある空気が多いから。)

解説

1 (1)風向は風のふいてくる方位である。
(2)乾湿計の乾球の示度が気温を示す。
(5)降水がなく，雲量が6であることから，天気は晴れであることがわかる。

2 (2)力がはたらく面積が小さいほど圧力は大きい。
(3)力がはたらく面積は，
0.2〔m〕×0.8〔m〕＝0.16〔m^2〕だから，
圧力は，$\frac{360〔N〕}{0.16〔m^2〕}$＝2250〔Pa〕

3 (2)結果から，晴れていた12月17日～19日は，気温と湿度の変化が大きく，雨が降っていた12月20日は，気温と湿度の変化が小さいことがわかる。
(3)(4)日光がよく当たり，空気が乾燥していると洗たく物が乾きやすい。

4 (1)$\frac{100000〔N〕}{1〔m^2〕}$＝100000〔Pa〕
1hPa＝100Paより，100000Pa＝1000hPa

第1章　気象の観測(2)

p.80~81 ステージ1

●教科書の要点

1 ①等圧線　②4　③高い　④せまい
⑤気圧　⑥高気圧　⑦低気圧　⑧下降
⑨時計回り　⑩上昇　⑪反時計回り
⑫高気圧　⑬低気圧

2 ①露点　②飽和水蒸気量
③露点　④飽和水蒸気量

●教科書の図

1 ①雲　②下降　③高気圧　④上昇
⑤低気圧　⑥時計　⑦ふき出す
⑧反時計　⑨ふきこむ　⑩高気圧
⑪低気圧

2 ①水滴　②露点　③飽和水蒸気量
④100　⑤12.8　⑥23.1

p.82~83 ステージ2

1 (1)等圧線
(2)A…高気圧　B…低気圧
(3)A…下降気流　B…上昇気流
(4)A…ウ　B…エ

2 (1)凝結　(2)15℃　(3)55%

3 (1)①64%　②75%　③88%
(2)8.5g　(3)4℃

4 (1)気温が高いほど，飽和水蒸気量は大きい。
(2)ウ　(3)ア　(4)ウ　(5)A

解説

1 中心部が周囲より気圧が高くなっている部分を高気圧，低くなっている部分を低気圧という。高気圧の地表付近では時計回りに風がふき出し，中心付近では下降気流が生じている。また，低気圧の地表付近では反時計回りに風がふきこみ，中心付近では上昇気流が生じている。

2 (2)空気中の水蒸気が凝結する温度が露点である。実験では，15℃のときにコップの表面に水滴がつき始めていることから，露点は15℃であることがわかる。
(3)露点が15℃なので，1m^3の空気にふくまれる水蒸気の質量は，15℃の飽和水蒸気量から12.8g，25℃の飽和水蒸気量が23.1g/m^3なので，湿度は，
$\frac{12.8}{23.1}$×100＝55.4…より，55%

3 (1)① $\frac{9.8}{15.3}$×100＝64.0…より，64%
②気温が6℃なので飽和水蒸気量は7.3g/m^3

湿度は$\frac{5.5}{7.3}\times100=75.3\cdots$より，75％

③気温が10℃なので飽和水蒸気量は9.4g/m^3，露点が8℃なので，1m^{3}の空気にふくまれる水蒸気の質量は8.3gである。

湿度は$\frac{8.3}{9.4}\times100=88.2\cdots$より，88％

(2)気温14℃の飽和水蒸気量は12.1g/m^{3}なので，1m^{3}の空気にふくまれる水蒸気の質量は，12.1〔g〕×70÷100＝8.47より，8.5g

(3)気温12℃の飽和水蒸気量は10.7g/m^{3}なので，1m^{3}の空気にふくまれる水蒸気の質量は，10.7〔g〕×60÷100＝6.42〔g〕

表より，気温4℃の飽和水蒸気量が6.4g/m^{3}で，1m^{3}の空気にふくまれる水蒸気の質量6.42gより小さくなるので，露点に最も近いのは4℃である。

4 (2)aは，飽和水蒸気量と，1m^{3}の空気にふくまれている水蒸気の質量の差なので，さらにふくむことができる水蒸気の質量を示している。

(3)1m^{3}の空気にふくまれる水蒸気の質量が変わらず，飽和水蒸気量が小さくなるため，湿度は高くなる。

(4)水蒸気が凝結してからもさらに温度を下げるとき，空気中の水蒸気は飽和したままなので湿度は100％のまま変化しない。

(5)飽和水蒸気量は温度によって決まっているので，bの温度でのAの空気とBの空気の飽和水蒸気量は等しい。よって，はじめにより多くの水蒸気をふくんでいたAの空気の方が，冷やしたときに生じる水滴は多くなる。

p.84〜85 ステージ3

1 (1)等圧線
(2)(同時刻に観測した)気圧の等しい地点
(3)①1000　②4　③20　(4)北西
(5)A…1020hPa　B…1010hPa
C…1017hPa

2 (1)高気圧…㋒　低気圧…㋑
(2)①ア　②イ　③ア　④イ

3 (1)6.6g　(2)12℃
(3)①4.8g
②20℃…62%　12℃…100%
3℃…100%
(4)①低い　②高い

4 (1)金属は熱を伝えやすいから。
(2)水の温度を室温に近づけるため。
(3)空気中の水蒸気が凝結してできた。
(4)74%

解説

1 (4)風は気圧の高いところから低いところに向かってふき，図では北西の方が気圧が高く，南東の方が気圧が低いことから，風は北西から南東に向かってふいていると考えられる。

(5)B地点は，1012hPaと1008hPaの等圧線の中間あたりなので，気圧は1010hPaである。

C地点は，1020hPaと1016hPaの間を4等分した点のうち，1016hPaに近いところなので，気圧は1017hPaである。

2 (1)高気圧の中心付近では下降気流，低気圧の中心付近では上昇気流が起こっている。また，地表付近では，高気圧の中心から時計回りに風がふき出し，低気圧の中心に向かって反時計回りに風がふきこんでいる。

3 (1)17.3－10.7＝6.6〔g〕

(2)1m^{3}の空気にふくまれる水蒸気の質量と飽和水蒸気量が等しくなるときの気温が露点である。

(3)①10.7－5.9＝4.8〔g〕

②20℃…$\frac{10.7}{17.3}\times100=61.8\cdots$より，62％

露点以下では，空気は限界まで水蒸気をふくんでいるため，湿度は100％のままである。

(4)①露点が等しいので空気にふくまれる水蒸気の質量が等しい。また，気温が高いので飽和水蒸気量は大きい。よって，湿度は低くなる。

②気温が等しいので飽和水蒸気量は等しい。また，露点が高いので空気にふくまれる水蒸気の質量は大きい。よって，湿度は高くなる。

4 (1)空気中の水蒸気が凝結するときの温度を調べるため，コップの表面の温度とコップの中の水の温度の差を小さくするため，コップは熱を伝えやすい金属製のものを用いる。

(3)コップの表面についた水滴は，空気中の水蒸気がコップによって冷やされて凝結してできたものである。

(4)$\frac{12.8}{17.3}\times100=73.9\cdots$より，74％

第2章　雲のでき方と前線

p.86〜87　ステージ1

●教科書の要点

1 ①水滴　②低く　③膨張　④下がる
⑤露点　⑥太陽

2 ①冷たい　②あたたかい　③気団
④前線面　⑤前線　⑥寒冷前線
⑦温暖前線　⑧閉そく前線
⑨停滞前線　⑩温帯低気圧
⑪乱層雲　⑫南
⑬積乱雲　⑭北

●教科書の図

1 ①膨張　②露点　③0　④雲
⑤雨　⑥雪

2 ①寒　②積乱　③暖　④寒冷　⑤暖
⑥温暖　⑦乱層　⑧寒

p.88〜89　ステージ2

1 (1)気圧…低くなる。　温度…下がる。
(2)白くくもった。
(3)水滴をできやすくするため。
(水蒸気が凝結するときの核にするため。)

2 (1)地面…太陽(の光)　空気…地面(の熱)
(2)大きくなる。
(3)まわりの気圧が低くなるから。
(4)下がる。　(5)露点
(6)a…雨　b…雪　(7)降水

3 (1)水の循環　(2)太陽
(3)①㋕　②㋐　③㋒
(4)㋓水蒸気　㋕水蒸気

4 (1)B　(2)㋐　(3)前線面

5 ㋐閉そく前線　㋑停滞前線
㋒寒冷前線　㋓温暖前線

解説

1 (1)空気をぬいていくと気圧は低くなり，ふくろの中の空気が膨張して温度が下がる。
(2)ふくろの中の温度が下がり，やがて露点に達すると，ふくろの中の水蒸気が水滴となり，白くくもる。
(3)自然界では空気中のちりなどの小さな粒子が，水蒸気が凝結するときの核(芯)となる。実験では，線香のけむりが凝結するときの核となり，水蒸気が凝結しやすくなる。

2 (1)太陽の光によって地面があたためられ，地面の熱によって空気があたためられる。そのため，晴れた日の最高気温は，太陽が最も高くなるときよりもおそく記録される。
(2)(3)空気のかたまりが上昇すると，まわりの気圧が低くなっていくため，体積は大きくなる。
(4)(5)空気のかたまりが上昇して温度が下がり，やがて露点に達すると水蒸気が水滴となる。このときに雲ができ始める。
(6)aは水滴，bは氷の粒で，水滴が降ってきたものが雨，氷の粒が降ってきたものが雪である。

3 (1)(2)地球表面の水の一部は太陽のエネルギーによってあたためられて蒸発し，水蒸気となって大気中を移動する。
(3)㋐は陸地への降水，㋑は流水，㋒は地下水，㋓は陸地からの蒸発，㋔は海への降水，㋕は海からの蒸発を表している。

4 (2)Aの空気は，氷水によって冷やされて密度が大きくなるため，下に移動する。Bの空気は，Aの空気に比べて温度が高く，密度が小さいため，上に移動する。また，密度の異なる空気はすぐには混じり合わない。
(3)性質の異なる気団どうしの境界面を前線面という。前線面は，気団どうしの密度が異なり，すぐに混じり合わないためにできる。

5 ㋐は寒冷前線が温暖前線に追いついてできる閉そく前線，㋑は暖気と寒気の勢いが同じくらいのときにできる停滞前線である。日本付近を通過する温帯低気圧の中心からは，南東側に温暖前線，南西側に寒冷前線ができることが多い。

p.90〜91　ステージ2

1 (1)前線面
(2)B…ウ　C…エ　D…ア
(3)E…寒冷前線　F…温暖前線
(4)①B　②C

2 (1)A…寒冷前線　B…温暖前線
(2)a…寒気　b…暖気
(3)㋑
(4)温帯低気圧　(5)d　(6)d
(7)閉そく前線

3 (1)A…気温　B…湿度

(2)イ
(3)気温…イ　湿度…ア　気圧…ア
(4)イ　(5)寒冷前線
(6)イ　(7)積乱雲
(8)寒気が暖気の下にもぐりこみ，暖気をおし上げながら進んでいるから。

解説

❶ (2)寒冷前線付近では積乱雲，温暖前線付近では乱層雲が発達して雨を降らせる。Dの巻雲が見られると，やがて，温暖前線が近づき高層雲や乱層雲などの厚い層状の雲におおわれる。

注意 水平方向に発達する雲には「層」の入った名称，鉛直(えんちょく)方向(地表面に垂直な方向)に発達する雲には「積」の入った名称，降水をもたらす雲には「乱」の入った名称がつけられる。

❷ (2)日本付近を通過する温帯低気圧の南側からは暖気がふきこみ，北西側からは寒気がふきこんでいる。
(3)日本付近を通過する低気圧や高気圧は，上空をふく偏西風の影響を受けて，西から東へと移動する。
(4)温帯低気圧は寒気と暖気によってつくられ，前線をともなう。一方，発達すると台風になる熱帯低気圧は，暖気のみでつくられ，前線をともなわない。
(5)c，eは寒気におおわれている地点，dは暖気におおわれている地点である。
(6)eはこれから温暖前線が通過する地点，dはこれから寒冷前線が通過する地点，cはすでに寒冷前線が通過した地点である。激しい雨は寒冷前線によってもたらされるので，dがあてはまる。
(7)寒冷前線は温暖前線よりも速く進むので，発達した低気圧では，寒冷前線が温暖前線に追いついてできる閉そく前線が見られることが多い。

❸ (1)雨が降っているときの湿度は高いことから，3月10日の9時～12時ごろに注目すると，その時間帯で高いBが湿度であると判断できる。
(2)前線が通過すると，おおわれる気団が変わるため，気温が大きく変化する。Aの気温のグラフでは，3月10日の6時～9時の間で気温が大きく変化していることがわかる。
(3)3月10日の6時～9時の間での，気温(A)，湿度(B)，気圧(C)のグラフのようす，天気図の記号の風向から判断する。

注意 前線付近では上昇気流が発生しているため気圧が低いので，前線が近づくにつれて気圧が下がり，前線が遠ざかると気圧が上がる。

(4)(5)前線の通過により，風向が南寄りから北寄りに変化し，気温が下がったことから，通過した前線は寒冷前線であると判断できる。
(7)(8)寒冷前線付近では暖気が急激に高くおし上げられて強い上昇気流が生じるため，積乱雲が発達する。

p.92～93 ステージ3

❶ (1)温帯低気圧　(2)d　(3)986hPa
(4)A…寒冷前線　B…温暖前線
(5)B　(6)暖気　(7)乱層雲

❷ (1)閉そく前線　(2)㋑
(3)停滞前線　(4)暖気　(5)A
(6)寒気　(7)B

❸ (1)前線面
(2)a…寒気　b…暖気
(3)d　(4)寒冷前線　(5)積乱雲
(6)イ　(7)イ

❹ (1)天気…雪　風向…東
(2)寒冷前線　(3)イ

解説

❶ (3)中心に書かれた数字が低気圧の中心気圧を示している。気圧の単位には，ヘクトパスカル(記号hPa)が用いられる。
(5)(6)温暖前線では，暖気が寒気の上にはい上がり，ゆるやかに上昇するため，寒冷前線に比べて前線面の傾きがゆるやかになる。
(7)温暖前線付近では，乱層雲によって，弱い雨が長い時間降り続くことが多い。

❷ (1)(2)(6)前線Aは，寒冷前線が温暖前線に追いついてできる閉そく前線で，低気圧の中心付近にできて，低気圧と同じように東寄りに進む。閉そく前線付近では，暖気は寒気におし上げられて，地上は寒気におおわれている。
(3)(4)(7)前線Bは，北からの寒気と南からの暖気の勢いが同じぐらいのときにできる停滞前線である。初夏や秋にオホーツク海気団と小笠原気団の勢いが同じくらいになってできる停滞前線は，梅雨前線(初夏)，秋雨前線(秋)とよばれる。

❸ (2)〜(5)図では，強い上昇気流によってできる雲(積乱雲)が見られるため，寒冷前線のようすを表していることがわかる。寒冷前線は，寒気が暖気をおし上げながら，寒気側から暖気側へと移動している。

(6)積乱雲からは，短い時間で強い雨がもたらされる。また，強い風がふくこともある。

(7)寒冷前線の通過後は寒気におおわれるため，気温が急に下がる。

❹ (2)(3) 2日目の18時から21時の間に，気温が急に下がり，風向が南寄りから北寄りに変化していることから，通過した前線は寒冷前線であると考えられる。

第3章　大気の動きと日本の天気

p.94〜95　ステージ1

●教科書の要点

❶ ①偏西風　②西から東　③太陽
④10　⑤季節風　⑥冬　⑦夏
⑧海風　⑨陸風　⑩海陸風

❷ ①シベリア　②シベリア
③西高東低　④水蒸気
⑤日本海　⑥太平洋　⑦小笠原
⑧移動性　⑨オホーツク海
⑩梅雨前線　⑪台風

●教科書の図

1 ①冬　②夏　③高　④低　⑤低　⑥高
⑦昼　⑧夜　⑨海風　⑩陸風

2 ①高　②低　③西高東低　④水蒸気
⑤乾燥　⑥雪　⑦晴れ　⑧太平洋
⑨小笠原　⑩移動性　⑪しない
⑫梅雨　⑬オホーツク海　⑭太平洋

p.96〜97　ステージ2

❶ (1)陸
(2)図1…陸上　図2…海上
(3)図1…陸上　図2…海上
(4)風向…海から陸　名称…海風
(5)風向…陸から海　名称…陸風
(6)図1

❷ (1)A…シベリア高気圧
B…太平洋高気圧
(2)移動性高気圧　(3)偏西風
(4)A…イ　B…ウ
(5)A…シベリア気団
B…小笠原気団

❸ (1)シベリア気団
(2)㋐乾いている。　㋑しめっている。
㋒乾いている。
(3)(あたたかい)日本海の上を通るときに水蒸気が供給されるから。
(4)日本海側…雪の日が多い。
太平洋側…乾燥した晴れの日が多い。

❹ (1)A…夏　B…冬　C…つゆ
(2)西高東低(の冬型の気圧配置)
(3)B　(4)梅雨前線
(5)A…南東　B…北西

解説

❶ (1)陸は海よりも，あたたまりやすく冷えやすい。

(2)(3)昼は，陸上の方が海上よりも温度が高くなるため，空気の密度が小さくなり，陸上で上昇気流が生じる。一方，夜は，海上の方が陸上よりも温度が高くなるため，海上で上昇気流が生じる。

(4)(5)図1では，上昇気流が生じる陸上の方が，海上よりも気圧が低くなる。そのため，気圧の高い海から気圧の低い陸に向かって風がふく。このようにふく風を海風という。図2では，上昇気流が海で生じるため，海の方が気圧が低くなり，陸から海に向かって風がふく。このようにふく風を陸風という。

注意 海風と陸風を合わせて海陸風といい，海風と陸風の入れかわるときの風のない状態をなぎという。

(6)夏は，太陽によって陸がよくあたためられるため，ユーラシア大陸の方が太平洋よりも温度が高くなる。そのため，ユーラシア大陸に低気圧，太平洋に高気圧ができ，太平洋からユーラシア大陸に向かって南東の季節風がふく。

❷ (1)Aは，冬のユーラシア大陸で発達するシベリア高気圧である。Bは，夏の太平洋で発達する太平洋高気圧である。

(2)(3)Cは，春や秋に日本列島付近を次々と通過する高気圧で，移動性高気圧とよばれる。この高気圧は，日本列島付近の上空をふく強い西風である偏西風の影響を受けて，西から東へ移動する。

(5)冬のユーラシア大陸にはシベリア気団，夏の太平洋には小笠原気団ができ，シベリア気団からは北西の季節風，小笠原気団からは南東の季節風がふく。

注意 冬に発達するシベリア高気圧とシベリア気団とちがって，夏に発達する太平洋高気圧と小笠原気団は高気圧名と気団名が異なるので，まちがえないようにしよう。

3 (2)(3)シベリア気団は陸の気団なので，㋐の空気は乾いているが，あたたかい日本海上を通る間に水蒸気が供給されるため，㋑の空気はしめっている。その後，日本列島の山脈にぶつかって雲ができ，雪を降らせるため，空気は水蒸気を失っていき，㋒の空気は乾いている。

(4)日本海側では，大陸からのしめった空気が強い上昇気流となって雲をつくるため，雪が降り，特に山間部では多くの雪が降る。太平洋側では，雪を降らせて水蒸気を失った乾いた空気が下降気流となってやってくるため，乾燥した晴れの天気が続くことが多い。

4 (1)Aは，日本付近が太平洋高気圧におおわれていることから夏の天気図である。Bは，等圧線が南北方向にせまい間隔で並んでいることから冬の天気図である。Cは，日本列島上に東西に長く停滞前線がのびていることからつゆの天気図である。

(2)ユーラシア大陸に高気圧，オホーツク海付近に低気圧があり，等圧線が南北にせまい間隔で並んだ気圧配置を「西高東低の冬型の気圧配置」という。このような気圧配置になると，日本付近では，北西の季節風が強くふく。

(3)冬型の気圧配置になると，大陸からの空気が日本海で水蒸気を供給され，あたためられて上昇し，筋状の雲をつくる。

p.98～99 ステージ3

1 (1)熱帯低気圧　(2)17(m/s以上)
(3)太平洋高気圧
(4)方向…東　風…偏西風

2 (1)B　(2)A　(3)A　(4)㋑
(5)b　(6)海風　(7)なぎ

3 (1)A…冬　B…夏　C…つゆ
(2)シベリア高気圧
(3)西高東低(の冬型の気圧配置)
(4)シベリア気団　(5)ア
(6)太平洋高気圧　(7)小笠原気団
(8)エ
(9)①オホーツク海　②太平洋
③オホーツク海　④小笠原　⑤梅雨
(10)秋雨前線　(11)A…エ　B…ウ　C…イ

解説

1 (1)(2)低緯度の熱帯地方で発生する低気圧を熱帯低気圧といい，暖気からできていて前線はともなわない。また，最大風速が約17m/s以上になったものが台風である。

(3)(4)台風は，日本の南海上にあるときは太平洋高気圧のへりに沿うように動き，日本列島付近では偏西風の影響で東寄りに進む。

2 (1)(3)温度が高い方では上昇気流が生じて低気圧ができ，温度が低い方では下降気流が生じて高気圧ができる。気圧の低い方があたたかく上昇気流が生じることになるので，Aでは太平洋，Bではユーラシア大陸の方があたたかく上昇気流が生じている。

(2)冬は，Aのようにシベリア高気圧から日本列島に向かって北西の季節風がふく。また，夏は太平洋高気圧から日本列島に向かって南東の季節風がふく。

(4)昼はあたたまりやすい陸上で上昇気流が生じるため，陸上の方が気圧が低く，海上の方が気圧が高くなる。

(5)風は気圧の高い方から低い方に向かってふくので，海から陸に向かってふく。

(7)朝の陸風から海風に変わるときの風のない状態を特に朝なぎ，夕方の海風から陸風に変わるときの風のない状態を特に夕なぎという。

3 季節と高気圧・気団

冬	シベリア高気圧	シベリア気団
夏	太平洋高気圧	小笠原気団
つゆ	オホーツク海高気圧 太平洋高気圧	オホーツク海気団 小笠原気団

(5)(8)大陸上の気団は乾燥していて，海洋上の気団はしめっている。また，北の気団は冷たく，南の気団はあたたかい。

(11)アは，春や秋の天気の特徴である。

p.100〜101 単元末総合問題

1 (1)30N
(2)1500Pa
(3)0.5倍($\frac{1}{2}$倍)
(4)1.8kg

2 (1)露点
(2)17g
(3)22g/m^3
(4)77%

3 (1)天気…くもり
風向…北北西
風力…2
(2)高気圧
(3)A…湿度　B…気圧　C…気温

4 (1)㋑
(2)記号…㋒　名称…温暖前線
(3)イ
(4)偏西風

解説

1 (1)直方体を置く向きが変わっても，直方体にはたらく重力の大きさは変わらない。質量100gの物体にはたらく重力の大きさが1Nなので，3kg=3000gの直方体にはたらく重力の大きさは，3000÷100=30より，30〔N〕

(2)面Cの面積は，20〔cm〕×10〔cm〕=200〔cm^2〕
1m^2=10000cm^{2}だから，
200÷10000=0.02より，200cm^2=0.02m^2

圧力=$\frac{30〔N〕}{0.02〔m^2〕}$=1500〔Pa〕

(3)面Bの面積は，40〔cm〕×10〔cm〕=400〔cm^2〕=0.04〔m^2〕

圧力=$\frac{30〔N〕}{0.04〔m^2〕}$=750〔Pa〕

よって，750〔Pa〕÷1500〔Pa〕=0.5〔倍〕

別解 力の大きさが等しいとき，圧力の大きさと面積は反比例する。面Bの面積は面Cの面積の400÷200=2〔倍〕なので，圧力の大きさは0.5倍になる。

(4)面Aの面積は，40〔cm〕×20〔cm〕=800〔cm^2〕=0.08〔m^2〕
水平面にはたらく力の大きさをx〔N〕とすると

$\frac{x〔N〕}{0.08〔m^2〕}$=600〔Pa〕　x=48〔N〕

水平面にはたらく力の大きさは，おもりと直方体にはたらく重力の大きさの和と等しいので，おもりにはたらく重力の大きさは，48−30=18〔N〕
18Nの重力がはたらくおもりの質量は，
18×100=1800より，1800g=1.8kg

2 (2)空気1m^{3}にふくまれている水蒸気の質量は，露点における飽和水蒸気量と等しくなる。
露点20.0℃の飽和水蒸気量は，図3より，約17.3g/m^{3}なので，空気1m^{3}にふくまれている水蒸気の質量は約17gとわかる。
(3)気温24.0℃の飽和水蒸気量は，図3より，約21.8g/m^{3}である。
(4)空気1m^{3}にふくまれている水蒸気の質量が17g，飽和水蒸気量が22gなので，

湿度は，$\frac{17}{22}$×100=77.2…より，77%

3 (1)天気図の記号では，○に天気を表す記号をかき，矢の向きで風向を16方位で，矢ばねの数で風力を表す。
(2)(3)晴れの日は，気温は午後に最高になり，湿度は気温と逆の変化をする。4月18日のグラフの変化から，Cが気温，Aが湿度とわかる。Bの気圧は，4月18日の午前中までは高くなり，その後は低くなっていることから，観測期間中に通過したのは高気圧であることがわかる。

4 (1)午前8時を過ぎたころの雨は，強風をともない，雷も鳴っていたことから，積乱雲からのものであると考えられる。よって，午前8時から11時の間に寒冷前線が通過したと考えられる。また，明け方まで晴れていたことから，6時までのしばらくの間は雲があまりなかったと考えられる。これらのことから，観察の記録の文は，6時の天気図では，雲が少ないと考えられ，これから寒冷前線が通過すると考えられる㋑のものである。
(2)A−Bは温暖前線の断面を表したもので，温暖前線付近では，暖気が寒気の上にはい上がるように進み，前線面の傾斜(けいしゃ)はゆるやかであることから，㋒があてはまる。

単元4 電気の世界

第1章 静電気と電流

p.102～103 ステージ1

●教科書の要点

1 ①静電気 ②帯電 ③反発し合う ④引き合う ⑤放電 ⑥真空放電 ⑦陰極線 ⑧電子 ⑨－ ⑩＋

2 ①放射性物質 ②放射能 ③通りぬける ④細胞

●教科書の図

1 ①いない ②＋ ③帯電 ④－ ⑤反発し ⑥引き

2 ①＋ ②－ ③＋ ④陰極 ⑤＋

p.104～105 ステージ2

1 (1)こすれ合うように勢いよくとり出す(摩擦が起こるようにとり出す)。
(2)反発し合う。 (3)同じ種類どうし
(4)引き合う。 (5)異なる種類どうし
(6)帯電

2 (1)㋐＋ ㋑－ ㋒＋ (2)放電

3 (1)①－極 ②ウ，エ
(2)①真空放電 ②陰極線 ③電子 ④㋒

4 (1)放射線 (2)放射性物質 (3)放射能
(4)①ア ②ウ ③イ

解説

1 (1)静電気を発生させるには物体どうしがこすれ合う必要があるので，ストローと紙ぶくろがよくふれ合うようにして，勢いよくとり出す。
ストローと紙ぶくろがこすれ合うと，－の電気が紙ぶくろからストローに移動し，紙ぶくろは＋に帯電し，ストローは－に帯電する。
(2)(3)２本のストローはどちらも－に帯電していて，同じ種類の電気どうしの間には反発し合う力がはたらく。
(4)(5)紙ぶくろは＋，ストローは－に帯電していて，異なる種類の電気どうしの間には引き合う力がはたらく。

2 (1)いなずまは－の電気を帯びた電子の移動によるもので，電子は－の電気を帯びた部分から＋の電気を帯びた部分へ向かって移動する。このことから，雲の下の方が－に帯電し，地面が＋に帯電していることがわかる。また，雲の中でも電気のかたよりが生じるので，雲の上の方が＋に帯電している。

3 (1)②金属板のかげが電極と反対側にできたことから，金属板のかげをつくり出したものは直進することがわかる。また，電極Aを－極にしたときにかげができることから，金属板のかげをつくり出したものは，－の電気を帯びていることがわかる。金属板のかげをつくり出したものの正体は電子の流れで，電子は質量をもち，磁石で曲がる性質をもつが，この実験からではこれらのことについて確認することはできない。
(2)陰極線は－の電気を帯びた電子の流れで，図のような装置で，電極ｃｄ間に電圧を加えると，＋極側に曲がる。

4 (4)α線，β線，γ線，Ｘ線のうちでは，α線が最も透過性が弱く，γ線やＸ線が透過性が強い。水を用いて放射線を弱めることもできるが，α線やβ線に対して，γ線やＸ線を弱めるには大量の水が必要となる。

p.106～107 ステージ3

1 (1)静電気 (2)電子 (3)帯電
(4)＋の電気 (5)ア
(6)異なる種類の電気を帯びているから。

2 (1)イ (2)イ
(3)たまった電気が少ないから。

3 (1)真空放電 (2)電子 (3)陰極線
(4)－の電気を帯びている(－に帯電している)こと。
(5)－極から＋極に向かって移動すること。

4 (1)Ｘ線 (2)物質を通りぬける性質。
(3)放射性物質

解説

1 図より，物体Aから物体Bに－の電気が移動していることがわかる。こすり合わせる前はどちらの物体も＋の電気と－の電気がつり合っていたが，こすり合わせた後は，－の電気が少なくなった物体Aは＋に帯電し，－の電気が多くなった物体Bは－に帯電する。また，異なる種類の電気を帯びた物体どうしには引き合う力がはたらくので，こすり合わせた後の物体Aと物体Bを近づけると引

き合う。

2 (1)発泡ポリスチレンなどのプラスチックには，電気を通しにくい性質があるため，発泡ポリスチレンの板の上に立つと，人の足から地面に向かってたまった電気が逃げにくくなる。

(2)(3)人の体にたまった静電気が蛍光灯に流れることによって蛍光灯は光る。人の体にたまった電気の量は少ないため，蛍光灯は一瞬しか光らない。

3 (4)実験１で直進していた陰極線が，実験２と実験３では，＋極側に曲がったことから，電子は−の電気を帯びていることがわかる。

(5)−極である㋐の反対側に金属板のかげができたことから，電子は−極から出て＋極に向かうことがわかる。

4 (1)X線は，1895年，ドイツの科学者レントゲンによって発見された。

(2)放射線には，物質を通りぬける性質(透過性)がある。

(3)放射線を出す物質を放射性物質，放射線を出す性質(能力)を放射能という。

第２章　電流の性質(1)

p.108〜109　ステージ1

●教科書の要点

1 ①回路　②電源　③負荷　④直列回路　⑤並列回路　⑥回路図

2 ①直列　②A　③直列　④並列

3 ①並列　②V　③直列　④並列

●教科書の図

1 ①5A　②−　③＋　④直列　⑤300V　⑥−　⑦＋　⑧並列

2 ①＝　②＝　③＝　④＋　⑤＝　⑥＝　⑦＋　⑧＝　⑨＝

p.110〜111　ステージ2

1 (1)並列回路　(2)直列回路

(3)①　②

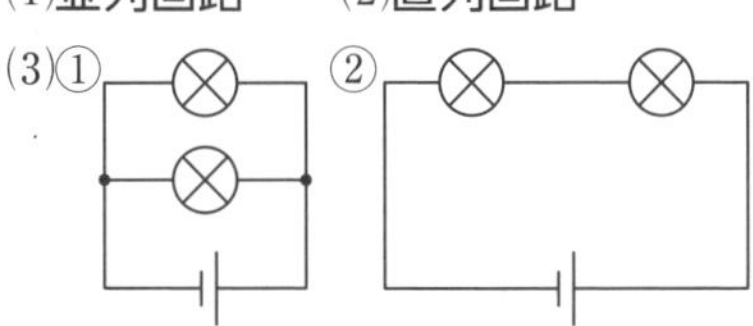

(4)①ついたまま。　②消える。

2 (1)直列

(2)＋端子…＋極側　−端子…−極側

(3)5A

3 (1)並列　(2)300V

4 (1)①㋑　②0.15A(0.150A)

③ I_2…150mA　I_3…150mA

(2) I_3…200mA　I_4…300mA

5 (1)①4V　②6V

(2)①6V　②6V　③6V

解説

1 (1)(2)電流の道筋が枝分かれしている回路を並列回路，１本になっている回路を直列回路という。

(3)回路図は，回路を電気用図記号で表したものである。回路図をかくときは，まず，乾電池(電源)や電球などの負荷，スイッチなどの部品を電気用図記号で表し，与えられた回路に合わせて，導線にあたる部分を直線で結ぶ。導線にあたる部分をかくときは，直列につながっているか，並列につながっているかという点にも注意する。また，導線の交わりの部分について，「・」はつけてもつけなくてもよい。

(4)①の回路では，乾電池からの電流が２つの豆電球に枝分かれして流れているので，㋐の豆電球を外しても，㋑の豆電球の明かりはついたままである。②の回路では，乾電池からの電流が１本の道筋で２つの豆電球に流れているので，㋐の豆電球を外すと電流が流れなくなり，㋑の豆電球の明かりは消えてしまう。

2 電流計は，電流を測定したい点の導線を外して，電源の＋極からの導線が＋端子，−極からの導線が−端子につながるように直列につなぐ。また，電流の大きさが予測できないときは，最も大きな電流を測定できる５Aの−端子を用い，針のふれが小さいときは，500mAや50mAの−端子につなぎかえる。

3 電圧計は，電圧を測定したい区間に，電源の＋極からの導線が＋端子，−極からの導線が−端子につながるように並列につなぐ。また，電圧の大きさが予測できないときは，最も大きな電圧を測定できる300Vの−端子を用い，針のふれが小さいときは，15Vや３Vの−端子につなぎかえる。

4 (1)①電流は，乾電池の＋極から出て，−極に向かって流れる。

② 1A＝1000mA，1mA＝0.001Aより，150mA

＝0.150A である。

③直列回路では，回路の各点を流れる電流の大きさはどこでも同じになる。

⑵並列回路では，枝分かれする前の電流の大きさと，枝分かれした後の電流の和，合流した後の電流の大きさは等しくなる。

つまり，$I_1 = I_2 + I_3 = I_4$である。

よって，$I_3 = I_1 - I_2 = 300 - 100 = 200$〔mA〕

$I_4 = I_1 = 300$〔mA〕

5 ⑴直列回路では，各区間に加わる電圧の大きさの和は，回路全体に加わる電圧の大きさに等しい。つまり，抵抗器 a に加わる電圧と抵抗器 b に加わる電圧の和は，電源装置の電圧と等しくなる。

よって，抵抗器 b に加わる電圧は，

6 − 2 ＝ 4〔V〕である。

また，アイ間に加わる電圧は，抵抗器 a に加わる電圧と抵抗器 b に加わる電圧の和，つまり，電源装置の電圧と等しいので，6 V。

⑵並列回路では，各区間に加わる電圧の大きさと回路全体に加わる電圧の大きさは等しい。

よって，電源装置の電圧，抵抗器 a に加わる電圧，抵抗器 b に加わる電圧，アイ間に加わる電圧は，どれも等しく 6 V となる。

p.112~113 ステージ3

1 ⑴①電源　②導線　③負荷

⑵ウ

2 ⑴

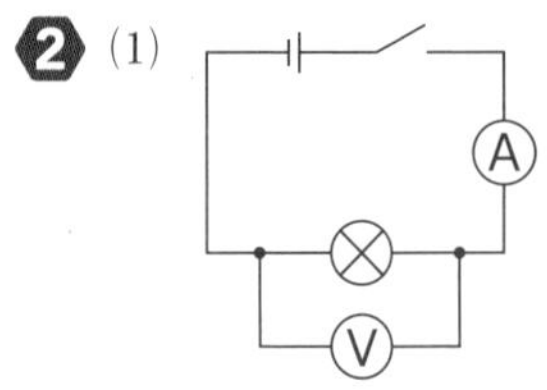

⑵ア　⑶ア

⑷電流…160mA　電圧…1.40V

3 ⑴①㋐ 200mA　㋒ 200mA

②$I_a = I_b = I$

⑵①㋒ 300mA　㋓ 300mA　㋔ 1500mA

②$I_a + I_b = I$

4 ⑴①㋐㋒間…3.0V　㋑㋒間…1.0V

②$V_a + V_b = V$

⑵①㋐㋓間…2.4V　㋔㋕間…2.4V

②$V_a = V_b = V$

解説

1 ⑵電流が 1 本の道筋である直列回路では，一方の豆電球を外すと，もう一方の豆電球の明かりは消えるが，電流が枝分かれしている並列回路では，一方の豆電球を外しても，もう一方の豆電球の明かりは消えない。

2 ⑴乾電池，豆電球，スイッチは直列につなぐ。また，電流計は回路に直列につなぎ，電圧計は電圧を測定したい豆電球に並列につなぐ。

注意 電流計を並列につなぐと，電流計に大きな電流が流れて，電流計がこわれることがある。また，電圧計を直列につなぐと，回路にほとんど電流が流れなくなる。

別解 直列につながっていれば，乾電池，豆電球，スイッチ，電流計の順序は問わない。また，電圧計を並列につなぐ導線の交わりの部分について，「・」はつけてもつけなくてもよい。

（例）

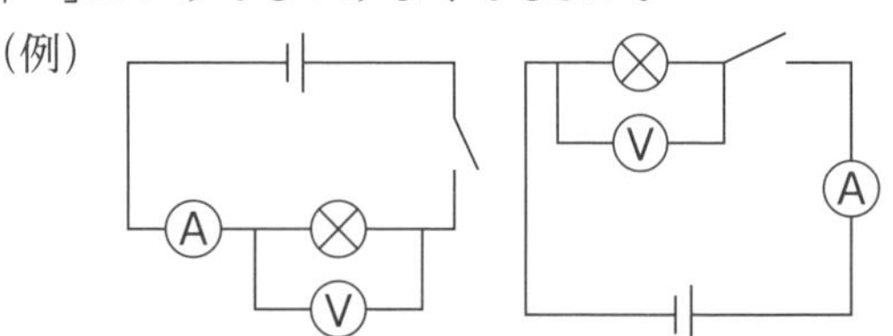

⑵⑶電流計も電圧計も，大きさが予測できないときは，最も大きな値まで測定できる－端子を使う。

⑷左の図が電流計，右の図が電圧計である。

電流計は500mA の－端子を使っているので，針がいっぱいまでふれたときが500mA である。また，1 目盛りは10mA なので，その$\frac{1}{10}$である 1 mA まで読みとる。

電圧計は 3 V の－端子を使っているので，針がいっぱいまでふれたときが 3 V である。また，1 目盛りは0.1 V なので，その$\frac{1}{10}$である0.01 V まで読みとる。

3 ⑴㋐，㋑，㋒および，電源装置，抵抗器 a，抵抗器 b を流れる電流の大きさはどれも同じである。

⑵電源装置からの電流が，抵抗器 a と抵抗器 b に枝分かれして流れる並列回路である。また，電源装置を流れる電流の大きさと㋐，㋔を流れる電流の大きさが等しく，抵抗器 a を流れる電流の大きさと㋑を流れる電流の大きさが等しく，抵抗器 b を流れる電流の大きさと㋒，㋓を流れる電流の大

きさが等しい。
1.5 A＝1500mA，1.2 A＝1200mA だから，
㋒と㋓を流れる電流の大きさは，
1500－1200＝300〔mA〕
㋔を流れる電流の大きさは1500mA である。

4 (1)直列回路なので，抵抗器 a（㋑㋒間）に加わる電圧の大きさと抵抗器 b（㋐㋑間）に加わる電圧の大きさの和は，電源装置の電圧の大きさや㋐㋒間に加わる電圧の大きさと等しくなる。
(2)並列回路なので，回路の各区間に加わる電圧の大きさはどこも等しくなる。

第２章　電流の性質(2)

p.114～115　ステージ1

●教科書の要点

1 ①抵抗　②Ω　③電圧　④電流
⑤オームの法則　⑥和　⑦小さく
⑧導体　⑨不導体　⑩半導体

2 ①電力　②W　③電圧　④電流
⑤J　⑥電力　⑦s　⑧電力　⑨s

●教科書の図

1 ①にくい　②大きい　③比例
④オーム　⑤電圧　⑥電流

2 ①＝　②＋　③＝　④＋
⑤20　⑥30　⑦$\frac{1}{8}$　⑧4.8

p.116～117　ステージ2

1 (1)2Ω　(2)48Ω　(3)4.8A
(4)24mA　(5)8V　(6)1.8V
(7)導体　(8)不導体（絶縁体（ぜつえんたい））
(9)(8)の物質　(10)半導体

2 (1)大きくなる。　(2)小さくなる。
(3)13Ω　(4)7Ω　(5)4Ω

3 (1)4A　(2)4A　(3)6V
(4)1.5Ω　(5)16V　(6)16V
(7)1A　(8)16Ω　(9)16V

4 (1)0.15A　(2)イ
(3)式…1.5÷0.075＝20　抵抗…20Ω
(4)式…1.5÷0.3＝5　抵抗…5Ω
(5)㋐10Ω　㋑20Ω　㋒5Ω
(6)㋐0.30(0.3)A　㋑0.150(0.15)A
㋒0.6A

解説

1 (1)～(6)オームの法則より，

電圧＝抵抗×電流，抵抗＝$\frac{電圧}{電流}$，電流＝$\frac{電圧}{抵抗}$

を利用する。

(1)$\frac{4〔V〕}{2〔A〕}$＝4〔V〕÷2〔A〕＝2〔Ω〕

(2) 注意 **オームの法則を用いて計算をするとき，電流の単位はAにする。**

250mA＝0.25 A より，

$\frac{12〔V〕}{0.25〔A〕}$＝12〔V〕÷0.25〔A〕＝48〔Ω〕

(3)$\frac{24〔V〕}{5〔Ω〕}$＝24〔V〕÷5〔Ω〕＝4.8〔A〕

(4)$\frac{6〔V〕}{250〔Ω〕}$＝6〔V〕÷250〔Ω〕＝0.024〔A〕
＝24〔mA〕

(5)4〔Ω〕×2〔A〕＝8〔V〕

(6)30mA＝0.03 A より，60〔Ω〕×0.03〔A〕
＝1.8〔V〕

2 (3)5＋8＝13〔Ω〕
(4)合成抵抗をRとすると，R_1とR_2の抵抗を直列につないだときの合成抵抗は，$R=R_1+R_2$と表せるので，1Ωと2Ωの抵抗をひとまとまりとみると，その合成抵抗は，1＋2＝3〔Ω〕
次に，3Ωと4Ωの抵抗をひとまとまりとみて，全体の合成抵抗は，3＋4＝7〔Ω〕
(5)合成抵抗をRとすると，R_1とR_2の抵抗を並列につないだときの合成抵抗は，

$\frac{1}{R}=\frac{1}{R_1}+\frac{1}{R_2}$と表せるので，

$\frac{1}{R}=\frac{1}{6}+\frac{1}{12}=\frac{1}{4}$より，$R=4$〔Ω〕

3 (3)10－4＝6〔V〕
(4)6〔V〕÷4〔A〕＝1.5〔Ω〕
(5)8〔Ω〕×2〔A〕＝16〔V〕
(7)3－2＝1〔A〕
(8)16〔V〕÷1〔A〕＝16〔Ω〕

4 (1)1.5〔V〕÷10〔Ω〕＝0.15〔A〕
(5)回路に加わる電圧を変えても抵抗は変わらない。
(6)回路に流れる電流は，回路に加わる電圧に比例する。電圧が3.0÷1.5＝2倍になったので，電流

も２倍になる。

p.118～119 ステージ2

❶ (1)

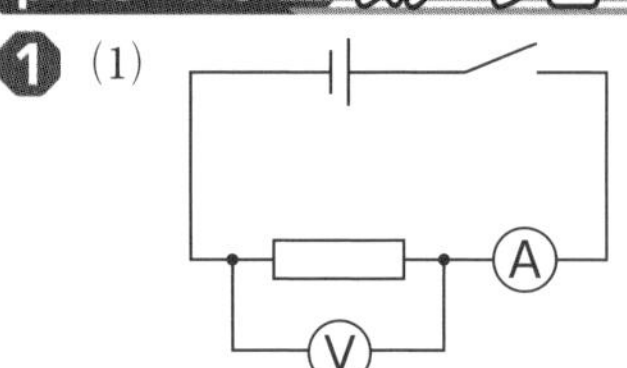

(2)

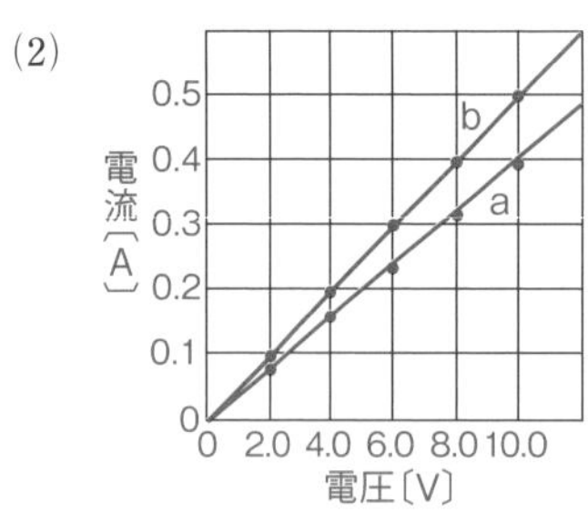

(3)比例（の関係）　(4)オームの法則
(5)（抵抗器）a　(6)（抵抗器）b
(7)0.75A　(8)18.0V　(9)0.36A

❷ (1)ウ　(2)ウ
(3)ア 1 A　イ 1.5A　ウ 3 A

❸ (1)①0.8A　②1280W
③120Wh　④216000J
(2)①21W　②420J　③10℃

解説

❶ (2)測定結果は，電圧の範囲は０Ｖから10.0Ｖなので，図３の横軸は10.0Ｖまで記入できるように１目盛り2.0Ｖとし，電流の範囲は０Ａから0.50Ａなので，図３の縦軸は0.50Ａまで記入できるように１目盛り0.1Ａとする。
それぞれのグラフは，まず，抵抗器ａ，抵抗器ｂのそれぞれについて，表の電圧と電流の値に対応する点を図３に「・」で記入する。次に，「・」はほぼ直線的に分布していることから，それぞれの抵抗器について，全ての測定点のなるべく近くを通るように直線を引く。

注意 抵抗器ａのように，測定値を示す「・」が，完全な直線上に分布しない場合でも，ほぼ直線的に分布していれば，グラフは折れ線にせず，直線にする。

(3)(2)から，抵抗器ａ，ｂのどちらのグラフも原点を通る直線となっていることから，抵抗器の両端に加わる電圧と抵抗器に流れる電流の間には比例の関係があることがわかる。

(5)(2)のグラフにおいて，横軸（電圧）の値が等しいときの縦軸（電流）の値を比べると，抵抗器ａの方が小さいことがわかる。

(6)(2)のグラフにおいて，縦軸（電流）の値が等しいときの横軸（電圧）の値を比べると，抵抗器ｂの方が小さいことがわかる。

(7)電圧と電流は比例しているので，抵抗器ｂには，10.0Ｖの電圧を加えると0.50Ａの電流が流れるから，15.0Ｖの電圧を加えたときに流れる電流は，

$$0.50〔A〕\times\frac{15.0〔V〕}{10.0〔V〕}=0.75〔A〕$$

別解 15.0Ｖの電圧を加えたときに流れる電流をI〔A〕とすると，
10.0〔V〕：0.50〔A〕＝15.0〔V〕：I〔A〕
I＝0.75〔A〕

別解 抵抗器ｂの抵抗は，10.0〔V〕÷0.50〔A〕＝20〔Ω〕なので，15.0Ｖの電圧を加えたときに流れる電流は，15.0〔V〕÷20〔Ω〕＝0.75〔A〕

(8)電圧と電流は比例しているので，抵抗器ｂには，10.0Ｖの電圧を加えると0.50Ａの電流が流れるから，0.90Ａの電流を流すために加える電圧は，

$$10.0〔V〕\times\frac{0.90〔A〕}{0.50〔A〕}=18.0〔V〕$$

別解 0.90Ａの電流を流すために加える電圧をV〔V〕とすると，
10.0〔V〕：0.50〔A〕＝V〔V〕：0.90〔A〕
V＝18.0〔V〕

別解 抵抗器ｂの抵抗は20Ωなので，0.90Ａの電流を流すために加える電圧は，
20〔Ω〕×0.90〔A〕＝18.0〔V〕

(9)抵抗器ａ，ｂを並列につないだものに4.0Ｖの電圧を加えると，それぞれの抵抗器に4.0Ｖの電圧が加わる。実験結果から，4.0Ｖの電圧を加えたとき，抵抗器ａには0.16Ａ，抵抗器ｂには0.20Ａの電流が流れるので，全体としては
0.16＋0.20＝0.36〔A〕の電流が流れる。

❷ (1)それぞれの電熱線を用いたときの水の５分間での上昇温度は，
電熱線ア…21.5－18.0＝3.5〔℃〕
電熱線イ…23.5－18.0＝5.5〔℃〕
電熱線ウ…29.0－18.0＝11.0〔℃〕
より，電熱線ウを用いたときの上昇温度が最も大きいことがわかる。

(2)電熱線から発生する熱量は，電力と時間の積で求めることができる。電熱線㋐～㋒に電流を流した時間は等しいので，消費電力が最も大きい電熱線㋒から発生した熱量が最も大きくなる。

(3)電力＝電圧×電流より，電流＝電力÷電圧

㋐6〔W〕÷6〔V〕＝1〔A〕

㋑9〔W〕÷6〔V〕＝1.5〔A〕

㋒18〔W〕÷6〔V〕＝3〔A〕

3 (1)①80〔W〕÷100〔V〕＝0.8〔A〕

②80＋1200＝1280〔W〕

③電力量〔Wh〕＝電力〔W〕×時間〔h〕

より，1時間30分＝1.5 hだから，

80〔W〕×1.5〔h〕＝120〔Wh〕

④電力量〔J〕＝電力〔W〕×時間〔s〕

より，3分＝180 sだから，

1200〔W〕×180〔s〕＝216000〔J〕

注意 電力量は消費電力と時間の積で求めることができるが，時間の単位によって，電力量の単位が変わる。時間の単位を〔s〕(秒)とした場合，電力量の単位は〔J〕(ジュール)，時間の単位を〔h〕(時間)とした場合〔Wh〕(ワット時)となる。

(2)①10〔V〕×2.1〔A〕＝21〔W〕

②21〔W〕×20〔s〕＝420〔J〕

③1 gの水の温度を1℃上げるのに必要な熱量は4.2 Jなので，10gの水の温度を1℃上げるのに必要な熱量は，$4.2〔J〕\times\frac{10〔g〕}{1〔g〕}=42〔J〕$である。

よって，420 Jの熱量では，水の温度を

420÷42＝10〔℃〕上げることができる。

p.120~121 ステージ3

1 (1)0.4A (2)18V (3)比例(の関係)
(4)オームの法則 (5)抵抗器A
(6)抵抗器B (7)A…15Ω B…30Ω

2 (1)0.2A (2)15Ω (3)2.0V
(4)0.2A (5)10Ω (6)25Ω

3 (1)並列回路 (2)0.2A (3)9.0V
(4)45Ω (5)0.3A (6)9.0V
(7)30Ω (8)18Ω (9)導体

4 (1)1.5A

(2)

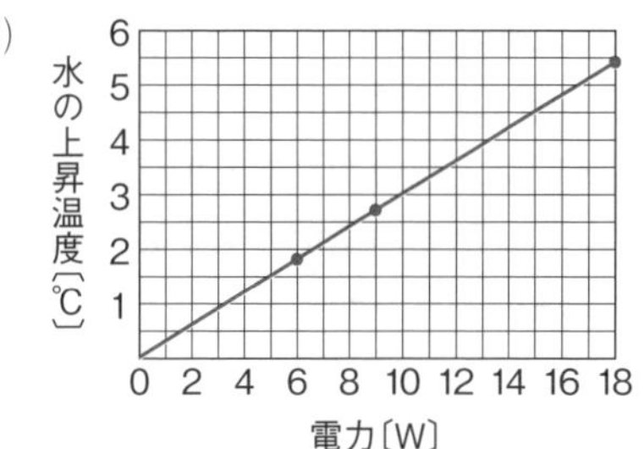

(3)比例(の関係) (4)イ

解説

1 (1)グラフより，抵抗器Aに6 Vの電圧を加えると0.4 Aの電流が流れることがわかる。

(2)(3)抵抗器A，Bそれぞれに加わる電圧と流れる電流の大きさの関係を表すグラフは，原点を通る直線となっていることから，電圧と電流の大きさは比例の関係にあることがわかる。

抵抗器Bには，6 Vの電圧を加えたときに0.2 Aの電流が流れることから，0.6 Aの電流を流すのに必要な電圧は，$6〔V〕\times\frac{0.6〔A〕}{0.2〔A〕}=18〔V〕$

別解 0.6 Aの電流を流すために加える電圧をV〔V〕とすると，

6〔V〕：0.2〔A〕＝V〔V〕：0.6〔A〕

V＝18〔V〕

別解 抵抗器Bの抵抗は，6〔V〕÷0.2〔A〕＝30〔Ω〕なので，0.6 Aの電流を流すために加える電圧は，

30〔Ω〕×0.6〔A〕＝18〔V〕

(7)A…6〔V〕÷0.4〔A〕＝15〔Ω〕

B…6〔V〕÷0.2〔A〕＝30〔Ω〕

2 (1)(4)直列回路では，回路の各点を流れる電流の大きさはどこでも等しい。

(2)3.0〔V〕÷0.2〔A〕＝15〔Ω〕

(3)直列回路では，各区間に加わる電圧の大きさの和は，回路全体に加わる電圧の大きさに等しいので，5.0－3.0＝2.0〔V〕

(5)2.0〔V〕÷0.2〔A〕＝10〔Ω〕

(6)回路全体に流れる電流は0.2 A，回路全体に加わる電圧は5.0 Vなので，回路全体の抵抗は，

5.0〔V〕÷0.2〔A〕＝25〔Ω〕

別解 抵抗器を直列につないだときの合成抵抗は，それぞれの抵抗の和に等しいので，

15＋10＝25〔Ω〕

❸ (3)(6)並列回路では，各区間に加わる電圧の大きさと，全体に加わる電圧の大きさは等しい。

(4)9.0〔V〕÷0.2〔A〕=45〔Ω〕

(5)並列回路では，枝分かれする前の電流の大きさと，枝分かれした後の電流の大きさの和と，合流した後の電流の大きさが等しくなる。

よって，0.5－0.2=0.3〔A〕

(7)9.0〔V〕÷0.3〔A〕=30〔Ω〕

(8)回路全体に流れる電流は0.5 A，回路全体に加わる電圧は9.0 Vなので，回路全体の抵抗は，

9.0〔V〕÷0.5〔A〕=18〔Ω〕

別解 合成抵抗をRとすると，R_1とR_2の抵抗を並列につないだときの合成抵抗は，

$\frac{1}{R}=\frac{1}{R_1}+\frac{1}{R_2}$と表せるので，

$\frac{1}{R}=\frac{1}{45}+\frac{1}{30}=\frac{1}{18}$より，$R=18$〔Ω〕

❹ (1)9〔W〕÷6〔V〕=1.5〔A〕

(2)それぞれの電熱線を用いたときの電力と3分間での水の上昇温度は，

㋐…電力6 W，上昇温度19.8－18.0=1.8〔℃〕

㋑…電力9 W，上昇温度20.7－18.0=2.7〔℃〕

㋒…電力18 W，上昇温度23.4－18.0=5.4〔℃〕

となる。これらの電力と上昇温度の関係を示す点をとり，全ての点を通る直線を引く。

(3)図2から，電力と水の上昇温度の関係を示すグラフは原点を通る直線なので，電力と水の上昇温度は比例することがわかる。水は電熱線から発生した熱によってあたためられ，水の体積は同じなので，電力と水の上昇温度の関係は，電力と発生した熱量の関係と考えることができる。よって，電力と発生した熱量は比例しているといえる。

(4)電熱線から発生する熱の量は電流を流した時間に比例するので，6分間で発生する熱量は，3分間で発生する熱量の2倍になり，水の上昇温度も2倍になる。㋐の電熱線を用いたとき，3分間での水の上昇温度は1.8℃なので，6分間では，1.8×2=3.6〔℃〕となる。よって，6分後の水の温度は，18.0+3.6=21.6〔℃〕になると考えられる。

第3章　電流と磁界

p.122～123　ステージ1

●教科書の要点

❶ ①磁界　②磁界の向き　③磁力線　④逆　⑤強い　⑥大きく

❷ ①磁界　②電磁誘導　③誘導電流　④逆　⑤逆　⑥直流　⑦交流　⑧周波数　⑨ヘルツ

●教科書の図

1

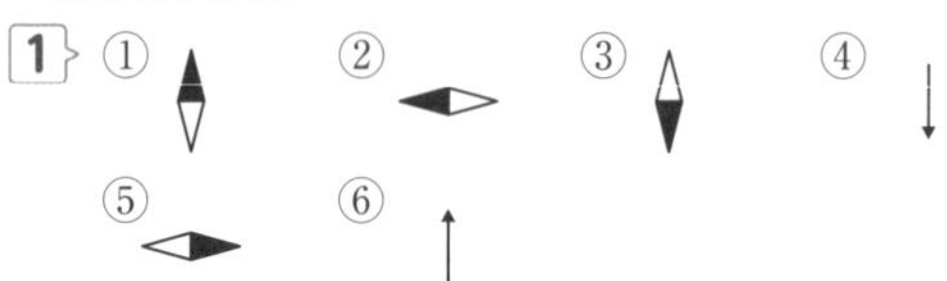

2 ①電流　②磁界　③力　④電流

3 ①流れない　②逆　③逆　④大き

p.124～125　ステージ2

❶ (1)N極　(2)A…㋑　B…㋐　C…㋒　(3)b　(4)A　(5)磁力線

❷ (1)a　(2)左側　(3)㋒　(4)右側　(5)①→　②←　③←　④→

❸ (1)磁界の向き　(2)㋑　(3)逆になる。

❹ (1)㋒　(2)㋑

解説

❶ (1)磁石の極は，同じ極どうしでは反発し合い，異なる極どうしでは引き合う。棒磁石の極Eは，磁針のS極と引き合っていることから，N極であることがわかる。

(2)(3) (1)より，棒磁石の右側がN極，左側がS極とわかる。また，磁界の向きは，棒磁石のN極からS極に向かう向きで，磁針のN極の指す向きと一致する。これらのことから，図の棒磁石のまわりでは，棒磁石の右端から出て，棒磁石の左端に入るような磁界が生じている。

(4)(5)磁力線の間隔がせまいところほど，磁界は強くなる。棒磁石では，端に近いほど磁界は強くなる。

❷ (1)電流は電源の+極から出て－極に向かって流れる。

(2)コイルの内部に置いた磁針のN極が左を指したことから，磁界の向きはコイルの左側から出ていく向きであることがわかる。よって，コイルの左側がN極となる。

(3)磁界の向きがコイルの左側から出て，右側に入る向きなので，コイルの左側付近のＡの位置に置いた磁針のＮ極は左向き，コイルの外側にあたるＢやＣの位置に置いた磁針のＮ極は右向きとなる。
(4)電流の流れる向きを逆にすると，磁界の向きは逆になるので，コイルの右側がＮ極になる。
(5)磁界の向きと磁針のＮ極の指す向きは一致する。

❸ (1)電流の向きを右手の親指の向きとしたとき，残りの指を内側へ曲げたときの向きが磁界の向きとなる。
(2)図１で，電流は下から上に向かって流れているので，下の図のように，右手の親指が上向きになるようにすると，磁界の向きは図１の上から見て反時計回り(左回り)となる。

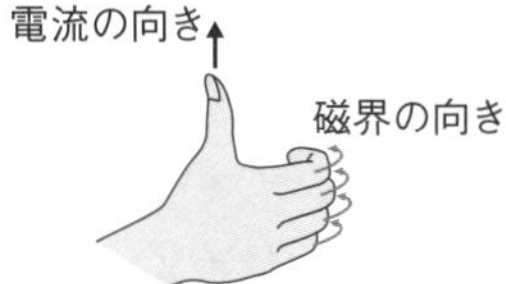

(3)電流の向きを逆にすると，磁界の向きも逆になる。

❹ (1)図１のＡ以外の磁針の向きから，コイルの内部を左向きにつらぬく磁界ができていることがわかる。
(2)図２のように，右手を利用してコイルに流れる電流による磁界の向きを確認することができる。図３では，コイルの内部を左向きにつらぬく磁界ができているので，右手の親指を左向きに合わせると，残りの指を内側に曲げたときの向きは，コイルの上側を手前から後ろに向かう向きとなる。このことから，図３のコイルには㋑の向きの電流が流れていることがわかる。

p.126~127 ステージ2

❶ (1)①㋐　②㋐　③㋑
(2)大きくなる。

❷ (1)①ア　②A　③D
(2)①イ　②A　③C

❸ (1)電磁誘導　(2)誘導電流
(3)ウ　(4)イ　(5)イ　(6)ア　(7)ア

❹ (1)㋑　(2)交流　(3)直流

解説

❶ (1)電流の向きと磁界の向きのうちの一方だけを逆にすると，導線が受ける力の向きは逆になる。電流の向きと磁界の向きの両方を逆にすると，導線が受ける力の向きは変わらない。
(2)電流を大きくすると，導線が受ける力は強くなる。

❷ (1)①電流は＋につながるブラシから－につながるブラシへ向かって流れるので，コイルの部分では，㋐→㋑→㋒→㋓の順に流れる。
②磁界の向きは，磁石のＮ極からＳ極の向きである。
③㋐－㋑の部分と㋒－㋓の部分では，コイルにはたらく磁界の向きは同じ向きだが，流れる電流の向きが逆になっている。そのため，コイルが受ける力の向きは逆になり，㋒－㋓の部分はＤの向きに力を受ける。
(2)①電流は＋につながるブラシから－につながるブラシへ向かって流れ，コイルが半回転していることから，㋓→㋒→㋑→㋐の順に流れる。
③㋐－㋑の部分と㋒－㋓の部分で，電流の向きが逆なので，受ける力の向きは逆向きになる。

注意 整流子とブラシのはたらきにより，コイルが半回転するごとにコイルに流れる電流の向きが切りかわり，コイルは常に同じ向きに回転し続けるように力を受ける。

❸ (3)磁石もコイルも動かさないと，コイルの内部の磁界が変化しないため，電磁誘導は起こらない。
(4)磁石の極を変えずに，磁石を動かす向きを逆にすると，誘導電流の向きは逆になる。Ｎ極を近づけたときに検流計の針が左にふれたことから，Ｎ極を遠ざけたときは，検流計の針は右にふれる。
(5)磁石を動かす向きを変えずに，磁石の極を入れかえると，誘導電流の向きは逆になる。Ｎ極を近づけたときに検流計の針が左にふれたことから，Ｓ極を近づけたときは，検流計の針は右にふれる。
(6)(5)に対して，磁石を動かす向きが逆になるので，誘導電流の向きは(5)のときの逆になり，検流計の針は左にふれる。
(7)磁石の動きを速くすると，磁界の変化が大きくなるため，誘導電流は大きくなる。

❹ (1)(2)家庭用のコンセントに供給される交流は，電流の向きが周期的に変化する。発光ダイオードは，長いあしの方を電源の＋極，短いあしの方を電源の－極につないだときだけ電流が流れて点灯するので，図２のようにつないだものに交流の電

流を流すと，交互に点灯する。
(3)一定の向きに流れる電流を直流という。

p.128〜129 ステージ3

1 (1)㋓
(2)電流の向きを逆にする。
(3)大きくする。　(4)少なくする。

2 (1)㋐ー㋑…b　㋒ー㋓…c
(2)上向き　(3)180°　(4)イ
(5)逆向きになる。　(6)整流子

3 (1)㋓　(2)大きくなる。　(3)大きくなる。

4 ①㋐　②㋑　③×　④㋑

5 (1)一定の向きにしか電流を流さない。
(2)㋑
(3)電流の向きが周期的に変化する。

解説

1 (2)電流の向きを逆にすると，磁界の向きも逆になる。
(3)(4)コイルに流れる電流を大きくしたり，コイルの巻数を多くしたりすると，コイルのまわりの磁界は強くなる。

2 (1)㋓→㋒→㋑→㋐の順に電流が流れる。
(2)磁界の向きは，磁石のN極からS極の向きである。
(3)(6)Aは整流子と呼ばれ，半回転(180°)ごとにつながるブラシが切りかわり，コイルに流れる電流が逆向きになる。
(4)コイルに流れる電流の向きは，コイルが半回転するごとに，『㋓→㋒→㋑→㋐』,『㋐→㋑→㋒→㋓』と切りかわるが，コイルの磁石のS極側は常にcの向き，コイルの磁石のN極側は常にbの向きに電流が流れる。
(5)電流の向きを逆向きにすると，コイルが受ける力の向きが逆向きになるので，コイルの回転の向きは逆向きになる。

3 (1)電流の向きを逆にすると，磁界中の導線が受ける力の向きは逆になる。
(2)(3)電源装置の電圧を変えずに抵抗を小さくすると，回路に流れる電流は大きくなる。導線に流れる電流が大きくなると，導線が受ける力は強くなる。

4 ①N極を近づけたときに㋐の向きに電流が流れたことから，S極を遠ざけるときは，磁石の極，磁石を動かす向きの両方が逆になっているので，図と同じ㋐の向きに電流が流れる。
②コイルに近づける磁石の極だけを逆にしているので，図とは逆向きの㋑の向きに電流が流れる。
③磁石もコイルも動かさないときは磁界の変化がないため，コイルに電流は流れない。
④磁石のN極に対してコイルを下げたときは，磁石のN極を上向きに遠ざけたのと同じであると考えることができるので，図の場合と磁石を動かす向きを逆にしたと考えられ，図とは逆向きの㋑の向きに電流が流れる。

5 (1)(2)発光ダイオードは，長いあしの方を電源の＋極，短いあしの方を電源の－極につないだときだけ電流が流れて点灯し，つなぎ方を逆にすると電流は流れず点灯しない。
(3)交流は，電流の向きが周期的に変化するため，図のようにつないだ発光ダイオードには，交互に電流が流れる。そのため，発光ダイオードは交互に点灯することになる。

p.130〜131 単元末総合問題

1 (1)スイッチ　(2)㋑　(3)ウ
(4)P…10Ω　Q…20Ω

2 (1)12Ω　(2)30Ω　(3)50Ω
(4)㋓　(5)㋒

3 (1)並列回路　(2)A
(3)①2.5A　②1.5A　③イ

4 (1)1.6V　(2)12Ω　(3)大きくなる。

解説

1 (2)電流計は回路に直列に，電圧計は回路に並列につなぐ。
(4)抵抗器Pに8Vの電圧を加えると，800mA＝0.8Aの電流が流れるので，抵抗は，
8〔V〕÷0.8〔A〕＝10〔Ω〕
抵抗器Qに8Vの電圧を加えると，400mA＝0.4Aの電流が流れるので，抵抗は，
8〔V〕÷0.4〔A〕＝20〔Ω〕

2 (1)500mA＝0.5Aより，6〔V〕÷0.5〔A〕＝12〔Ω〕
(2)抵抗器PとQは並列につながれているので，どちらにも6Vの電圧が加わる。抵抗器Pに6Vの電圧を加えたときに流れる電流は，
6〔V〕÷20〔Ω〕＝0.3〔A〕

回路全体に流れる電流が0.5 Aなので，抵抗器Qに流れる電流は，0.5 − 0.3＝0.2〔A〕
よって，抵抗器Qの抵抗は，
6〔V〕÷0.2〔A〕＝30〔Ω〕

別解 (1)より回路全体の抵抗の大きさが12 Ω，(2)より抵抗器Pの抵抗の大きさが20 Ωなので，抵抗の大きさをRとすると，

$\frac{1}{20}+\frac{1}{R}=\frac{1}{12}$と表すことができる。

よって，$\frac{1}{R}=\frac{1}{12}-\frac{1}{20}=\frac{1}{30}$より，$R=30$〔Ω〕

(3)抵抗器を直列につないだときの合成抵抗は，それぞれの抵抗の大きさの和と等しいので，
20＋30＝50〔Ω〕

(4)図の回路では，コイルの左側から電流が流れこみ，右側から電流が流れ出る。このとき，コイルの左側がS極，右側がN極となるような磁界ができるため，a点に置いた磁針は，N極がコイル側を向く。

(5)コイルに流れる電流の向きを逆にすると，磁界の向きも逆になる。

3》 (2)同じ電圧を加えたとき，消費電力の大きな電熱線の方が発生する熱量が多くなる。そのため，発生する熱量の多い電熱線Mを用いたビーカーAの方が実験終了時の水の温度が高くなる。

(3)①スイッチ1，2を入れると，電熱線MとNの並列回路になり，それぞれの電熱線に6 Vの電圧が加わる。
電熱線Mに6 Vの電圧を加えたときに流れる電流は，9〔W〕÷6〔V〕＝1.5〔A〕，
電熱線Nに6 Vの電圧を加えたときに流れる電流は，6〔W〕÷6〔V〕＝1〔A〕
である。
電流計の示す値は，回路全体に流れる電流の大きさなので，I_1＝1.5＋1＝2.5〔A〕

②スイッチ2を切って，スイッチ1だけにすると，電熱線Nには電流が流れず，電流計の示す値は，電熱線Mに流れる電流の大きさとなる。よって，I_2＝1.5〔A〕

③スイッチ2を入れたときも，切ったときも電熱線Mには同じ大きさの電圧が加わり，流れる電流が等しいので，1秒間あたりに発生する熱量は変わらない。よって，$Q_1=Q_2$

4》 (1)4.0 − 2.4＝1.6〔V〕

(2)200mA＝0.2 Aより，2.4〔V〕÷0.2〔A〕＝12〔Ω〕

(3)電熱線を直列につないだときの全体の抵抗は，それぞれの電熱線の抵抗の大きさの和に等しく，電熱線を並列につないだときの全体の抵抗の大きさは，それぞれの電熱線の抵抗よりも小さくなる。このことから，並列につないだ方が抵抗が小さくなり電流が大きくなる。よって，電熱線を並列につないだときのコイルの動きは，直列につないだときよりも大きくなる。

p.132~134 計算力UP

1 ⑴3.0g　⑵4.5g　⑶2.4g

2 ⑴2.2cm³　⑵1.6cm³　⑶3.8cm³

3 ⑴30 N　⑵500Pa　⑶3倍
⑷4500g　⑸1000cm²

4 ⑴①40.7%　②73.4%　③100%
④2.6g
⑵6.4g　⑶20℃

5 ⑴①250mA　②100mA　③30 Ω
④48 Ω
⑵①20 Ω　②36 Ω　③22.5 Ω

6 ⑴2 A　⑵3600 J

解説

1 ⑴マグネシウム3.0gから酸化マグネシウム5.0gができたことから，マグネシウム3.0gと結びつく酸素は，5.0－3.0=2.0〔g〕とわかる。
よって，マグネシウムと酸素の質量の比は3：2とわかる。
したがって，4.5gのマグネシウムと結びつく酸素の質量をx〔g〕とすると，
3：2=4.5：x　x=3.0〔g〕
⑵加熱前後の質量の差は，マグネシウムと結びついた酸素の質量を示しているので，マグネシウムと結びついた酸素は，7.0－6.0=1.0〔g〕である。酸素1.0gと結びついたマグネシウムの質量をx〔g〕とすると，3：2=x：1.0　x=1.5〔g〕
よって，反応せずに残っているマグネシウムの質量は，6.0－1.5=4.5〔g〕
⑶加熱前の混合物中のマグネシウムの質量をx〔g〕とすると，銅の質量は(4.0－x)〔g〕と表せる。
ここで，マグネシウムと酸素は質量の比が3：2で結びつくので，マグネシウムx〔g〕と結びついた酸素の質量は，$\frac{2}{3}x$〔g〕と表わせる。…㋐
また，銅と酸素は質量の比が4：1で結びつくので，銅(4.0－x)〔g〕と結びついた酸素の質量は，
$\frac{1}{4}(4.0-x)$〔g〕と表せる。…㋑
加熱前後の質量の差が6.0－4.0=2.0〔g〕なので，マグネシウムと銅の混合物と結びついた酸素の質量は2.0gである。…㋒
酸素の質量に注目すると，㋐，㋑，㋒より，
$\frac{2}{3}x+\frac{1}{4}(4.0-x)=2.0$
これを解くと，x=2.4〔g〕

2 ⑴枝㋐～㋒の蒸散のようすをまとめると，次の表のようになる。

	枝㋐	枝㋑	枝㋒
葉の表側	○	×	○
葉の裏側	○	○	×
茎	○	○	○
全蒸散量〔cm³〕	5.8	4.2	2.0

○は蒸散あり，×は蒸散なしを表す。

表から，葉の表側と裏側の蒸散量の差は，葉の表側と裏側の蒸散のようすが異なる枝㋑と枝㋒を比べればよいので，4.2－2.0=2.2〔cm³〕とわかる。
⑵葉の表側からの蒸散量は，⑴の表で，葉の表側以外の蒸散のようすが同じものどうしを比べればよいので，枝㋐と枝㋑を比べると，
5.8－4.2=1.6〔cm³〕とわかる。
⑶葉の裏側からの蒸散量は，⑴の表で，葉の裏側以外の蒸散のようすが同じものどうしを比べればよいので，枝㋐と枝㋒を比べると，
5.8－2.0=3.8〔cm³〕とわかる。

3 ⑴質量100gの物体にはたらく重力の大きさが1Nなので，3kg=3000gの物体にはたらく重力の大きさは，$1〔N〕\times\frac{3000}{100}=30〔N〕$
⑵力がはたらく面積は，0.20〔m〕×0.30〔m〕=0.06〔m²〕なので，圧力の大きさは，$\frac{30〔N〕}{0.06〔m^2〕}=500〔Pa〕$
⑶B面の面積は，0.10〔m〕×0.20〔m〕=0.02〔m²〕なので，圧力の大きさは，$\frac{30〔N〕}{0.02〔m^2〕}=1500〔Pa〕$
よって，B面を下にしたときの圧力の大きさは，A面を下にしたときの1500〔Pa〕÷500〔Pa〕=3〔倍〕

別解
力の大きさが一定のとき，圧力の大きさは力がはたらく面積に反比例する。B面の面積はA面の面積の$\frac{1}{3}$なので，圧力は3倍となる。
⑷物体とおもりを合わせたものがゆかをおす力の大きさをx〔N〕とすると，$\frac{x〔N〕}{0.06〔m^2〕}=1250〔Pa〕$

x＝1250〔Pa〕×0.06〔m^2〕＝75〔N〕となる。
物体がゆかをおす力の大きさが30 Nなので，おもりがゆかをおす力の大きさは75－30＝45〔N〕
よって，おもりの質量は4500g
(5)板の面積をx〔m^2〕とすると，

$\frac{30〔N〕}{x〔m^2〕}$＝300〔Pa〕　x＝30÷300＝0.1〔m^2〕

1 m^2＝10000cm^{2}より，0.1m^2＝1000cm^2

4 (1)①25℃の飽和水蒸気量は23.1g/m^{3}なので，

湿度は，$\frac{9.4〔g/m^3〕}{23.1〔g/m^3〕}$×100＝40.69…より，40.7%

②15℃の飽和水蒸気量は12.8g/m^{3}なので，

湿度は，$\frac{9.4〔g/m^3〕}{12.8〔g/m^3〕}$×100＝73.43…より，73.4%

③10℃の飽和水蒸気量は9.4g/m^{3}なので，空気中にふくまれている水蒸気の質量と飽和水蒸気量が等しくなるため，湿度は100%になる。
④5℃の飽和水蒸気量は6.8g/m^{3}なので，水滴に変化する水蒸気の質量は，9.4－6.8＝2.6〔g〕
(2)15℃の飽和水蒸気量は12.8g/m^{3}なので，湿度50%の空気1 m^{3}にふくまれている水蒸気の質量を

x〔g〕とすると，$\frac{x〔g〕}{12.8〔g/m^3〕}$×100＝50

x＝50÷100×12.8＝6.4〔g/m^3〕
(3)25℃の飽和水蒸気量は23.1g/m^{3}なので，湿度75%の空気1 m^{3}にふくまれている水蒸気の質量を

x〔g〕とすると，$\frac{x〔g〕}{23.1〔g/m^3〕}$×100＝75

x＝75÷100×23.1=17.325〔g/m^3〕である。
気温20℃の飽和水蒸気量が17.3g/m^{3}なので，露点は約20℃とわかる。

5 (1)①20 Ωの抵抗器に流れる電流の大きさは150mA＝0.15 Aなので，加わる電圧の大きさは，20〔Ω〕×0.15〔A〕＝3〔V〕　よって，36 Ωの抵抗器には12－3＝9〔V〕の電圧が加わる。
したがって，36 Ωの抵抗器に流れる電流は，

$\frac{9〔V〕}{36〔Ω〕}$＝0.25〔A〕＝250〔mA〕

②20 Ωの抵抗器と抵抗器Rに流れる電流の和と36 Ωの抵抗器に流れる電流は等しいので，抵抗器Rに流れる電流は，250－150＝100〔mA〕
③20 Ωの抵抗器と抵抗器Rは並列につながれているので，抵抗器Rにも3 Vが加わる。抵抗器Rに流れる電流は100mA＝0.1 Aなので，抵抗は，

$\frac{3〔V〕}{0.1〔A〕}$＝30〔Ω〕

④回路全体の電圧は12 V，全体を流れる電流は0.25 Aなので，抵抗は，$\frac{12〔V〕}{0.25〔A〕}$＝48〔Ω〕

別解
20 Ωと抵抗器Rの並列部分の合成抵抗をR_xとすると，$\frac{1}{R_x}=\frac{1}{20}+\frac{1}{30}=\frac{1}{12}$より，$R_x$＝12〔Ω〕
よって，回路全体の抵抗は，12＋36＝48〔Ω〕
(2)①40 Ωの抵抗器に流れる電流の大きさは，

$\frac{12〔V〕}{40〔Ω〕}$＝0.3〔A〕なので，抵抗器R_1にも0.3 Aの電流が流れる。また，抵抗器R_1に加わる電圧は，18－12＝6〔V〕である。

よって，抵抗器R_1の抵抗は，$\frac{6〔V〕}{0.3〔A〕}$＝20〔Ω〕

②500mA＝0.5 Aより，$\frac{18〔V〕}{0.5〔A〕}$＝36〔Ω〕

③回路全体の電圧は18 V，回路全体を流れる電流は，0.3＋0.5＝0.8〔A〕なので，抵抗は，

$\frac{18〔V〕}{0.8〔A〕}$＝22.5〔Ω〕

別解
40 Ωと抵抗器R_1の直列部分の合成抵抗は，40＋20＝60〔Ω〕である。
回路全体の抵抗をR_xとすると，

$\frac{1}{R_x}=\frac{1}{60}+\frac{1}{36}=\frac{2}{45}$より，$R_x=\frac{45}{2}$＝22.5〔Ω〕

6 (1)電熱線に6 Vの電圧を加えると消費電力が12Wとなるので，流れる電流は，12〔W〕÷6〔V〕＝2〔A〕
(2)　12〔W〕×(60×5)〔s〕＝3600〔J〕

p.135 作図力UP

7 (1)

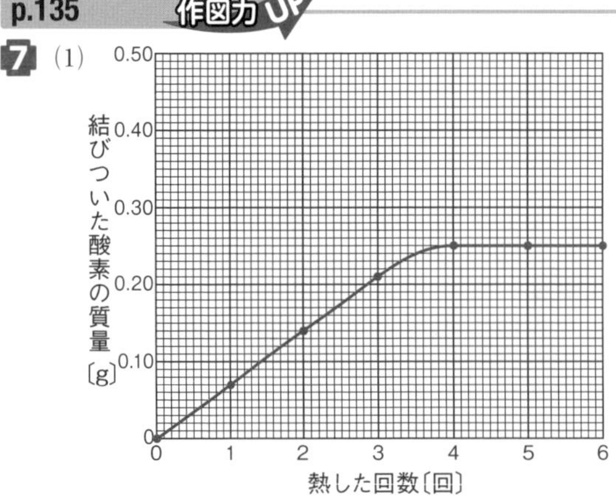

(2)

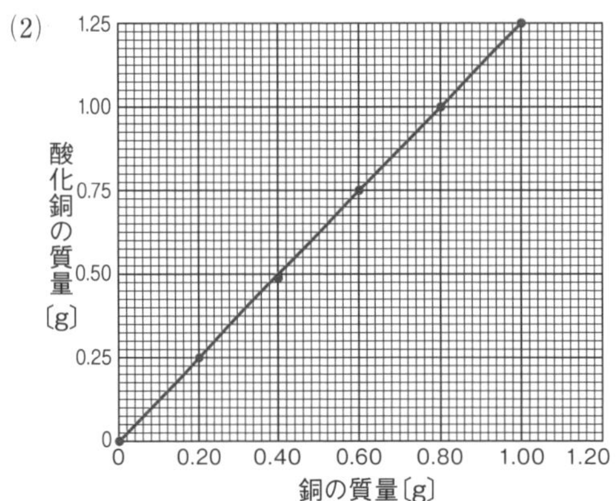

8

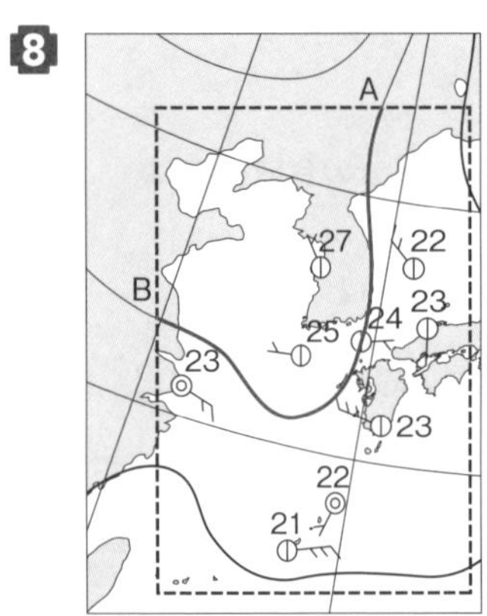

解説

7 (1)結びついた酸素の質量は，ステンレス皿の中の物質の質量から加熱前の銅の粉末の質量1.00gを引いた値となる。また，４回目から質量が変化しなくなっているので，４回目以降は完全に酸化銅に変化したと考えられる。このグラフでは，４回目までは・を通るなめらかな曲線(０から３回目までは直線になる。)を引く。

(2)　銅と酸素が結びついて酸化銅ができるとき，銅と酸素の質量の比は一定(銅：酸素＝４：１)になるので，銅と酸化銅の質量の比も一定になる。よって，グラフは原点を通る直線となる。直線は全ての・の近くをなるべく通るように引く。

8 等圧線は４hPaごとに引いてあるので，等圧線Ａと等圧線Ｂは1024hPaを示している。1024hPaの等圧線は，1025hPaと1023hPaの中間を通るように引く。

p.136 記述力UP

9 鉄と硫黄が反応するときに熱が発生するから。

10 細胞の形を維持して，植物のからだを支えることに役立っている。

11 それぞれの葉で(じゅうぶんに)日光を受けることができるようにするため。

12 赤血球にふくまれるヘモグロビンは，酸素の多いところでは酸素と結びつき，酸素の少ないところでは酸素をはなす性質があるから。

13 空きかんの中の圧力が，大気圧よりも小さくなるから。

解説

9 鉄と硫黄が反応して硫化鉄ができる化学変化は発熱反応である。反応によって発生した熱で，加熱をやめても反応は進んでいく。

10 かたくてじょうぶな細胞壁は細胞の形を維持し骨格がない植物のからだを支えることに役立っている。

11 葉が重ならないようについていることで，それぞれの葉がじゅうぶんに光合成に必要な日光を受けることができる。

12 ヘモグロビンは酸素の多い肺で酸素と結びつき酸素の少ない全身で酸素をはなすことで酸素を運んでいる。

13 空きかんの中の水が沸騰して水蒸気になると体積が大きくなり，空きかんの中にあった空気がおし出される。その後，加熱をやめてラップシートでくるむと，空きかんの中の水蒸気が冷やされて体積が小さくなり，圧力が小さくなる。

定期テスト対策 得点アップ! 予想問題

p.138～139 第1回

1 (1)白くにごる。 (2)炭酸ナトリウム
(3)桃色
(4)$2NaHCO_3 \longrightarrow Na_2CO_3 + CO_2 + H_2O$

2 (1)$Fe + S \longrightarrow FeS$ (2)ア
(3)(黒い物質は)磁石に引き寄せられなかった。
(4)腐卵臭があった。

3 (1)電流が流れない(性質)。
(2)酸素 (3)水素 (4)陰極
(5)陰極 (6)$2H_2O \longrightarrow 2H_2 + O_2$

4 (1)①Fe ②Cu ③N ④Mg
(2)①カルシウム ②炭素 ③塩素 ④銀
(3)①Fe ②H_2 ③CuO ④NH_3 ⑤NaCl
(4)①，②
(5)$2Ag_2O \longrightarrow 4Ag + O_2$

解説

1 (1)炭酸水素ナトリウムを加熱すると二酸化炭素が発生する。二酸化炭素には石灰水を白くにごらせる性質がある。
(3)試験管Aの口についた液体は水で，塩化コバルト紙は水にふれると青色から桃色に変化する。

2 (1)鉄と硫黄の混合物を熱すると硫化鉄ができる。
(2)鉄と硫黄との反応は発熱反応で，反応によって発生した熱で，熱するのをやめても反応は続く。
(3)硫化鉄に鉄の性質はないため，磁石には引き寄せられない。
(4)硫化鉄とうすい塩酸が反応すると，腐卵臭のある気体(硫化水素)が発生する。

3 (1)純粋な水には電流が流れないため，水酸化ナトリウムをとかして，電流が流れるようにする。
(2)(3)水を電気分解すると，陽極から酸素，陰極から水素が発生する。
(4)発生する気体の体積の比は，水素：酸素＝2：1である。
(5)陰極から発生する水素は，マッチの火を近づけると音を立てて燃えて水になる。一方，陽極から発生する酸素に火のついた線香を入れると，線香が炎を出して激しく燃える。

4 (4)1種類の元素でできた物質を単体，2種類以上の元素でできた物質を化合物という。

p.140～141 第2回

1 (1)①大きくなった。
②スチールウールが空気中の酸素と結びついたから。
③㋐鉄 ㋑酸化鉄
(2)①イ ②$2Cu + O_2 \longrightarrow 2CuO$
③$2Mg + O_2 \longrightarrow 2MgO$

2 (1)二酸化炭素 (2)銅 (3)還元 (4)酸化
(5)$2CuO + C \longrightarrow 2Cu + CO_2$

3 (1)イ (2)ウ (3)質量保存の法則

4 (1)銅の粉末が空気(酸素)とよくふれるようにするため。
(2)赤色から黒色 (3)酸化銅
(4)

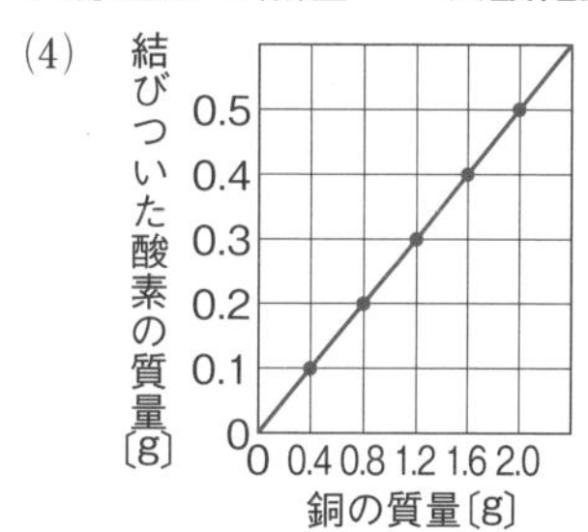

(5)銅：酸素＝4：1 (6)0.7g (7)3.6g

解説

1 (2)①マグネシウムの酸化は熱や光を出す燃焼だが，銅の酸化では熱や光は出ない。

2 酸化銅と炭素の混合物を加熱すると，酸化銅は還元されて銅に，炭素は酸化されて二酸化炭素になる。

3 (1)アでは酸素，ウでは水素，エではアンモニアが発生する。
(2)密閉した状態では，発生した二酸化炭素が空気中に出ていかないため，質量は変わらずX＝Yとなる。また，ふたをゆるめると発生した二酸化炭素が空気中へ出ていくため，質量は小さくなり，Zは，XやYより小さくなる。

4 (6)結びついた酸素の質量をx〔g〕とすると，
4：1＝2.8〔g〕：x〔g〕 x＝0.7〔g〕
(7)質量の比は，銅：酸素＝4：1より，質量保存の法則より，銅：酸化銅＝4：(4＋1)＝4：5となる。よって，加熱した銅の質量をx〔g〕とすると，4：5＝x〔g〕：4.5〔g〕 x＝3.6〔g〕

p.142〜143 第3回

1 (1)㋑
(2)A…液胞　B…細胞膜　C…核
D…細胞壁　E…葉緑体
(3)細胞質

2 (1)ウ　(2)A　(3)デンプン　(4)葉緑体
(5)光合成

3 (1)対照実験
(2)ふくろの中の気体の変化が，コマツナ(植物)のはたらきによるものだと確認するため。
(3)B　(4)二酸化炭素　(5)呼吸　(6)ウ

4 (1)蒸散　(2)㋑
(3)葉の表側よりも裏側に気孔が多くあるから。
(4)ア

解説

1 核(C)，細胞膜(B)，細胞質は，動物と植物の細胞に共通なつくりで，液胞(A)，細胞壁(D)，葉緑体(E)は植物の細胞にのみ見られるつくりである。

2 (1)葉をあたためたエタノールに入れると，脱色できる。葉を脱色することで，ヨウ素液による反応がわかりやすくなる。
(2)〜(5)光の当たった葉Aの葉緑体では光合成が行われ，デンプンがつくられる。つくられたデンプンのある葉緑体は，ヨウ素液によって青紫色に変化する。

3 (1)(2)BとCは，ふくろの中にコマツナを入れるか入れないかという条件だけを変えているので，コマツナによる実験結果の影響を調べることができる。このように，調べたい条件以外を同じにして行う実験を対照実験という。
(3)〜(6)植物は呼吸を常に行っているが，Aではコマツナに光が当たり，光合成が呼吸よりもさかんに行われるので，二酸化炭素は減る。Bでは，呼吸だけが行われるので，二酸化炭素がふえる。

4 (2)(3)ワセリンをぬった部分では蒸散がおさえられる。そのため，㋑では葉の表側での蒸散がおさえられ，㋒では葉の裏側での蒸散がおさえられる。蒸散は気孔で行われ，気孔は葉の裏側に多くあるため，葉の裏側での蒸散がおさえられている㋒よりも，葉の裏側で蒸散がある㋑の蒸散量が多い。
(4)蒸散がさかんになると，吸水もさかんになる。また，光が当たると蒸散がさかんになる。

p.144〜145 第4回

1 (1)A…肝臓　B…胆のう　C…大腸
D…すい臓　E…胃　F…小腸
(2)だ液せん…ア　E…イ
(3)①だ液　②胃液　③すい液　④胆汁
⑤A
⑥デンプン…ブドウ糖
タンパク質…アミノ酸
⑦脂肪酸，モノグリセリド
(4)柔毛　(5)a…リンパ管　b…毛細血管

2 (1)肺胞
(2)空気にふれる表面積が大きくなり，効率よく酸素と二酸化炭素の交換ができる。
(3)肺呼吸

3 (1)A…肺　B…肝臓　C…小腸　D…じん臓
(2)b，c，e　(3)a
(4)①d　②b　③a　④f
(5)赤血球　(6)組織液

4 (1)せきずい　(2)中枢神経
(3)C…運動神経　D…感覚神経
(4)末しょう神経
(5)①皮膚→D→B→C→筋肉
②皮膚→D→B→A→B→C→筋肉
(6)反応…反射　命令…せきずい(B)

解説

1 (1)(2)アミラーゼはだ液やすい液にふくまれ，デンプンにはたらく。ペプシンは胃液，トリプシンはすい液にふくまれ，タンパク質にはたらく。リパーゼはすい液にふくまれ，脂肪にはたらく。すい液には，デンプン，タンパク質，脂肪にはたらく消化酵素がふくまれている。

3 (4)①養分は小腸(C)で吸収される。②酸素は肺(A)からとりこまれる。③二酸化炭素は肺に出される。④尿素はじん臓(D)でこし出される。
(5)赤血球にふくまれるヘモグロビンのはたらきで酸素が運ばれる。
(6)血液の成分の1つである血しょうが血管からしみ出して，細胞のまわりを満たしたものを組織液といい，酸素や養分，二酸化炭素などの不要物のやりとりを行っている。

4 (5)(6)意識して起こる反応では，脳で刺激を受けとり，脳が反応の命令を出す。

p.146〜147 第5回

1 (1)エ (2)①17℃ ②61% (3)13℃

2 (1)1.5 N (2)750Pa (3)B
(4)500Pa
(5)ア，エ (6)気圧(大気圧) (7)エ

3 (1)等圧線 (2)4 hPa (3)1000hPa
(4)D
(5)D地点(の周辺)では，気圧の変化が急だから。
(6)1006hPa (7)B…低気圧 E…高気圧
(8)B…㊁ E…㋑ (9)B
(10)①2〜8
②風力…3 風向…南東 天気…晴れ

4 (1)69% (2)30%

解説

1 (2)①乾球の示度が気温を表す。
②表で，乾球が17℃，乾球と湿球の示度の差が4℃であるところを読むと湿度は61%とわかる。
(3)乾球の示度が14℃で，湿度が89%のとき，表より，乾球と湿球の示度の差は1℃である。湿球の示度は，乾球の示度よりも小さくなるので，湿球の示度は，14－1＝13〔℃〕

2 (2)A面の面積は，0.05〔m〕×0.04〔m〕＝0.002〔m^2〕なので，圧力は，$\frac{1.5〔N〕}{0.002〔m^2〕}=750〔Pa〕$
(3)(4)力がはたらく面積が大きいほど圧力は小さくなるので，B面を下にしたときが圧力は最も小さくなり，その大きさは，$\frac{1.5〔N〕}{0.003〔m^2〕}=500〔Pa〕$
(7)高さ0 mの海面1 m^2の上空にある空気は約10000kgなので，海面1 m^2には約100000 Nの重力がはたらく。

3 (1)〜(3)等圧線は1000hPaを基準に4 hPaごとに引かれる。
(4)(5)等圧線の間隔がせまいところでは，気圧の変化が急であるため，風が強くふく。
(6)D地点は，1004hPaの等圧線と1008hPaの等圧線の中間あたりに位置している。

4 (1)気温15℃の飽和水蒸気量は13g/m^3なので，湿度は，$\frac{9〔g/m^3〕}{13〔g/m^3〕}\times100=69.2\cdots$より，69%
(2)気温30℃の飽和水蒸気量は30g/m^3なので，湿度は，$\frac{9〔g/m^3〕}{30〔g/m^3〕}\times100=30$より，30%

p.148〜149 第6回

1 (1)①下がる。 ②下がる。
(2)ふくろの内部の空気が膨張して温度が下がり，水蒸気が水滴に変化したから。
(3)①低 ②あたためられた ③上昇

2 (1)図1…温暖前線 図2…寒冷前線
(2)㋐乱層雲 ㋑積乱雲
(3)図1 時間…長い。 強さ…弱い。
図2 時間…短い。 強さ…強い。
(4)風向…南寄りから北寄りに変化する。
気温…下がる。

3 (1)A…シベリア気団 B…オホーツク海気団
C…小笠原気団
(2)B，C (3)A，B (4)C (5)A
(6)B，C
(7)シベリア高気圧 (8)太平洋高気圧

4 (1)A…夏 B…秋 C…つゆ D…冬
(2)移動性高気圧 (3)梅雨前線
(4)西高東低(の冬型の気圧配置)
(5)A…エ B…ウ C…イ D…ア

解説

1 (2)容器内の気圧が下がると，ふくろの内部の空気が膨張して温度が下がる。やがて露点に達すると，水蒸気が水滴に変化(凝結)する。白いくもりは，水蒸気から変化した水滴である。

2 (1)図1は暖気が寒気の上にはい上がりながら進んでいることから温暖前線，図2は，寒気が暖気をおし上げながら進んでいることから寒冷前線であることがわかる。
(4)寒冷前線が通過すると，風向は南寄りから北寄りに変化し，寒気におおわれるため気温は下がる。

3 (2)(3)大陸上の気団は乾燥していて，海洋上の気団はしめっている。また，北の気団は冷たく，南の気団はあたたかい。

4 (1)A…太平洋高気圧が北に勢力を広げていることから，夏と考えられる。B…低気圧と高気圧が交互に並んでいることから，秋と考えられる。C…日本列島付近に停滞前線がのびていることから，つゆと考えられる。D…南北方向に等圧線がせまい間隔で並んでいることから，冬と考えられる。

p.150～152　第7回

1　(1)静電気　(2)反発し合う。
(3)引き合う。　(4)ア

2　(1)電極A…－極　電極B…＋極
(2)①陰極線　②電子　③－
④上(電極c側)に曲がる。

3　(1)

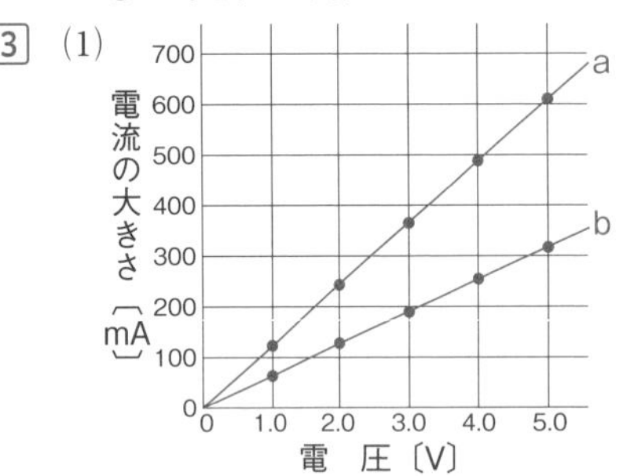

(2)比例(の関係)　(3)オームの法則
(4)電熱線a…8Ω　電熱線b…15Ω
(5)Q点

4　(1)①エネルギー　②電気エネルギー
(2)①8A　②144000J　(3)300Wh

5　(1)磁石…㋑　コイル…㋒
(2)向き…逆になる。　大きさ…変わらない。
(3)向き…変わらない。　大きさ…大きくなる。

6　(1)棒磁石を速く動かす。
(2)右　(3)電磁誘導　(4)誘導電流

解説

1　異なる物質でできた物体どうしをこすり合わせると，電子が移動して，両方の物体は帯電する。＋に帯電するか，－に帯電するかは物体の組み合わせによって決まり，異なる物質の物体どうしは異なる種類の電気，同じ物質の物体どうしは同じ種類の電気を帯びる。また，異なる種類の電気どうしは引き合い，同じ種類の電気どうしは反発し合う。

2　十字形の影をつくったり，蛍光板を光らせたりした陰極線は，－の電気を帯びた電子の流れで，－極から＋極に向かって移動する。また，図2の電極c，d間に電圧を加えると，＋極側に曲がる。

3　(4)3.0Vの電圧を加えたとき，電熱線aには372mA＝0.372A，電熱線bには196mA＝0.196Aの電流が流れるので，オームの法則より，

電熱線aの抵抗は$\frac{3.0〔V〕}{0.372〔A〕}$＝8.0…より，8Ω

電熱線bの抵抗は$\frac{3.0〔V〕}{0.196〔A〕}$＝15.3…より，15Ω

(5)回路に同じ大きさの電圧を加えたとき，回路全体の抵抗が小さいほど，回路に流れる電流は大きくなる。抵抗を直列につなぐと，合成抵抗の大きさはそれぞれの抵抗の和となり，並列につなぐと合成抵抗の大きさはそれぞれの抵抗の大きさよりも小さくなる。よって，電熱線を並列につないだ㋑の回路の方が，回路全体の抵抗が小さくなるため，回路全体を流れる電流が大きくなる。

4　(2)①800〔W〕÷100〔V〕＝8〔A〕
②800〔W〕×(60×3)〔s〕＝144000〔J〕
(3)30分＝0.5時間より，600〔W〕×0.5〔h〕＝300〔Wh〕

5　(2)磁石による磁界の向きを逆にすると，コイルの動く向きも逆になる。
(3)抵抗の値が小さくなると，コイルに流れる電流が大きくなるため，コイルの動きは大きくなる。

6　(1)磁界の変化を大きくすると，コイルに流れる電流は大きくなる。
(2)磁石の向きを逆にすると，コイルに流れる電流の向きも逆になる。

6 5 4 3 2
D C B A